# 配鏡學總論
# 配鏡實務篇
## 第三版

**Clifford W. Brooks, OD**

Associate Professor of Optometry
Indiana University School of Optometry
Bloomington, Indiana

**Irvin M. Borish, OD, DOS, LLD, DSc**

Professor Emeritus, Indiana University School of Optometry
Bloomington, Indiana
Former Benedict Professor, University of Houston School of
Optometry Houston, Texas

審閱
**黃敬堯**
俄亥俄州立大學材料科學及工程研究所 博士
大葉大學 視光學科 副教授

翻譯
**吳鴻來、周佳欣**

**ELSEVIER**

# ELSEVIER

Rm. N-818, 8F, Chia Hsin Building II, No. 96, Zhong Shan N. Road, Sec. 2, Taipei 10449 Taiwan

---

System for Ophthalmic Dispensing, 3E
Copyright © 2007 by Butterworth-Heinemann, an imprint of Elsevier Inc.
ISBN: 978-0-7506-7480-5

---

This translation of System for Ophthalmic Dispensing, 3e by Clifford W. Brooks, and Irvin M. Borish was undertaken by Elsevier Taiwan LLC and is published by arrangement with Elsevier Inc.

本書譯自 System for Ophthalmic Dispensing, 3e，作者 Clifford W. Brooks 及 Irvin M. Borish 經 Elsevier Inc. 授權由台灣愛思唯爾有限公司出版發行

配鏡學總論 (上) －配鏡實務篇 - 第一版 (原文第三版)。作者：Clifford W. Brooks 以及 Irvin M. Borish，總審閱：黃敬堯，翻譯：吳源來、周佳欣

Copyright ©2016 Elsevier Taiwan LLC.
**ISBN: 978-986-5666-69-9**

---

**Notices**

This translation has been undertaken by Elsevier Taiwan LLC at its sole responsibility. Practitioners and researchers must always rely on their own experience and knowledge in evaluating and using any information, methods, compounds or experiments described herein. Because of rapid advances in the medical sciences, in particular, independent verification of diagnoses and drug dosages should be made. To the fullest extent of the law, no responsibility is assumed by Elsevier, authors, editors or contributors for any injury and/or damage to persons or property as a matter of products liability, negligence or otherwise, or from any use or operation of any methods, products, instructions, or ideas contained in the material herein.

**聲明**

本翻譯由台灣愛思唯爾公司負責。所有從業人員與學者務必依據自身經驗與知識來評估及運用任何文中所述之資訊、方法、複方或實驗。因為本領域之知識與實務日新月異，任何診斷與用藥劑量都必須經過詳盡且獨立的驗證。在法律相關範圍內，參與本翻譯版本的愛思唯爾及其作者、編輯、共同作者不承擔任何責任，包括因產品責任，疏忽或其他原因，所造成的任何人身傷害或財產損失，或任何使用或操作本書中包含的任何方法、產品、指示或想法的行為。

Printed in Taiwan
Last digit is the print number: 9 8

此書獻給我們的學生，他們對這門學科的興趣以及欲更為精進的渴望，
促使我們撰寫這本書。

# 前言

編寫《配鏡學總論 (System for Ophthalmic Dispensing)》的初衷並非撰寫一本包羅萬象的教科書，我們真正期盼的是編寫一本可協助配鏡教學的學生手冊。正當「手冊」逐漸發展成形時，某間專業出版社得知此編寫計畫，即深感興趣並要求提供章節樣本供其閱讀。很顯然地，在印第安納大學的教學範圍之外，這類書籍是有用的。

本書初稿完成後便送至出版社進行審閱，或許是因為書中大量的照片和圖例，本書初版推出後教育單位與眼鏡業界皆肯定其實用性。

眼鏡的裝配是眼睛照護的基礎，對鏡片功能的了解亦為基本功夫，對於正在摸索配鏡工作的新雇員以及有經驗的眼睛照護專家而言，這兩方面的知識皆不可或缺。為了滿足不同背景的讀者，我們採用深入淺出的方式進行撰寫，以便使剛進入此領域的新手可容易理解，此外也提供在眼科領域工作多年的人士其所需之資訊。

本書第二版是以初版內容為基礎並加以擴充，第二版包含大量照片，但全是黑白的；第三版則是從頭開始全新編寫，書中穿插彩色照片。我們從眼睛照護者的觀點拍攝了數百張照片，重整編纂所有章節，納入許多關於漸進多焦點鏡片及職業用漸進多焦點鏡片的配鏡新資訊。

針對本書所做的這些改變，是為了滿足兩大專業族群的需求。第一類族群包含了必須自我充實並能訓練新進員工的眼睛照護者，第二類族群則為在正規教育課程中的眼科教師與學生，這兩類族群皆需要全方位圖文並茂的教育資訊。

為了滿足這些需求，撰寫的過程曠日費時且相當辛苦，但成果卻是有目共睹的。我們衷心期盼讀者將發現最新的第三版《配鏡學總論 (System for Ophthalmic Dispensing)》為資料豐富、查閱方便且助益良多的一本書。

# 中文版審閱序

在美國俄亥俄州立大學視光學院求學時，配鏡學是一門包含學理與實驗的必修課程，該校視光學生修完本課程外，亦需完成視光醫院眼鏡部門的見習課程才可畢業，而本書《配鏡學總論 (System for Ophthalmic Dispensing)》即為授課教師所推薦使用的教科書。本書內容分成兩部分，第一部「配鏡實務篇」介紹基礎配鏡知識及實務配鏡技巧，第二部「鏡片應用篇」則涵蓋許多與配鏡技術相關的鏡片光學設計和眼鏡材料應用等補充資料。本書最大的特色即是使用大量的彩色照片和圖例，讓讀者能充分了解配鏡的理論知識及操作技巧，因此在美求學期間便有翻譯此書的念頭，想讓更多在此領域的眼鏡從業人員有機會可學習這本書的內容，並分享作者豐富的實務經驗。回國後，發現許多學校也使用此書當作配鏡學的教科書。很顯然地，將此書翻譯付梓是一個正確的想法。

在整個翻譯及審閱的過程當中，為了能讓讀者更容易理解本書，單單對專業術語及文句的翻譯，即花費了將近兩年的時間和精力來做確認，深怕無法正確且清楚地表達作者的意思，這是起初規畫時所始料未及的。同時考量到本國與美國配鏡實務上操作方法的差異性，擔心國內的眼鏡從業人員是否會無法理解及接受本書？所幸邀請了國內數名配鏡領域之業界專家及教師協助校稿，在此特別感謝王益朗、朱泌錚、李芳原、陳錫評和陳琮浩等前輩的協助，以使本書翻譯的專業術語更趨近於業界實際的用法。儘管翻譯及審閱此書花費了將近兩年的時間，但最終仍完成這本可作為眼鏡從業人員在配鏡工作上的參考書，想來也是相當值得的一件事。希望本書的出版可提升國人配鏡專業技術的水準，且在學習配鏡技巧的過程中更輕鬆、更有趣，同時期盼能對國內配鏡教育的推廣略盡一份心力。

本書雖經細心編校，仍恐不免疏漏。若有錯誤之處，尚祈各位先進前輩們不吝指正，銘謝在心。

**黃敬堯**
樹人醫護管理專科學校 視光學科主任

# 致謝

For help in preparing the first edition, the authors would especially like to thank Jacque Kubley for the original photography and many of the illustrations; Sandra Corns Pickel and Sue Howard for serving as models; and Dr. Linda Dejmek, Kyu-Sun Rhee, Dennis Conway, and Steve Weiss for the artwork and illustrations. For all the help received for the first edition, we continue to be very grateful.

For the second edition, again thanks to Jacque Kubley for his continued assistance in photography and a number of the graphics. In the second and now the third edition, thanks to Glenn Herringshaw, who manages Indiana University's optical laboratory, for many helpful ideas and suggestions; and to Glenn and Regina Herringshaw for serving as models for a number of the photographs. Also thanks to Pam Gondry and Dr. Eric Reinhard for joining in the "modeling team" for the third edition. A specific word of appreciation goes to Robert Woyton of Hilco for reviewing the chapter on repairs and supplying a number of photographs for both the second and third editions.

Thanks to Ric Cradick of IU Photographic Services for taking the multitude of new color photos for the third edition. His professional expertise is much appreciated.

To our students, we owe a debt of gratitude. They suffered through preliminary manuscripts, yet were exceedingly helpful in pointing out omissions, making valuable suggestions, and asking just the right questions.

Finally, special thanks to our many friends within the profession for offering suggestions and supplying ideas for improving the text. Without your advice and the information you provided, it would have been impossible to complete the task.

# 目錄

# CHAPTER 1

# 鏡架類型與零件

本章的學習目標是要讓讀者熟悉眼鏡的基本術語。這是很重要的知識，可避免在之後書中詳述實際配鏡步驟時誤解所使用的術語。

## 基本零件

鏡架是眼鏡用來固定含有處方度數鏡片的部位，可將鏡片固定在眼前適當的位置。

鏡架通常由前框 (front) 和鏡腳 (temples) 組成。前框用來容納鏡片，鏡腳則連接前框並勾住耳朵以協助固定眼鏡。有時鏡架沒有鏡腳，而是由其他方式支撐，例如靠鼻側的壓力 (夾鼻鏡架)、附著於另一個鏡架上 (夾式鏡架) 或是以手持握 (帶柄鏡架)。

### 鏡架前框

鏡架前框介於鏡片之間靠在鼻子上的區域稱為鼻橋 (bridge)。鏡片周圍的邊框稱作鏡圈 (eyewire) 或邊框 (rim)。鏡架前框的外側區域最左和最右端連接鏡腳之處稱為端片 (endpieces)。有些塑膠鏡架的端片上仍然有金屬製的擋片 (shield)，能以鉚釘固定鉸鍊 (圖 1-1)。

鉸鍊 (hinges) 是連接鏡腳和鏡架前框的零件，包含奇數的桶狀部接頭 (barrels)，總數為三、五或七。鉸鍊有各種結構，但為了簡化，通常根據組裝時桶狀部接頭的總數分類，例如三桶鉸鍊。

有些鏡架具備鼻墊 (nose pads)，是一種靠在鼻子上的塑膠片，用於支撐鏡架。鼻墊可直接連接鏡架，或是透過稱作護臂 (guard arms) 或鼻墊臂 (pad arms) 的金屬零件連接。

### 鏡腳

鏡腳最靠近鏡架前框的部位稱為端頭 (butt portion; butt end)。鏡腳第一次彎下以符合耳廓的部位稱作彎折部 (bend)。在鏡腳端頭和彎折部之間的部位稱為鏡腳柄 (shank) 或脛 (shaft)，而在彎折部和耳後之後的部位稱為鏡腳耳端 (earpiece)、彎下部位 (bent-down portion) 或捲曲部 (curl)(圖 1-2)。

## 結構

### 鏡架

無鏡圈包住鏡片的鏡架稱作裝配架 (mountings)。鏡片是被「嵌入」鏡架或「置入」裝配架。鏡架本身可用以下幾種簡單方式進行分類。

### 塑膠鏡架

塑膠鏡架 (plastic frames) 是由某種塑膠材質製造而成。過去偶爾稱塑膠鏡架為玳瑁鏡架 (shell frames)，乃因龜殼曾是製作眼鏡鏡架的材料，目前已不再使用此術語。另一個常見術語賽璐珞 (zylonite) 仍被用來稱呼某些塑膠鏡架，因賽璐珞 (硝酸纖維素) 曾是廣泛使用的材質。賽璐珞具高度可燃性，故不再用於製作眼鏡鏡架。「賽璐珞」一詞仍被繼續使用，但通常用來稱呼最常見的塑膠材質：醋酸纖維素。現今隨著許多新材質的出現，不是直接使用塑膠材質的確切名稱，就是一律簡稱塑膠 (圖 1-3)。

### 金屬鏡架

金屬鏡架 (metal frames) 全由金屬零件構成，除了鼻墊和鏡腳後端有塑膠覆蓋的部位。鏡圈完整圍住鏡片 (圖 1-4)。

### 尼龍線鏡架

尼龍線鏡架 (nylon cord frames) 有時稱作線裝鏡架 (string mounted frames) 或尼龍前框 (nylon supras)，以一條與鏡片邊緣相合的尼龍線將鏡片固定，使眼鏡外觀看似為無框。通常鏡片頂端嵌入鏡框的上方。鏡片邊緣的其餘部分有一個從平坦邊緣面往內切割的小溝槽 (圖 1-5)。

## 複合式鏡架

複合式鏡架 (combination frames) 是一種很常見的鏡架，有金屬製底座以及塑膠製的上框及鏡腳 (圖 1-6)。底座包括鏡圈和中央或鼻橋區域。儘管這是最常見的構造，但就技術而言，任何結合金屬和塑膠的鏡架皆可歸於此分類之下，例如有塑膠鏡圈、金屬鼻橋與金屬鏡腳的鏡架。

## 半眼鏡架

半眼鏡架 (half-eyes) 特別設計用於閱讀時需矯正度數但看遠時不需要矯正的情況。相較於普通眼鏡，此眼鏡架在鼻子上的位置較低，且只有正常鏡框高度的一半，可讓配戴者越過眼鏡的上方觀看遠物。這種鏡架可能是塑膠、金屬材質，甚至為尼龍線鏡架結構 (圖 1-7)。視遠用的半眼鏡架較少見，此種眼鏡可讓配戴者從鏡片的下方閱讀。

## 無框、半框、鼻側單點鏡架

無框裝配架 (rimless mountings) 使用鏡圈或尼龍線以外的方式固定鏡片，通常使用螺絲，但也曾使用黏合劑、夾鉗或塑膠端子。大多數的無框裝配架在每一鏡片上都有兩個連接處，一處在鼻側，另一處在顳側 (圖 1-8)。無框裝配架有時稱作三件裝配架 (3-piece mountings)。

半框裝配架 (semirimless mountings) 類似無框裝配架，但多了一個金屬的加強臂 (arm)，此金屬臂沿著

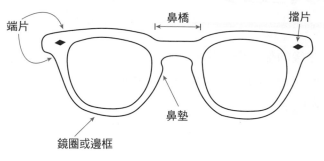

圖 1-1　鏡架前框。

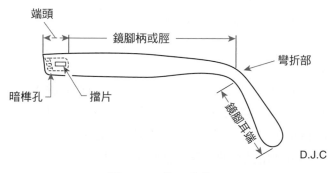

圖 1-2　鏡腳零件。

圖 1-3　塑膠鏡架的範例。

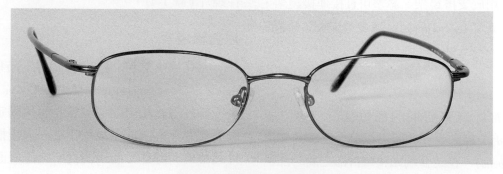

圖 1-4　一種金屬鏡架。

圖 1-5　一副尼龍線鏡架或「線型裝配架」以一條與鏡片邊緣凹槽相合的線固定鏡片。

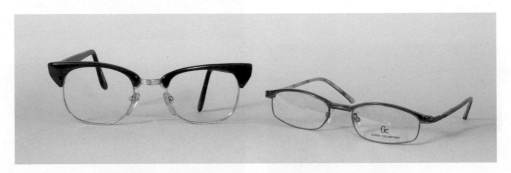

圖 1-6　複合式鏡架的範例。

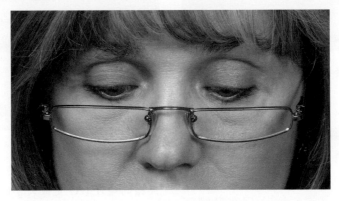

圖 1-7　使用中的半眼眼鏡。半眼眼鏡是特別針對那些閱讀時需矯正度數但視遠時不需矯正者所特製。

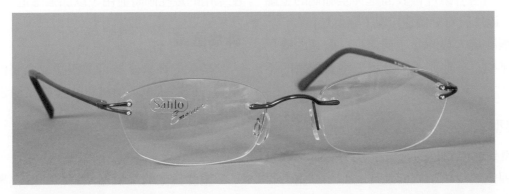

圖 1-8　無框裝配架的範例。鏡架的中央區域和端片不相連，僅有的接點在鏡片本身。

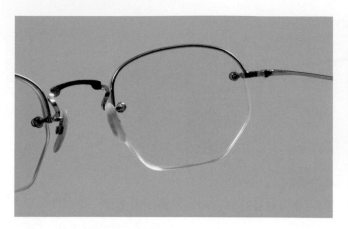

圖 1-9　半框裝配架在鏡片頂端的後方有一條狀物，將端片與鼻橋區域相接起來。

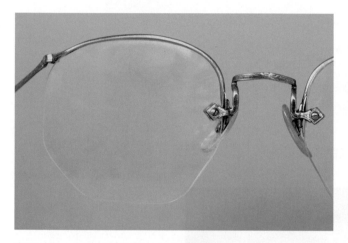

圖 1-10　鼻側單點裝配架於每一鏡片上只有一個在鼻側的接觸點。

鏡片上端的後側表面，將鏡架的中央片 (centerpiece) 與端片連接。中央片由鼻橋、鼻墊臂和鼻墊組成 ( 圖 1-9)。

　　鼻側單點裝配架 (numont mountings) 只在鼻側部位固定鏡片，現今很少見。鏡片與鼻橋區連接，鏡腳則連接至一個沿著鏡片後表面延伸至顳側的金屬臂，因此每一鏡片只有一個連接點 ( 圖 1-10)。

　　目前多數配鏡人員將此三種無框裝配架的變化型都稱作「無框」，他們不區分這三種裝配架的不同。

## 其他裝配架型式

　　槽口夾型裝配架 (balgrip mountings) 藉由連接在鋼條上的夾子固定鏡片，鋼條與鏡片鼻側和顳側上的凹槽相合，將夾子向後拉動就能輕易移除鏡片，據此這種裝配架可用於同一副鏡架使用多副鏡片的狀況。病患可將太陽鏡片、特殊用途鏡片或染色鏡片

A

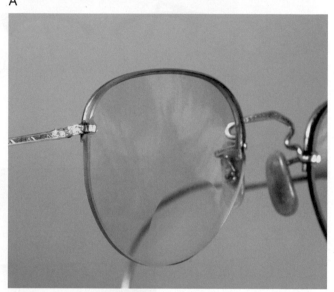

B

圖 1-11　槽口夾型裝配架。在這種無框裝配架中，已開槽的鏡片 (A) 是被夾子固定 (B)。

與常用鏡片替換 ( 圖 1-11)。現在常將凹槽與無框裝配架用的鑽孔同時並用，以加強穩定性。

## 鼻橋區域

　　鏡架的鼻橋區域可由塑膠或金屬構成。由於鼻子有各種形狀，兩種材質的鼻橋結構也存在多種變化。

### 塑膠鼻橋

　　塑膠鏡架的鼻橋區域直接座落在鼻梁上。由於調整鼻橋非常困難，因此挑出符合鼻型的塑膠鏡架就顯得十分重要。某幾種塑膠材質的鼻橋是無法調整的，如尼龍、碳纖維和聚醯胺。

圖 1-12　鞍式鼻橋順著鼻子的輪廓，平均分散鏡架的重量。

圖 1-14　鎖孔式鼻橋除了辨識度高的外形，也依靠鼻墊支撐鏡架重量。

圖 1-13　改良型鞍式鼻橋有著固定不動的鼻墊連接在後方，以增加鏡架承重的面積。

圖 1-15　金屬鞍式鼻橋的原始設計為直接靠在鼻脊上。這種鼻橋仍可能依原始設計使用，如照片中鏡架所示。金屬鞍式鼻橋通常僅作為裝飾目的，配戴使用時仍和鼻墊連接。

　　鞍式鼻橋 (saddle bridge) 狀似馬鞍，具有圓滑的弧度，順著鼻梁彎曲 ( 圖 1-12)。這可將鏡架的重量平均分布至鼻子兩側和脊之上。

　　改良型鞍式鼻橋 (modified saddle bridge) 的鼻橋區域從前方看似如同鞍式鼻橋，差別在於鼻橋後方有鼻墊，該鼻墊可協助支撐鏡架的部分重量 ( 圖 1-13)。

　　鎖孔式鼻橋 (keyhole bridge) 狀似舊式鑰匙孔，頂部稍微向外突出。鼻橋落在鼻子兩側，但不接觸鼻脊 ( 圖 1-14)。

## 金屬鼻橋

　　常用於金屬鏡架的鼻橋是墊式鼻橋 (pad bridge) ( 圖 1-8)，墊式鼻橋的鼻墊藉由金屬的鼻墊臂與鏡架連接，由鼻墊本身支撐眼鏡的重量。

　　當金屬鏡架裝有透明塑膠材質的鞍式鼻橋，此鼻橋稱為舒適鼻橋 (comfort bridge)。

　　金屬無框鏡架有時採用金屬鞍式鼻橋 (metal saddle bridge)* ( 圖 1-15)，該鼻橋在歷史上有一段時期曾被廣泛使用，現今可能以與過去相同的面貌出現，或作為連接鼻墊的裝飾。

　　此種無框裝配架結構中，鼻橋的脊部 (crest) 不包含鼻墊或鏡片箍 (straps)，但已涵蓋中央片大部分的區域。

## 端片結構

　　端片如同鼻橋可由塑膠或金屬構成。

---

* 過去曾將金屬鞍式鼻橋稱作 W 鼻橋。

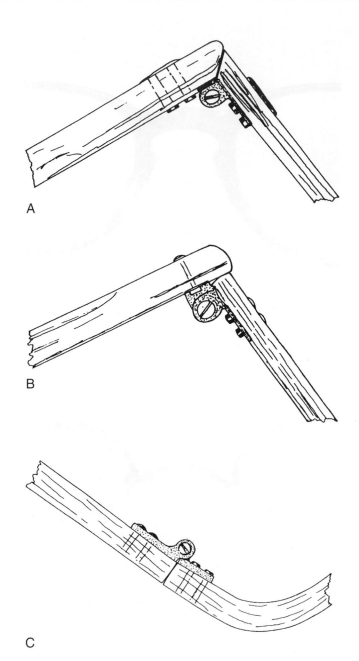

圖 **1-16**　塑膠鏡架的端片分類為：斜接式 (A)　正接式 (B) 和彎曲式 (C)

### 塑膠端片結構

塑膠鏡架的端片結構可分為三種 ( 圖 1-16)，最常見的結構是正接式端片，前框是直的，鏡腳端頭是平的，兩者以 90 度角相接。斜接式端片使鏡架前框的接觸部位和鏡腳端頭以 45 度角相接。彎曲式端片的鏡架前框向後彎曲，其尾端與鏡腳相接。

### 金屬端片結構

傳統的金屬端片有著類似塑膠鏡架彎曲式端片的結構 ( 圖 1-17)，現在則有相當多樣化的金屬端片設計。

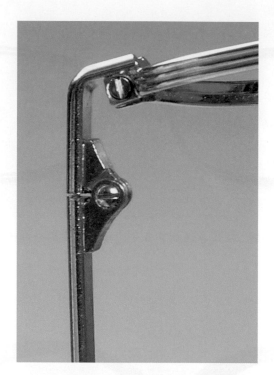

圖 **1-17**　這種傳統的金屬端片屬於彎曲式設計。

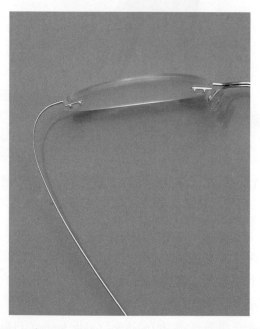

圖 **1-18**　有些金屬端片實際上不完全是端片。端片和鏡腳是一片連續的材質，如同這個「彎弧式」端片設計。

無端片也是一種設計。某些鏡架的前框和鏡腳是一體成形的連續結構以取代端片 ( 圖 1-18)。

### 鏡腳結構

鏡腳也有各式各樣的結構，通常可分為五個主要項目 ( 圖 1-19)。

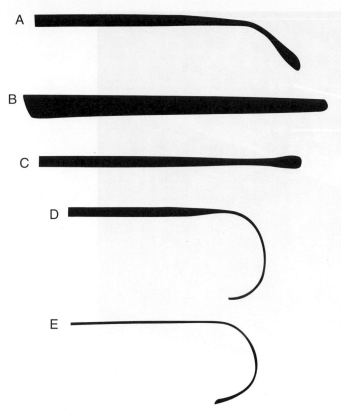

圖 1-19　鏡腳的分類為：A. 顱式；B. 圖書館式；C. 可彎折式；D. 弓式（塑膠）；E. 舒適線型（金屬）。

1. 顱式鏡腳 (skull temples) 在耳後往下彎曲，沿著頭顱的輪廓平均倚靠著。彎下部位在靠近耳朵上方較窄，往末端漸寬。

2. 圖書館式鏡腳 (library temples) 通常在端頭的寬度平均，往末端則寬度遞增，其幾乎是直的，主要藉由頭部兩側的壓力支撐眼鏡，也稱為直向後鏡腳 (straight-back temples)。

3. 可彎折式鏡腳 (convertible temples) 原本設計為可以往下彎，從直向後「轉變」為顱式鏡腳的型式。這種鏡腳具多用途且能符合不同人的各種鏡腳長度需求，因此很常用。然而現今所見到的鏡腳，通常已是下彎的形狀了。若位置不對，鏡腳可輕易被拉直，再根據配戴者的需求重新彎折。

4. 弓式鏡腳 (riding bow temples) 在耳朵周圍彎曲，沿著耳朵與頭部相接的位置延伸至耳垂的高度，此鏡腳有時用於兒童眼鏡和安全眼鏡。

5. 舒適線型鏡腳 (comfort cable temples) 的形狀如同弓式鏡腳，但在捲曲部（耳後部位）由彈性金屬纏線構成。

## 「傳統型」無框眼鏡的前框

無框眼鏡的中央片由鼻橋、鼻墊臂和鼻墊構成，這些零件和金屬鏡架的相同。各種無框眼鏡的結構大不相同，「傳統型」無框眼鏡以鏡片箍固定鏡片，這是裝配架的一部分，與鏡片的前後表面和邊緣接觸並固定鏡片。傳統的鏡片箍包含稱作蹄和耳的結構。

蹄 (shoe) 又稱肩 (shoulder) 或領 (collar)，與鏡片邊緣接觸並環繞著鏡片，避免鏡片前後晃動。在一些傳統的裝配架上，蹄和鏡片之間存在小金屬彈簧，使鏡片可緊密固定於該處。

耳 (ear) 或舌 (tongue) 是鏡片箍的一部分，自蹄延伸出來，接觸鏡片表面。有時每片鏡片箍有兩個耳，鏡片前後表面各一個，且有一支螺絲穿過兩個耳和鏡片以固定鏡片。鏡片箍一詞有時只用於稱呼耳（圖 1-20）。

臂是半框裝配架的一部分，沿著鏡片頂端邊緣向後延伸（圖 1-9）。不可將臂一詞與鼻墊臂混淆，鼻墊臂是鼻墊組成的一部分。臂有時又稱為條 (bar) 或眉條 (brow-bar)。

無框裝配架的端片和前述金屬鏡架的端片分類相同，此外無框的端片也有固定鏡片用的鏡片箍，以及連接鏡腳的鉸鍊。

## 著色

部分塑膠鏡架可根據著色的情形進行分類，單色鏡架是整副鏡架皆為同一種顏色；垂直漸層色鏡架是鏡架頂部包括鼻橋的部位是深色，下半部顏色漸漸變淺；水平漸層色鏡架為顳側部位顏色較深，往中央部位變淺；透明鼻橋鏡架則類似水平漸層色鏡架，但鏡架頂部除鼻橋以外皆為深色，鼻橋和鏡架下半部是透明的塑膠。由於現今存在各種組合的著色方式，使得根據著色情形分類變得困難。

## 鏡架材料

### 塑膠鏡架材料

對一副鏡架的初步分類是根據鏡架結構所使用的材料：塑膠或金屬。許多種類的塑膠或金屬都可用於製作鏡架。

電木和乳石[1]是最早用於鏡架的塑膠材料，但

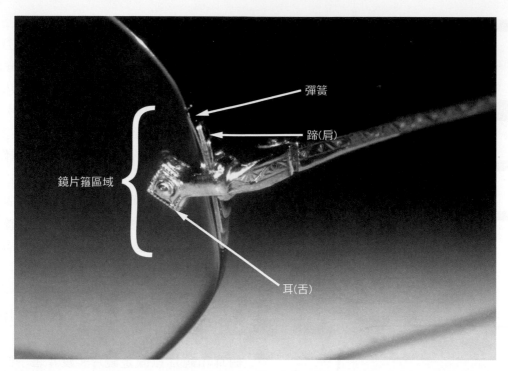

圖 1-20　傳統型無框裝配架的鏡片箍區域，在中央和端片的位置具有相同結構。
目前的無框裝配架不需要有這種傳統型的結構。

這些材料在寒冷天候下易脆，表現不佳。之後廣泛使用的材料為硝酸纖維素（賽璐珞）。硝酸纖維素的拋光效果佳，但在高溫下易燃，這樣的危險性使得硝酸纖維素被 FDA 禁止不再用作鏡架材料。然而，賽璐珞鏡架是過去曾普遍使用的唯一塑膠鏡架，故塑膠鏡架被稱作「賽璐珞」鏡架。儘管賽璐珞已從市場上消失，用於塑膠鏡架的「賽璐珞」名稱仍被保留，如今該名稱主要用於稱呼醋酸纖維素材質。

### 醋酸纖維素

醋酸纖維素是一種廣泛用於鏡架的材料。醋酸纖維素的原料是自棉花或木漿中萃取後再進行加工[1]。當原料為棉花時，使用的是軋棉後黏附棉籽的纖維，因這些纖維太短，而無法用於製作布料，故稱作棉籽絨[2]。這些棉花或木質材料以酸酐和醋酸的混合物進行處理，使用硫酸作為催化劑，之後再加入塑化劑和老化穩定劑[2]，然而醋酸纖維素仍然會因老化而變脆。

某些過敏情況導因於配戴醋酸纖維素鏡架，儘管這相當罕見。大部分皮膚產生的過敏反應是由鏡架材料吸收的物質導致，而非鏡架材質本身造成。品質較佳的醋酸纖維素鏡架有鍍膜保護以封住表面。若未鍍膜，醋酸纖維素可能會吸收產生過敏原的物質。優良的鏡架鍍膜亦包含紫外線抑制劑 *，可防止鏡架褪色。

醋酸纖維素可製成塑膠薄板，從上面直接切割出鏡架的零件，亦能製成塑膠粒用於射出成形。就眼鏡鏡架而言，醋酸纖維素通常在製成薄板後再進行銑削加工（圖 1-21）。

### 丙酸

乙醯丙酸纖維素通常簡稱為丙酸，具有許多與醋酸纖維素相同的性質，且射出成形的效果較佳。丙酸的著色穩定性較醋酸纖維素差，若未含紫外線吸收劑的高品質鍍膜，在短時間內便會褪色。丙酸鏡架的製造始於加熱塑膠粒使其融化成液體，然後根據想要的鏡架形狀射出成形。塑膠粒起初可能為無色，在成形後再染上想要的顏色。相較於醋酸纖維素，丙酸在重量上有較輕的優勢，大約僅為醋酸纖維素 3/4 的重量。

### Optyl

用於製作鏡架的環氧樹脂 (epoxy resin) 以商標

* 「紫外線抑制劑」阻擋太陽的紫外線。

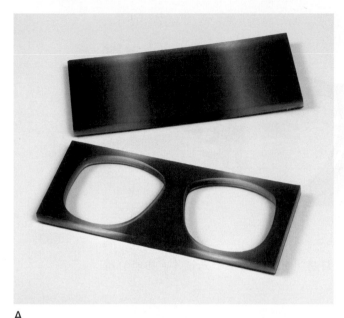

A

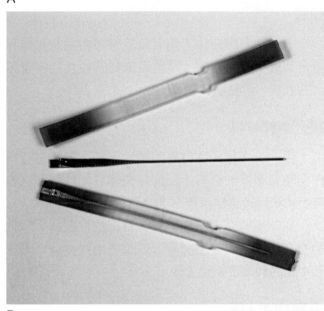

B

**圖 1-21**　鏡架前框和鏡腳能從醋酸纖維素板材上銑削出來，經過幾個步驟後完工直至拋光，且通常有鍍膜以保護鏡架材質不受陽光損傷，並降低敏感體質配戴者產生過敏反應的機率。A. 鏡架前框從塑膠板上被銑削出來。B. 製造鏡腳的一種方法。首先將醋酸纖維素成形 ( 上 )，然後將金屬鉸鍊和蕊心 ( 中 ) 壓入塑膠內部 ( 下 )。至此步驟，鏡腳被銑削成想要的型式並定形。

Optyl 為人所知，將液體樹脂和硬化劑混合，然後使用真空法吸入鏡架模具。這種材質具熱彈性，亦即加熱時會彎曲，再度加熱時則恢復原本的形狀 ( 醋酸纖維素具熱塑性，加熱時會彎曲，但再度加熱時不會恢復原本形狀，因其無「塑性記憶」)。Optyl 約

比醋酸纖維素輕了 30%[2]。基於 Optyl 的穩定性，使之適合那些對其他鏡架材質過敏者 ( 更多關於 Optyl 材質的操作資訊請見第 7 章嵌入 Optyl 鏡架 )。

## 尼龍和尼龍基質材料

**尼龍：**為彈性高的一種材料。僅用於眼鏡鏡架時，尼龍會喪失彈性，除非每隔一段時間浸泡在水中過夜，否則會變得易脆。「純」尼龍曾廣泛用於運動眼鏡，亦用於不需處方即可販售的太陽眼鏡[3]，現在則和其他材料一起組合，以增加強度和穩定度，使部分鏡架材料仍被繼續使用 ( 第 7 章嵌入尼龍鏡架 )。

**聚醯胺／共聚醯胺：**聚醯胺是一種以尼龍為基礎的材料，非常堅固。由於可做得較薄，且僅為醋酸纖維素重量的 72%，在重量上極具優勢。聚醯胺鏡架可以做成不透明或是半透明。由聚醯胺製成的鏡架可耐受化學品和溶劑且具低過敏性[3]( 更多關於聚醯胺鏡架的資訊請見第 7 章嵌入聚醯胺鏡架 )。

**Grilamid：**是一種以尼龍為基礎的材料，為運動或表演用的眼鏡。Grilamid 不像單有尼龍的鏡架材質，其在顏色上有多種選擇。有些製造商已經將 Grilamid 和鈦融合，創造出一種堅固且舒適的新材料。

## 碳纖維

碳纖維材質可用於製造薄且堅固的鏡架，該材料是由碳纖維束結合尼龍製造而成。碳纖維不可調整，因此主要用於製作鏡架前框，鏡腳則通常是用其他材質製作，亦即若在選擇鏡架時遇到不合的碳纖維鏡架，不用去想之後有什麼辦法可讓它變得合適。它的主要優點在於重量很輕，碳纖維的重量為醋酸纖維素的 60%。不僅重量輕，且因為強度夠故可做得更薄。由於碳是黑色使得鏡架顏色為不透明，也因此存在限制。

在寒冷天氣下，碳纖維有可能會破裂。基於溫度方面的問題，材料從室內移出後不宜立刻直接進行任何處理 ( 更多關於處理碳纖維材質的資訊請見第 7 章嵌入碳纖維鏡架 )。

## 聚碳酸酯

聚碳酸酯材質通常與鏡片有關，但也能模製成

圖 1-22　聚碳酸酯運動用鏡架可向製造商訂購，會預先裝上平光鏡片。亦能訂購無鏡片的鏡架作為處方用途。

圖 1-23　具有平光鏡片的安全用鏡架可以用一體成形的方式模製。如樣品所示，鏡架和鏡片是由聚碳酸酯材料模製。

鏡架。聚碳酸酯製成的鏡架通常用於運動或安全眼鏡。若是用於非處方的眼鏡，鏡片和鏡架通常是以一體成形的模具製造。

聚碳酸酯鏡架 ( 和鏡片 ) 非常耐衝擊。不幸的是，聚碳酸酯鏡架不適用於常規眼鏡，乃因其不易調整。聚碳酸酯鏡架較適合以彈性繩帶固定的運動眼鏡 ( 圖 1-22)，或是可單獨使用或戴在常規眼鏡外的護目鏡 ( 圖 1-23)。

### Kevlar

Kevlar 是一種和尼龍混合的材料，本身也是堅固、質輕的鏡架材料。Kevlar 在很廣的溫度範圍下皆能保持穩定，但難以調整。儘管加熱後變得柔軟，但仍無法收縮或伸長。

## 橡膠

有些運動眼鏡和太陽眼鏡鏡架可由尼龍和橡膠組合製成。正如預期，這些鏡架具彈性且能恢復原本的形狀，但無法調整[4]。

## 複合塑膠材料

目前有多種塑膠材料的組合，其中包括有時稱作記憶性塑膠的材料。記憶性塑膠具韌性和彈性，彎折或扭轉後仍能恢復原本的形狀。

並非所有複合塑膠材料皆為記憶性塑膠，其他的複合塑膠結合各種材料，以製造出符合特定需求和用途的鏡架及鏡架零件。

## 金屬鏡架材料

在過去，含金的合金曾是最常用於眼鏡鏡架的金屬材料 ( 第 2 章含金的金屬鏡架之金分類 )。現今很少鏡架是含金的。

由於電解處理技術的引入，金屬鏡架已有很大的進步，可達到抗腐蝕和完工後的美觀。與其懷念從市場上消失的金合金鏡架，更應擁抱取代其地位的新一代產品的美觀和可靠性。

以一種以上的材質製作鏡架也是常見的現象。鏡腳可能為了彈性而採用某種材質，鏡架前框則是使用另一種材質，而連接片又為另一種材質。

## 鎳基材料

鎳是常用於眼鏡鏡架的一種金屬材料，堅固且

具延展性，主要缺點為某些人會對鎳產生過敏反應，報告指出約有 10% 的人口可能對鎳過敏[5]。幸好高品質的眼鏡鏡架皆含保護性材料的鍍膜，當鍍膜仍存在時，可防止侵蝕且使金屬不會直接觸及皮膚。

　　**純鎳**：鎳可抗腐蝕。由於純鎳具有延展性，鏡架很容易調整。鎳容易染色的特質，可使鏡架有多種變化。

　　**鎳銀**：含有 50% 以上的銅、25% 的鎳，其餘則為鋅，但「鎳銀」不含銀。銅讓鎳銀具有柔軟度，鋅增加強度，而鎳使得合金具有泛白的外觀。當鎳銀中的鎳超過 12% 便無法顯現銅的顏色[1]。鎳銀的另一個名稱為德國銀 (*German silver*)。

　　**蒙納合金 (Monel metal)**：具有泛白的顏色，柔軟而易於調整，抗腐蝕且可高度拋光。蒙納合金由鎳、銅、鐵和其他元素製成，最主要的成分是鎳(63 ～ 70%)。第二多的成分為銅，鐵僅佔 2.5%，另含有矽、碳和硫[1]。蒙納合金常被用於鏡架材料。

## 鋁

　　鋁既堅固也非常輕，可加工成各種顏色且不會腐蝕。鋁焊接的效果不好，故必須由螺絲或鉚釘組合起來[6]。鋁容易調整但無彈性，若被彎曲將保持彎曲後的形狀。

## 不銹鋼

　　在 19 世紀，有些鏡架是用一般鋼材 ( 非不銹鋼 ) 製成。不銹鋼是 20 世紀初所開發的材料，主要由鐵和鉻製成，極耐腐蝕。不銹鋼很堅硬，做得非常薄時會產生彈性，因而適合做鏡腳。但彈性也表示「調整不易且通常無法保持形狀[7]」。不銹鋼是不易導致過敏的材料之一。

## 鈦

　　鈦是用途廣泛且產量豐富的金屬材料，越來越常被用於眼鏡鏡架，其優點包含如下：

- 鈦非常輕，相較於常規金屬鏡架材質，鈦減少了 48% 的重量[8]。
- 鈦非常堅固，使得鈦金屬鏡架可以設計得非常薄，因此更能減輕重量。
- 鈦極具抗腐蝕性，對於居住在炎熱天候或是在工作環境下會大量流汗者而言是極佳的選擇。

- 鈦具低致敏性。需注意鈦常與其他金屬並用，若配戴者對合金中的其他金屬過敏，除非鏡架經過適當的鍍膜處理，否則仍有可能發生過敏反應。然而若鈦未與其他金屬混合，對於皮膚會對鏡架過敏者而言是很好的選擇，因此使得鈦成為極具吸引力的鏡架材料。
- 當鈦與其他金屬並用，鈦可讓鏡架具有彈性，但需注意有些鏡架將鈦與鎳合用以增加彈性，鏡架若無適當的鍍膜，對某些人來說會增加過敏的機率。

　　鈦的缺點較少，包含以下項目：

- 鈦很難焊接。
- 製造過程的要求較高，導致鈦比其他常規材料昂貴。

　　**鈦的標記準則和分類**。美國視覺協會 (Vision Council of America, VCA) 針對含鈦的鏡架建立了自發性標記準則，原因是「為了終結越來越常見的混淆情形，即當鏡架標示為『鈦』但其實只含部分或根本不含鈦[9]」。由於為自發性準則，表示標記上可能仍有混淆的情形，然而若鏡架根據 VCA 標準進行標示，買家應了解此鏡架包含什麼材質。為了認證，鏡架的鈦成分必須經由具公信力的獨立實驗室進行測試，以下為標記準則[10]：

- *100% 鈦認證*－鏡架所有主要組成零件的重量中至少有90%是鈦，且為了確保不會導致配戴者過敏，鏡架必須不包含任何鎳 ( 圖 1-24, *A*)。
  - *Beta 鈦認證*－鏡架所有主要組成零件的重量中至少有70%是鈦，且必須不包含任何鎳 ( 圖 1-24, *B*)。

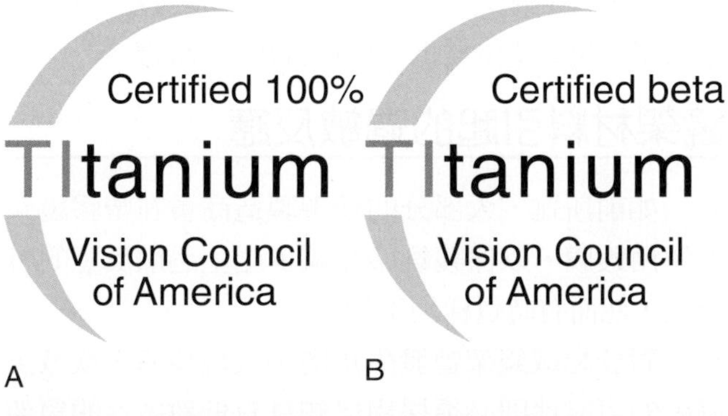

|  |  |
|---|---|
| Certified 100% | Certified beta |
| **TItanium** | **TItanium** |
| Vision Council of America | Vision Council of America |
| A | B |

**圖 1-24**　美國視覺協會的鈦金屬標示準則，所使用的標誌通常出現於展示鏡架的展示鏡片上。**A.** 100% 鈦金屬認證表示 90% 是鈦且鏡架不含鎳。**B.** Beta 鈦金屬認證表示至少 70% 是鈦且不含鎳。

未包含於美國視覺協會之分類中的為混合鈦－用於鏡架的主要零件為鈦，其他零件則由其他金屬所製成的鏡架[8]。鎳鈦 (nickel titanium) 或形狀記憶合金 (shape memory alloy, SMA) 適用於稱呼鈦含量為 40 ～ 50% 而其餘為鎳的鈦合金[11]，有時僅稱為記憶金屬 (memory metal)[12]，此材料彈性極佳，扭折之後可回復原本的形狀 (需注意其他種類的金屬鏡架材料也有類似「記憶金屬」的作用)。

## 青銅

青銅是一種傳統上由銅和錫製造的合金，適合用於製作眼鏡鏡架，乃因其耐腐蝕、質輕且容易著色。

## 鎂

鎂甚至比鈦還輕。鎂金屬製成的鏡架極輕也特別耐用。鏡架外層通常需密封，乃因生鎂具腐蝕性。鎂亦可和其他金屬混合作為合金的成分。

## 其他材料及合金

其他適合製作鏡架的材料包括鈷、鈀、釘和鈹。

如預期，前述金屬也有許多可能的組合以優化某些特色，有些鏡架製造商會給予某些具有特定組合的合金商標名稱，例如 FX9 是由銅、錳、錫和鋁組成，產生一種低致敏性、質輕且具延展性的材料[13]；另一種稱作 Genium 的材料則由 12% 碳、17.5 ～ 20% 錳、1% 矽、17.5 ～ 20% 鉻、58.9 ～ 63.9% 鋼組成。將這些材料混合以製造低致敏性的鏡架，薄而堅固、質輕、具彈性且耐用[14]。當鏡架設計改變時，金屬合金的組合也會產生變化，以符合新設計的需求。

# 鏡架材料引起的過敏反應

如前所述，大部分的鏡架製造商會在塑膠鏡架上使用鍍膜，以保護鏡架並減少產生過敏反應的可能性，然而有時這樣仍不夠。

對於配戴鏡架曾發生皮膚過敏現象者，欲減少過敏的可能性則必須採用已知具有低致敏性的鏡架材質。下列為一些根據報告具有低致敏性的材料：

- Optyl 環氧樹脂
- 聚醯胺／共聚醯胺

- 鈦
- 不銹鋼

若個體已對其鏡架產生過敏反應，下列為一些鏡架可以調整的措施，以減低過敏反應：

- 在鏡架上包覆一層透明鍍膜。專門維修鏡架的公司可能會提供這項服務 (順帶一提，有些配鏡人員曾嘗試在鏡腳的內側塗上一層透明指甲油以解決此問題，可惜這種方法無法維持太久)
- 使用超薄的透明熱縮管套在鏡腳上。光學用的收縮套管可從提供備用眼鏡、調整鉗和配件的光學零件供應商處取得

若個體對鼻墊產生過敏反應，可使用替換鼻墊以緩解此問題，這些鼻墊為：

- 鍍金的金屬鼻墊
- 鈦金屬鼻墊
- 水晶鼻墊

(亦可見第 10 章低過敏性鼻墊材質之相關內容)

若對金屬線型鏡腳產生過敏，可使用鏡腳護套包覆鏡腳。鏡腳護套有塑膠、乙烯樹脂和矽膠材質可供選擇，亦有針對此用途所販賣的「熱縮」套管，根據報告其可消除過敏反應 (更多資訊請見第 10 章在線型鏡腳耳端加裝護套)。

關於過敏的備註：一種液體鏡片填隙劑有時可用於鏡架的凹槽，使鬆動的鏡片變得更加穩定。這種填隙劑材料包含乳膠，不可用於對乳膠過敏者的配戴鏡架上。

## 參考文獻

1. Ophthalmic optics files: 8. Spectacle Frames, Paris, undated, Essilor International.
2. Today's frame material for tomorrow, Munich, Germany, undated, Optyl Holding GmbH & Co.
3. August EC: Professional selling skills and frame materials, Eye Quest Magazine, 2:40, 42, 1992.
4. Bruneni JL: Perspective on lenses 1995, Merrifield, Va, Optical Laboratories Association.
5. Parker L: Titanium tactics—part 2: translating titanium into sales, Eyewear, 1999.
6. Barnett D: What's in a frame? Eyecare Business, September, p.76, 1988.
7. DiSanto M: Rimless eyewear: making the right choice, 20/20, New York, NY, 2004, Jobson Publishing.
8. Szczerbiak M: The ABCs of titanium frames, Visioncareproducts.com, vol 2, no 1, January/February 2002.
9. OMA debuts titanium guideline, Eyecare Business, August, p. 22, 1999.

10. Vision Council of America, Titanium marking guidelines, http://www.visionsite.org/s_vision/sec.asp?TRACKID=&CID=266&DID=397, February 2006.

11. Hohnstine, Nicola, Spina: Make it a lite…a titanium lite, 20/20 Online, 30:11, 2003.

12. What are the different frame materials? Essilor website: Http://www.essilorha.com/frames.htm, excerpted from

"OLA Perspective on Lenses," Optical Laboratory Association, 1997.

13. O'Keefe J: Make mine metal, Visioncareproducts.com, vol 4, April 2004.

14. O'Keefe J: Frame materials go beyond zyl and monel, Visioncareproducts.com, vol 3, May 2003.

# 學習成效測驗

將以下描述與鏡架名稱配對：

1. _____ 通常有一個金屬底座和塑膠頂框。

2. _____ 每片鏡片上有兩個洞，且有一個金屬的加強臂沿著鏡片上端的後側表面延伸。

3. _____ 只靠鼻側固定鏡片。

    a. 槽口夾型鏡架
    b. 半眼鏡架
    c. 複合式鏡架
    d. 半框鏡架
    e. 鼻側單點鏡架

將以下描述與鏡架名稱配對：

4. _____ 設計用於需閱讀矯正度數但不需要視遠矯正者。

5. _____ 鏡片的每一側有溝槽，可讓連接至鋼條上的夾子固定鏡片。

6. _____ 以環繞鏡片的細繩固定鏡片。

    a. 槽口夾型鏡架
    b. 半眼鏡架
    c. 半框鏡架
    d. 尼龍線鏡架

將以下術語配對：

7. _____ 環氧樹脂

8. _____ 帶柄眼鏡

9. _____ 鋁

10. _____ 半眼眼鏡

11. _____ 「龜殼」

12. _____ 可彎折式鏡腳

13. _____ 尼龍線鏡架

14. _____ 鼻側單點裝配架

15. _____ 鏡腳耳端

    a. 手持
    b. 「賽璐珞」
    c. 閱讀
    d. 捲曲部
    e. 僅鼻側
    f. 經過陽極處理
    g. 直向後
    h. 有記憶性
    i. 線型裝配架

16. 哪一種鏡腳在耳朵周圍彎曲，沿著耳朵和頭部連接處延伸至耳垂的高度？這種鏡腳通常是塑膠製，也常用於兒童眼鏡或安全眼鏡。
    a. 圖書館式
    b. 顱式
    c. 弓式
    d. 可彎折式

17. 哪一種鼻橋順著鼻梁分散鏡架的重量，且有鼻墊連接至鼻橋後方？
    a. 鎖孔式
    b. 改良型鞍式
    c. 鞍式
    d. 墊式
    e. 以上皆非

將以下描述與正確的鏡架材料配對：

18. ＿＿＿ 常被製成薄板的一種鏡架材料，並經銑削製成鏡架。

19. ＿＿＿ 一種具高度彈性的材料，若每隔一段時間浸泡過夜將可保持彈性。

20. ＿＿＿ 這種材料製成的鏡架可以做得很薄且輕。鏡架顏色主要是不透明，且在寒冷天氣時容易產生破裂問題。

21. ＿＿＿ 主要用於運動或安全上的用途，不易調整，對常規眼鏡而言並不是好用的材料。

22. ＿＿＿ 這些材料製成的鏡架是從加熱融化塑膠粒開始，然後射出成形製成想要的鏡架形狀。

23. ＿＿＿ 一種以尼龍為基底的材料，可做成半透明的，而非僅為不透明。

24. ＿＿＿ 這種材料是由液體樹脂和硬化劑混合後，利用真空法吸入鏡架的模具後製成。

a. 尼龍
b. 碳纖維
c. 聚醯胺
d. Kevlar
e. 醋酸纖維素
f. 聚碳酸酯
g. 丙酸
h. 環氧樹脂

將以下描述與正確的鏡架材料配對，所有答案皆應配對且不複選：

25. ＿＿＿ 因其強度和彈性而通常用於鏡腳。

26. ＿＿＿ 重量極輕且不會腐蝕，可以做得很薄。

27. ＿＿＿ 很輕且能加工成各種顏色。

28. ＿＿＿ 鎳銀的同義詞。

29. ＿＿＿ 顏色泛白、柔軟、耐腐蝕且可高度拋光。

30. ＿＿＿ 耐腐蝕、具延展性且易上色。

a. 蒙納合金
b. 鋁
c. 純鎳
d. 鈦
e. 不銹鋼
f. 德國銀

將以下鈦金屬鏡架材料分類並與最適合的答案配對：

31. ＿＿＿ 形狀記憶合金

32. ＿＿＿ 100% 鈦認證

33. ＿＿＿ Beta 鈦認證

a. 所有主要零件依據重量至少含 70% 鈦，不含鎳

b. 鈦和鎳的組合

c. 所有主要零件依據重量至少含 90% 鈦，不含鎳

d. 全鈦，不含其他金屬

e. 所有主要零件依據重量至少含 70% 鈦，其餘為鎳

# CHAPTER 2

# 鏡架測量與標記

若要訂製合適的處方眼鏡，熟悉鏡架測量方法和如何標記尺寸是必要的。測量程序的相關知識能確保在訂製損毀鏡片的替代品時，能收到適當尺寸的鏡片。本章的學習目標是要使讀者對鏡架尺寸的性質有全面的了解。由此獲得自信與能力後，方能以此為基礎發展出選擇鏡架的技能。

## 舊式基準線系統法

先前用於測量鏡片的基準線系統法，被設立作為鏡架和鏡片的參考點系統，因此鏡片的光學中心和雙光鏡片的子片高度位置是一致的。

當鏡片被置於鏡框中的正確位置時，在鏡片最高和最低處邊緣各畫一條水平線（圖 2-1）。在這兩條水平線的中間，畫上一條和兩條線等距且平行的直線，稱作基準線 (datum line)。鏡片在這條線上的寬度稱為基準長度 (datum length) 或眼型尺寸。在基準線上，鏡片邊緣之間的中點稱作基準中心 (datum center)。鏡片的深度稱作基準中心深度 (mid-datum depth)，即測量穿過基準中心的垂直深度。

基準線系統法比目前使用的方框系統法出現得早。

## 方框系統法

方框系統法是以基準線系統法為基礎進行改良。基準線系統法使用兩條平行線 —— 一條靠在鏡片頂端，另一條靠在鏡片底端。方框系統法保有這兩條水平線，另加上兩條垂直線，這兩條垂直線被置於鏡片的左、右側邊緣，此四條線在鏡片四周圍成一個方框（圖 2-2）。

### 水平中線

在鏡片頂端和底端的中間有一條水平線，這條線在基準線系統法中稱為基準線，該名稱繼續沿用至今。然而在方框系統法中，此線通常稱為水平中線 (horizontal midline) 或 180 度線 (180-degree line)。

### 幾何中心

鏡片的中心是水平中線在鏡片邊緣兩條垂直線之間的中點，該點稱為已磨邊鏡片的幾何中心 (geometric center) 或方框中心 (boxing center)。此術語無關於鏡片的光學定位。

### 尺寸

鏡片尺寸是指包圍鏡片的方框之長度和深度。目前通常將方框的水平長度稱作鏡架的眼型尺寸 (eye size)，或是鏡片的鏡片尺寸 (lens size)。兩者皆以公釐為測量單位。

多數配鏡人員所說的鏡片尺寸或眼型尺寸，主要是指鏡片的水平長度測量值，在圖 2-2 中以字母「A」表示。有些鏡架會標示眼型尺寸值，這與鏡架的 A 尺寸不同且無關。此種程序嘗試讓眼型尺寸的數值與「裝配調整值」有所關聯，然而這並不是被推薦的作法且會導致混淆，但因太常見以致於鏡架的參考資料通常會同時標上 A 尺寸和眼型尺寸，即使兩個值相等。

字母「B」代表圍繞鏡片方框的垂直測量值。「A」和「B」和鏡片形狀無關。字母「C」為鏡片本身沿著水平中線測量的寬度[1]（這和 A 尺寸可以有很大的不同）。鏡片的 C 尺寸很少被使用。在舊的基準線系統法中，C 尺寸是鏡架的眼型尺寸。有些人仍以此法錯誤地測量眼型尺寸。

鏡片的 C 尺寸不應與鏡片的「C 尺碼」混淆。C 尺碼是已磨邊鏡片的周長，有時會在磨邊時用於增加複製舊鏡片時的準確度。

## 測量

決定鏡架的水平方框尺寸時,由想像中的方框左側凹槽內部開始測量,往水平方向橫越鏡片開口,至方框右側凹槽最遠的部分(圖 2-3)。測量時勿傾斜方框。

測量鏡片時是由圍繞鏡片的方框左側鏡片邊斜面上的頂點開始,延伸至方框右側鏡片邊斜面上的頂點。記住 A 尺寸是方框的寬度,而非鏡片形狀中間的寬度。

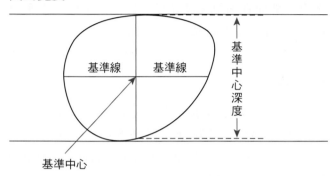

圖 2-1 在基準線系統法中,基準中心深度並不總會與水平切線之間的距離相等。基準眼型尺寸是在基準線上的鏡片寬度。基準線系統法的眼型尺寸和方框系統法的眼型尺寸不同。有些人根據基準線系統法測量眼型尺寸,以為他們使用的是方框系統法。這兩種眼型尺寸測量法並不相同。

## 有效直徑

鏡片的有效直徑是鏡片幾何中心至最遠的鏡片邊斜面頂點距離的兩倍(圖 2-2),此測量值可協助決定能切割出鏡片的最小鏡坯(第 5 章:決定鏡坯尺寸)。

## 鏡框差

鏡框水平和垂直測量值的差稱為鏡框差(*frame difference*),以公釐為測量單位。鏡框差越大則圍繞鏡片的方框越扁長(圖 2-4)。鏡框差有時稱為鏡片差(*lens difference*)。

## 鏡片間距或鼻橋尺寸

方框系統法亦能定義鏡片間距(distance between lenses, DBL)。鏡片間距是鏡框中兩鏡片各自圍成的方框之間的距離,通常和鼻橋尺寸同義。然而必須留意對於不使用方框系統法的製造商而言,他們可能會標示一個不符合鏡片間距的鼻橋尺寸。

在鏡架上測量鼻橋尺寸或鏡片間距的方式,乃自鼻側鏡圈內側溝槽跨越鼻橋區域的最窄處(圖 2-5),此距離是以公釐為測量單位。當然,由於鏡片

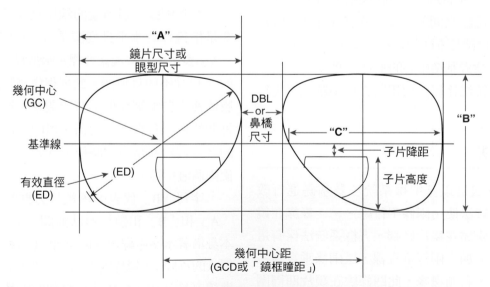

圖 2-2 在方框系統法中,A 尺寸是方框的水平寬度。若鏡架經適當的標示,眼型尺寸會和鏡框的 A 尺寸相等。B 尺寸是方框的垂直長度。C 尺寸是鏡片在水平中線的寬度,該尺寸至今已很少使用。C 尺寸不應與鏡片的「C 尺碼」混淆。鏡片的 C 尺碼是指鏡片周圍的長度(即周長)。配鏡人員使用 C 尺碼來確保單獨訂鏡片時能確實符合鏡架的尺寸。

圖 2-3　測量鏡架的水平尺寸時，要從一側的凹槽內側開始測量，越過鏡片開口延伸至另一側的凹槽最遠處。從前方觀看時無法看到凹槽的內部，這表示我們可以估計凹槽的位置，握住尺使刻度零處在凹槽的左側，然後我們需要讀出尺在右側凹槽位置的數值。若有鏡片開口的測量值，需在兩側各加 ½ mm 以補足凹槽的深度。此數值可能有些微變化，端看凹槽的深度。

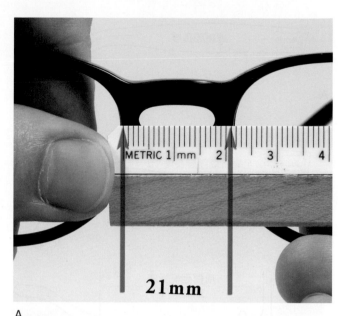

A

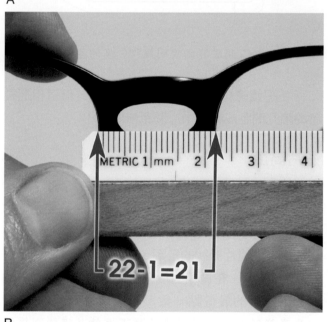

B

圖 2-5　A. 鏡片間距或鼻橋尺寸是從鏡架上鏡圈鼻側內側凹槽，跨過鼻橋最窄處所測得的距離。測量鼻橋尺寸時，我們無法看到凹槽內側，故必須估計凹槽的位置。B. 若是由鏡片開口測量至鏡片開口，必須從兩側凹槽各減去約 ½ mm，依凹槽深度進行調整。

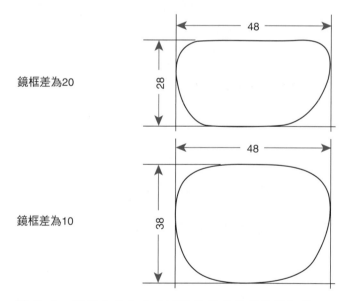

鏡框差為20

鏡框差為10

圖 2-4　鏡框水平和垂直測量值的差值稱為鏡框差。

的形狀各異，具有相同鏡片間距的兩個鏡架不見得適合同一人。

## 幾何中心距

　　兩鏡片幾何中心之間的距離稱為幾何中心距 (geometric center distance, GCD)，這可用較簡易的方法測量，即從一鏡片開口的最左側至另一鏡片開口的最左側之間的距離 ( 即一個「方框」的左側至另一「方框」的左側 )。幾何中心距也可由鏡框眼型尺寸加上鏡片間距計算而得，結果是相同的。

　　幾何中心距也以另外三個名稱為人所知：

1. 中心距 (DBC)。

2. 鏡框中心距。

3. 鏡框瞳距。

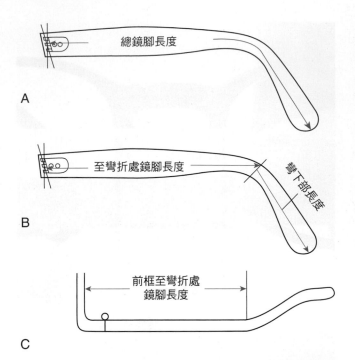

圖 **2-6** A-C. 用於詳細說明鏡腳長度的各種方法。

在配鏡時經常使用鏡框瞳距一詞,但這和配戴者的瞳孔間距或瞳孔中心間距無關 *。

## 子片高度

在指明雙光或三光子片的高度時,參考點位置以公釐為單位,可表示為 (1) 水平中線之下或之上的距離 ( 稱為子片降距或子片升距 ),或 (2) 與方框系統法中包圍鏡片形狀的矩形,從底線算起的距離 ( 稱作子片高度 )。在實際測量過程中,方框底線的位置與鏡圈凹槽的最低點一致。仔細看圖 2-2 時,可發現此高度可能與直接從瞳孔往下至鏡片邊緣測得的深度不同。

## 鏡腳長度

目前大部分的鏡腳會標示總體或整個鏡腳長度。鏡腳長度單位以公釐表示。鏡腳長度可能以下列其中一種方式測量。

### 總鏡腳長度

總鏡腳長度是中央桶狀部螺絲孔的中心至鏡腳後端之間的距離,沿著鏡腳的中央進行測量 ( 圖 2-6,

A)。大多時候螺絲孔的中心會與鏡腳端頭的位置相合,但並非總是如此。此外,在測量總鏡腳長度時,必須沿著彎折部而非測量直線距離,除非鏡腳形狀是筆直的。最簡單的測量方法如圖 2-7 由 A 至 D 所示。

舒適的線型鏡腳是以總長度的形式測量。實際的測量方法乃抓著鏡腳末端,將鏡腳沿著尺延展 ( 圖 2-8)。

## 至彎折處鏡腳長度

至彎折處鏡腳長度 (length to bend, LTB) 是測量鏡腳長度之較舊方法,測量時是由桶狀部的中心至彎折部的中間 ( 圖 2-6, B)。從鏡腳彎折處至鏡腳末端之間的距離稱作彎下部長度 (length of drop )( 圖 2-6, B)。

## 前框至彎折處鏡腳長度

若端片是以向後傾斜的方式被包覆,在鏡架前框平面和實際的鏡腳開頭位置之間會有一段距離。在這種情況下,鏡腳長度可被表示為前框至彎折處鏡腳長度 (front to bend, FTB)( 圖 2-6, C),較至彎折處鏡腳長度稍微長些。現今已很少採用此測量方法。

## 鏡架標示

多數鏡架是根據三種測量值的大小標示:眼型尺寸、鏡片間距、鏡腳長度。採「包金」法製造的金屬鏡架也會標示鏡架中的金含量。過去經常使用包金鏡架。任何新的包金鏡架皆非常昂貴。

## 眼型尺寸和鏡片間距

當看到鏡架上有 50□20 的標示,表示眼型尺寸為 50 mm,而鏡片間的距離為 20 mm。數字之間的方框表示眼型尺寸是根據方框系統法測量而得,它也用於隔開兩個數字以避免混淆。眼型尺寸和鏡片間距有時簡單標示為 50-20 或 50/20。

## 標示的位置

可在塑膠鏡架上多處找到標示,可能印在鼻墊內側或鏡圈外側的上半側。有些鏡架會把尺寸印在端片的後側,必須折疊鏡腳才能尋得。有時眼型尺寸會印在一側的端片,另一側的端片則標示著鏡片間距。鏡腳長度應印在鏡腳內側。有些製造商將此

---

* 「鏡框瞳距 (frame PD)」一詞可能源自過去的作法:當時取決於透過選擇出能正確符合的鼻橋尺寸以決定鏡架尺寸,再選擇一個眼型尺寸讓配戴者的瞳孔剛好是在鏡架鏡片開口的幾何中心。

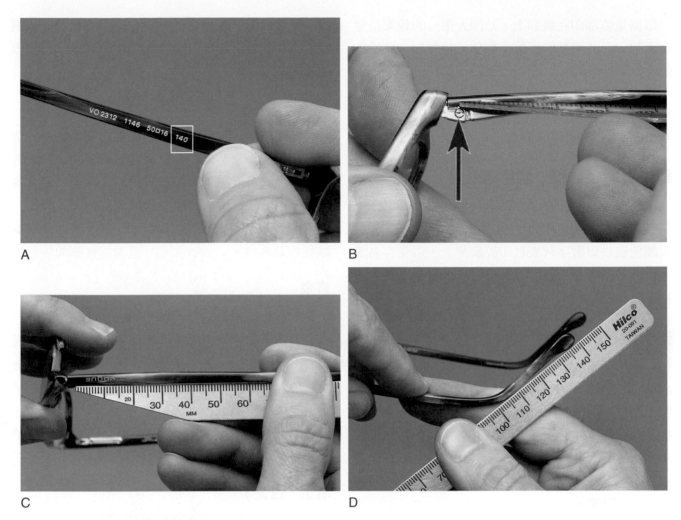

圖 **2-7**　測量總鏡腳長度。**A.** 此為一支鏡腳長度標示為 140 的鏡腳。我們將測量這支鏡腳，並將結果與標示的數值進行比較。**B.** 將尺的刻度零位置對準鉸鍊桶狀部的中心後開始測量，如圖中測量視角所示。**C.** 從側面看鏡腳，顯然刻度的零點未在鏡腳端頭的位置，桶狀部中心和鏡腳端頭通常位於相同的位置。在這個例子中，從照片可發現兩者明顯不同，且測量的起點並非從鏡腳端頭開始。**D.** 將尺轉到鏡腳彎折處的位置，注意鏡腳末端對準的刻度，此為總鏡腳長度。

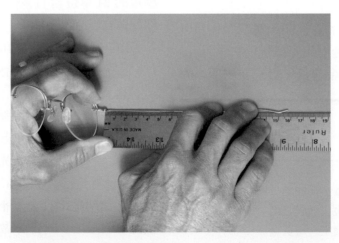

圖 **2-8**　線型鏡腳的總鏡腳長度是將線型鏡腳沿著尺延伸測量而得。

三個測量值都印在鏡腳上，乃因大部分的鏡架是整組販售，而非鏡架前框配上相稱的鏡腳組。可惜的是若鏡腳有做更換，此作法將導致混淆。

在金屬鏡架或有金屬底座的鏡架上，眼型尺寸和鏡片間距通常標示於鼻橋內側，儘管偶爾也會印在頂部加強條的下方或鏡腳上。

## 鏡架製造商名稱、顏色與產地

鏡架上亦必須標示產地、製造商和鏡架名稱。許多鏡架製造商使用數字而非名稱作為標示，若鏡架顏色也是以數字代表且印於鏡架上，這便容易讓人混淆。此時查詢鏡架參考型錄或資料庫將有所助益。

## 安全眼鏡的鏡架標示

適用於安全眼鏡的鏡架必須有「Z87」或「Z87-2」和製造商的名稱或標誌，印在鏡架前框和兩側鏡腳。這是由美國國家標準協會(ANSI)所規定的標準，稱為美國國家職業和教育性眼部與面部保護標準作法，此標準的編號為 Z87.1。若一副眼鏡配有安全鏡片，但鏡架未標示「Z87」或「Z87-2」，該眼鏡就不是安全眼鏡。

## 含金的金屬鏡架之金分類

金屬鏡架可能不含任何或顯著數量的黃金，這與鏡架的品質無關(關於鏡架材質的更多說明請見第 1 章)。若鏡架含有黃金成分，除了表示鏡架尺寸的數字之外，也會有用於表示金含量的數字印在鏡架上。金或部分含金的物件可分類為純金、實金、填金、鍍金或閃鍍金(表 2-1)。

含金鏡架的顏色與其品質無關，鏡架顏色乃與用於和黃金製作成合金的金屬類型有關。

K 金系統用於決定黃金含量。標記在物件上的

**表 2-1**
**黃金的分類**

| 名稱 | 代表意義 |
|------|----------|
| 純金 | 100% 純金 |
| 實金 | 黃金加上基底金屬，從內到外均勻混合 |
| 填金 | 基底金屬在「實金」鍍膜之內 |
| 鍍金 | 基底金屬薄薄地鍍上一層黃金 |
| 閃鍍金 | 基底金屬以類似鍍金的方式薄且快速地覆上一層黃金 |

數字是金含量，與 24 單位的純金重量做比較：一個標示為 12k 的物件是由一半黃金和一半其他金屬所組成的合金。

## 純金

純金是用以稱呼不含黃金以外金屬的物件，這種黃金在化學上是純的。針對眼鏡鏡架，儘管此為最純的形式，但並不總是最實用的。純金鏡架太容易變形，能輕易彎折和產生凹痕，因而不太實用。使用 K 金系統時，純金是 24k，以重量而言其表示 24 份皆為黃金。

## 實金

實金物件實際上是由黃金和其他金屬構成的合金，由黃金和基底金屬混合而成。此名詞容易讓人誤會，乃因它並不表示全部是黃金，實金物件是全由黃金合金製造。無論使用後受到何種程度的磨損，它仍能保持光澤。

符號 θ 可代表 10k 的實金鼻橋；符號 □ 則用於代表 12k 實金鼻橋。

## 填金(包金)

填金物件是由黃金以外的金屬構成，外層再覆上黃金合金，該名詞不表示物件「以黃金填充」，反之是以外層的黃金合金包覆「填充」的基底金屬。若被歸類為填金，至少物件總重的 1/20 必須是黃金。

屬於此分類的物件會標上一個分數、一個 K 金值及填金的縮寫字母，該分數表示物件總重中有多少比例是黃金合金。K 金值仍用於表示黃金合金中，總重的 24 單位含有多少重量的黃金。GF 字樣將物件分類為填金。例如：

- 1/10 ── 物件總重的 10% 是合金
- 12k ── 針對覆蓋的合金，24 單位重量中的 12 單位是黃金
- GF ── 此物件的分類屬於填金

因此這個物件上可能標有 1/10 12k GF。

填金物件能維持其光澤，直至包覆的黃金完全磨損為止。

若鏡架是由含金量不同的組件構成，鏡架必須依據含金量最少的部分做標示，例如鏡腳是 1/8 12k GF 而鏡架前框是 1/10 12k GF，則鏡架必須標示為 1/10 12k GF。

## 鍍金

鍍金物件是以其他金屬構成，表面再鍍上黃金，通常會經過電解過程。歸類為鍍金的物件無最低總含金量的要求。鍍金物件只能在單薄的鍍金層磨損而暴露出基底金屬之前保持光澤。

## 閃鍍金

閃鍍金是一種鍍上黃金的方法，方式幾乎如同鍍金且更快速。閃鍍金使用以氰化物為基底的鍍液，而非以酸為基底的鍍液[2]，能產生一層極薄的黃金。若無功能良好的保護性鍍膜，這層黃金將不耐用。很高比例的鏡架有閃鍍金，因為有鍍膜故相當耐用。

關於黃金分類的摘要請見表 2-1。

## 參考文獻

1. Fry G: The boxing system of lens and frame measurement, part IV, Optical J and Rev Optom 98(17):32-38, 1961.
2. Sipe J: As good as gold, Eyewear Feb:44, 1998.

# 學習成效測驗

以下部分選擇題可能有一個以上的正確答案。

1. 對或錯？方框系統法中有效直徑是方框的對角線。

2. 對或錯？具有圓形鏡片的鏡架，其鏡框差總為零。

3. 回答以下敘述是否正確：幾何中心距等同於：
   a. 眼型尺寸加上鼻橋尺寸？（是／否）
   b. 配戴者的瞳距？（是／否）
   c. 「鏡框瞳距」？（是／否）

4. 若鏡片各移心 3 mm，上述的幾何中心距會改變嗎？

5. 一副鏡架具有以下尺寸規格：
   A = 51
   B = 47
   C = 49.5
   DBL = 19
   子片降距（水平中線以下的距離）= 4 mm
   子片高度為何？
   a. 19.5 mm
   b. 20 mm
   c. 21.5 mm
   d. 23.5 mm
   e. 以上皆非

6. 鏡框差越大，鏡片形狀越 ＿＿＿＿。
   a. 圓
   b. 方
   c. 窄
   d. 寬（或深）

7. 若一副鏡架的規格是 A = 50 和 C = 48，鏡框差為 8，則 B 值為何？
   a. 58 mm
   b. 56 mm
   c. 52 mm
   d. 46 mm
   e. 42 mm

8. 有一副鏡架標示為 52□18，鏡片形狀為圓形，則鏡片的有效直徑為何？
   a. 70 mm
   b. 61 mm
   c. 58 mm
   d. 52 mm
   e. 18 mm

9. 一副標示為 52□17 的鏡架，其幾何中心距離為何？
   a. 52
   b. 60.5
   c. 69
   d. 72
   e. 與配戴者的瞳距相等

10. 哪種 ( 些 ) 黃金分類未要求最低總含金量？
    a. 純金
    b. 實金
    c. 填金
    d. 鍍金
    e. 閃鍍金

11. 含金鏡架的顏色與 _____ 相關：
    a. 使用的黃金品質
    b. 使用的黃金數量
    c. 用於製造合金的金屬種類
    d. 用於鏡架的基底金屬種類
    e. 以上皆非

12. 一個由黃金以外的金屬製成，之後被一種黃金
    合金包覆的物件可能屬於：
    a. 純金
    b. 填金
    c. 鍍金
    d. 包金
    e. 閃鍍金

13. 何者是用於稱呼一個除了化學純金以外不含其
    他金屬之物件的名稱？
    a. 純金
    b. 填金
    c. 鍍金
    d. 閃鍍金

14. 一副標示為 1/10 12k GF 的鏡架
    a. 重量的 10% 是黃金
    b. 有一個 12k 實金的鼻橋
    c. 有一個 10k 實金的鼻橋
    d. 重量的 50% 是黃金
    e. 體積的 10% 是黃金

配對

15. ____ A            a. 最長半徑 × 2

16. ____ B            b. 方框垂直測量值

17. ____ ED           c. A + DBL

18. ____ GCD          d. 眼型尺寸

                      e. C

19. 安全鏡架必須標示：
    a. 在兩側鏡腳和鏡架前框均標上製造商的名稱
    b. 在兩側鏡腳和鏡架前框均標上「Z80」或
       「Z80-2」
    c. 在兩側鏡腳和鏡架前框均標上「Z87」或
       「Z87-2」
    d. 在兩側鏡腳和鏡架前框均標上製造商名稱及
       「Z80」或「Z80-2」
    e. 在兩側鏡腳和鏡架前框均標上製造商名稱及
       「Z87」或「Z87-2」

# CHAPTER 3

# 測量瞳孔間距

本章提供測量瞳孔間距 (PD) 的方法。無法正確地確認瞳孔間距會導致鏡片光學中心的錯置，會造成不理想的稜鏡效應。配戴者為了避免產生雙影，眼睛會向內轉或向外轉，經過一段時間後這會造成視覺上的不適，也可能導致雙眼在視覺上的能力受損。

## 定義

解剖學上的瞳距 (anatomic PD) 為一眼瞳孔中心至另一眼瞳孔中心的距離，以公釐為測量單位。在訂製處方鏡片甚至做視力檢查前，必須測量瞳孔之間的距離，可運用多種方法進行測量。

## 遠用瞳距

### 雙眼瞳距

最常用於測量瞳距的方法，其所需使用的器材數量也是最少。此方法只需使用公釐尺，常被稱作瞳距尺 (PD rule)。

### 測量技法

測量瞳距時，配鏡人員必須位於受測者的正前方 40 cm (16 inch) 處，雙眼與受測者的雙眼位於相同的垂直高度上。瞳距尺橫放在受測者的鼻子上，有刻度的一側向後傾斜，靠在鼻子凹陷最深處。配鏡人員以單手拇指和食指持尺，剩下三指靠在受測者的頭部作為支撐。

配鏡人員閉起右眼，以左眼視之 (圖 3-1)。受測者依照指示注視配鏡人員睜開的那隻眼睛，此時配鏡人員將尺上刻度為零處對齊受測者右眼的瞳孔中心。

當刻度零點正確地對齊時，配鏡人員閉起左眼並睜開右眼。受測者依指示注視配鏡人員睜開的那隻眼睛。受測者左側瞳孔中心對齊的刻度即為遠用處方的瞳距 (圖 3-2)。

配鏡人員現在閉起右眼並睜開左眼，受測者繼續依照指示注視配鏡人員睜開的那隻眼睛，此步驟主要是再度確認刻度零點仍對齊正確的位置 (這個技法的重點整理請見 Box 3-1)。

在決定瞳孔中心確切位置遇到困難時，若雙眼瞳孔尺寸相同，或許能以瞳孔邊緣作為測量點。讀取測量值時，從一眼瞳孔的左側算到另一眼瞳孔的左側。從一眼瞳孔內側測量至另一眼瞳孔的內側會導致人為的偏低讀數；從一眼瞳孔外側測量至另一眼瞳孔的外側則將導致人為的偏高讀數。

當受測者的虹膜顏色較深或雙側瞳孔尺寸不等時，便難以藉由瞳孔中心或邊緣進行測量。針對此狀況，配鏡人員可使用角膜緣 (limbus edge) －白色鞏膜和深色虹膜之間的明顯分界線 (圖 3-3) (由於瞳孔位於角膜緣環[1] 中心偏鼻內側 0.3 mm 處，以角膜緣測量瞳距會比使用瞳孔中心測得之值多出約 0.5 mm)。角膜緣測量法需遵循的規定如同瞳孔邊緣測量法：測量同一側的角膜緣 (皆量左側或皆量右側)，否則將造成極大的誤差。

### 常見困難及解決方法

**配鏡人員無法只閉一隻眼睛。** 有時測量者無法單獨閉起一側眼睛進行測量，可藉由另一隻手遮住眼睛加以克服。以手指壓下眼瞼的作法看起來十分不專業，特別是戴著眼鏡時。用手掌遮住眼睛的動作看似如同測試的一部分，不會顯露配鏡人員無法閉起單眼的事實。

**配鏡人員的一眼有視力缺陷。** 若配鏡人員有一盲眼，或視力太差導致無法準確判讀尺的數值時，則此技法必須加以修改。配鏡人員將視力較好的那隻眼睛直接對著受測者的右眼，站在一般測量時的正常距離。刻度零點的位置以相同方法對齊。之後配鏡人員往側邊移動，直至視力較佳的那隻眼睛位

於受測者左眼前方時，取得測量值。可惜此方法容易產生平行視差，解決該問題最理想的方法是改換其他只需使用單眼的測量儀器。

**受測者有斜視。**　有斜視的受測者 (即兩隻眼睛的朝向不同) 會造成特別的問題，乃因瞳距尺測量法可能會得出人為所致的偏高或偏低讀數。欲得出正確的讀數，簡單地遮住受測者未被觀察的眼睛。這能確保受測者正以另一隻被觀察的眼睛注視前方，也確保該眼不會轉動，除非發生偏心固視。即使存在偏心固視的現象，瞳距測量依然準確，乃因相對於主眼，受測者從來不使用此眼。

面臨一眼經常向外轉的狀況時，開立處方的醫師會認為鏡片中心最好在配戴者的瞳孔之前，即使是向外轉的那隻眼睛，這將需要單眼分開測量。結果顯示一眼的測量值明顯大於另一眼。

**受測者是不合作的兒童。**　若受測者年幼或不配合導致無法進行一般的瞳距測量，配鏡人員可採用眼角至眼角測量法 (眼角是上下眼瞼交接的角落處)。此法是由一眼的外眼角測量至另一眼的內眼角。可惜的是此測量值並不完全準確，乃因幼童的內眼角覆蓋較多的鞏膜區域。

**圖 3-1**　僅使用瞳距尺開始測量瞳距時，配鏡人員所在的位置。

**Box 3-1**

**測量雙眼瞳距的步驟**

1. 配鏡人員位於受測者前方 40 cm (16 inch) 遠的位置。
2. 配鏡人員閉起右眼，受測者注視配鏡人員的左眼。
3. 配鏡人員將刻度零點對齊受測者右眼的瞳孔中央，或左側瞳孔邊緣或左側角膜緣。
4. 配鏡人員閉起左眼、睜開右眼；受測者注視配鏡人員的右眼。
5. 配鏡人員讀取左眼的瞳孔中心，或左側瞳孔邊緣或左側角膜緣對齊的刻度。
6. 配鏡人員閉起右眼、睜開左眼；受測者注視配鏡人員的左眼。
7. 配鏡人員確認零度仍在正確的位置上。

**圖 3-2**　配鏡人員利用左眼將瞳距尺的零點對準受測者的右眼瞳孔中心，如圖所示。受測者注視配鏡人員的左眼。接著受測者注視配鏡人員的右眼。配鏡人員利用右眼讀取在受測者左眼瞳孔中心的距離 (此並非照片中所見)。

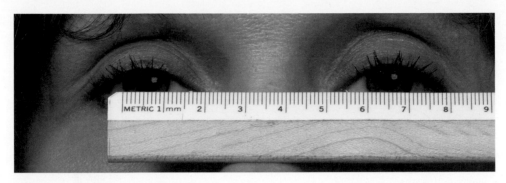

**圖 3-3**　當受測者有深色虹膜，角膜外緣或許可作為刻度零的參考點，另一隻眼的角膜內緣則作為測量點。

## 導致誤差的常見原因

在使用瞳距尺時，會有一些造成內在誤差的常見原因[2]。

1. 若測量者的瞳距和受測者的瞳距有顯著差異時，會因為視線不平行造成測量誤差。例如若測量者的瞳距較受測者大 16 mm，讀數會因為平行視差而多出 1 mm。
2. 若瞳距尺未斜靠在受測者的鼻子上，以致於刻度沒有在鼻部最凹陷處，所出現的誤差值將更甚於上述。鼻子最凹陷處約略位在眼鏡配戴的位置。
3. 正如測量者和受測者的瞳距有顯著差異時會增加誤差，若配鏡人員太靠近受測者時，平行視差也會增加更多。若距離比正常的 40 cm (16 inch) 小即為過近。
4. 測量瞳距時，若受測者有斜視 (一眼向內或向外轉) 或無法雙眼固視*，將產生顯著的誤差。
5. 若受測者的頭部移動將產生誤差。
6. 若測量者的頭部移動將產生誤差。
7. 若測量者未閉起或遮住一隻眼睛，以確保視線正對著受測者欲觀察的眼睛時將會產生誤差。
8. 受測者在測量時可能不會直接注視測量者的瞳孔，這會導致誤差的產生。

## 單眼瞳距

人臉並不總是對稱，故通常需分別測量單眼的瞳距。測量單眼瞳距之主要目的是將鏡片光學中心定

位於受測者眼睛的正前方，避免產生不理想的稜鏡效應。

若配戴者的一眼較另一眼更靠近鼻子，但鏡片光學中心在鏡框上是對稱的，視線將無法穿過鏡片的光學中心。若鏡片度數相等且不太深時，此誤差不會太嚴重，但若兩片鏡片有很大的差異，則光學中心必須準確定位，避免產生不想要的雙眼稜鏡效應 (圖 3-4)。使用非球面鏡片或高折射率鏡片 (包括聚碳酸酯鏡片) 時，單眼瞳距也很重要。高折射率鏡片較皇冠玻璃或一般的塑膠鏡片 (CR-39) 具有更大的色像差。若視線未穿過鏡片的光學中心，色像差對視覺造成的負面影響會更大。

## 利用尺測量單眼瞳距的程序

單眼瞳距最好以瞳距儀測量，若無瞳距儀則需由鼻子的中央往瞳孔中心測得單眼瞳距。程序包括以下三個步驟：

1. 依照本章稍早描述的方法測量雙眼瞳距。使用瞳孔中心作為參考點。
2. 在移動尺之前，注意鼻子中央對齊的刻度讀數。此為右側的單眼瞳距。
3. 將雙眼瞳距的讀數減去此讀數，即可得出左側的單眼瞳距。

例如雙眼瞳距是 66，鼻子中央的刻度讀數是 32，右眼的單眼瞳距即為 32。計算左眼的單眼瞳距時，將 66 減去 32 所得到的讀數為 34。此程序如同雙眼瞳距的測量，除了兩眼的數值互相獨立以外，且測量時總是使用瞳孔中心 (有其他更可靠的方法，比起此法更能穩定產生一致性準確的結果)。

---

*「無雙眼固視」的意思為何？這表示當受測者不專注時，一眼或許會有內轉或外轉的傾向。簡單而言，他們將僅用一眼觀看而非雙眼。當此現象確實發生時，一眼通常外轉，因此測量值會太大。

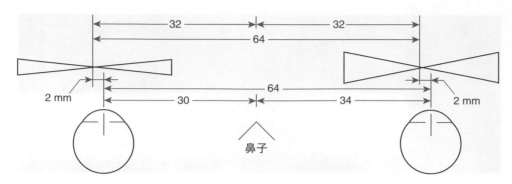

圖 3-4　在此雙眼瞳距已測量，如上方測量值所示，然而配戴者有非常不同的單眼瞳距。儘管遠用瞳距為 64，單眼瞳距並非為 32 和 32，而是 30 和 34。當鏡片依照配戴者單眼瞳距為 32/32 來製作，在此例中錯置的鏡片將導致非刻意的基底朝外稜鏡效應。

圖 3-5　使用劃記筆和裝有鏡片的鏡框測量單眼瞳距，所遵循的程序如同以瞳距尺進行測量時。重要的是，配戴者應注視配鏡人員的眼睛，並且正對著將要測量的那隻眼，換言之標記配戴者右眼瞳孔中心的位置時，配戴者需注視配鏡人員睜開的左眼（配鏡人員的右眼閉著）。標記配戴者左眼瞳孔中心的位置時，配戴者需注視配鏡者睜開的右眼（配鏡人員的左眼閉著）。

## 使用鏡架測量單眼瞳距的程序

　　當某人的鼻子不對稱時，僅用尺測量將產生內在誤差。若鼻子曾受傷，通常會導致鼻子不對稱。在這種情形之下，鏡架的位置會偏左或偏右。為了將鏡片置於正確的位置，必須考量此因素。可利用投影片專用筆和已安裝在鏡框上的襯片 * 測量單眼瞳距。若鏡架未裝上襯片，可使用透明膠帶貼在空鏡框的鏡片開口上。

　　測量單眼瞳距的程序由調整鏡架開始。鏡架的位置必須與裝入鏡片後配戴的位置相同。配鏡人員應與配戴者在相同的高度上，兩者距離約 40 cm。配

鏡人員閉起右眼。配戴者依指示注視配鏡人員睜開的左眼。由於未使用尺，配鏡人員以投影片專用筆，在右側已裝好的襯片上畫十字。若鏡框上未裝襯片，可在蓋住鏡片開口的透明膠帶上，於配戴者右眼瞳孔的中心位置上劃記（圖 3-5）。

　　接著配鏡人員閉起左眼並睜開右眼，受測者依照指示注視配鏡人員睜開的那隻眼，之後配鏡人員在鏡片或膠帶處於左眼瞳孔中心的位置畫上十字。

　　標記瞳孔中心時可能會移動，且頭部也容易在無意間發生移動，故務必需再次檢查劃記的位置。

　　當配鏡人員很確定瞳孔中心的劃記位置正確，移除鏡架並測量、記錄由鼻橋中央分別至兩個十字之間的距離（這些步驟已總結於 Box 3-2）。

---

* 已安裝在鏡框上的鏡片又稱「襯片」、「仿製鏡片」或「展示鏡片」。

## Box 3-2

### 使用樣品鏡架測量單眼瞳距的步驟

1. 選定的鏡架需調整至如同之後配戴時的狀況。
2. 配鏡人員位於配戴者前方 40 cm 遠處且在相同高度。
3. 配鏡人員睜開左眼、閉起右眼，並指示配戴者注視配鏡人員睜開的左眼。
4. 配鏡人員將配戴者右眼瞳孔中心位置劃記在已安裝的襯片上。
5. 配鏡人員睜開右眼、閉起左眼，並指示配戴者注視配鏡人員睜開的右眼。
6. 配鏡人員將配戴者左眼瞳孔中心位置劃記在已安裝的襯片上。
7. 配鏡人員重複步驟 3 和 5 再次檢查劃記十字的位置，並記錄劃記十字的位置。
8. 若一個或兩個十字皆錯誤，移開鏡框並利用濕布擦拭十字。
9. 若十字是準確的，單眼瞳距即為鏡架中心到十字中心的距離。

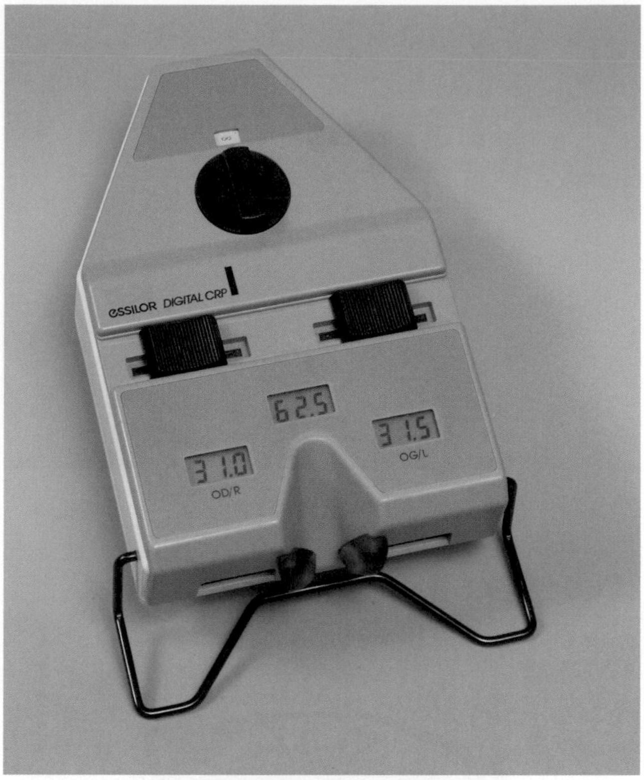

圖 3-6　依視路瞳距儀的數位化版本，顯示左眼和右眼的單眼瞳距以及雙眼瞳距，它能設定為測量遠用或近用瞳距。

## 測量瞳距的儀器

測量瞳孔間距最容易的方法是使用專門針對此用途所設計的儀器。使用這種儀器取得的讀數不像採用瞳距尺測量時會受到視差的影響。這種儀器也能解決測量者只有單眼視力或一眼弱視的狀況。

多數儀器皆有擋片系統，可容許個人做單眼的測量，針對斜視的狀況時雙眼可輪流固視。

設計良好的瞳距測量儀器應於受測者的鼻梁上，如同鏡架的位置，這是最準確接近眼鏡置放的方式。儀器也應將測量平面置於接近眼鏡平面的位置。

受測者將會在儀器內看到中央深色點的外圍有白色或有色的光環。配鏡人員可看到受測者的眼睛以及出現在其上的尺規刻度，從中直接讀出測量值。在某些儀器上可交替見及瞳孔的分割影像。

## 使用角膜反射的儀器

儘管有些儀器所使用的方法為以瞳孔本身的幾何中心作為參考點取得瞳距，常用的替代方案－角膜反射法用於依視路瞳距儀 (Essilor pupillometer) (圖 3-6) 或拓普康 PD-5 瞳距儀 (Topcon PD-5, PD Meter)

之類的儀器上。這些儀器以墊子的方式支撐，使儀器倚靠於一般鏡架在鼻子上的位置，較僅以靠前額支撐的系統佳。

配鏡人員要求受測者握著瞳距儀的一端，使墊子能靠在鼻子上(圖 3-7)。前額的支撐物應抵住額頭。配鏡人員以一眼往儀器內看 ( 對於只有一眼有良好視力的配鏡人員，這實在是個優點 )。

內置光源以反射方式在雙眼的角膜上產生影像，移動裝置內的準線直至與角膜的反射影像吻合(圖 3-8)。測量方向被假設與受測者的視線一致，但這是角膜反射位置的客觀測量值，而非從視線的位置測量。除了遠用瞳距，近用瞳距也能以注視近點進行測量，從 30 或 35 cm 至無限遠處。

視線的定義為瞳孔中心至指定物體之間的直線路徑，此直線需正確地穿過鏡片的光學中心，這是瞳孔間距測量的基礎。

沿著與角膜前表面的曲率中心垂直相交的直線可觀察到角膜反射 ( 就學術角度而言，該條線稱作瞳軸 )。這條線與視線在眼睛的入射光瞳處相交，隨著

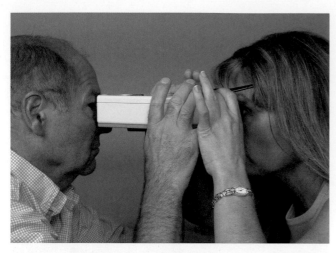

圖 3-7 使用瞳距儀時，受測者 ( 在右方 ) 拿著瞳距儀，因此墊子會以相同於一般眼鏡的方式靠在鼻子上。配鏡人員透過儀器觀察受測者的眼睛。

圖 3-8 透過依視路瞳距儀所觀察到的角膜反射，準線調整至角膜反射的中央 (Courtesy of Essilor, Inc)。

方向而產生角度上的變化＊，一般眼睛約為 1.6 度 [1]，使角膜反射稍微靠近鼻子。因此根據角膜反射決定的瞳距，可能會與取決於以瞳孔中心的瞳距稍有不同。

使用角膜反射型儀器測量以瞳孔中心距離為依據的瞳距是可行的。測量時，將裝置內的準線移至瞳孔中心，而非角膜反射的中心。當需測量瞳距的受測者因之前的眼睛檢查導致瞳孔放大時，角膜反射法是絕對適合的方法

### 在無瞳距儀的狀況下使用角膜反射測量瞳距

無論是使用瞳距尺或使用裝上襯片的鏡架，皆可透過角膜反射法測量瞳孔間距。程序只需稍微調整。配鏡人員應位於近用工作距離。配鏡人員手持筆燈直接置於其眼睛下方，對著受測者的眼睛照射。受測者注視筆燈或配鏡者的眼睛，以角膜上的反光

＊ 此角度為 λ 角，但通常特指 κ 角。

作為參考點，而非瞳孔的幾何中心。之後的測量程序與 Box 3-1 和 3-2 中所列出的相同，除了過程中配鏡人員必須將筆燈直接置於其「睜開的眼睛」之下方。

### 用於測量瞳距的照相儀器

有些儀器可利用配戴者戴上鏡架的照片以測得配戴者的瞳孔間距。鏡架的位置調整至與戴上時相同。配戴者注視儀器中的一個光源，然後被拍下照片。使用照片以決定瞳距和子片高度。截至目前為止，尚無採取照相方法的瞳距測量系統成功打入美國的配鏡市場。

## 近用瞳距

近用瞳距是單光閱讀眼鏡或多焦點鏡片所需的測量值。

針對單光閱讀眼鏡，鏡片置放的位置是當雙眼因閱讀而向內會聚 ( 輻輳 ) 時，光學中心會在雙眼的視線上。

針對多焦點鏡片，遠用區依照遠用瞳距磨製，而雙光或三光區則向內移心至看近所需的適當位置。近用瞳距的數值可透過測量或計算得出。

### 以瞳距尺測量近用瞳距

以瞳距尺測量近用瞳距時，配鏡人員位於受測者前方的工作距離，亦為處方記載的閱讀區域距離。

配鏡人員閉起視力較差的那隻眼，將視力較佳的那隻眼直接對齊受測者的鼻子，並指示受測者注視其睜開的眼睛。

瞳距尺上刻度零點對齊受測者右眼瞳孔中心。瞳距尺亦需置於受測者新鏡架戴上的位置，乃因這將會影響測量數值。

配鏡人員標記受測者左眼瞳孔的中心位置，此為近用瞳距 ( 圖 3-9 )。受測者不需轉換注視，且配鏡人員在過程中也不需換眼 ( 見 Box 3-3 對此法的統整 )。

此外，測量近用瞳距時也可使用瞳孔邊緣或角膜緣作為參考點，只要僅使用右緣或左緣，而非同時使用外緣或內緣。

實際操作時，許多人以瞳距尺同時測量雙眼遠用瞳距和近用瞳距。作法如以下所述：

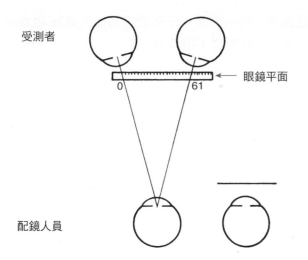

受測者

眼鏡平面

配鏡人員

圖 3-9　使用瞳距尺可測量近用瞳距，配鏡人員的位置如圖所示。配鏡人員和受測者之間的距離與受測者的工作距離相等。

## Box 3-3

### 測量近用瞳距的步驟

1. 配鏡人員位於受測者前方近處工作距離，此為近用處方通常採用的 40 cm (16 inch) 距離。配鏡人員將其主眼置於受測者鼻子正前方。
2. 配鏡人員閉起非主眼。
3. 受測者注視配鏡人員睜開的那隻眼。
4. 配鏡人員將瞳距尺的零點對齊受測者的右眼瞳孔中心。
5. 配鏡人員讀取左眼瞳孔中心對齊的刻度。

（前三個步驟如同雙眼遠用瞳距開始測量的步驟）

1. 配鏡人員距離受測者 40 cm 遠。
2. 配鏡人員閉起右眼，受測者利用雙眼注視配鏡人員的左眼。
3. 配鏡人員將尺的刻度零點對齊受測者的右眼瞳孔中心 ( 下個步驟是為了測量近用瞳距 )。
3A. 配鏡人員看向受測者的左眼，讀出左眼瞳孔中心位置對齊在尺上的刻度。此為從受測者至配鏡人員之間的距離上所得到近用瞳距的測量值。

配鏡人員現在繼續找出雙眼遠用瞳距的步驟，如 Box 3-1 所示。

## 使用瞳距儀測量近用瞳距

測量瞳距的儀器通常可測量遠用與近用瞳距。

透過可動式內置鏡片的使用，可改變受測者所見的影像距離及眼睛的輻輳。近用讀數如同遠用讀數以相同的方式取得。

## 使用近用瞳距決定雙光子片內偏距

針對使用的舒適度，一副眼鏡的近用「閱讀」區必須位在鏡片上正確的位置。近用子片可視區的水平位置取決於近用瞳距 ( 垂直位置依據鏡框深度和配戴者的視覺需求而定，此將於第 5 章詳細討論 )。

雙光子片的水平位置設定為子片裝設位置上的遠點瞳距至鼻橋的距離。總內偏距即是遠用瞳距和近用瞳距的差。

由於兩眼的單眼瞳距可能不相等，故雙眼的子片內偏距通常是分別定出。一般狀況下，子片內偏距是遠用瞳距和近用瞳距的差再除以 2：

$$子片內偏距 = \frac{(遠用瞳距) - (近用瞳距)}{2}$$

例如若遠用瞳距為 68，近用瞳距為 64，雙眼的子片內偏距則各為 2 mm。

當雙眼的單眼瞳距存在不相等的狀況，此方法便會產生誤差，乃因雙眼在注視近處時無法以相等的角度向內會聚，然而實際上的誤差量通常很小故常被忽略。若單眼瞳距有顯著差異或配戴高度數鏡片時則為例外情形。

若雙眼的單眼瞳距相差甚大，雙光子片的內偏可能使眼鏡外觀看似異常 ( 圖 3-10)。若使用較寬子片的雙光鏡片，此效果較不引人注意。

### 計算近用瞳距

計算近用瞳孔間距時需考量某些其他因素，最需注意的是造成子片內偏距差異的因素。

### 計算

計算瞳孔間距最合邏輯的方法是畫一個三角形，以雙眼的旋轉中心為三角形的兩個頂點，而注視近點則是第三個頂點。之後根據對應至眼鏡平面的直線畫出一個相似三角形。

藉由相似三角形，可由單眼遠用瞳距計算出單眼近用瞳距 ( 圖 3-11)。

使用預先寫好的處方時，工作距離通常不會超

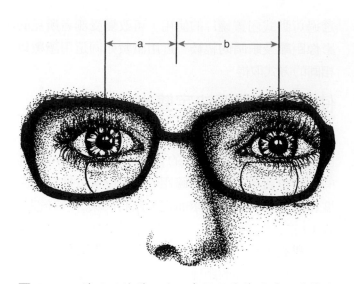

圖 **3-10**　若兩眼的單眼瞳距有很大的差異時，將雙光子片由這些點內偏，可能導致這副眼鏡的外觀看似不太尋常。使用較寬的子片尺寸或換成漸進多焦點鏡片是較佳的選擇。

過近用加入度的倒數。例如當近用加入度為 +2.00 D 時，表示工作距離不超過 50 cm。

$$\frac{1}{+2.00} = 0.50\ m = 50\ cm$$

除非配戴者的工作環境或體格有其他需求，否則慣用的近用工作距離可假設為 40 cm，然而若近用加入度大於 +2.50 D，工作距離會是近用加入度的倒數。例如近用加入度為 +3.00 D，表示工作距離為 $33\frac{1}{3}$ cm。

$$\frac{1}{+3.00\ D} = 0.33\frac{1}{3}\ m = 33\frac{1}{3}\ cm$$

Gerstman[3] 使用其稱作 *3/4* 法則的公式，簡化了近用內偏距的計算。3/4 法則說明了對於有度數需求的每一個鏡度 (D)，每個閱讀鏡片的光學中心或每一雙光近用加入度的幾何中心都應內偏 0.75(3/4) mm。度數需求是以公尺表示的閱讀距離的倒數，與實際上的雙光近用加入度無關。

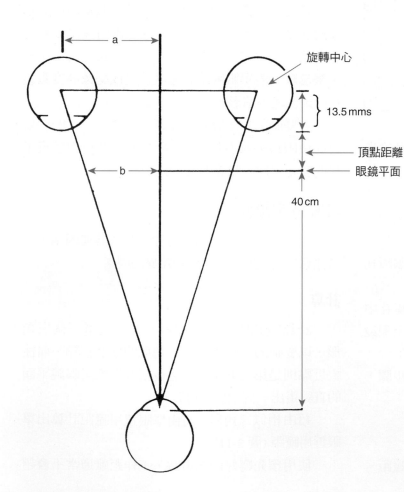

圖 **3-11**　a = 單眼遠用瞳距；b = 計算出的單眼近用瞳距。角膜前表面至眼睛旋轉中心之間的距離通常為 13.5 mm（圖解是用於說明，並非按比例繪製）。

**表 3-1**

由配戴者的遠用瞳距和近用工作距離決定子片內偏距

| 瞳距 (mm) | 近用工作距離 (cm) | | | | | | | | | | |
|---|---|---|---|---|---|---|---|---|---|---|---|
| | **100.0** | **50.0** | **40.0** | **33.3** | **25.0** | **20.0** | **16.7** | **14.3** | **12.5** | **11.1** | **10.0** |
| **50.0** | 0.7 | 1.4 | 1.7 | 2.0 | 2.6 | 3.1 | 3.7 | 4.2 | 4.7 | 5.2 | 5.6 |
| **55.0** | 0.8 | 1.5 | 1.8 | 2.2 | 2.8 | 3.4 | 4.0 | 4.6 | 5.1 | 5.6 | 6.4 |
| **60.0** | 0.8 | 1.6 | 2.0 | 2.4 | 3.1 | 3.8 | 4.4 | 5.0 | 5.6 | 6.1 | 6.7 |
| **65.0** | 0.9 | 1.8 | 2.2 | 2.6 | 3.3 | 4.1 | 4.8 | 5.4 | 6.1 | 6.7 | 7.2 |
| **70.0** | 1.0 | 1.9 | 2.3 | 2.8 | 3.6 | 4.7 | 5.1 | 5.8 | 6.5 | 7.2 | 7.8 |
| **75.0** | 1.0 | 2.0 | 2.5 | 3.0 | 3.8 | 4.7 | 5.5 | 6.3 | 7.0 | 7.7 | 8.3 |
| | **1.0** | **2.00** | **2.50** | **3.00** | **4.00** | **5.00** | **6.00** | **7.00** | **8.00** | **9.00** | **10.00** |
| | 鏡度需求 * | | | | | | | | | | |

\* 鏡度需求是工作距離以公尺表示後取倒數。

### 例題 3-1

對於閱讀距離為 40 cm 且近用加入度為 +1.00 D，則鏡片的內偏距各為多少？

#### 解答

為了求出答案，我們需先知道度數需求的數值。度數需求是工作距離的倒數，而非 +1.00 D 近用加入度數的倒數。因此既然工作距離是 40 cm 或 0.40 m，度數需求是

$$\frac{1}{0.40} = 2.50 \text{ D}$$

求出度數需求後，我們能依此法則名稱的暗示，將此值乘上 3/4 後求出鏡片的內偏距。因此鏡片的內偏距各為

$$2.50 \times \frac{3}{4} = 1.9 \text{ mm}$$

對於一般成人，3/4 法則在所有閱讀距離內可得出適當的內偏距。Gerstman 定義一般成人為瞳孔間距介於 62 ～ 68 mm。對於那些瞳距在此範圍之外者，便需參考內偏距表 (表 3-1)。當閱讀距離 ( 工作距離 ) 和遠用瞳距皆已知時，此表可作為快速決定子片內偏距的參考。

### 遠用鏡片度數對子片內偏距的影響

遠用處方的度數會影響雙光內偏距。當某人注視近物時眼睛會向內偏轉，不再透過鏡片的光學中心視物。負度數或負鏡片可避免眼睛會聚至正常那麼大的程度，乃因此時鏡片產生了基底朝內的稜鏡效應。正度數或正鏡片則使眼睛會聚程度較正常稍微多些，乃因出現了基底朝外的稜鏡效應。

針對正鏡片，測量或依 Gerstman 法計算出的近用瞳距皆需減少 ( 即增加雙光鏡片的子片內偏距 )。針對負鏡片，近用瞳距需增加 ( 即減少子片內偏距 )。

當閱讀區很小時，近用閱讀區的位置便更加重要。這表示針對漸進多焦點鏡片，中距離和近距離閱讀區的位置非常重要。現在漸進多焦點鏡片的設計者在決定近用區應內偏多少時，會將遠用度數納入考量。

**子片內偏距公式。** 有數種因素會影響子片內偏距，這些因素為：

- 眼睛至鏡片的距離
- 遠用瞳距
- 近用工作距離
- 遠用鏡片的度數

將這些因素全納入考量後，Ellerbrock[4] 推導出以下的子片內偏距方程式。

$$i = \frac{P}{1 + \omega\left(\frac{1}{s} - \frac{1}{f}\right)}$$

公式中的 P 是遠用瞳距的一半，$w$ 是鏡片與工作近點的距離，$s$ 是鏡片至眼睛旋轉中心的距離，$f$ 是鏡片在 180 度軸線上的焦距。所有測量值皆以公釐表示。

### 例題 3-2

對於遠用瞳距為 70 mm，配戴 +6.50 D 處方者而言，

子片的內偏距應為多少？假設配戴的眼鏡近用加入度為 +2.50 D，但此眼鏡是用於 20 cm 的近用工作距離。從眼睛的旋轉中心至鏡片後方的距離為 25 mm。

### 解答

我們使用 Ellerbrock 氏方程式。在 Ellerbrock 氏方程式中，P 是遠用瞳距的一半，因此

$$P = \frac{70}{2} = 35 \text{ mm}.$$

$w$ 的值是鏡片至近用工作點之間的距離，以公釐表示。此距離已知為 20 cm，等同於 200 mm。

鏡片的焦距是鏡片度數的倒數。此為

$$\frac{1}{6.50} = 0.1538 \text{ m}$$
$$= 153.5 \text{ mm}$$

由於鏡片呈球面，故在 180 度軸線上的度數與其他任何一條軸線上的度數相同。

鏡片至眼睛的旋轉中心之間的距離已知為 25 mm，故 s = 25 mm。

將這些都代入 Ellerbrock 氏方程式，結果為

$$i = \frac{P}{1 + \omega\left(\dfrac{1}{s} - \dfrac{1}{f}\right)}$$
$$= \frac{35}{1 + 200 \cdot \left(\dfrac{1}{25} - \dfrac{1}{153.5}\right)}$$
$$= 4.5 \text{ mm}$$

因此在這副眼鏡的配戴狀況下，每片鏡片的內偏距是兩眼各為 4.5 mm。

### 影響因素概述

幸好所有受這些因素影響的子片內偏距，並未明顯異於以測出的近用瞳距求得的內偏距。當然這是假設近用瞳距是在適當的工作距離所測得。

表 3-2 總結遠用鏡片度數在正常工作距離下 (40 cm 或 16 inch) 對子片內偏距的影響[5]。

### 找出近用瞳距的推薦方法

既然有這麼多的可能方法，何者最適合用於決定子片內偏距？此處有一些適合不同狀況的推薦方法，主要是能提供最佳準確度且不會過於困難。記住若只使用瞳距尺可能不是最可靠的方法。

### 找出正確子片內偏距的推薦方法

* 當工作距離在正常範圍時 (40cm)

1. 以瞳距儀或瞳距尺測量近用瞳距。
2. 若遠用鏡片度數很高則使用表 3-2。

* 當工作距離小於 40cm 時

1. 再次以瞳距儀或瞳距尺測量近用瞳距。確認測量前在瞳距儀上設定正確的工作距離。以瞳距尺進行測量時，配鏡人員必須採用較短的工作距離。
2. 若工作距離小於瞳距儀容許的最小值，則使用 Gerstman 氏 3/4 法則 (假設成人的瞳距為 62 ～ 68 mm) 或使用表 3-1。

* 當遠用鏡片度數特別高時

1. 若工作距離在正常範圍 (40 cm) 時則使用表 3-2。
2. 若工作距離近於 40 cm，使用 Ellerbrock 氏方程式 (Ellerbrock 氏方程式實際上可用於以上任何情況，但使用上不太方便)。

### 找出近用瞳距的例題

這裡有一些例題，處方度數和遠用瞳距皆為已知。使用最適當的方法求出子片內偏距及近用瞳距。

---

### 例題 3-3

一名框架眼鏡配戴者有以下處方

R: –1.00 D 球面鏡片
L: –1.00 D 球面鏡片
近用加入度: +2.00

測得的遠用瞳距為 64 mm。就 40 cm 的工作距離而言，近用瞳距的值應為多少？

#### 解答

由於工作距離為 40 cm，僅以瞳距儀 (或瞳距尺) 測量近用瞳距。若無瞳距儀則利用表 3-2，我們透過該表得知當單眼遠用瞳距為 32 mm 且度數為 –1.00 D 時，內偏距為 2 mm，因此雙眼近用瞳距會較遠用瞳距少 4 mm。由於 64 – 4 = 60 mm，故近用瞳距等於 60 mm。

---

### 例題 3-4

假設某人的遠用瞳距為 64 mm，雙眼的遠用處方均為 –1.00 D 球面度數，雙光近用加入度為 +2.00( 如同上個例題中的鏡片度數 )。若近用工作距離為 25 cm 而非 40 cm，則近用瞳距將為何？

**表 3-2**
**在閱讀視野符合 16 英吋距離時的內偏距**

| 遠用鏡片在 180 度角方位的度數 | 鼻子至瞳孔中心的距離 | | | | | | | | | |
|---|---|---|---|---|---|---|---|---|---|---|
| | 27 | 28 | 29 | 30 | 31 | 32 | 33 | 34 | 35 | 36 |
| +15 | 2.5 | 2.5 | 2.5 | 2.5 | 3 | 3 | 3 | 3 | 3 | 3 |
| +14 | 2.5 | 2.5 | 2.5 | 2.5 | 2.5 | 3 | 3 | 3 | 3 | 3 |
| +12 | 2 | 2.5 | 2.5 | 2.5 | 2.5 | 2.5 | 2.5 | 3 | 3 | 3 |
| +10 | 2 | 2 | 2 | 2.5 | 2.5 | 2.5 | 2.5 | 2.5 | 2.5 | 3 |
| +9 | 2 | 2 | 2 | 2 | 2.5 | 2.5 | 2.5 | 2.5 | 2.5 | 2.5 |
| +8 | 2 | 2 | 2 | 2 | 2 | 2.5 | 2.5 | 2.5 | 2.5 | 2.5 |
| +7 | 2 | 2 | 2 | 2 | 2 | 2 | 2.5 | 2.5 | 2.5 | 2.5 |
| +6 | 2 | 2 | 2 | 2 | 2 | 2 | 2.5 | 2.5 | 2.5 | 2.5 |
| +5 | 2 | 2 | 2 | 2 | 2 | 2 | 2 | 2.5 | 2.5 | 2.5 |
| +4 | 2 | 2 | 2 | 2 | 2 | 2 | 2 | 2 | 2.5 | 2.5 |
| +3 | 1.5 | 2 | 2 | 2 | 2 | 2 | 2 | 2 | 2 | 2.5 |
| +2 | 1.5 | 1.5 | 2 | 2 | 2 | 2 | 2 | 2 | 2 | 2 |
| +1 | 1.5 | 1.5 | 1.5 | 2 | 2 | 2 | 2 | 2 | 2 | 2 |
| 0 | 1.5 | 1.5 | 1.5 | 2 | 2 | 2 | 2 | 2 | 2 | 2 |
| −1 | 1.5 | 1.5 | 1.5 | 1.5 | 2 | 2 | 2 | 2 | 2 | 2 |
| −2 | 1.5 | 1.5 | 1.5 | 1.5 | 2 | 2 | 2 | 2 | 2 | 2 |
| −3 | 1.5 | 1.5 | 1.5 | 1.5 | 1.5 | 2 | 2 | 2 | 2 | 2 |
| −4 | 1.5 | 1.5 | 1.5 | 1.5 | 1.5 | 1.5 | 2 | 2 | 2 | 2 |
| −5 | 1.5 | 1.5 | 1.5 | 1.5 | 1.5 | 1.5 | 1.5 | 2 | 2 | 2 |
| −6 | 1.5 | 1.5 | 1.5 | 1.5 | 1.5 | 1.5 | 1.5 | 2 | 2 | 2 |
| −7 | 1.5 | 1.5 | 1.5 | 1.5 | 1.5 | 1.5 | 1.5 | 1.5 | 2 | 2 |
| −8 | 1.5 | 1.5 | 1.5 | 1.5 | 1.5 | 1.5 | 1.5 | 1.5 | 1.5 | 2 |
| −9 | 1.5 | 1.5 | 1.5 | 1.5 | 1.5 | 1.5 | 1.5 | 1.5 | 1.5 | 1.5 |
| −10 | 1.5 | 1.5 | 1.5 | 1.5 | 1.5 | 1.5 | 1.5 | 1.5 | 1.5 | 1.5 |
| −12 | 1 | 1.5 | 1.5 | 1.5 | 1.5 | 1.5 | 1.5 | 1.5 | 1.5 | 1.5 |
| −14 | 1 | 1 | 1.5 | 1.5 | 1.5 | 1.5 | 1.5 | 1.5 | 1.5 | 1.5 |
| −16 | 1 | 1 | 1 | 1.5 | 1.5 | 1.5 | 1.5 | 1.5 | 1.5 | 1.5 |
| −18 | 1 | 1 | 1 | 1 | 1.5 | 1.5 | 1.5 | 1.5 | 1.5 | 1.5 |
| −20 | | | | | | | | | | |

**解答**

由於工作距離小於 40 cm，我們需直接使用瞳距儀 ( 或瞳距尺 ) 測量，或使用 3/4 法則求出近用瞳距。若透過測量的方法求得近用瞳距，使用瞳距儀將為最佳的選擇。可惜的是，大部分瞳距儀最多只能測量至 33 cm，然而可使用瞳距尺。若使用瞳距尺，配鏡人員的臉部必須位在受測者的近用工作距離。

　　若欲計算近用瞳距，可透過 Gerstman 氏 3/4 法則進行計算。使用 3/4 法則時，先找出度數需求。

度數需求是工作距離以公尺表示再取倒數。此例中的工作距離為 25 cm 或 0.25 m。因此

$$度數需求 = \frac{1}{0.25\ m} = 4D$$

接著找出每眼的內偏距，度數需求要乘以 3/4。

$$\frac{3}{4} \times 4 = 3\ mm\ (每眼)$$

因此近用瞳距將為

$$遠用瞳距 - (子片內偏距 \times 2)$$

或

$$64 - 6 = 58 \text{ mm}.$$

這表示針對有雙光近用加入度和 25 cm 工作距離者而言，處方應將遠用光學中心依據遠用瞳距 64 mm 設定，而子片依據近用瞳距 58 mm 設定。

使用表 3-1 將可得出每一眼的內偏距為 3.3 mm，而近用瞳距為 57.4 mm。記住 3/4 法則是一個近似的估計，且因表格未列出所有瞳距和工作距離，它也可能是一個近似的估計。

## 例題 3-5

某一處方如下：

R: +1.50 − 1.00 × 180
L: +1.50 − 1.00 × 180
近用加入度: +3.50

遠用瞳距為 61 mm，那麼近用瞳距應為何？

### 解答

配鏡人員若看到近用加入度為 +2.50 D 以上的度數時需有警覺，這表示工作距離會小於 40 cm。近用瞳距最好直接以瞳距儀或瞳距尺測量求得。3/4 法則並不如此準確，乃因瞳距小於正常範圍 62 ～ 68 mm。第二好的方法是使用表 3-1。

若直接以瞳距儀或瞳距尺進行測量，則必須知道工作距離。當近用加入度數大於 +2.50 D 時，除非有指定另一個距離，不然工作距離是由近用加入度數的倒數求得。

$$工作距離 = \frac{1}{3.5} = 0.29 \text{ m or } 29 \text{ cms}$$

目前近用瞳距可藉由瞳距儀從 29 cm 的工作距離測量，或以瞳距尺從 29 cm 的工作距離測量。

表 3-1 不太理想，乃因遠用瞳距或「工作距離」皆無法直接求出，且必須使用內插法，選擇表中數字之間的一個數字。若選定一個中間的數字，得出最接近的子片內偏距為 2.75 mm。此求得近用瞳距

$$\begin{aligned} 近用瞳距 &= 61 - (2 \times 2.75) \\ &= 61 - 5.5 \\ &= 55.5 \text{ mm} \end{aligned}$$

求得近用瞳距的另一個方法是使用 3/4 法則，將鏡度需求 (3.5 D) 乘以 0.75。

即為：

$$(0.75) \times (3.5) = 2.625 \text{ mm 每一鏡片}$$

現在近用瞳距為

$$\begin{aligned} 近用瞳距 &= 遠用瞳距 - (2 \times 子片內偏距) \\ &= 61 - (2 \times 2.625) \\ &= 61 - 5.25 \\ &= 55.75 \end{aligned}$$

這兩個內偏距的數值都能得出類似答案，兩個答案皆會落在近用瞳距約為 56 mm。

## 例題 3-6

某一處方數據如下：

R: −8.50 D 球面鏡片
L: −8.50 D 球面鏡片
近用加入度: +1.50

針對此處方，我們會假設已測量了遠用單眼瞳距，右眼遠用瞳距為 28 mm，左眼則為 31 mm。當工作距離為 40 cm 時，找出近用單眼瞳距。

### 解答

針對高度數鏡片，計算近用瞳距會比測量近用瞳距來得準確，乃因近用瞳距測量值並未將高的正度數或高的負度數鏡片的稜鏡效應納入考量（透過高負度數鏡片往鼻側看物，會造成基底朝內稜鏡效應，並減少雙眼看近處時向內會聚的幅度）。然而有一種配戴高度數鏡片的情況，其測量的近用瞳距和計算的近用瞳距一樣準確。這會發生在假如測量近用瞳距時是戴著遠用處方鏡片的情況，故若配戴者有相同於現有處方的單光鏡片或多焦點鏡片，當配戴者戴著鏡架和鏡片時，可使用瞳距尺進行測量。

此處方是針對一般的工作距離。求得此高度數處方的近用瞳距之最簡單的方法是查表 3-2。對於右眼和左眼的鏡片，表 3-2 顯示鏡片的子片內偏距各為 1.5 mm，因此單眼近用瞳距分別為

R: 28 mm − 1.5 mm or 26.5 mm
L: 31 mm − 1.5 mm or 29.5 mm

## 參考文獻

1. Loper LR: The relationship between angle lambda and residual astigmatism of the eye, master's thesis, Bloomington, Ind, 1956, Indiana University.
2. Hofstetter HW: Parallactic P.D. pitfalls: the refraction letter, Rochester, NY, 1973, Bausch & Lomb Inc.
3. Gerstman DR: Ophthalmic lens decentration as a function of reading distance, Brit J Physical Optics, 28 (1), 1973.
4. Ellerbrock LR: A clinical evaluation of compensation for vertical imbalances, Arch Amer Acad Optom, 25:7, 1948.
5. Borish IM: Clinical Refraction, ed 3, vol 2, Stoneham, Mass, 1975, Butterworth/Heinemann.

# 學習成效測驗

1. 對或錯？測量瞳距時，測量者每次遮住或閉起一隻眼睛。測量者從不遮住受測者的任一隻眼睛。

2. 何時使用單眼瞳距的測量結果會顯得特別重要？（可能有一個以上的正確答案）
   a. 眼睛的位置不對稱時
   b. 處方鏡片屬於高度數時
   c. 鏡片呈非球面時
   d. 兩鏡片的度數有相當的差異時
   e. 使用漸進多焦點鏡片時

3. 針對有高正度數的雙光鏡片，近用瞳距應：
   a. 較測量值些微增加
   b. 較測量值些微減少
   c. 等同測量值

4. 對或錯？依視路瞳距儀使用角膜反射來測量瞳距。

5. 對或錯？基於光學上的考量，若測量單眼瞳距位置有很大的差異，將雙光子片不對稱移心總是最佳的作法，即使子片置放的位置就美觀效果而言看似仍異常也是如此。

6. 使用已裝在鏡框上的襯片和投影片專用筆來測量單眼瞳距：
   a. 配鏡人員應於襯片的水平中線上進行標記，直接標在瞳孔中心下方
   b. 配戴者應注視配鏡人員的鼻梁。配鏡人員應以自己的左眼看著配戴者的右眼，右眼則看著配戴者的左眼
   c. 配鏡人員應在襯片上點上配戴者瞳孔中心的位置標記。配戴者可看向配鏡人員的鼻梁或是一個遠處物體，只要注視的點固定不動
   d. 配鏡人員應在襯片上點上配戴者瞳孔中央的位置標記。測量兩標記點之間的距離，將此距離除以 2 會得出右眼和左眼的單眼瞳距
   e. 上列每個答案中皆有錯誤，沒有一個是正確的

7. 角膜緣是否可作為測量單眼瞳距時的參考點？

8. 測量遠用瞳距的結果為 64 mm，計算近用瞳距的結果為 59 mm，則鏡片的子片內偏距為何？

9. 某人的鏡片處方有 +4.00 近用加入度數。當你測量近用瞳距時會保持多少距離？
   a. 40 cm
   b. 30 cm
   c. 25 cm
   d. 20 cm
   e. 手臂長度

10. 某一鏡片處方的資訊如下：

    > OD: +1.00 球面鏡片
    > OS: +1.00 球面鏡片
    > 近用加入度: +5.00

    依照 Gerstman 氏 3/4 法則，鏡片各需移心多少？

11. 近用瞳距可透過測量或計算求得。測量時，配鏡人員的眼睛和受測者的眼睛之間的距離應為：

    a. 建議的工作距離
    b. 調節作用的近點
    c. 40 cm
    d. 33 cm
    e. 手臂長度

12. 已知以下這副眼鏡的規格，當使用 Ellerbrock 氏方程式計算時，雙眼近用瞳距應為何？

    _____ 右眼和左眼的單眼瞳距各為 32 mm
    _____ 鏡片後表面至眼睛旋轉中心之間的距離為 33 mm
    _____ 右側和左側鏡片的度數為 +4.00 +2.00 × 90
    _____ 近用加入度數為 +2.50

13. 某人的遠用瞳距為 66，且有一個低度數的遠用處方，以及要求閱讀距離為 25 cm 的雙光近用加入度，四捨五入至最接近的 0.5 mm，則兩鏡片的子片內偏距應各為何？

    a. 每一鏡片為 1.5 mm
    b. 每一鏡片為 2.0 mm
    c. 每一鏡片為 3.0 mm
    d. 每一鏡片為 4.0 mm

14. 假設某人的遠用瞳距為 64 mm，雙眼的遠用處方為 –1.50 D 球面度數，雙光近用加入度為 +3.00。若近用工作距離為 20 cm 而非 33 或 40 cm，那麼近用瞳距應為何？

15. 一位眼鏡配戴者的處方如下

    > R: –1.00 D 球面鏡片
    > L: –1.00 D 球面鏡片
    > 近用加入度: +2.50

    遠用瞳距的測量值為 58 mm。若工作距離為 40 cm，則預期的近用瞳距應為何？

16. 假設某人的遠用瞳距為 64 mm，雙眼的遠用處方為 –1.00 D 球面度數，且雙光近用加入度為 +2.50( 如同上題所給的鏡片度數 )。若近用工作距離為 30 cm 而非 40 cm，則近用瞳距應為何？

17. 某一處方資料如下：

    > R: –6.00 D 球面鏡片
    > L: –6.00 D 球面鏡片
    > 近用加入度: +2.50

    針對此處方，我們會假設已測量了遠用單眼瞳距。右眼單眼瞳距為 32 mm，左眼則為 34 mm。當工作距離為 40 cm，求近用單眼瞳距。

# 挑選鏡架

挑選鏡架的過程不僅是協助顧客試戴鏡架，至少還需具備對基本臉型的認識。協助挑選鏡架者必須知道鏡架配上鏡片後的外觀，以及鏡架如何滿足配戴者的需求。本章提供挑選鏡架基礎能力所必要的知識。

## 使用配戴者的舊鏡架

有時會有人想使用自己的舊鏡架而非選擇新鏡架，此作法不一定合適。

想要使用舊鏡架而不購買新鏡架有數個理由，包括費用、舊鏡架較舒適，以及有時只是配戴者在配戴其他鏡架照鏡子時覺得不對勁而已。這些理由都可能成立，但也有其他因素比保留舊鏡架更為重要。若其他這些因素都不是最重要的，且鏡架狀況也不錯，那就沒有不沿用舊鏡架的理由。然而即使有不使用舊鏡架的重要理由，若配戴者已被充分告知可能的後果但仍堅持，則應尊重他們的意願。

### 使用配戴者的舊鏡架前需考量的因素 *

在使用新處方於舊鏡架前，有些必須先加以考慮的注意事項：

* 將新鏡片置入舊鏡架時可能會對鏡架施加額外的壓力，而舊鏡架無法承受這樣的壓力，特別是隨著時間而脆化的舊塑膠鏡架。有時鏡架能承受新鏡片的壓力，但仍會受損導致不久後即斷裂。
* 很難預測舊鏡架可維持多久，它能撐過新鏡片處方的壽命嗎？若鏡架斷裂，要找到另一個符合鏡片的新鏡架並非易事。
* 若舊鏡架將來需要維修，能取得零件嗎？二手鏡架可能是已停產的款式。若已停產且無零件而必須重新購買鏡架和鏡片時，之前省下的錢都白費了。

* 人們通常將舊眼鏡作為備用眼鏡，以因應面臨新眼鏡遺失或損壞的狀況。續用舊鏡架就無可應急的備用眼鏡了。
* 有時舊鏡片可加以染色，將舊眼鏡變為處方太陽眼鏡，特別是當多焦點處方只有近用區的度數有變化時。取得第二副處方眼鏡的價格，與將舊鏡片染色的花費差不多。
* 若現存的鏡架尚未停產且配戴者決定購買完全相同的款式，有個好處是當新鏡架損壞時零件可替換。
* 工廠需舊鏡架以製作正確的新鏡片嗎？若需要，當配戴者的鏡架在工廠時，他們能否在沒有那副眼鏡的狀況下過日子？
* 舊鏡架的款式已過時或即將過時嗎？若款式即將退流行，等到下次配戴者又要更換處方時，舊鏡架看起來會是什麼樣子？

總之是有一些可能不適合保留舊鏡架的理由，但必須有邏輯地仔細解釋這些理由，否則配戴者會認為配鏡者只想賺錢。

## 美觀考量

從審美的角度來看，眼鏡對配戴者而言是很重要的。不僅是鏡架尺寸，在美觀的考量上每人都期待且應接受協助。

習慣配戴眼鏡者在選擇鏡架時，通常如同從未配戴過眼鏡者，需要許多的幫助，乃因人們習慣看見自己配戴現在這副眼鏡的樣子。任何新鏡架造成的改變都會看起來很奇怪。因款式停產而被迫更換鏡架的配戴者，特別需參考配鏡人員的建議。

儘管鏡架風格持續變化，仍有幾種基本款式的

* 許多列於此部分的因素是來自下列這本手冊：Cook P: Should I use my old frames, Item No. BRO011, 1999, Diversified Ophthalmics.

鏡架可達到既美觀又舒適之目的。配戴者有最終的決定權，但不應在挑選鏡架上享有完全的自由。

挑選鏡架通常是個反覆嘗試的過程，可能很花時間且經常令人沮喪。有經驗且具有挑選鏡架基礎能力的配鏡人員，能先隨手挑出幾款適合的鏡架，除了省下相當可觀的時間，也贏得配戴者的感謝。

若配戴者傾向接受最先呈上的鏡架，在挑選鏡架過程中給予適當的協助顯得格外重要。除非這款鏡架的鼻橋服貼度佳、眼型尺寸合適且外型可接受，否則要將鏡架根據不適合的臉型進行調整，對配鏡人員而言幾乎是不可能的任務。

同時，根據一張臉在審美上所作出的正確選擇，必定與時尚有關。在流行窄幅眼鏡的時候，臉型適合寬幅眼鏡的人不會配戴流行大鏡框眼鏡時那麼大的眼鏡。當大家都戴大鏡框眼鏡時，瞳孔間距窄的人配戴寬幅鏡片的狀況較流行小鏡框眼鏡時的接受度高。正如服裝風格的流行(裙襬的長短、領帶的寬窄)透過重複性展示變成慣常，鏡架設計的變化也是如此，故要了解在提到挑選鏡架的基礎要點時，必須能應用於當下眼鏡時尚的框架之中。

## 鏡架形狀和臉型

由於鏡架在臉上非常明顯，鏡架的形狀傾向強調或降低臉部特徵。藉由優先考量配戴者的臉部特徵線條，可簡化一個好的鏡架選擇過程，通常透過上半或下半鏡圈去重複這些線條而加以強調。另一方面，鏡架的線條不應重複臉部較不理想的線條。

髮型也可能改變臉型外觀，通常會選擇與髮型相配的鏡架。髮型大幅變更也可能明顯改變鏡架在臉上的效果。

很少人的臉部骨架和線條能符合美學的理想型。選擇適當的鏡架可增加臉部的吸引力，藉由強調某些面和線條讓臉型更接近「理想型」，也能讓人轉移對缺點的注意力。反之，過度強調或重複臉部缺點的鏡架，會讓臉部變得更沒吸引力。

多數狀況下，所選鏡架的線條應能平衡臉部造成不理想比例的平面。此想法如同以垂直條紋修飾矮個子或肥胖者的外觀。

## 臉型

對基本臉型的認識並非挑選合適鏡架的要件，但這是有價值的幫助，能對特定鏡架做出更快且更準確的決定。一般的配鏡人員能說出鏡架戴在臉上後是否合適，但技巧熟練且對臉型有所了解的配鏡人員，在配戴鏡架前就知道戴起來的樣子。

配鏡人員需能覺察鏡架對基本臉型所造成的可觀影響，無論影響是正面或負面，才有辦法為每一張臉做出最終的鏡架選擇。

一般而言，基本臉型有 7 種：

1. 橢圓形－視為理想型。
2. 長方形－臉較一般人瘦長，臉部兩側較橢圓形更為平行。
3. 圓形－較橢圓形還要圓些。
4. 方形－臉部兩側較橢圓形更為平行，臉部較一般人寬且短。
5. 三角形－下半臉比上半臉寬。
6. 倒三角形－上半臉顴側較下顎處寬。
7. 鑽石形－臉部中間較寬，上端和下端明顯變窄(表 4-1)。

為了簡化臉型分類以助於選擇鏡架寬度和深度，這 7 種臉型可縮減為以下 5 種臉型 [1]。橢圓形臉被視為標準型且幾乎可配戴任何鏡架，故只適用一般規則。長方形臉簡稱為長型臉。圓形和方形臉分類為寬型臉。正立或底邊朝下三角形臉的分類仍保留。針對裝配調整之目的，鑽石形臉被歸類為倒立或底邊朝上的三角形臉，乃因這些形狀基本上以相同的方式裝配。運用此簡化系統，一張臉與標準型的差異可朝四種主要方向發展：它可能過長、過寬或過於三角(正立或倒立三角)。

## 影響臉部長度

針對挑選鏡架之目的，我們關心的是鏡架的垂直和水平尺寸、鏡架形狀是圓是方，以及鏡架前框的顏色。

為了簡化，關於鏡架形狀合適性的討論可分為兩部分。第一個部分考量鏡架的寬度和深度(尺寸)，以及是否應強調鏡架上半部如漸層染色鏡架，或強調整副鏡架如完全染色(強調／顏色)。這些考量皆與臉部的長度和寬度有關。第二部分則考量鏡架線條的稜角或圓弧(形狀)，與臉部形狀和眉毛線條有關。

**表 4-1**
**依據臉型進行裝配調整**

| 基本臉型 | 裝配形狀 | | 裝配建議 |
|---|---|---|---|
| 橢圓形 | 正常 | | 可配戴大部分的任何類型 |
| 長方形 | 長臉 | 對比形狀 | 寬幅鏡框 |
| | | | 低的鏡腳連接處 |
| 圓形<br>方形 | 寬臉 | | 窄幅鏡框 |
| | | | 高的鏡腳連接處 |
| 底邊朝下三角形 | 正三角形臉 | | 尺寸要合乎下半臉最大的部位 |
| | | | 適合深色或突顯外觀的設計 |
| 倒三角形 | 倒三角形(底邊朝上)臉 | 對比形狀 | 不突出的鏡架(金屬或無框皆可) |
| | | | 輕或中等重量的鏡架 |
| | | | 適合淺色 |
| | | | 鏡片形狀有圓角 |
| 鑽石形 | | | 細緻設計的女用鏡架 |

適當的鏡架寬度 * 大致等同於頭顱的面部骨骼結構最寬處的測量值,此「規則」可能因鏡架風格不同而做修改,但參考點總是面部骨骼的最寬處。

使用骨骼結構而非實際寬度,乃因多餘的身體和臉部重量會使配戴者的五官往臉部中心擠;一副根據實際臉部寬度而非骨架寬度的鏡架,可讓配戴者看似為鬥雞眼。

根據一般規則,臉越長則垂直深度(鏡框上半和下半之間的距離)便應越大,以維持鏡架與臉部的比例;臉越短則垂直深度便越小。意即垂直幅度較寬的鏡架更適合長臉,而較窄的鏡架較適合寬臉。在某種意義上鏡架「遮蓋」臉的一部分,而遮蓋長臉更多的部分會產生臉部縮短的錯覺。

鏡架前框可能是垂直漸層染色、水平漸層染色或完全染色。顏色較深的完全染色鏡架比垂直漸層染色鏡架更容易有縮短長臉的幫助效果。任何吸引觀者注意鏡架上半部的鏡架都包括在「垂直漸層染色」的分類中,例如一副上半部為深色的尼龍線型鏡架就屬於此分類。完全染色鏡架能縮短臉部從鏡框深色下緣至頦部(下巴)之間區域的長度。

有深色上半鏡框而下半無框或採尼龍線的鏡架,臉部長度的參考點是從鏡架眉毛高度的深色部位(立即引人注目的部位)至頦部的底端,故這些鏡架有拉長臉部的效果,因而較適合寬臉。

鏡架的外圍區域也可能有利於產生縮短或拉長臉型的錯覺。雙眼實際上很靠近頭部的垂直中心,即使我們通常認為雙眼在頂部,乃因目視參考基準是從髮線至雙眼,以及從雙眼至頦部底端。

眼鏡的鏡腳是一條人為的分界線。此線越低,臉顯得越短;此線越高,臉顯得越長。因此針對長臉,鏡架前框的端片較低將可縮短臉型;針對寬臉,有較高端片的鏡腳則可增加臉部的長度。

若從側面觀看,臉部被眼鏡鏡腳的位置分割,形成一條人為分界線。

若鏡腳連接鏡架前框的位置較高,分界線以下的臉部面積較多,臉就顯得更長(圖 4-1, A);若鏡腳連接鏡架前框的位置較低,界線至頦部底端的距離較短,臉就顯得更短(圖 4-1, B)。若臉部過長,較低的端片有助於面容看似較短;若臉部又寬又短,採用較高的端片是理想的。

一個極端的寬臉案例是五官很小且擠在一張大臉的中央[1]。事實上,當個體的體重增加時,頭部尺寸也會增加,但五官位置不變,導致臉部看似有點「擠」。鏡架寬度應依據臉部骨架進行測量,而非頭部實際上最寬處,否則鏡架會過度施壓於該個體的臉部,或雙眼看似異常靠近。

應用於寬臉裝配調整的規則亦適用於肥胖臉,但採用時必須更為嚴格,鏡架越不顯眼越佳。若為塑膠鏡架,重量適中或輕量塑膠較為適合,但細金屬、尼龍線甚或是無框鏡架則為較佳的替代選項。亦必須留意鏡架的垂直尺寸。

## 影響臉部平衡

若臉部某區域較另一區域寬,則鏡架可用以平衡較寬的區域,並轉移臉部的視覺焦點。

正三角形臉的最寬處是在下半部。由於鏡架有平衡的效果,若僅配戴眼鏡通常就能改善臉部外觀。鏡架本身應與臉的下半部差不多寬,實際寬度會稍微變化,端看當下的鏡架風格。

橢圓形或向上傾斜的鏡片形狀較適合,矩形設計則是相反,這對下半框而言特別準確,若它是

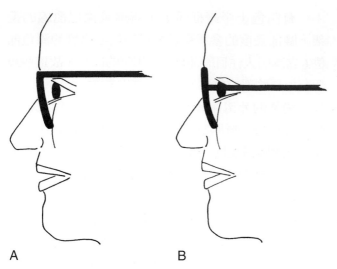

**圖 4-1** **A.** 若鏡腳與鏡架前框連接處較高，將有較多臉部面積在此線以下，使得臉部看起來更長。**B.** 若鏡腳與鏡架前框連接處較低，較少臉部面積在此線以下，故臉部看起來較短。

一條平行下顎輪廓的直線，便傾向於強調三角形底邊的寬度。在這些案例中，設計給男性的鏡架會因讓臉型稍微方些而令人滿意，乃因下半框的底線不是連續的，且男性臉上的稜角線條並不會被認為不合適。對於女性，圓弧線條的鏡架會帶來較柔和、女性化的外觀，而較方的線條則有堅定果斷的感覺。

鏡架應為深色，以達到強調效果並平衡整張臉的形狀；完全染色適合長臉，垂直漸層染色或強調鏡框上半部則適合短臉。

倒三角形臉稍微難以調整。僅用鏡架的位置去平衡抵消臉部較寬的部位是不太可能。顯然地，一副顯眼的鏡架配上這種臉型會讓目光集中於臉部較寬的區域。

欲避免這種不當的強調，鏡架必須盡可能不引人注目。鏡架應具有合乎當下流行的最低寬度。注意若鏡架自頭部兩側延伸出去越多，頰部看起來會越尖。

鏡架應為輕量或適中重量，且盡可能選擇較淺的顏色。金屬或類無框的鏡架很適合這類臉型。

厚重的底線有時可助於平衡。圓弧形鏡片能柔化臉部的三角形線條，然而方形線條鏡架卻會加以強調。此臉型的女性通常有一定程度的纖細感，故鏡架也應具備纖細的特質。

## 鏡架線條

透過鏡架的線條以重複臉部線條，會加強臉部的線條。這能為臉型加分，但前提是重複的線條確實有互補或是達成理想的效果。根據相同的原理，不慎重複不適合的線條也會造成不滿意的效果。

鏡架的線條是由上半或下半鏡圈的曲線或稜角決定，意即是由鏡片的基本形狀決定。基於這點，應充分了解理想的鏡架深度和寬度為何，取決於臉部的長度、寬度或接近三角形的程度。

根據一般規則，當使用鏡架形狀作為美觀上的強調時，鏡架的上半區域是由眉毛線條決定，而鏡架下半區域則是由臉頰和下顎線條所決定。鏡圈下半靠近鼻子處應順著鼻子輪廓，如之前所討論的。

鏡架上半部區域或上半框應與眉毛有相同的基礎形狀。過於偏離此線會產生不協調的臉部外觀，大致類似同時穿條紋和格紋造成的混亂效果。理想的上半框應順著眉毛下緣，使眉毛清楚可見。上半框剛好在最高處將眉毛一分為二，但這並非總是可能發生或想要的效果，有些人甚至偏好鏡框高於眉毛的位置[2]。在任何狀況下，裝配常規眼鏡時最需記住的是，鏡框的上半線條要順著眉毛的基本線條。

禿頭男性可能受惠於有筆直眉條的鏡架[3]，這背後的理論是眉條佔去一些前額面積，分散對於較大額頭外觀的注意力。

至於鏡架下半部區域，除了因臉型屬方形或圓形造成的效果外，下半框最重要的功能拉高隨年齡增長而開始下垂的臉部線條。使用向上傾斜型的上半或下半框可平衡臉部的下垂線條。有下垂線條的鏡架通常會強調不想要的特徵，故應避免。

鏡架線條能稍微改變臉部表情，使配戴者看起來更快樂、更悲傷、更嚴厲，或甚至是出人意料的表情，端看鏡架線條和後方臉部結構的互動關係。

另一個可透過下半框達成的重要效果，乃協助遮蓋許多人眼睛下方會有的眼袋。若要幫忙掩飾，可選擇有較粗且深色下半框的鏡架，適當地配戴以遮蓋眼袋的最下端。

## 鏡架顏色

到目前為止，提到鏡架顏色主要是與某些效果

有關，即如何透過使用深色強調，或使用淺色轉移視覺焦點。儘管實際選色可能留給配戴者，配鏡人員有責任引導他們走向最終的選擇。

髮色、膚色、五官大小和眼睛顏色都能針對適合的眼鏡顏色提供有價值的線索。鏡架有各種可能的色度和透明度，加上運用色彩組合的創新用法，因此制定引導選色的原則並非易事。

**服裝和配件。**　應用在服裝和配件上的常識法則也能用於選擇合適的眼鏡，當然個人經常穿著的喜愛顏色或主色不該被忽視。不應在排除慣常穿著的狀況下，根據膚色、眼睛顏色和髮色選擇鏡架顏色。眼鏡被視為配件，正如 Dowaliby 所述：「這是傳統慣例⋯吻合整套服裝調子的配件可以帶出最佳穿著[4]」。

考量多數人不會持續穿著相同顏色，可理解僅一副鏡架無法搭配每種可能的服裝－無論是顏色或效果方面。那些選擇一副眼鏡來應付所有工作或休閒場合(包括每種服裝的風格和顏色)的人，應能體會此強加的限制。

**髮型。**　淺藍或淺玫瑰色的鏡架適合灰髮。相較於頭髮較細、髮色較淺者，頭髮較粗、髮色較深的人可配戴較厚重、較深色、較粗的鏡架。顏色較淺、造型設計較精細的鏡架會推薦給頭髮細且淺色的人。一副粗重又深色的鏡架戴在淺色細髮者的臉上，會較深色粗髮的人戴起來更強調鏡架而引人注目。

在裝配金屬鏡架時，金髮、淺棕髮或紅髮者適合金色，灰髮者適合銀色，黑髮或髮色非常深者適合以上兩種顏色。髮色灰白夾雜或剛開始有白髮者發現，選擇銀色鏡架會讓白髮更為凸顯[3]。需注意的是，並非每個人都認為強調頭髮開始變白的鏡架是不好的選擇，大多取決於個體希望呈現的形象為何，因此配鏡人員的角色變成是輔助顧客找到一副能達到理想效果的鏡架，同時避免任何可能令配戴者感到不悅的偶然變化。

**臉部五官。**　就臉部五官的大小而言，五官越小越精緻，鏡架的顏色可以越淺；五官越明顯，鏡架的顏色可較深。

**窄眼距和寬眼距。**　相較於臉部寬度，雙眼距離較靠近者會想選擇一副視覺焦點不在鏡架中心的眼鏡。低鼻橋、厚重、深色鼻橋鏡架會讓這種人的雙眼看起來太近，彷彿鏡架沒有空間可架在鼻子上，因此這種人必須選擇一副鼻橋透明(不強調中央部位)，但上半靠近顳側區域明顯的鏡架。這樣觀看者的注意力會自過於靠近的雙眼被轉移[5]。

雙眼間距極寬者需要完全相反設計的鏡架，最佳的選擇乃低鼻橋、深色且有厚重鼻橋的鏡架。雙眼之間的空間會被「填滿」，故雙眼看起來不會距離那麼寬。

**根據四季色彩系統決定鏡架顏色。**　儘管至今已提供幾種關於鏡架顏色的建議，但仍很難整理出一致性的規則，有些人確實比其他人更為適合某些顏色。困難之處在於為每個人找出最適合自己的顏色。

一種方法是將所有人分入四個基本類群中的一個，試圖更容易找出最能襯托個人的顏色，其中每個類群各以四季名稱來識別。「正如大自然分為四個不同的季節：春、夏、秋、冬，每一個都有其獨特及和諧的色彩，你的基因給予你一種色彩類型，而四種季節色盤中的其中一種會最適合你[6]」。

為了決定個人屬於哪一「季節」，需評估其膚色、髮色甚至是眼睛顏色。找出正確的「季節」之最佳方法乃以大塊的有色布料反覆嘗試，探索最適合個人膚色和髮色的色彩。所有的人無論其屬於哪一季，「⋯可穿戴幾乎任何顏色，關鍵在明暗和彩度[6]」。若個人已知道其看起來最適合的顏色「明暗與彩度」，選擇鏡架顏色可能會簡單許多；若仍不知，一副副試戴找出效果最佳的鏡架較為容易，而非先決定四季色彩再選擇鏡架顏色。

總之，儘管可找到一些選擇鏡架顏色的起點，但此過程並不會導向簡單的答案。最可能的結果是個人對色彩的品味與反覆嘗試的過程將主導一切。

## 鏡片染色

使處方鏡片染色有許多目的，然而有時個人想要染色鏡片只是為了讓眼鏡看起來更美觀。在這種狀況下，染色的顏色通常會配合鏡架。

## 鏡架粗細

許多由鏡架深淺造成的效果與鏡架顏色有關。

如同鏡架顏色的搭配原則，五官越小、越精緻，鏡架應越輕（細）。五官越大、越明顯，鏡架應越重（厚）。

一種例外是男性有大而明顯的五官，但相較於粗獷的臉部，體型卻較預期小。為了平衡頭部和身體的比例，可能需配戴比一般更輕的鏡架[7]。鏡架尺寸相對於臉部絕對不可過小，然而無論體型如何，對臉部太小的鏡架就是過小。儘管鏡架變細，仍能用深色創造出強烈的鏡架外型（表 4-2）。

兒童以及有著稚氣五官的女性特別適合細鏡架，這種五官若搭配過於厚重的鏡架，容易過度強調臉部使外觀看似弱小，而不是為臉部加分[7]。

配鏡人員偶爾會遇到五官不夠明顯，不適合厚重鏡架，但仍想戴厚重鏡架的人，解決之道是使用中等粗細但顏色很深的鏡架。深色會讓鏡架看起來更厚重。同樣地，透明的下半框會使鏡架看似較實際輕。

不知道該選擇哪個鏡架重量時，永遠選擇較輕的那個。

## 鼻橋設計

鏡架能讓鼻子看似比實際更長或更短些，端看所選鏡架的鼻橋樣式。鼻子的外觀長度與在鏡架鼻橋以下鼻子可見的程度有關，正如臉部的外觀長度與鏡架以下的臉部面積有關。

若欲「拉長」鼻子，選擇盡可能露出鼻子的鏡架（圖 4-2）。有開放式鼻橋的鏡架能讓大部分的鼻子被看到，乃因它是靠在鼻子兩側而非在鼻梁背脊上。

深色鏡架會將觀者的注意力轉移至周圍的臉部區域，且傾向強調由鏡架搭配所造成的任何特徵。以鎖孔式鼻橋為例，深色鏡架會有使鼻子變長的錯覺。若針對物理上的配戴理由進行考量，就必須將鎖孔式鼻橋用於鼻子長的人身上，若使用透明或淺色鼻橋或深色端片，其拉長效果會較不明顯。

鞍式鼻橋被設計成切過鼻梁背脊處。鼻橋越低，縮短鼻子的效果越好（圖 4-3）。較深的顏色可達到較強的劃界效果，使鼻子看似較短，而較淺的顏色傾向抵銷縮短鼻長的效果。

到目前為止，主要是討論在鏡架的鼻橋設計如何影響鼻子的外觀長度。然而對某些人而言，鼻子的長度可能不是優先考量，重要的是鼻子基部的

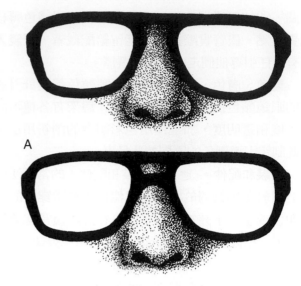

**圖 4-2** 要有「拉長」鼻子的效果，宜選擇盡量露出鼻子的鏡架。**A.** 中的鏡架是正確的；**B.** 中的鏡架是錯誤的。

| 表 4-2 | |
|---|---|
| **依據鏡架重量進行裝配調整** | |
| **鏡架重量** | **適合於** |
| 重 | 大且寬的五官者 |
| 適中 | 一般五官、大五官且小體型者 |
| 輕 | 小且細緻的五官、有稚氣五官的女性、兒童 |

寬度（鼻子基部是指鼻孔兩側與臉部連接處的最低點），若鼻子基部狹窄，適合選擇較高且較細的鼻橋；若鼻子基部是寬的，較低且垂直寬度大的鼻橋設計最為適合（圖 4-4）。

## 裝配調整時的考量

許多在適當調整一副眼鏡時遇到的困難，會與初步裝配調整或選擇鏡架時所犯的錯誤有關。一旦選定了鏡片尺寸和形狀，一副服貼鏡架的要素仰賴於選擇適當的鼻橋、鏡腳類型及其長度。將重量或力量分散在最大面積的表面上，乃使用鼻橋墊片和鏡腳耳後部件之主要目的。

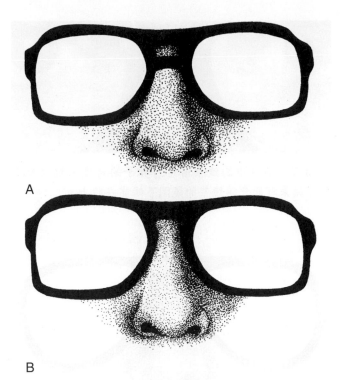

**圖 4-3**　鼻橋越低，縮短鼻子的效果越好。A 中的鼻橋是正確的；B 中的鼻橋是錯誤的。

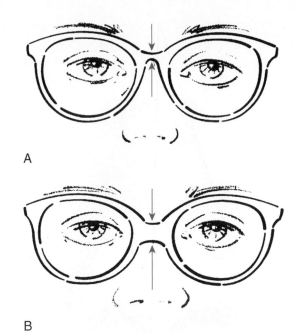

**圖 4-4**　A. 若鼻子基部很窄，宜選擇高而細的鼻橋樣式。B. 若鼻子基部很寬，宜選擇低且垂直高度寬的鼻　橋 (Reprinted with permission from Wylie S: Eyewear Beauty Guide: Don't Choose Your Eyewear Blindfolded! Oldsmar, Fla, 1986, Varilux Press)。

## 鼻橋

　　如同大部分塑膠鏡架，當鼻橋是固定式時，適當鼻橋的選擇是由鼻子能承受的鏡架重量所決定。若選到不適當的鼻橋，嘗試調整鏡架和鼻橋以確保配戴者的舒適性，將會是非常困難且令人感到絕望的。

　　合適的鼻橋是由其寬度、鼻墊位置、鼻橋在鼻墊上的前角、鼻墊的張角以及鼻墊的垂直角所決定。所選的鼻橋不應讓鏡圈觸及臉頰。

### 裝配調整所需的重要鼻部角度

　　若從前方觀看鼻子，可發現由互相夾成前角的兩條側邊構成的三角形，其頂點在額頭且底邊橫跨鼻孔和鼻尖。兩條側邊各自從垂直線偏離的角度稱為前角 (frontal angle)( 圖 4-5)。

　　張角 (splay angle) 被看作是鼻子由前至後的寬度。當從上方往下看時，此角的最佳視覺化角度即是在鼻墊貼附於鼻子處的水平截面位置 ( 圖 4-6)。

　　這兩個角都是鏡架裝配調整的首要重點，每個人的前角和張角可能相差甚大。

　　**前角。**　若鏡架的前角與鼻子前角構成的三角形不平行，鏡架前框下半鏡圈的內側或鼻橋脊部的頂端會靠在鼻子上，而不是在應支撐鏡架的鼻墊上 ( 圖 4-7 與 4-8)。若鼻橋是固定式且無法調整，使這兩個角度相符就變得非常重要。

　　即使前角符合，記住鼻墊也只有在鼻橋寬度 ( 鏡片間距 ) 適當時才會靠在鼻子兩側。若鼻橋過寬，即使角度正確，鏡架仍會靠在鼻橋脊部或鼻子較低處，使得鏡片的位置太低，視線將靠近上半鏡圈，或下半鏡圈可能會觸及臉頰。過大的鎖孔式鼻橋戴起來可能會像鞍式鼻橋。

　　若鼻橋過窄，上半鏡圈可能會超過眉毛高度，視線便穿過鏡片靠近下半鏡圈處或雙光子片的位

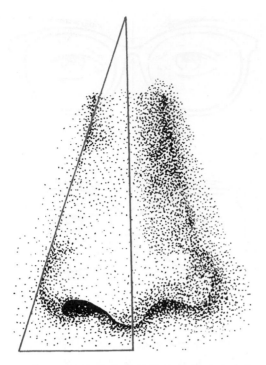

**圖 4-5**　鼻子兩側與垂直線偏離的角度稱作前角。

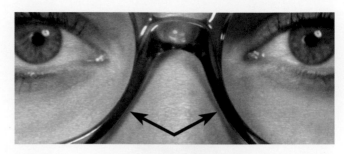

**圖 4-7**　照片中的鏡架前角對鼻子的角度來說太窄小了，結果可能會讓鏡架的鏡圈下緣靠在臉上。

**圖 4-8**　圖中的鼻橋部位對鼻子來說張得太開，乃因鼻子和鏡架前角不一致，造成鼻橋脊部的頂端是支撐鏡架重量的唯一部分。

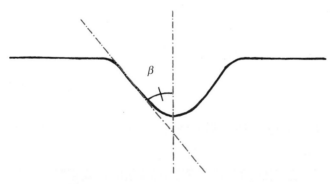

**圖 4-6**　鼻子的張角 ($\beta$) 是自上往下看時鼻子側邊形成的角度。圖中顯示的是在鼻墊貼附處高度的鼻子截面。

置，導致下半鏡圈可能會於鼻子兩側承載鏡架重量，而不是在鼻墊上。

　　檢查鼻橋尺寸時，自鼻子稍微提起鏡架，並將鏡架往左或往右移動。鼻子和鼻橋的自由端之間應有約 1 mm 的空隙。

　　對於前角很大、鼻梁脊部較扁平且張角很寬的鼻子，會推薦比一般略低的鼻橋設計[8]。圖 4-4 B 描

繪了這種類型的鏡架。儘管鼻梁脊部較寬，但會推薦搭配較窄的鼻橋，讓鼻墊有足夠空間向後彎折，靠在鼻子兩側的平面上。

　　若鼻橋可調整，便能藉由彎折鼻墊臂將鼻墊對齊欲符合的角度；若鼻橋不可調整，鼻墊的前角 ( 和鼻子的前角一致 ) 可透過改變鏡片形狀做有限度的調整。

　　若配戴者的鼻子相對於所選鏡架張得過寬，且當下無其他合適的鏡架可選，則可用鼻側切割 (nasal cut) 技術來重塑鏡片的形狀 ( 圖 4-9)。對無框裝配架來說，這非常容易，即切除鏡片下半靠近鼻側角落的一部分 ( 因此稱為鼻側切割 )*。針對塑膠鏡架的替代方法包含加熱空的鏡架鏡圈，並將鏡圈重新塑

---

\* 若鏡片需要自行磨邊，所選鏡架的額外模板可重新修改形狀。使用修改後的模板時，確保左、右鏡片形狀對稱。

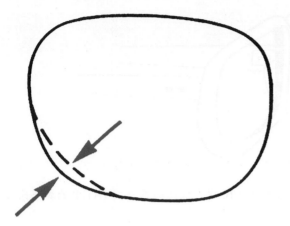

圖 4-10 若配戴者的鼻子張角很寬,但鏡架鼻橋部位張得不夠開時,鼻橋後方區域會切入鼻子兩側。圖中所示為從上方觀看的截面圖,為了清楚解釋而有所誇大。

圖 4-9 圖片顯示當使用「鼻側切除」工法時鏡片材料移除的位置和量。除非配鏡人員特別註明,否則移除量通常約為 1.5 mm。

圖 4-11 若鏡架鼻橋部位張開的角度大於鼻子張角,鼻橋前方區域會切入鼻子兩側。圖中所示為從上方觀看的截面圖,為了清楚解釋而有所誇大。

形以符合配戴者的臉部需求,可能需根據修改後的形狀製作模板,或以鏡架掃描儀掃描形狀。兩鏡片皆需依照新形狀切割。

**張角。** 鼻子在靠近內側眼角時會變得較寬,故鼻墊不僅需具備適合的前角,也必須有合適的張角,如此眼鏡的重量才能平均分布於鼻墊的整個扁平面上。

若鼻墊的夾角呈現兩片鼻墊後側之間的距離和其前側之間的距離差不多,但鼻子的張角又很大,鼻墊的後側會切入至鼻子的兩側。若為厚重的鏡架,將會於鼻子上造成疼痛且明顯的凹痕 ( 圖 4-10)。

若鼻墊的夾角呈現兩片鼻墊後側之間的距離較其前側之間的距離遠,且超出鼻子的張角,則鼻墊的前側或鏡圈會切入至鼻子的兩側 ( 圖 4-11)。

**脊角。** 從側面觀察臉部可看到鼻子的脊角:即從鼻子底部至頂部與眉毛及臉頰大致平行的垂直平面所夾的角度 ( 圖 4-12)。

此角度在選擇鼻橋上不太重要,除非使用鞍式或修飾鼻橋。修飾鼻橋內側的角度應與脊角平行,如此鼻橋才能與鼻子完整貼合。

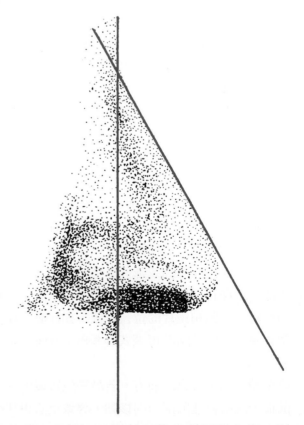

### 可調式鼻墊

鼻墊在鼻子上的位置極為重要,最重要的目標即鼻墊的完整扁平面要靠在鼻子兩側。由於承載鼻

圖 4-12 脊角是鼻子從基部至頂端與大致和眉毛及臉頰平行的垂直平面相交的角度。

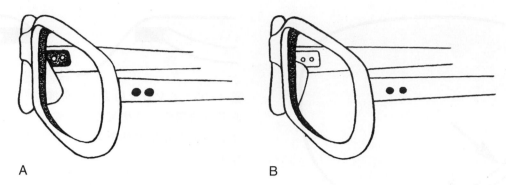

圖 4-13　A. 注意鼻墊底部如何提供較多的支撐，使鏡架更適合兒童。B. 成人樣式的鼻墊與 (A) 中的鼻墊比較。

墊的鼻墊臂具延展性，故兩側的鼻墊可各別調整。在選擇有可調式鼻墊的鏡架時，首要的選擇標準為：

1. 鏡片間距應設定為在不需大幅拉長或壓縮鼻墊臂的狀況下，鼻墊可輕鬆調整至靠在鼻子兩側。

2. 選用厚重的鏡架或鏡片時，下列因素會影響鼻墊的舒適度：

    a. 鼻墊表面將貼附鼻子的前角傾斜程度。鼻墊越接近垂直，施加在鼻子上以固定鏡架的壓力就越大 [10]

    b. 若鼻墊的表面近乎垂直，最好使用輕量型鏡片。由矽膠材質製成的鼻墊不如常用的塑膠鼻墊那麼容易滑動

3. 關於適合的垂直角、張角以及鼻墊寬側完整接觸等問題，通常可透過彎折鼻墊臂加以處理 ( 詳細描述請見第 8 章和第 9 章 )。

    然而在選擇有可調式鼻橋的鏡架時，也必須注意鼻墊臂的類型及其與鏡圈連接的方式。某些種類的鏡架以近乎筆直、極短且垂直連接的鼻墊臂來支撐鼻墊，這種鼻墊臂只允許很有限的鼻墊調整，任何欲升高或降低鼻墊的嘗試幾乎是不可能。選擇有這種鼻墊臂的鏡架時，一開始就必須使鏡片間距和鏡片的位置正確，如此鼻墊僅需微幅調整 ( 更多關於可調式鼻墊的說明請見第 9 章 )。

4. 厚重鏡架的重心靠近前方。若鼻墊位置接近鏡架前框，鏡架會往臉部方向移動，導致重心更往後傾，使得鏡架較容易維持原位。因此在臉部結構、睫毛長度等條件允許的狀況下，將鼻墊盡量靠近前框是理想的作法。

當眼鏡的重量增加時，使用較大的鼻墊可將重量分散於鼻子上較大的面積。

## 兒童的鼻橋

研究發現 3 ～ 18 歲的兒童其鼻子的脊角 ( 鼻梁背脊處至鼻尖的斜度 ) 只有些微改變 [11]，主要的改變在於張角 ( 鼻梁背脊處至臉頰的斜度 ) 和鼻橋的深度。

針對兒童的裝配調整，這表示必須 (1) 在鼻墊區域的底部需更多支撐，以及 (2) 更大的鼻墊張角 ( 鼻墊張得更開 )。一個更大的鼻墊或接觸面有助於鏡架穩定 ( 圖 4-13 )。

## 鏡腳

當頭往前彎時，鏡架固定在臉上所需的力量分配逐漸從鼻子轉移至耳朵，故配戴者的活動狀況和眼鏡的用途應納入選擇鏡腳樣式的考量。由於鏡腳樣式與配戴者的偏好呈高度相關，下列這些考量應特別注意。

有著扁平、直向後或圖書館式鏡腳的眼鏡，適合用於在取下或替換而不希望需要調整的狀況下。此狀況出現在當眼鏡只是偶爾配戴，或主要用於閱讀或桌面作業時。

顱式鏡腳用於當配戴者的活動量是一般或長期配戴需求。若頭部需要明顯彎低或肢體活動力很強時，弓式鏡腳或舒適線型鏡腳較為適合。

所有鏡腳主要是靠著與頭部兩側接觸的區域協助固定鏡片，而非鏡腳末端的壓力或靠在耳朵上半彎曲處，因此選擇合適的鏡腳長度是挑選鏡架中的

**表 4-3**

**依據鏡腳進行裝配調整**

| 鏡腳類型 | 適合於 | 不適合於 |
|---|---|---|
| 舒適線型或弓式 | 活躍的人<br>要求特殊頭部位置的工作<br>幼童<br>特別重的鏡架和／或鏡片 | 間歇配戴 |
| 耳後直式 | 間歇配戴 | 厚重鏡片<br>鼻子兩側平行者<br>塌鼻子者<br>前框脆弱的鏡架 |
| 顱式 | 一般日常配戴 | 要求特殊頭部位置的工作 |

重要部分。鏡腳必須夠長，使鏡腳彎折處剛好超過耳朵上方 ( 圖 9-12)。可在調整鏡架時，讓彎下部位或鏡腳耳端正好位於頭部的正確位置。

表 4-3 綜合考量配戴者的活動情形及眼鏡用途後，摘錄適合的鏡腳類型。

## 為漸進多焦點鏡片配戴者選擇鏡架

一個漸進多焦點鏡片配戴者需具有以下條件的鏡架：

1. 極小的頂點距離。
2. 足夠的前傾斜。
3. 在鏡架鼻部區域有足夠的垂直深度。

需極小的頂點距離 * 乃因中距和近距使用的漸進多焦點鏡片有相對狹窄的視野。漸進可視區越靠近眼睛，中距和近距的可視範圍越寬。

有足夠前傾斜的鏡架也可協助使下半部 ( 閱讀 ) 鏡片更靠近眼睛。當眼睛為了看近處而往下轉動時，閱讀寬度也會增加。

鏡架形狀對漸進多焦點鏡片而言是重要的。若鏡片鼻側下半部切除過多，如同傳統式飛行員樣式，閱讀區面積將會減少 ( 圖 4-14, A)。此外，當鏡片垂直高度太小，會失去大部分的近光區。若漸進多焦點鏡片是針對垂直高度較小的鏡架特別設計，將可避免這種現象 ( 圖 4-14, B)。然而，漸進多焦點鏡片在垂直高度極小的鏡架上之效果仍不佳。適合漸

進多焦點鏡片的鏡架形狀要有足夠的垂直深度且無過多鼻側切割 ( 圖 4-14, C)。最適合漸進多焦點鏡片的設計是在內側、鼻側區域有額外垂直深度的鏡架 ( 圖 4-14, D)。可惜的是，外型與功能不見得總能兼顧。

## 為高負度數鏡片配戴者選擇鏡架

鏡片通常是根據光學的合適性進行選擇，但某些樣式鏡片的外觀修飾效果也應納入考量，這些通常是會明顯縮小或放大眼睛和臉部外觀的極高正或負度數鏡片。在為高負矯正度數配戴者進行裝配調整時，一些外觀的修飾效果必須列入考慮 (Box 4-1)。

## 尺寸

尺寸的考量包括避免有很大鏡片的鏡架，乃因鏡片邊緣遠比中央厚。基於相同的原因，盡可能使用有圓角的鏡架。

也應避免在鏡腳區域寬於配戴者臉部的鏡架，乃因高負度數鏡片會讓配戴者的頭部透過鏡片看似更窄 ( 圖 4-15)。

必要時可讓鼻墊彼此靠更近些，而非過度移心，例如可使用 48□20 取代 50□18( 針對度數為 −12.00 D 的鏡片，這也會大幅減輕鏡片的重量 )。

## 鏡片材質

低折射率的 CR-39 塑膠鏡片邊緣較厚，使用較高折射率的材質會減少邊緣厚度。基於重量因素，

---

* 頂點距離為鏡片後表面至眼睛前表面的距離。

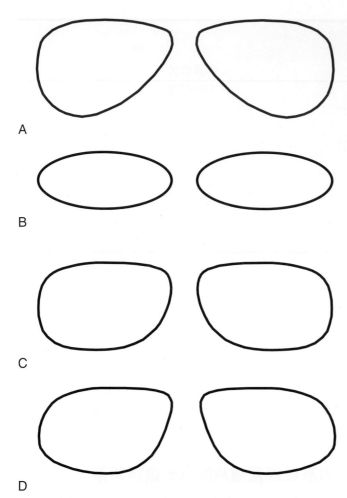

A

B

C

D

**圖 4-14**　最適合漸進多焦點鏡片的鏡框形狀需有充足的垂直深度，且在鏡片內鼻側區域未受到限制。**A.** 此鏡框不適合用作漸進多焦點鏡片。飛行員樣式的鏡框形狀中的鼻側區域，即鏡片近光區的位置被切除了。**B.** 若選擇的漸進多焦點鏡片形狀是針對垂直高度小的鏡框所設計，則此鏡框形狀便可行。此垂直高度小的鏡框不應搭配標準樣式的漸進多焦點鏡片。**C.** 最適合漸進多焦點鏡片的鏡框類型是要有足夠的垂直深度，並能充分使用中距離區和近光區。**D.** 儘管外觀上不見得適合，但有大片內鼻側鏡片區域的鏡框在光學上對漸進多焦點鏡片來說是理想的。

會選擇高折射率塑膠鏡片替代高折射率玻璃鏡片。高折射率塑膠鏡片是高負度數鏡片的極佳選擇。

　　PC 鏡片有重量和邊緣厚度上的優勢。PC 鏡片具高耐撞擊性，故可做出較薄的中心厚度，同時形成較薄的邊緣。即使一片 PC 鏡片和常規塑膠 CR-39 鏡片有相同的中心厚度，PC 鏡片的邊緣仍比 CR-39 薄，乃因 PC 鏡片的折射率 (1.586) 較 CR-39 鏡片的 (1.498) 高。

**Box 4-1**

### 高負度數鏡片配戴者的裝配調整要點

| 採用 | 避免 |
| --- | --- |
| 較小的眼型尺寸 | 大尺寸鏡片 |
| 若尺寸在兩者中間，使用較小的眼型尺寸和較大的鼻橋尺寸 | 過多的移心 |
| 圓角 | 稜角 |
| 低密度 ( 輕量 ) 鏡片，若減輕重量很重要 | 皇冠玻璃鏡片 |
| 中折射率或高折射率鏡片，例如 PC 或高折射率塑膠 | 低折射率鏡片，例如 CR-39 塑膠鏡片 |
| 扁平或隱藏式斜面 | 全 V 斜面 |
| 拋光或軋邊並拋光的鏡片邊緣 | 未拋光、霧面鏡片邊緣，造成同心圓般的外觀 |
| 針對無軋邊和／或拋光的鏡片邊緣，使用具有可隱藏鏡片邊緣的鏡圈且能平衡斜面位置的鏡架 | 細鏡圈和未具拋光邊緣鏡片的組合 |
| 抗反射鍍膜或染淺色 ( 前者為佳 ) | 延伸超過配戴者頭部兩側的鏡架 |
| 非球面或非複曲面鏡片 | 扁平、無抗反射鍍膜的前表面 |
| 特別高度數的負雙凹或負縮徑鏡片 | |

**圖 4-15**　高負度數鏡片會縮小物件。當高負度數鏡片配上一副過大的鏡框，觀看者透過鏡片會發現配戴者的臉部縮小。這讓頭部在鏡片後方的區域看似較臉部的其他部位狹窄。

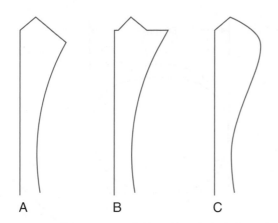

**圖 4-16** A. 常規 40 度鏡片斜面對於高負度數鏡片並不適合，幸好這種鏡片幾乎從未用過。B. 扁平斜面可減少部分內部反射，以及見於常規 40 度斜面的同心環狀反射，然而邊緣仍看似很厚。C. 軋邊且拋光的斜面可減少邊緣厚度。

## 反射、基弧和鏡片斜面

反射、基弧和鏡片斜面是額外的考量。鏡片斜面區域越大，外圍反射環將越明顯，乃因反射環是鏡片邊緣反光所致。如圖 4-16, B 所示，使用現行標準的隱藏式斜面可減少此問題 ( 而非較舊的 40 度斜面，如圖 4-16, A 所示 )。

高負度數鏡片的邊緣也能透過軋邊變得較不明顯，針對金屬鏡架或薄塑膠鏡架更是如此。如圖 4-16, C 所示，軋邊使邊緣從扁平變為圓滑，在拋光時讓鏡片變得美觀，且通常可減少邊緣厚度的測量值多達 2 mm。邊緣拋光會讓鏡片更為美觀，但除非使用抗反射 (AR) 鍍膜，這種拋光會導致內部反射，將對許多配戴者造成困擾。軋邊和拋光這樣的組合看似不錯。有人建議應謹慎使用軋邊和拋光，出於配戴者因鏡片邊緣軋邊區域造成扭曲而產生不滿的可能性。欲拋光的鏡片邊緣不必軋邊。依傳統方式切割斜面的鏡片也能拋光。透過較佳的製造技術，期待未來在有可見斜面的鏡片上，更容易製造出拋光的邊緣。

除非有抗反射鍍膜，鏡片前表面曲度減至 +2.00 D 以下時將導致前方光線的高度反射。可惜的是，具有一般球面曲度的高負度數鏡片需要相當扁平的鏡前曲度，以達成良好光學效果。使用非球面設計可允許不同的鏡前曲度，並透過增加鏡片周圍的斜度稍微減少鏡片邊緣厚度。非球面高負度數鏡片可能較同度數的傳統球面設計鏡片更為美觀。

染淺色會減輕鏡片內部的反射，但抗反射鍍膜的效果更佳。儘管鏡片的鏡前曲度是平的，抗反射鍍膜會讓鏡面反射效果消失。抗反射鍍膜也可消除常見於高負度數鏡片處方的同心圓反射環。

對於超高負度數鏡片的配戴者，負縮徑鏡片設計是可考慮的選項。

## 雜項因素

一個有趣的考量是高負度數鏡片會使眼部妝容較不明顯，而高正度數鏡片會讓任何型態的妝容更為顯眼。

## 為高正度數鏡片配戴者選擇鏡架

### 尺寸與厚度

尺寸和厚度是高正度數鏡片的考量條件 (Box 4-2)。避免採用大尺寸鏡片，如此將過重且增加中心厚度。高正度數鏡片會放大配戴者的眼睛。當鏡片尺寸增加，中心厚度也會增加，造成更嚴重的放大效果。

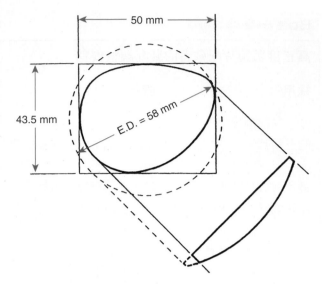

圖 4-17    若眼型尺寸已知，正度數鏡片的有效直徑越大，在某些軸線上邊緣看似越厚。由於需較大尺寸的鏡坯，中心厚度也會變大。

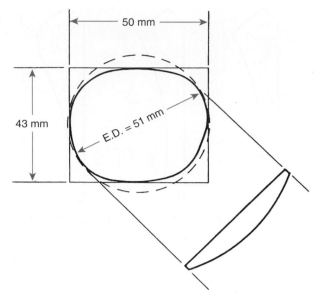

圖 4-18    當有效直徑趨近於鏡架的眼型尺寸時，邊緣厚度會更一致且接近最小值。較小的有效直徑也會使鏡片的中心厚度盡可能減小（關於有效直徑的詳細解釋請見第 2 和 5 章）。

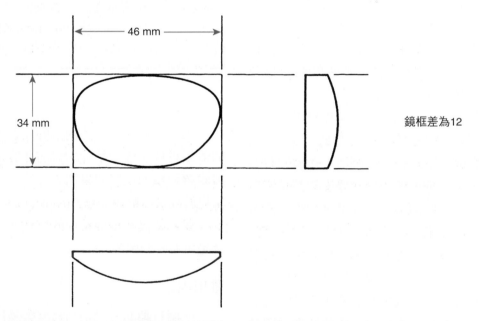

圖 4-19    在高正度數鏡片的例子中，鏡框差越大則鏡片頂部和底部越厚。然而在高負度數鏡片的例子中則是相反，較厚的邊緣會出現在水平軸線上。

由於鏡架的形狀各異，眼型尺寸並非影響鏡片厚度的唯一因素。當鏡片形狀偏離圓形或橢圓形，鏡片的有效直徑便會增加。鏡片越偏離圓形或橢圓形，鏡片就會越大且越厚（圖 4-17 和 4-18）。針對每一高正度數鏡片（如白內障鏡片）有個不錯的經驗法則，乃避免有效直徑較眼型尺寸大 2 mm 以上的鏡架。

## 鏡框差

選擇適合高正度數配戴者的鏡架形狀時，「鏡框差」是需額外考量的因素（第 2 章）。鏡片開口較窄的鏡架（鏡框的水平和垂直量度之間的差距大）會讓高正度數鏡片的頂端和底端很厚（圖 4-19），使得高正度數鏡片看似更為厚重。針對高正度數鏡片的配戴者，應避免鏡框差大於 9 mm 的鏡架。

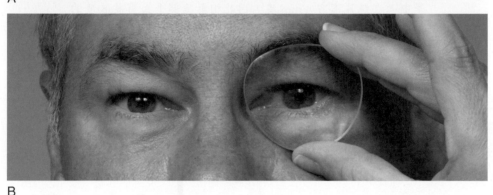

圖 4-20　圖 A 中的鏡片是置於較大的頂點距離，而圖 B 是最小的頂點距離。兩張照片所使用的鏡片相同，在條件盡可能一致的情況下拍攝，唯一差別是鏡片與眼睛間的距離。在這兩個例子中的眼睛都被放大，可比較鏡片後的眼睛和沒有鏡片的眼睛，從中明顯看出差異。然而圖 B 鏡片後的眼睛較圖 A 中眼睛放大的程度輕微。

## 白內障鏡片與紫外線防護

白內障鏡片是極高正度數鏡片，用於白內障手術後及植入人工水晶體前，這種鏡片現已少見。白內障鏡片的度數通常為 +9.00 D ～ +22.00 D，依配戴者的術前鏡片處方而定。處方度數會如此高乃因鏡片必須取代手術移除的眼睛水晶體之度數。幸好水晶體現已可由植入眼睛的小型鏡片取代。歷經白內障手術且尚未植入人工水晶體的人稱為無水晶體者 (aphakes)，無水晶體者必須配戴隱形眼鏡或高正度數的白內障眼鏡。幸虧目前人工水晶體的植入是白內障手術的標準程序，故這種狀況已很罕見了。

無水晶體者由於水晶體被移除，通常較其他人對光線更為敏感。為了預防無水晶體者的視網膜受到紫外線 (UV) 傷害，因此必須予以保護。無水晶體者僅應使用具有抗 UV 性質的鏡片。

## 鏡架特徵

有幾種鏡架特徵對於高正度數鏡片的適當裝配調整是絕對必須的。針對中等正度數鏡片，這些特徵可視為建議的指導方針，但對於高正度數或白內障鏡片，其是強制的先決條件。

應根據鏡架維持對齊狀態的能力進行選擇。脆弱的結構會使鏡片自鼻子滑落，這不僅讓配戴者不悅，也造成部分嚴重的光學不良反應。這些反應包括：

1. 有效鏡片度數的增加，導致遠距視力模糊。
2. 視野縮小。
3. 配戴者觀看物體時的放大程度增加。
4. 對觀看者來說，配戴者的眼睛看似更大 ( 圖 4-20)，當正度數鏡片的頂點距離縮短，配戴者的眼睛看起來的放大幅度會較小。

應選擇讓鏡片遠距光學中心位於眼睛前方適當位置的鏡架。進一步說明請見圖 4-21 和 4-22。

由於當正度數鏡片移近眼睛時視野變大且放大程度減輕，故所選擇的鏡架應能將鏡片盡可能靠近眼睛。配戴者的睫毛應剛好在鏡片的後表面。

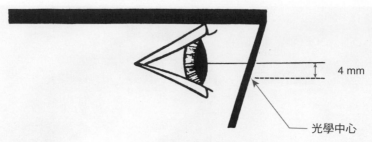

圖 4-21　為了避免影響鏡片的光學表現，光學中心從配戴者的視線每往下 1 mm，就需要搭配 2 度的前傾斜。例如圖中光學中心在鏡片下方 4 mm 處，因此相對臉部平面需要 8 度的前傾斜。

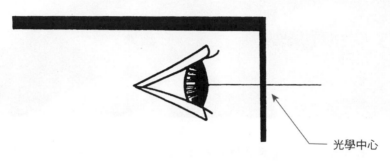

圖 4-22　當瞳孔和鏡片的光學中心一致，應不會有前傾斜。任何增加的鏡片傾斜會改變鏡片的球面度數，並明顯產生不理想的柱面度數。對於低度數鏡片可忽略度數效應，但對於高度數鏡片其會相當明顯（更詳細的說明請見第 5 章）。

當鏡片度數增加時，可調式鼻墊變得更為必需，該鼻墊能調整鏡架的垂直位置，具有可變化的優勢，這讓主要參考點高度、雙光子片高度或漸進多焦點鏡片的配鏡十字高度皆可做精確調整。

可調式鼻墊也能讓鏡片置於距離眼睛不同的位置，使得矯正屈光度數更為精確。除非高度數鏡片裝配調整時採用驗光時的屈光距離，不然度數會產生誤差；除非給予頂點距離的變化值補償，否則會產生顯著的誤差。例如若 +15.00 D 的鏡片是針對角膜和鏡片後表面之間頂點距離為 12 mm 的情形設計，但卻在 17 mm 處進行裝配調整，鏡片度數幾乎會超過 +1.25 D。這在高度數鏡片更為明顯，因此對於未採用可調式鼻墊的鼻橋設計，在各種頂點距離所需的度數補償是必要的。

當鼻子的解剖構造無法維持眼鏡的位置或處方鏡片有點重時，必須嚴加考量是否使用舒適線型鏡腳（comfort cable temples）。線型鏡腳能讓眼鏡不會從鼻子滑落，因此有助於避免上述的麻煩狀況。

## 為兒童選擇鏡架

為兒童選擇鏡架時應以安全為首要考量。兒童總是做一些出乎意料的危險行為，因此會期待兒童的眼鏡要能耐用。兒童眼鏡主要的考量並非鏡架和鏡片耐用，而是兒童不會因為不適合的鏡架而置於危險的處境。

注意賣給兒童的小型鏡架不見得是對兒童最適合的設計，乃因外型設計對兒童也很重要，兒童眼鏡經常模仿成人眼鏡的外型。

兒童眼鏡必須堅固。尋找結構堅固的鏡架，可能是塑膠或金屬製。鏡片凹槽必須夠深，使鏡片可更牢靠地固定於鏡架中。

建議避免尼龍線鏡架，乃因在劇烈活動時，細線不足以使鏡片牢固。

若有高品質的彈簧式鏡腳將會是個好選擇。當側邊受到撞擊，彈簧會吸收大部分的衝擊，而非將衝擊轉移至鼻子側邊。此外，彈簧式鏡腳也可省去找配鏡人員重新調整鏡架的時間。

## Box 4-3

### 兒童的鏡架選擇

| 採用 | 避免 |
|------|------|
| 堅固的鏡架 | 成人鏡架的輕結構版本 |
| 凹槽深的前框 | 凹槽淺的鏡架 |
| 高品質的彈簧式鏡腳 | 尼龍線鏡架 |
| 支撐鼻墊下方區域的鼻橋 | |
| 高耐衝擊鏡片，如 PC 或 Trivex | 任何非高耐衝擊的鏡片，特別是玻璃鏡片 |
| 適用時需有運動的保護裝置 | |

　　儘管和選擇鏡架的主題無直接相關，但必須強調 PC 鏡片或 Trivex 鏡片是合適的兒童鏡片選項。安全性的增進遠大於任何其他考量，即使 PC 鏡片容易刮傷。簡而言之，兒童需要高耐衝擊鏡片，且配鏡人員有責任確保家長知道原因為何。

　　PC 和 Trivex 鏡片都另有提供兒童紫外線 (UV) 防護的益處且不需額外費用。兒童眼睛的水晶體可允許較多光線穿透甚於成人。紫外線對眼睛的損傷自幼年即開始，且地球的臭氧層變薄導致紫外線輻射增強，因此保護永遠不嫌早。

　　若兒童配的是高耐衝擊鏡片以外的鏡片，配鏡記錄應包括一條加註日期的聲明，註明家長已被告知建議使用耐衝擊鏡片但卻拒絕採用。一份由家長簽名的表單是可釐清責任歸屬的預防措施，但並非法律上的必須程序。

　　由於日漸強調兒童運動，不該輕忽運動專用眼鏡的重要性，參加如棒球之類運動的兒童可能比從事該運動的成人有更大的風險。並非所有兒童都能反應夠快，避開飛向眼睛的球。其他兒童丟球或揮棒時漫不經心也可能增加此風險。盡責的配鏡人員將會留意提供兒童用運動眼鏡的選項。

　　選擇兒童用鏡架的因素概述請見 Box 4-3。

## 為老年人選擇鏡架

　　為老年配戴者選擇鏡架時，欲考量的最重要因素或許是重量。皮膚隨著年齡增長失去彈性，導致鼻墊壓迫皮膚和下層組織，留下不易回復的壓痕。當眼鏡很重時，鼻子和耳朵上的紅印容易變成癒合緩慢的潰瘍，因此若欲避免此問題，選擇重量輕的鏡架搭配重量輕的鏡片材質大有幫助。

　　鏡架的鼻橋必須正確貼合。若確實採用本章稍早所解釋之鼻橋的裝配調整規則，鏡架將會令人感到舒適。記住針對老年配戴者，允許失誤的空間更小。鼻橋必須盡可能接觸最大面積，以平均分擔眼鏡的重量。基於此原因，在選擇有可調式鼻墊的鏡架時，選擇較大鼻墊的鏡架將有所幫助。

　　除非配戴者無視遠處方，鏡架的形狀必須留下足夠空間給所選的漸進多焦點鏡片設計 ( 見本章為漸進多焦點鏡片配戴者選擇鏡架的內文 )。

　　我們不應假定老年配戴者不在意眼鏡的風格，或只對其目前配戴的同類型眼鏡有興趣。若能將一般提供給其他人的鏡架外型設計提供給老年人選擇，老年人將會感到感激。

## 為安全眼鏡選擇鏡架

　　安全眼鏡不再受限於乏味的顏色和「S7」安全眼鏡形狀，而是有各種樣式可供選擇。在許多狀況下，它們難以與一般日常用眼鏡進行區分。儘管功能最重要，但在選擇安全鏡架時，選擇合適、美觀的鏡架之原則則是差不多的。

　　記住安全鏡架不只是一副有厚鏡片的堅固鏡架。安全鏡架必須符合特定標準，且在鏡腳和鏡架前框上要有「Z87」或「Z87-2」的標示。

　　若存在電力相關的危險則必須避免金屬鏡架，且當來自側面的眼睛傷害可能發生時，側擋片是必要的。

　　在此列出幾種鏡架合適度以外的因素以及少數明顯的考量，當配戴安全眼鏡時必須列入考量。

## 可協助選擇鏡架的工具

　　當未矯正視力太差以致於沒戴眼鏡就無法看鏡架時，選擇鏡架便會發生問題。在此有一些可能的解決方案。

1. 帶一位朋友來

　　處於無法自己看新鏡架這種窘境的人通常會帶一位朋友協助選擇適合的鏡架，然而這並不是治本的方法。

2. 使用試用鏡片

　　若有試用鏡片組，為主眼選擇等效球面度數。一鏡片的等效球面度數是柱面度數的一半加上球面度數（若配戴者需要近用加入度，將等效球面度數加上處方近用加入度的一半可能有幫助）。戴上鏡架時，配戴者將鏡片擺在主眼的前方並往鏡中看。儘管此解決方法有時有幫助，但其評價並不高。

3. 使用 *Visiochoix*

　　此系統透過使用一組鑲嵌在透明塑膠板上的鏡片解決配戴者無法看到鏡架的問題。每塊塑膠板都有一個握把，可持握在眼睛前方。選擇鏡架者可看見其戴在鏡片後方的鏡架，乃因整組都是透明塑膠製成。從 Visiochoix 套組 * 中挑選最接近處方的一組鏡片，且配戴者可使用雙眼。此解決方案通常較使用單片試用鏡片受歡迎。

4. 使用錄影設備

　　僅用標準的攝影機就能讓某些人更容易清楚看到自己所配戴的新鏡架。個人可戴上好幾副鏡架，一副接著一副。每次試戴一副鏡架，配戴者可將其頭部往不同方向轉動，因此也能從側面觀察鏡架。試了一系列的鏡架後便可倒帶，配戴者戴著自己的眼鏡觀看影片。然而有一種更好的攝影系統能協助此過程，所提供的服務遠甚於攝影機，這要使用到電腦化影像捕捉系統。

## 電腦化影像捕捉系統

　　專門用於配鏡的影像系統提供一些優於標準攝影機和 VCR 的功能，電腦化影像捕捉系統能更快速且簡單地顯示影像。在此列出一些在撰寫本書時該系統具備的其他功能，並非所有系統皆具備全部的功能。

- 顯示同一副鏡架從不同角度觀看的影像（圖 4-23）。
- 允許不同鏡架在同一個螢幕上並列比較（圖 4-24）。
- 在描繪出鏡架形狀後，系統可能會計算某些測量值，例如 PD 和多焦點子片高度（圖 4-25）
- 可能會從鏡片的側面視角顯示某些鏡片處方的厚度（圖 4-26）。螢幕上可能會出現表格，比較兩種鏡片材質的厚度和重量。

---

* 可向 Bernell Corp., South Bend, IN 購買。

圖 4-23　電腦化影像捕捉系統可顯示從不同視角觀看同一副鏡架的影像。

圖 4-24　此影像系統可在同個螢幕中將不同的鏡架並列比較。

- 也有可能拍攝配戴者戴上預期配戴鏡架的影像，並顯示鏡片看起來的樣子：
  1. 若有抗反射鍍膜
  2. 若染單色或漸層染色
  3. 若是由變色材質製成
- 有些系統可模擬當戴鏡者戴上有或無抗反射膜鏡片時可能所看到的不同景像。

　　除了在眼鏡鏡片方面的應用，有些系統能顯示個人配戴不同顏色染色隱形眼鏡看起來的樣子。

　　有些系統允許配戴者以網路連接，這包括：

- 以網路連接先前記錄某些鏡架配戴時看起來的樣子之影像。需要密碼。

- 從家用電腦以網路連接至虛擬鏡架試戴服務。這需要配戴者將先前拍攝的臉部影像放入配鏡處的資料庫，然後任何在資料庫中的鏡架皆能疊加在配戴者臉部的影像之上。這表示個人可在之後檢視是否有任何他們可能喜歡的新鏡架設計。

## 結束挑選鏡架的過程

挑選鏡架是一個做決定的過程，而做決定是困難的。好的配鏡人員可協助簡化此過程。在此有一些建議。

1. 勿過早判斷個體的經濟狀況而只展示便宜的鏡架，讓每個人自行決定要花多少錢。
2. 勿擅自將個體的臉部歸類於某種臉型，他們可能不會同意你的看法。需運用言談技巧。
3. 若配戴者不喜歡某副鏡架則不要堅持，即使那副可能看似最好且光學上也最可靠。
4. 別讓配戴者選擇你已知不安全或光學上不可靠的鏡架或鏡片設計。
5. 勿一次拿出大量鏡架，人們會忘記看過和拒絕過哪些，拿出過多的鏡架會讓人感到困惑或受不了。若對鏡架選擇不滿意，將該鏡架放回展示架或置於視野之外。在任何時候試著將考慮中的鏡架類型維持在 3 種以下。
6. 別問「若」、「哪一副」，將拖延作為是一個可能的選項時，對那些下決定有困難的人來說是種危害。協助將選擇縮減至兩個可能選項會使事情簡化。

**圖 4-25**　有些電腦化系統在描繪出鏡架形狀後，會讓系統計算某些測量值，例如瞳距和多焦點子片高度。

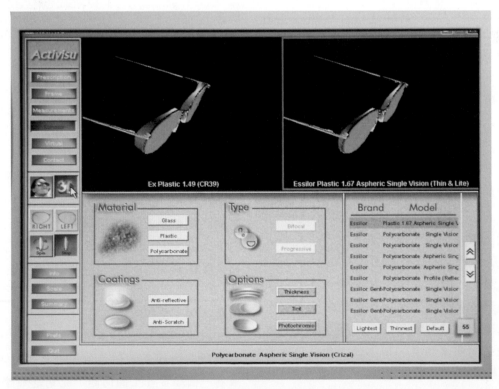

**圖 4-26**　此影像捕捉系統會由側面視角顯示出鏡片處方的預計厚度。螢幕上也可能顯示兩種鏡片材質的厚度和重量之比較表格。

7. 別小看超過一副眼鏡的可能性。在許多案例中一副並不夠。有些人想要或需要一副以上的眼鏡，因為：
   a. 他們兩副都喜歡且負擔得起
   b. 他們需要備用眼鏡且知道這樣的需求
   c. 他們的視覺需求會針對不同的工作狀況做變動
8. 確實指出正在考慮的鏡架之優點。人們想知道他們買的是適合且有品質的商品。此特定的眼鏡配戴者通常對鏡架與鏡片了解甚少。告訴配戴者為何這些鏡架與鏡片很好，可助於讓他們對自己的決定有信心。

## 關於鏡架管理的提醒

　　好的鏡架選擇建立在配鏡行具備多樣化高品質鏡架。無論有多少鏡架，若那些鏡架都是同種樣式，鏡架挑選的過程將不會有成功的結果。負責購買鏡架者需了解選擇鏡架的人有哪些類型、會選擇那些鏡架去買。

　　若放著不管，鏡架庫存會遵守熱力學第二定律，從井然有序到失序。以下是一些可能發生在配鏡行的鏡架庫存之例子。給予的解決方法不限於所述的例子，但可普遍應用於配鏡行。

### 例題 4-1：過多「存貨」

人們似乎越難找到其所喜歡的鏡架，員工在予以協助時面臨困難。看起來大部分的鏡架都不太吸引人，究竟是哪裡出錯了？

#### 解答

採購鏡架者買了合邏輯的一系列鏡架，有些鏡架立刻賣出，可惜的是他們並未重新訂貨。那些不受歡迎的款式賣不出去而繼續留在架上。另一名鏡架銷售業務員來了，同樣的事情重複發生。不用多久，配鏡行就充滿了一堆沒人想要的鏡架。

　　為防止此事發生，需記錄哪些鏡架暢銷並立刻補上這些鏡架。若一副鏡架需要很長的時間才會賣出就不要補貨，除非配鏡行需服務特定類型顧客。建議諮詢你的鏡架銷售業務員，因為他們知道這個地區哪些鏡架比較好賣。

### 例題 4-2：有些人容易選好鏡架；有些人連開始都無法決定

不同於前述難以找出對的鏡架之情形，在這種狀況下挑選鏡架會令某些人感到挫折，但並非所有人。這不僅是因配戴者猶豫不決，工作人員在協助某些人尋找適合他們的鏡架時也會遭遇困難。

#### 解答

當鏡架銷售業務員來到辦公室時，會有 1～2 名員工查看現有的新鏡架，試著決定要買哪些。在此過程中員工會試戴鏡架，觀察哪些看似不錯。結果隨著時間過去，配鏡行充滿了適合該員工的鏡架，可能屬於某種臉型且在外型上屬於某種品味。針對其他配戴特性者便無法找到適合他們的鏡架。

　　欲使鏡架庫存維持均衡，採購需思考對於不同臉型的需求及鏡架的不同品味，例如保守或者時髦。

### 例題 4-3：存貨抽屜和櫥櫃都滿了

每間配鏡行都有一些儲藏多餘鏡架的地方，鏡架存貨的數目應有限。然而就此案例而言，每個抽屜都滿了，究竟發生什麼事？

#### 解答

關於這種情形為何會發生，有一個以上的理由可解釋。這些儲藏區域該有的內容物是銷售快速的鏡架之備份。若所有的鏡架存貨皆為停產或賣不出去的鏡架，那麼例題 4-1 就能藉由移除架上「存貨」和訂購新鏡架來「解決」了。此為當備用鏡架不在這個分類時可能會發生的事情之例子。

　　鏡架公司通常有促銷方案，當訂單達到某個數量，公司便會給予「優惠」，這可能包括旅遊、手錶或電腦相關的獎勵。若採購覺得這些東西吸引人，不需多久就會到了存貨過多的地步。別只因為獎勵品而購買鏡架。

### 例題 4-4：全都停產了

你已挑出了最適合的鏡架，然而顏色不對。你試著訂購所需的顏色，但鏡架已停產了。不幸的是，此成為一個經常發生的問題，究竟是哪裡出錯了？

**解答**

有些停產的存貨是無可避免的,但當這件事一再發生則表示某處有問題。此處列出一些常見成因及其解決方法。大部分狀況正是負責任的鏡架管理之好作法。

1. 你可能從太多地方採買鏡架,有太多公司的存貨將難以追蹤鏡架銷售的確切狀況。選用有限數量的公司,並深入了解你的鏡架銷售業務員。若你不是任何人的大客戶,鏡架銷售業務員對於你的鏡架是否流行並無太大的興趣。若你認識你的鏡架銷售業務員且他們也了解你,為了你的配鏡行的長期收益與你共事,這便是其最大興趣所在。

2. 若你收到鏡架停產的通知則應立即行動。你退回鏡架的時間有限,別錯過時機。若你錯過截止期限,如何擺脫這些鏡架便成了問題。

3. 謹慎「交易」,當你能用非常低的價格買入一大批鏡架時,那些鏡架可能即將停產或已停產。

4. 在你引進新的鏡架公司前應詢問其退貨條款。提醒該公司的業務你期待他們告知即將停產的鏡架。

5. 將你的鏡架展示區分為幾個特定數目的區域,分配給不同公司的鏡架銷售業務員,讓他們知道與你共事使鏡架符合流行且保持流動是他們的責任。他們最大的興趣在於決定哪些鏡架你賣得最好,哪些賣得不好,而不希望有任何停產的鏡架佔去其所屬展示區域的空間。

6. 儘管立即重新訂購暢銷鏡架是個好作法,然而自動重新訂購所有東西並非是個好作法。若鏡架賣得不好,勿重新訂購。若你注意鏡架未移動則立刻更換。

7. 若問題已存在則試著改善,而非只將像山一樣高的停產鏡架移至「備用零件」箱。找出將滯銷、無法退貨的存貨移出之方法,它們可能還有價值。有些方法可以嘗試:取下鏡架上的鏡片,放上平光太陽眼鏡鏡片,再以吸引人的價格販賣。若仍有一些賣不出去的鏡架,捐贈至慈善組織以抵稅。

## 參考文獻

1. Drew R: Professional ophthalmic dispensing, Stoneham, Mass, 1970, Butterworth/Heinemann.
2. Wilson C: Frame dynamics, nine ways to fit the perfect frame every time, Eye Talk, May/June, p. 33, 1983.
3. Dispensing Fashion Eyewear: The eye-glassery, Melville, NY, 1990, Marchon Eyewear, Inc.
4. Dowaliby M: Dr. Margaret Dowaliby's guide to the art of eyewear dispensing, Fullerton, Calif, 1987, Southern California College of Optometry.
5. Wyllie S: Eyewear beauty guide: don't choose your eyewear blindfolded, Oldsmann, Fla, 1986, Varilux Press.
6. Jackson C: Color me beautiful, New York, 1980, Ballatine Books.
7. Dowaliby M: The fundamentals of cosmetic dispensing, Stoneham, Mass, 1966, The Professional Press, Butterworth/Heinemann.
8. Wirz JR: Styling for blacks: follow the four 'Cs', Eye Talk, p.53, 1980.
9. Brooks C: Essentials of ophthalmic lens finishing, St. Louis, MO, 2003, Butterworth/Heinemann.
10. Fleck H, Mutze S: Sehhilfenanpassung, Berlin, 1970, VEB Verlag Technikpp.
11. Marks R: An investigation of the anatomical changes in the shape of children's noses, Rochester, NY, 1959, Shuron Division of Textron.

# 學習成效測驗

將正確的鏡架特徵與臉型配對 ( 可能會有兩個正確答案 )。

1. ＿＿＿ 長方形

2. ＿＿＿ 圓形

3. ＿＿＿ 倒三角形
（底邊朝上）

4. ＿＿＿ 三角形
（底邊朝下）

a. 顏色較深或粗獷的外觀
b. 窄幅鏡架
c. 無框眼鏡
d. 寬幅鏡架
e. 較低的鏡腳連接處
f. 較高的鏡腳連接處

5. 以下何者適合且應使用於高負度數鏡片配戴者的裝配？
   a. 圓角
   b. 大鏡片
   c. 40 度 V 型斜面
   d. 皇冠玻璃鏡片
   e. 過度移心

6. 哪一種臉型最適合配戴眼鏡？
   a. 寬臉
   b. 長臉
   c. 底邊朝下的三角形臉
   d. 底邊朝上的三角形臉
   e. 鑽石形臉

7. 下列何者可作為適合寬臉的鏡架例子？
   a. 水平和垂直量度差距很大的鏡架
   b. 鏡腳與較高鏡架前框連接的鏡架
   c. 鏡腳與較低鏡架前框連接的鏡架
   d. 使用寬幅鏡片能遮住大部分臉的鏡架

8. 針對底邊朝上的 ( 倒 ) 三角形臉，適合的鏡架為：
   a. 必須能強調上部臉區且相當厚重
   b. 較正常稍寬
   c. 深色
   d. 重量適中或輕量，盡量不顯眼
   e. 以上皆非

9. 考量鏡架上半部線條的設計時，
   a. 選擇上半鏡圈線條順著眉毛的基本線條較為理想
   b. 最好選擇上半鏡圈線條稍微與眉毛線條形成對比
   c. 最好的設計是從眉毛下方開始，跨過於眉毛中點，然後往眉毛上方延續

10. 鏡架採用向上傾斜型的上半或下半框：
    a. 總是造成驚訝的表情故應避免
    b. 可拉提隨年齡開始下垂的臉部線條
    c. 讓配戴者看起來像過時的

11. 對或錯？鏡架顏色應避開個人喜歡或主要的穿戴顏色，乃因重複的顏色會引起對眼鏡的過多注意。

12. 對或錯？對於淺色細髮者會推薦顏色較淺、樣式較纖細的鏡架。

13. 對或錯？髮色斑駁或剛開始長白髮的人發現選擇銀色鏡框會讓白髮更為明顯，故應避免。

14. 對或錯？在煩惱該選擇哪種重量的鏡架時，應選擇較重的鏡架。

15. 鏡架鼻橋越低，哪種效果越好：
    a. 縮短鼻子
    b. 拉長鼻子

將下列需求與適合的鏡腳類型配對。

16. ＿＿＿ 活躍的人

17. ＿＿＿ 間歇配戴

18. ＿＿＿ 一般日常配戴

19. ＿＿＿ 要求特殊頭部位置的工作

20. ＿＿＿ 特別重的鏡架

a. 耳後直式
b. 舒適線型或弓型
c. 顱式

21. 前角是指：
    a. 從側面觀看時，鼻子前方脊部從垂直線偏移的角度
    b. 從上方觀看時，鼻子側邊從水平線偏移的角度
    c. 從前方觀看時，鼻子側邊從垂直線偏移的角度

22. 當鏡片下半部靠近鼻側的部分被移除，使鏡片更為合適，這稱作 _____。

23. 下列哪一項不是為漸進多焦點鏡片配戴者選擇鏡架時的重要依據？
    a. 最小頂點距離
    b. 足夠的前傾斜
    c. 鏡架形狀的鼻側有充足的垂直深度
    d. 以上皆為漸進多焦點鏡片配戴者選擇鏡架時的重要準則

24. 下列何者為高負度數鏡片配戴者裝配調整時應避免的？
    a. 高折射率鏡片材質
    b. 稜角
    c. 非球面鏡片
    d. 較小的眼型尺寸
    e. 抗反射鍍膜

25. 下列何項對有高正度數鏡片處方者而言並非是良好的鏡架特性？
    a. 小的鏡片尺寸
    b. 可調式鼻橋
    c. 圖書館式鏡腳
    d. 高折射率鏡片
    e. 鏡片盡可能維持一般的形狀

26. 相較於沒戴眼鏡時，配戴高正度數鏡片應比平常上更重或更輕的眼妝，才能在外觀上達成相同的效果？

27. 檢查鼻橋尺寸時自鼻子輕抬鏡架並向左或向右移動，應在鼻子和鼻橋自由端之間保留 _____ mm 的空隙。
    a. 0.5
    b. 1.0
    c. 1.5
    d. 2.0

28. 對或錯？在調整鼻墊方面，所有的金屬鼻墊臂和鼻橋皆可通用。

29. 在高負度數處方減少環狀反射之最佳方法為何？

30. 列出至少四種鏡架特性，讓你可選擇用於防止高正度數鏡片配戴者的眼鏡自鼻子滑落。

31. 下列鏡架特點中哪一種對兒童最不理想？
    a. 鏡架前框的凹槽很深
    b. 尼龍線鏡架結構
    c. 以鼻墊下半部區域支撐的鼻橋
    d. 彈簧式鏡腳

32. 對或錯？在選擇安全眼鏡時，選擇合適、好看鏡架的原則會大幅改變。

33. 對或錯？為配鏡行採購鏡架時，選擇合適鏡架最快且最佳的方法之一是由員工試戴。

34. 很明顯架上有許多停產的鏡架，下列哪一項最不可能是造成此情況的因素？
    a. 鏡架售出時會自動重新訂購所有的鏡架
    b. 以超低特價購入大量鏡架
    c. 自多方來源購入鏡架
    d. 鏡架銷售業務員被分配至若干個展示空間，且定時來訪以檢查其產品銷售狀況

# 參考點定位、多焦點子片高度及鏡坯尺寸之設定

無論視力檢查有多確實，若單光或多焦點鏡片置於眼前的位置不當，成品的品質便會較差。本章目的乃呈述鏡片定位的許多細節。在一般的裝配調整規則之外，配鏡人員必須能精通這些細節處的技巧，才能達到卓越的一致性。若實際操作時未注意這些細節，會導致配戴者的視力產生問題。

## 鏡架的位置

若鏡架從一開始測量時就未置於適當的位置，當鏡架配置完畢且經過調整後，鏡架和鏡片可能都不會在正確的位置上。

針對金屬鏡架，最佳的作法是在完成任何測量前，便將鼻墊調整至正確的角度和位置，這能確保雙光子片高度及鼻橋尺寸的評估更為正確。

針對塑膠鏡架，評估鼻橋尺寸相當簡單。若樣品鏡架的鼻橋過小，鏡架將座落得太高；若過大則鏡架將座落得太低。

## 單光鏡片的光學定心

### 鏡片在鏡框中的水平定位

製作眼鏡時，鏡片通常會被置於鏡片光學中心 (optical center, OC) 對準眼睛瞳孔的位置上，因此光學中心成為鏡片的主要參考點。當光線穿過鏡片的光學中心時，光不會彎折而是筆直穿過；若光線未筆直穿過而是彎折，在該點便會產生稜鏡效應。在鏡片的光學中心上不會有稜鏡效應。除非稜鏡是鏡片處方的一部分，否則它是不受歡迎的。

### 稜鏡效應

欲避免不必要的稜鏡效應，鏡片光學中心要定位在與配戴者視線距離相等的位置上。找出瞳孔間距 (interpupillary distance, PD) 的測量技巧已於第 3 章說明。

在某些案例中，鏡片處方要求某種程度的稜鏡。鏡片的光學中心無稜鏡，因此不會置於配戴者瞳孔的正前方，而是選擇鏡片上稜鏡量等於處方要求的一個點上。現在這個鏡片上新的一點即為主要的重要點，該點位於稜鏡效應等於稜鏡處方量之處，稱作為主要參考點 (major reference point, MRP)。簡單來說，鏡片上稜鏡效應等於稜鏡處方所要求的一點，即稱為主要參考點。

應注意的是，當處方未要求稜鏡時，光學中心和主要參考點在鏡片上是完全相同的一點；但當處方中有稜鏡時，眼睛不再透過光學中心視物，意即有稜鏡處方時，光學中心和主要參考點就位於不同處。主要參考點在眼睛視線之前，而光學中心在其他位置。

若配戴者其雙眼與鼻子的距離不同，且兩鏡片的度數不同，那麼鏡片的主要參考點就必須依照單眼瞳距而非雙眼瞳距來決定，以避免造成不必要的稜鏡 (圖 3-4)。

### 普氏法則

由不當鏡片配置導致的稜鏡量是依照鏡片度數和光學中心位移的距離決定，該值乃根據普氏法則 (Prentice's rule) 計算而得：

$$\Delta = cF$$

其中 $\Delta$ 是稜鏡度，F 是鏡片的度數，以鏡度 (D) 表示；c 是與光學中心的距離，以公分 (cm) 表示。

例如若鏡片度數為 +2.00 D 且光學中心與配戴者的瞳孔間參考點 ( 通常為瞳孔中心 ) 相差 6 mm，產生的稜鏡會是：

$$\Delta = 0.6 \times 2.00 = 1.2$$

正透鏡的三角底面朝向鏡片中心，負透鏡的三角底面朝向鏡片邊緣。

## 「鏡框彎弧」

　　鏡架中光學中心的位置以及從傳統的四點接觸法位置開始變化之鏡架前框彎弧的程度，兩者之間也存在關係（見第 8 章關於四點接觸法的說明）。此鏡架前框的弧度通常稱為「鏡框彎弧」，乃因鏡架前框較接近臉部弧度。

　　此弧度具有改善鏡架外觀之美觀目的，以及將鏡片前後表面與配戴者視線對齊之光學目的。

　　Allen[1] 已展示了相對於配戴者瞳距之正確和錯誤的鏡框彎弧（圖 5-1）。若配戴者的瞳距等於「鏡架瞳距」（眼型尺寸加上鼻橋尺寸），便不需鏡框彎弧，鏡架前框應是筆直的（圖 5-2）。

　　若配戴者的瞳距比鏡架的眼型尺寸加上鼻橋尺寸還小，那麼鏡架前框應於鼻橋處彎折成鏡框彎弧，以達到美觀上和光學上的對齊（圖 5-3）。完美筆直對齊的鏡架前框會使光學中心根據視線傾斜，並造成不必要的球面和柱面度數（圖 5-4）。

　　若配戴者的瞳距比鏡架的眼型尺寸加上鼻橋尺寸還大，那麼理論上鼻橋應彎向與正常臉部弧度相反的方向。儘管此動作能達到適當的光學對齊，但在美觀上有所不足故不可實行（表 5-1）。不應執行這種鏡架調整。

## 垂直位移

　　除非特別指定，鏡片工廠會製造一個單光鏡片，其主要參考點定在鏡架頂部與底部垂直距離的中央。由傳統材質製造的低度數鏡片很少需特別指定主要參考點的高度。針對低度數鏡片，因垂直主要參考點定位偏高或偏低造成的光學問題微不足道，很少配戴者會在意。然而，當鏡片度數增加時、使用不同的鏡片材質時，或使用非球面鏡片設計時，情形就不同了。在這些狀況下，垂直主要參考點定位變得很重要。

## 光學上正確的光學中心定位

　　假設某鏡片置於一眼的前方，鏡片的光學中心直接對準眼睛的視線（圖 5-5）。當光線穿過鏡片的光學中心時，光以直角進入和穿出鏡片前及後表面。鏡片的光軸和眼睛的視線落在相同位置上。

　　然而需注意光學中心在眼睛正前方時，鏡片不

**表 5-1**
**鏡框彎弧所需要的量**

| 若 | 那麼 |
|---|---|
| 1. 瞳距＝眼型尺寸 + 鼻橋尺寸 | 不需鏡框彎弧 |
| 2. 瞳距＜眼型尺寸 + 鼻橋尺寸 | 正向鏡框彎弧 |
| 3. 瞳距＞眼型尺寸 + 鼻橋尺寸 | 反向鏡框彎弧（此方法不實際故不應被執行） |

**表 5-2**
**前傾斜所需要的量 ***

| 若 | 那麼 |
|---|---|
| 1. 眼睛正對光學中心 | 不需前傾斜 |
| 2. 眼睛在光學中心上方 | 需要前傾斜 |
| 3. 眼睛在光學中心下方 | 需要後傾斜（此方法不實際故不應被執行） |

* 眼睛距離光學中心上方或下方每多 1 mm，需增加 2 度的鏡片傾斜。

應傾斜。圖 5-6 顯示這種錯誤傾斜的鏡片。當光學中心在眼睛正前方時，傾斜鏡片會造成不必要的柱面度數，並改變鏡片的球面度數。

　　如圖 5-7 所示對於大部分鏡架，眼睛會稍微比鏡片中心點高些。圖 5-7 中的對齊方式並非光學上正確的對齊，乃因鏡片的光軸未穿過眼睛的旋轉中心。即使鏡片未傾斜，穿過眼睛旋轉中心的光線也會以某個角度穿過鏡片的前後表面。

　　幸好鏡片在配戴時下半部通常朝向臉部傾斜，這種前傾斜（*pantoscopic tilt*）是鏡架前框相對於臉部平面傾斜的量。為避免鏡片傾斜造成的鏡片像差，沿著視線穿透眼睛旋轉中心的光線必須以直角穿過鏡片的光學中心，這可藉由對於每 2 度的鏡片前傾斜以降低鏡片光學中心 1 mm 來達成，如圖 5-8 所示（表 5-2 總結前傾斜與光學中心位置的關係）。

　　圖 5-1 中 Allen[1] 展示了一些例子，是關於垂直對齊方面之正確和錯誤的前傾斜，以及關於水平對齊方面之正確和錯誤的鏡框彎弧。

　　根據通則，眼鏡需調整成鏡架下半框較靠近臉部，這拓寬了配戴者的視野，看起來也更美觀。正

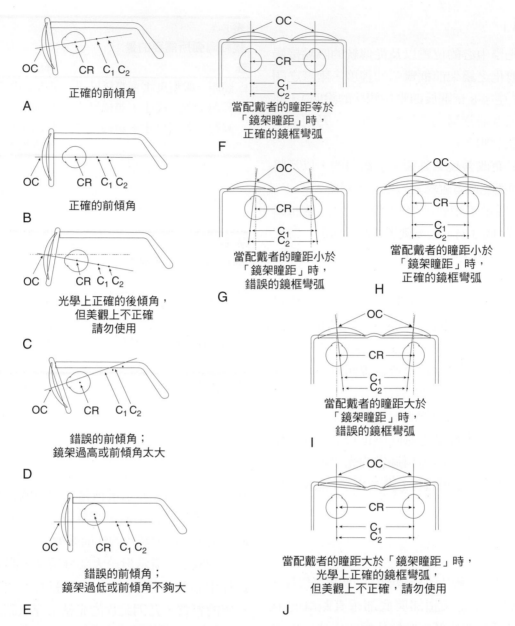

**A** 正確的前傾角

**B** 正確的前傾角

**C** 光學上正確的後傾角，
但美觀上不正確
請勿使用

**D** 錯誤的前傾角；
鏡架過高或前傾角太大

**E** 錯誤的前傾角；
鏡架過低或前傾角不夠大

**F** 當配戴者的瞳距等於
「鏡架瞳距」時，
正確的鏡框彎弧

**G** 當配戴者的瞳距小於
「鏡架瞳距」時，
錯誤的鏡框彎弧

**H** 當配戴者的瞳距小於
「鏡架瞳距」時，
正確的鏡框彎弧

**I** 當配戴者的瞳距大於
「鏡架瞳距」時，
錯誤的鏡框彎弧

**J** 當配戴者的瞳距大於「鏡架瞳距」時，
光學上正確的鏡框彎弧，
但美觀上不正確，請勿使用

圖 **5-1**　此處為一系列圖例，示範正確和錯誤的前傾角和鏡框彎弧，與鏡片光學中心的位置有關。符號 $C_1$ 和 $C_2$ 表示第一和第二鏡片表面的曲率中心位置，也指出鏡片光軸的位置。眼睛旋轉中心的位置標記為 CR，而鏡片光學中心是 OC。圖例 **C** 和 **J** 理論上是正確的但不應執行。運用好的鏡架挑選程序以避免此狀況 (Modified from Allen MJ: How do you fit spectacles? *Indiana J Optom* 32:2, 1962)。

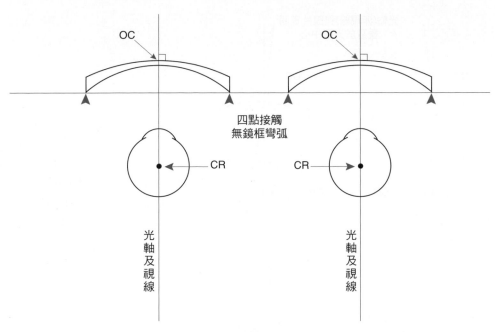

圖 5-2　當鏡片光學中心在鏡架鏡片開口的水平中心上，幾何中心距 (「鏡架瞳距」) 等於配戴者的瞳孔間距。鏡片應無鏡框彎弧 (「四點接觸」)。發生此狀況時，光線沿著視線以直角入射鏡片的前後表面，這可避免因光學中心傾斜產生不想要的球面和柱面度數變化。

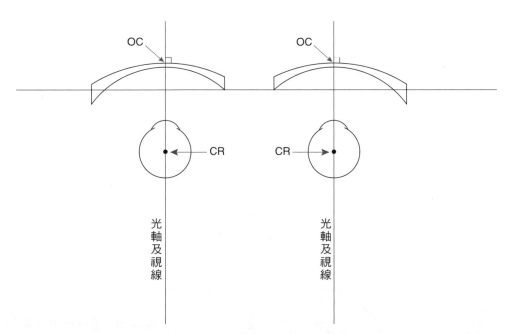

圖 5-3　為了避免鏡片傾斜造成光學誤差，當配戴者的瞳孔間距小於鏡架的幾何中心距 (「鏡架瞳距」)，便需要鏡框彎弧，乃因磨邊時鏡坯鼻側較顳側有更多部分被移除。給鏡片處方加上鏡框彎弧之目的，是要讓鏡片表面的光學中心維持與視線垂直的關係。

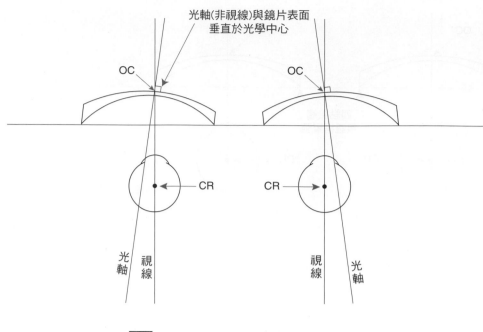

圖 5-4　此圖中眼鏡的鏡框彎弧未經調整，乃因配戴者的瞳孔間距小於幾何中心距，視線斜穿過鏡片的光學中心，造成鏡片傾斜使得處方中的球面和柱面度數產生不想要的變化。

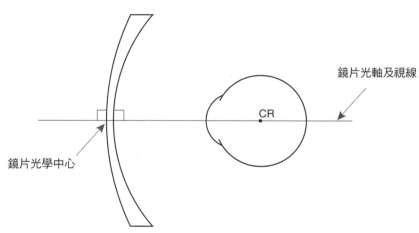

正確

圖 5-5　經適當調整的鏡片能讓視線與鏡片前後表面呈直角，穿過鏡片的光學中心。若眼睛在鏡片頂端和底端的中央，且光學中心於眼睛正前方，則不需要調整鏡框彎弧。

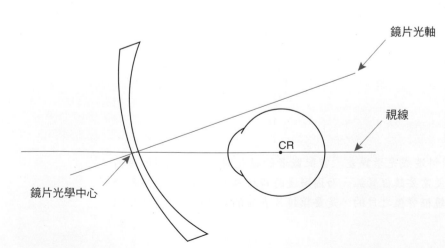

錯誤

圖 5-6　當光學中心是在瞳孔中心高度下被測量時，若眼鏡有任何前傾斜，鏡片光軸將不會穿過眼睛的旋轉中心。

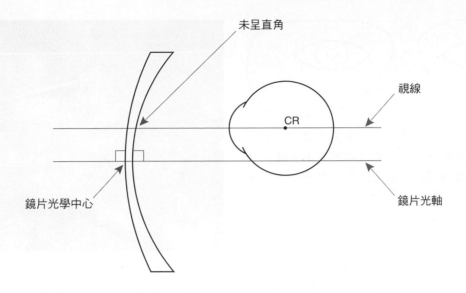

錯誤

圖 5-7　當眼睛在鏡片的水平中線上方，若無前傾斜則鏡片光軸不會穿過眼睛的旋轉中心。這表示配戴者會體驗到相應於鏡片球面和柱面度數改變所致的鏡片像差。

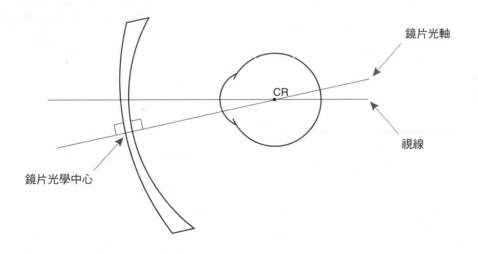

正確

圖 5-8　一副經正確調整的眼鏡對於每 2 度的前傾斜會使光學中心降低 1 mm，這也是個好的裝配情形，乃因一般的視物區域並非集中於眼睛正前方區域。「一般病患會將眼睛移至稍微下方的一塊視野區域，乃因相較之下我們很少往水平線之上看去。即使是不透過雙光子片視物的狀況，我們會往下看人行道、商店櫃檯，甚至是在開車時向下看正前方的道路[5]」。

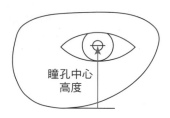
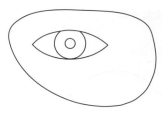

瞳孔中心
高度

圖 5-9　測量瞳孔中心高度時，將瞳孔的位置以短水平線或十字線畫記於安裝在鏡框內的襯片上。瞳孔中心高度是下半鏡圈內側斜面的最低點，水平往上至瞳孔中心兩者之間的距離。

確的裝配調整程序是先調整空鏡架的前傾斜，應記錄此傾斜角度的度數。接著測量瞳孔中心高度，之後對於每 2 度的前傾斜，就從光學中心的高度減去 1 mm，藉此得出主要參考點的高度。

## 總結如何決定主要參考點高度

決定主要參考點高度的方法是先測量瞳孔中心高度。配鏡人員將眼睛置於與受測者眼睛相同的高度上來測量瞳孔中心的高度。受測者看著配鏡人員的鼻梁。配鏡人員使用投影片專用的水性筆，在裝入鏡框的鏡片上畫一條穿過左、右兩眼瞳孔中心的水平線 ( 圖 5-9 )。若鏡框上未安裝鏡片，可能需使用透明膠帶 ( 透明膠帶的使用方法將於本章稍後測量雙光子片高度的部分加以說明 )。接著使用 2 對 1 的基本定則以補償前傾斜的影響。

## 例題 5-1

選用一副附有可調式鼻墊的金屬鏡架，其 B 尺寸為 40 mm。鏡架和鼻墊經過調整後，使鏡架座落在鼻子和臉部正確的位置。鏡架前框調整至正確的前傾角，且在臉上看起來是平直的。兩鏡片需在相同的高度。鏡架前框要有 10 度的前傾角。測量主要參考點高度並調整其值以補償前傾角。

### 解答

測量瞳孔中心高度時，從下半鏡圈的內側鏡片斜面最低點量至瞳孔中心的距離為 28 mm。若前傾斜為 10 度，那麼對於每 2 度的前傾斜，中心高度必須減去 1 mm，在此例中為 10/2 或 5 mm。新的主要參考點高度是 28−5 = 23 mm ( 主要參考點高度通常會在高度為 20 mm 的水平中線上 )。

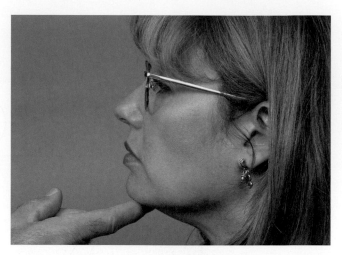

圖 5-10　若將頦部抬高直至鏡架前框垂直地板，主要參考點高度能在不補償前傾斜的狀況下進行測量。

## 決定主要參考點高度同時補償前傾角

有一個簡單的方法可在決定主要參考點高度時便能補償前傾斜。配鏡人員位於和受測者同樣的高度上。鏡架需完全調整至適當的高度、前傾斜和平直程度後，受測者依照指示注視配鏡人員的鼻梁。接著配鏡人員將一手指置於受測者的頦部下方，並將受測者的頭往後仰直至鏡架前框垂直於地板 ( 圖 5-10 )。當受測者的頭部保持在這個位置時，在鏡片上畫一條與瞳孔中心高度一致的水平線。下半鏡圈的內側鏡片斜面最低點至鏡片上水平標記之距離即為主要參考點高度。此高度數值已校正了前傾斜，不需再做任何補償 ( 該部分統整於 Box 5-1 )。

## 聚碳酸酯 (PC) 和其他高折射率材質的主要參考點定位

當採用聚碳酸酯 (PC) 和高折射率鏡片材質時，測量單眼瞳孔間距並決定主要參考點的垂直位置特別重要。這些材質中有許多會比皇冠玻璃鏡片和常規 (CR-39) 塑膠鏡片產生更多的色像差 *。

正確裝配調整眼鏡將有助於控制許多類型的像差。若其他像差透過良好的裝配調整技巧而減少，微量的色像差較不可能促使整體的像差問題演變為麻煩的地步。也應注意當眼睛往距離光學中心越遠的地方看去，色像差可能變得更為明顯。

---

* 色像差會導致有高對比邊緣區域的物體產生虹彩邊緣。色像差可能出現於以低阿貝值鏡片材質製造的高度數處方鏡片。

## Box 5-1

### 測量主要參考點高度的步驟

1. 鏡架調整至適合配戴者，特別留意鼻墊、鏡架高度、前傾斜以及鏡架在臉上的平直度。
2. 配鏡人員與受測者位於相同的高度上。
3. 受測者固視配鏡人員的鼻梁部位。
4. 配鏡人員將配戴者的頦部向後傾斜，直至鏡架前框與地板垂直。
5. 配鏡人員在鏡片上用短的水平線標記瞳孔中心的位置。
6. 配鏡人員測量主要參考點高度，即從下半鏡圈的內側鏡片斜面最低處至鏡片上水平劃記的位置之距離。

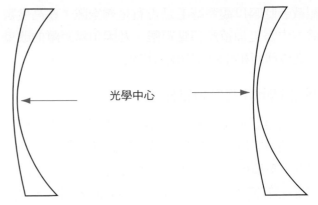

**圖 5-11** 將高度數負鏡片的光學中心移得太高會導致鏡片的下緣過厚。

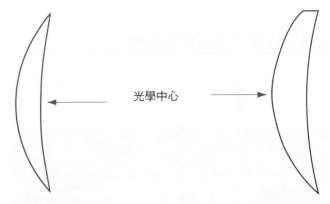

**圖 5-12** 這兩個高度數正鏡片有相同的屈光度。左側鏡片的光學中心在鏡片頂端和底端的中央；右側鏡片的光學中心對於該度數的鏡片是過高的，導致鏡片上緣特別厚。

## 非球面鏡片的主要參考點定位

非球面鏡片通常在中心區域有固定的鏡片表面度數，度數往鏡片邊緣逐漸變化，這表示中央區域在水平上和垂直上都必須妥善定位。單眼瞳距和主要參考點高度兩項測量值很重要。

## 定位主要參考點高度的其他方法

有些配鏡人員測量瞳孔高度且不降低主要參考點高度來補償前傾斜，這可能有助於防止 PC 和高折射率鏡片在視遠時產生色像差，但因為鏡片傾斜且鏡片更厚而造成其他像差。將負度數鏡片的光學中心位置升高，會讓鏡片頂端變薄而底端變厚（圖 5-11）。將正度數鏡片的光學中心位置升高，導致鏡片頂端變厚，有時會增加中心厚度（圖 5-12）。因此在訂製光學中心位置較高的高度數鏡片前，建議考慮成品的邊緣厚度。

若配鏡人員無法指定主要參考點高度，工廠會將鏡片中心定在鏡框的垂直尺寸中心。針對大部分低度數的皇冠玻璃和 CR-39 塑膠鏡片，這不會有問題；針對 PC、非球面和高折射率鏡片，便必須測量主要參考點高度。

注意：

1. 不建議將主要參考點高度移至眼鏡的水平中線（基準線）之下，除非有意將鏡片專門用於近距離工作。

2. 當前傾角特別大時，建議 (a) 重新選擇鏡架，並選擇一副讓雙眼位於鏡框較高位置的鏡架、(b) 減少前傾斜或 (c) 就別依照完整 2 對 1 的值將主要參考點下移。

## 頂點距離

頂點距離為鏡片後表面至角膜頂點的距離，平均的距離為 14 mm，儘管最適合眼鏡的距離通常是在睫毛不接觸鏡片的狀況下，將鏡架調整至盡可能靠近眼睛處。

基弧的深度會影響最終的頂點距離，乃因基弧深度每提高 1 個鏡度（1 D），便增加頂點距離的深度約 0.6 mm。頂點距離確切的增加量與鏡片尺寸有關。在為睫毛長的人進行裝配調整時，頂點距離就很重要。務必需從側面觀看配戴者的鏡架配戴情形，請

配戴者眨眼以觀察睫毛是否有足夠空隙。在高度數處方中需更加留意頂點距離，乃因頂點距離的改變會造成球面和柱面度數兩者變化。

### 利用測距計測量頂點距離

測距計 (distometer) 是用以測量頂點距離的儀器 ( 圖 5-13)。以下為用於測量頂點距離之技法：受測者戴上眼鏡依指示閉起雙眼。測距計的扁平「剪刀」端抵在閉著的眼瞼上。按壓測距計的末端時，另一端「剪刀」會往外移動觸及鏡片後表面。當測距計的兩端同時接觸眼瞼和鏡片時，從儀器上即可讀取頂點距離數值。測距計已將平均眼瞼厚度納入考量，故讀數不必補償 ( 圖 5-14)。

## 多焦點子片高度的測量

用於測量多焦點子片的方法和測量漸進多焦點

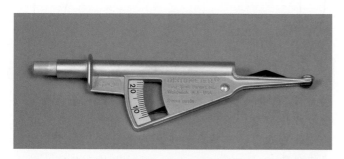

圖 5-13　利用測距計測量鏡片後表面至眼睛前表面的距離。

圖 5-14　將測距計的固定端倚靠在已閉起的眼瞼。當探針觸及鏡片的後表面時，可由刻度讀取頂點距離的數值。

鏡片的方法非常類似，但眼睛上的參考點不同。漸進多焦點鏡片以瞳孔中心作為參考點。

## 雙光子片高度的測量

測量雙光子片高度的實際方法並不會比測量瞳距困難，然而為了預防某些困難的發生，必須將一些額外的條件納入考量。

測量子片高度時，只能使用之後會實際配戴或尺寸及類型完全相同的鏡架。任何尺寸上的差異必須精確地加以補償，如本章開頭所述。鏡架必須謹慎地置於配戴時的相同高度上。

### 角膜輪部下緣法

配鏡人員位於和受測者相同的高度上，並直接面對他。受測者依指示固視眼前等高處的一點－通常是配鏡人員的鼻梁。

使用瞳距尺測量雙光子片高度時，垂直持尺使刻度方向為往下增加，並將刻度零處對齊角膜輪部下緣 ( 圖 5-15)。雙光子片高度即為對齊下半鏡圈內側凹槽最低點的刻度 (Box 5-2)。

即使鏡圈的最低點並非剛好在角膜輪部的正下方，仍必須使用這個點。某些鏡架的下半鏡圈是

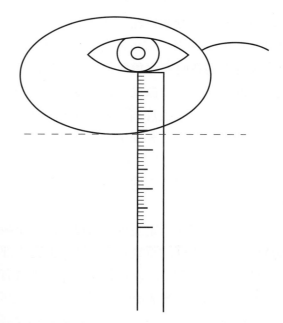

圖 5-15　測量雙光子片高度。使用下半鏡圈的內緣作為參考時，必須容許額外的空間供鏡片斜面凹槽的深度。這可能有所變化，但在測量值加上 0.5 mm 通常是合適的作法。此外，估計凹槽的深度並直接測量至估計的位置可能較為簡單。

斜的，此問題之最好的例子即為飛行員型鏡架。子片頂部至正下方鏡圈的距離以及至鏡圈最低處的距離，兩者存在明顯差異 ( 圖 5-16)。

## 眼瞼下緣法

眼瞼下緣通常替代角膜輪部下緣作為測量雙光子片高度時的參考點。兩者之間往往只是學術上的差異，乃因這兩點通常是在幾乎相同的位置上。

### Box 5-2

**使用下眼瞼或角膜輪部下緣法測量雙光子片高度的步驟**

1. 配鏡人員與受測者位於相同的高度上。
2. 受測者固視配鏡人員的鼻梁部位。
3. 維持鏡架於正確的配戴位置，配鏡人員將瞳距尺垂直置於受測者的右眼前方。刻度零點對齊角膜輪部下緣，刻度增加的方向朝下。
4. 針對有框的鏡架，配鏡人員讀取凹槽內側最低點的刻度；針對無框鏡架，參考點則是展示鏡片的最低點。
5. 左眼重複相同的步驟。

注意：若是在鏡片上劃記作為參考，而不是在臉前使用瞳距尺，則在鏡片與角膜輪部下緣等高處以筆劃記。當左、右兩鏡片皆已劃記，配鏡人員將鏡架從受測者臉上移開，並從標記處往下測量這些參考點。

然而，眼瞼下緣的位置可能較角膜輪部下緣的位置變化更大，使後者成為較能維持一致的參考點。

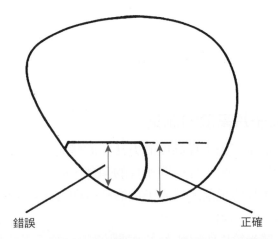

圖 5-16　測量子片高度時必須使用鏡片裝在鏡框上時的最低點，即使子片中心高度有不同的測量值亦是如此 ( 注意：子片高度並非以鏡框的外側進行測量，而是使用鏡片邊緣作為參考 )。

## 主觀決定法

主觀決定法是決定子片高度並確保雙光鏡片配戴在適當位置上之最準確的方法。對每個人來說，雙光鏡片最適合的位置當然需考量職業需求和個人特徵。

**在已安裝的鏡片上劃記。** 當樣本鏡框上裝有鏡片時，雙光子片的高度可用筆劃記在每一鏡片上，而非利用瞳距尺測量。當配鏡人員和配戴者在同一高度上，且配戴者直視前方時，在預計置放雙光子片之界線處畫一條短的水平標記 ( 圖 5-17)。訂製鏡片前，藉由延長標記線模擬並檢查雙光子片寬度 ( 圖 5-18)。透過此方法，配戴者有機會來評估預計的子片高度是否適合。請配戴者站立並評估此條線的位置。

當配戴者在閱讀姿勢時，給予可持握的物品。鼓勵配戴者模擬平常的工作狀況，並評估這條線是否過高、過低或恰好。若線過高或過低則重新畫線，讓配戴者重新評估新的子片高度。當高度令人滿意

圖 5-17　利用標記筆將預定的雙光子片高度畫在新鏡架中的襯片上。若配戴者將使用舊鏡架，記號應畫在舊鏡片上。

圖 5-18　在預定的雙光子片高度上畫一條完整的直線，讓配戴者實際評估完工鏡片裝在鏡架後子片的位置。

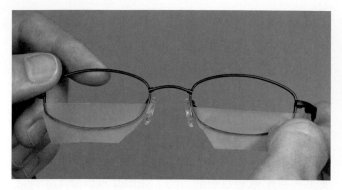

圖 5-19　為了模擬雙光子片的高度，可將一段透明膠帶橫貼於兩側鏡圈的下半部。

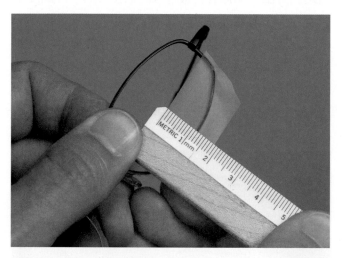

圖 5-20　模擬的雙光子片高度是自下半鏡圈的內側最低點進行測量。

圖 5-21　主觀檢查子片高度：配戴者應能容易地找到落在透明膠帶區域內的閱讀物或近物。使用裝有以標記筆劃記高度的鏡片之鏡架時也應為相同狀況。

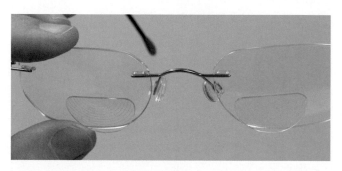

圖 5-22　菲涅耳按壓扣合式子片是可移除的且能重複使用。當要求配戴者主觀判斷最適當的子片高度時，它們提供了較高的真實度。

時，測量每一鏡片下半鏡圈內側鏡片斜面的最低處至已劃記雙光子片界線處的距離。

**使用透明膠帶。** 使用透明膠帶的方法稍微較花費時間，但當鏡框上無鏡片時將有助於檢查，此方法亦可用於檢查不相等的子片高度。取一段膠帶橫跨鏡框下半部預計置放子片的位置 ( 圖 5-19 )。藉由檢查一般雙光子片的相同方法去檢查合適的高度 ( 圖 5-20 )，必要時可重新調整膠帶。當配戴者看遠時，貼膠帶的部位不應干擾視野；看近時，近處的物體應於膠帶覆蓋的範圍內 ( 圖 5-21 )。

### 菲涅耳按壓扣合子片的使用

利用菲涅耳光學效果有可能產生薄度一致、具有彈性、黏貼式的鏡片或稜鏡，這種鏡片通常在視覺訓練中用於提供高稜鏡度數，或在鏡片的某些區塊加上稜鏡，然而菲涅耳子片 (Fresnel lenses) 也可作為暫時性平頂雙光子片。藉由使用一系列菲涅耳按壓扣合子片以增加度數，能在配戴者的舊單光鏡片或是新鏡架的鏡片上，直接黏上這些子片來使用 ( 圖 5-22 )。讓配戴者的視近處方度數反應在可移除子片上，將能增加一些真實感使配戴者可更準確判斷在特定工作情況下，最實用的雙光子片高度。

### 三光子片高度的測量

測量三光子片高度的方法如同雙光子片，除了參考點是三光子片中間子片的頂部，而非較低處近光區子片的頂部。三光子片的高度即為此頂部的分界線 ( 圖 5-23 )。

雙光鏡片使配戴者在兩種距離時皆能看得清楚：(1) 看遠時透過鏡片的上半部，與 (2) 在閱讀距離時透過低處較小的子片區域。當有必要看清楚中間距離時 ( 通常為一伸展的手臂之長度 )，便需使用三光

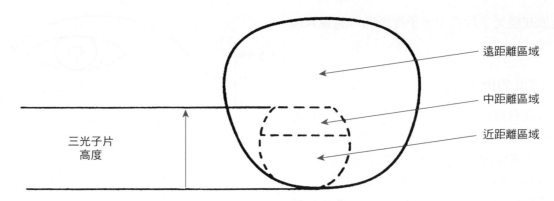

圖 5-23　訂製三光鏡片時，下方子片的界線不需特別詳述，訂製的三光鏡片種類決定了這個位置。中距離區域的頂端是要測量的部位。

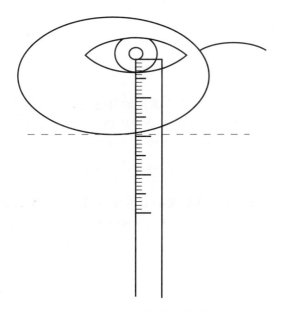

圖 5-24　開始測量三光子片高度的步驟如圖所示，減去 1 mm 使中距離子片不會在看遠時擋住。若鏡架有針對鏡片斜面所設計的凹槽，亦必須加以考量。

鏡片。三光鏡片和雙光鏡片的不同點只有在近光區的正上方加上看中間距離的區域，使配戴者在三種距離下都有清楚的視力，而不是只有兩種。

## 瞳孔下緣法

瞳孔下緣法類似用於測量雙光鏡片之角膜輪部下緣法和眼瞼下緣法。然而針對三光鏡片，瞳孔下緣要對齊垂直持握的瞳距尺之刻度零處。讀值是取刻度與下半鏡圈內側凹槽的高度相交處 (圖 5-24)，再減去 1 mm 以補償眼睛在固視遠方時的瞳孔間隙誤差，因此若三光子片高度從瞳孔邊緣的測量值為 18 mm，訂製的淨子片高度將為 17 mm。

## 主觀決定法

主觀決定法也與雙光鏡片的方法類似，只不過增加測試鏡片的第三塊區域。使用投影片專用筆和已安裝在鏡框上的鏡片時，可能需在鏡片上畫上兩條子片分界線。中間的區域用筆「填色」，透過這塊上色的中距離區域所看見的物件將會染上顏色。

若總子片高度降低，近用區域將會縮小，反之亦然。例如假設某三光鏡片有 7 mm 的中距離區域，需配合鏡圈 17 mm 高的鏡圈做調整，這留下 10 mm 給近用區的子片 (總距離 17 − 中距離 7 = 近距離 10)。若中距離子片的頂部過高，降低它會縮小閱讀區域。若閱讀區域變大，三光子片的頂部便會升高。

可以藉此輕易確認在一副給定的鏡框上使用三光鏡片之可行性。若蓄意將三光子片設置得很低，會造成近用 (閱讀用) 區域太小；但另一方面，增加閱讀用區域可能會使中距離區域高到干擾遠距視野。若所選的鏡框無合適的三光子片配置，便需挑一副垂直高度更大的鏡框。

## 與舊鏡片比較

目前配戴雙光鏡片的人若欲重配新的雙光鏡片，子片的位置或許要維持或改變。若某人不滿意，抱怨中會指出需要改變子片位置。若雙光子片「總是礙眼」，表示子片高度過高。若子片高度過低，配戴者會抱怨因經常抬頭而導致頸部僵硬。

然而對於新的多焦點鏡片配戴者，任何改變都應透過相同的方法執行以確保位置正確。針對從雙光鏡片轉換至三光鏡片的配戴者亦是如此。若三光

子片只是加在雙光子片之上，子片頂部可能會入侵至瞳孔區域。

## 影響子片高度的因素

若某人滿意目前配戴的子片高度，但欲更動鏡架的任何條件時，要達到之前子片高度的規格可能會有所不同。僅當鏡架形狀和尺寸完全相同時，子片高度的測量值才會如同之前的鏡片。

鼻橋是影響子片位置的一個因素。鼻橋的形狀和尺寸決定了鏡架在鼻子上的高度，例如兩副鏡架的鏡框垂直深度可能皆為 38，但其中一副鏡架的鼻橋可能使鏡圈高於另一副鼻橋形狀不同的鏡架於臉部上的位置。

若一副鏡架的眼型尺寸為 38，而另一副為 42 時，鏡片尺寸對子片高度的影響在垂直深度上很明顯。即使鼻橋讓兩副鏡架維持在相同的位置上，當水平尺寸增加時，垂直尺寸也會增加。

鏡片形狀會影響子片。窄幅鏡架的子片高度可能為 15 mm，寬幅的則是 20 mm，然而兩副鏡架都有可能正確地將子片分界線標在角膜輪部下緣。

當在測量新雙光鏡片的子片高度以符合舊雙光鏡片的子片高度時，必須請此人配戴自己的舊眼鏡。注意子片分界線在臉上或相對於下眼瞼的位置。測量下眼瞼至子片分界線的距離：若在下眼瞼上方為正值，在下方則為負值 ( 圖 5-25, A)。將新鏡架配戴在臉上。測量下半鏡圈至下眼瞼的距離，然後加上或減去下眼瞼至舊子片分界線的距離 ( 圖 5-25, B)。

## 其他方法

當一副鏡框缺少襯片時，塑膠製的子片測量裝置是方便且準確的替代方法，可取代測量雙光子片高度的瞳距尺法。這種裝置能以多種方法固定。其中一種使用可延長的彈簧線；另一種使用相同原理，但以三條垂直的塑膠條固定：兩條在上半鏡圈的後方，一條在前方；第三種設計使用雙面膠將裝置固定於鏡架。在所有狀況下，刻度都能直接讀出，乃因透明塑膠子片區域標有公釐刻度。這種裝置位在鏡架斜面內側，故不需補償斜面深度。此外有個額外的好處是能同時比較雙眼的子片高度 ( 圖 5-26)。由於鏡架裝有展示用鏡片以增加鏡架穩定性，使得這些裝置的使用頻率比以前少很多。

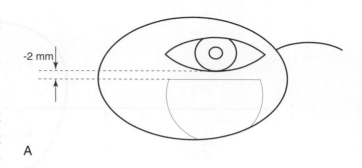

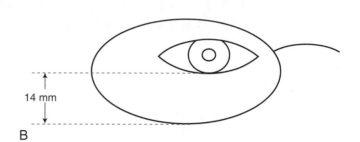

圖 5-25　複製舊子片高度的位置到換新鏡架或第二副眼鏡的方法，乃先測量下眼瞼往下 ( 或上 ) 至子片界線的距離。若舊子片界線是在下眼瞼上方，測量值為正值，若是在下方則為負值。此圖中這個測量值為 −2 mm。接著新鏡架就定位，測量鏡片下緣往上至下眼瞼的距離。此圖中這個測量值為 14 mm。(A) 中的距離加上 (B) 中的距離即決定新眼鏡或第二副眼鏡的子片高度，使新舊子片高度相符。就這個例子而言，即 −2 mm ＋ 14 mm ＝ 12 mm。

圖 5-26　使用子片測量器測量子片高度，可容易比較左、右眼的子片高度。

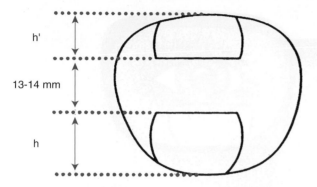

**圖 5-27**　雙子片鏡片。多數雙子片鏡片的子片之間距離為 13 ～ 14 mm，測量 h′ 時就需要參考子片高度 h 以及所選鏡架的垂直尺寸。

## 雙子片高度的測量

雙子片鏡片在鏡片的下半部和上半部皆有近用子片 ( 圖 5-27)。上端的子片使配戴者當工作區域在眼睛以上的高度時，可更舒適地執行近距離工作。雙子片有幾種不同的子片形狀。

為雙子片進行測量的方式基本上如同一般雙光子片，唯一首要考量是下方子片的高度。這可藉由任何的前述方法進行測量。

訂製雙子片鏡片時，上方子片的下緣會自動設定在下方子片分界線的 13 ～ 14 mm 上方處。當戴上鏡架時，注意上方子片在鏡框中起始的位置。若上方子片的視野不夠大，則選擇一個眼睛上方區域更大的鏡框，或將下方子片放得更低以下移上方子片。對上方子片合理的最小區域範圍應為 9 mm$^2$。

若受測者之前配戴的雙光子片高度較正常為低時，將會造成相反的問題。上方子片會太低以致於看遠視線受到部分阻礙。此時下方子片需升高，直至上方子片夠高而不再困擾配戴者。

若配戴者不確定雙子片是否適用於自身情況時，使用一套菲涅耳子片 * 來展示可能會有幫助。執行時，將新雙光子片的近用加入度減去 0.50 D，並選用這個度數的菲涅耳子片。將菲涅耳子片顛倒置於配戴者的舊雙光子片的 14 mm 上方處。

---

### 例題 5-2

有個新的處方要求 +2.00 D 的近用加入度，配戴者可能受益於職業用的雙 D 子片。應選擇何種度數的菲涅耳子片來展示？

---

\* 菲涅耳子片已於本章稍早「主觀決定法」內文中描述。

**解答**

自 +2.00 D 的近用加入度減去 0.50 D。此已降低的 +1.50 D 近用加入度會是選定上方子片的近用加入度。找出這個度數的菲涅耳子片，然後將子片顛倒置放，使子片貼附於配戴者舊眼鏡的鏡片上半部，此即為置放上方職業用子片的確切位置。若舊處方的遠用度數和新處方的遠用度數相去不遠時，這個展示將具真實性。

---

## 不相等的子片高度

應各別測量雙眼的雙光或三光子片高度 ( 圖 5-28)。若一眼較另一眼高且子片置於相等的高度，配戴者將會有一塊比正常狀況還大的視野模糊區域。當往下看時，一眼會先看到子片分界線；而當這隻眼開始看清楚時，另一隻眼才看到分界線，然後開始清楚。

在開立不相等子片高度處方前，務必 ( 使用實際上要配戴的鏡架 ) 檢查以確認鏡架平直地戴在臉上。一個扭曲的鏡架顯然會造成不相等的子片高度。

當使用不相等的子片高度時，應提醒配戴者注意，否則這會被當作是一種「誤差」。

### 主觀的透明膠帶或畫線法

欲主觀地檢查兩子片高度之間的關係，請受測者注視一個給定的近距離物體，緩慢將其頭往後仰直至分界線或膠帶頂端觸及物體。接著輪流遮住配戴者的眼睛，以確認分界線對於雙眼是否都在同一點上，若不是則移動膠帶直至相等。之後各自測量鏡片上膠帶的高度或從下鏡圈畫線 (Box 5-3)。

### 客觀的透明膠帶或畫線法

欲使用透明膠帶或畫線法客觀地檢查兩子片高度之間的關係，請受測者注視配鏡人員的鼻梁，此時配鏡人員緩慢地將配戴者的頭部後仰，並注意哪一「子片」先觸及瞳孔下緣。重新調整膠帶的高度，直至兩條分界線同時觸及瞳孔 (Box 5-4)。

### 子片高度與垂直稜鏡

稜鏡會使光從原本的路徑往新方向偏折，光束將向稜鏡底面彎折，使被觀察物體的成像向頂點方向位移，這也造成眼睛轉往所視物體的方向。

圖 5-28　處方的子片高度有時需存在差異，使配戴者的雙眼在往下注視時會同時落在雙光子片界線上。

## Box 5-3

### 主觀檢查子片高度是否相等的步驟

1. 在空的樣品鏡框上於子片的高度位置使用膠帶；在已安裝在鏡框中的襯片上，以專用筆畫上雙光子片的分界線；在受測者的舊眼鏡上，使用原有的雙光子片分界線。
2. 受測者位於平常閱讀的位置。
3. 受測者透過鏡片的遠用區域固視一行給定的閱讀文句。
4. 受測者頭向後仰，直至固視的文句變模糊。
5. 配鏡人員輪流遮住受測者的一隻眼睛，檢查同一行閱讀文句是否對於雙眼皆為模糊。
6. 若不會則調整眼鏡 ( 或膠帶或分界線 )。
7. 重複上述步驟直至相等。

## Box 5-4

### 客觀檢查子片高度是否相等的步驟

1. 配鏡人員與受測者眼睛同高。
2. 受測者固視配鏡人員的鼻梁。
3. 配鏡人員將手指置於受測者的頷部下方，緩慢地將受測者的頭部後仰。
4. 配鏡人員觀察子片分界線，察看哪條線先碰到瞳孔。
5. 調整眼鏡 ( 或膠帶或畫線高度 )。
6. 重複上述步驟直至相等。

當有一條或更多的眼外肌出現輕微麻痺現象，處方中可能需要稜鏡。若無稜鏡的協助，可能會產生複視或雙影。即使無複視，也可能為了眼睛的舒適而開立稜鏡處方。若個體的眼睛有偏轉傾向，此狀況便稱為斜位 ( 即眼睛在沒有實際明顯的轉動下偏轉的傾向 )，且必須持續不斷的努力以使雙眼向前直視，這可能會造成疲勞與頭痛，稜鏡可用以舒緩這種不適。若一眼傾向往下或往上轉，開立底面朝上或朝下的垂直稜鏡處方。若雙眼向內或向外轉，可能需開立底面朝外或朝內的水平稜鏡處方。

開立垂直稜鏡處方時，可容許一眼較另一眼稍微往上偏轉 ( 圖 5-29)。給定相等的子片高度，當有垂直稜鏡處方的某人正配戴雙光或三光鏡片，並朝著一個視野中的近物往下看時，會有一個點讓一眼較另一眼先跨越雙光子片分界線。若處方只是針對斜位開立，在測量子片高度時不會偵測到這種偏轉程度的不相等。

然而，這種偏轉程度的不相等可根據稜鏡度的定義計算出來：在距離 1 m 遠的物體成像會產生 1 cm 的位移。假設鏡片後表面至眼睛旋轉中心的距離為 30 mm，兩眼垂直位置在眼鏡平面上的差便可計算得出，這就是由測量值求出的子片高度差。

根據圖 5-30，對於 1 個稜鏡度，能看成相似三角形：

$$\frac{10}{1030} = \frac{x}{30}$$

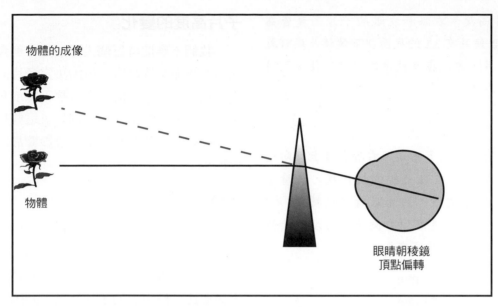

**圖 5-29**　垂直稜鏡造成眼睛轉動，此狀況需調整子片高度。

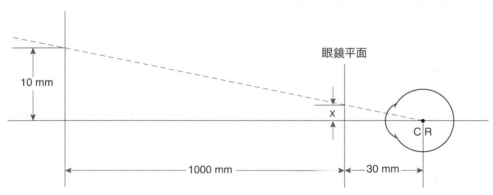

**圖 5-30**　此圖顯示當給予 1 個稜鏡度的垂直稜鏡處方時，子片高度 (X) 所需的變化量。

**表 5-3**
**存在垂直稜鏡時子片高度的變化量 ***

| 稜鏡度 | 總子片高度差 (mm) |
| --- | --- |
| 1 | 0.3 |
| 2 | 0.6 |
| 3 | 0.9 |
| 4 | 1.2 |
| 5 | 1.5 |
| 6 | 1.8 |

*當一副眼鏡存在垂直稜鏡時，應補償子片高度。左側所列每個稜鏡的量都需要補償右側所示的子片高度差。

因此

$$× = 0.29\ mm$$

或對於每一稜鏡度的垂直稜鏡處方，約有 0.3 mm 的差異 [3]。

因此，對於開立不同子片高度差異處方的一個良好基本定則即對每一稜鏡度有 0.3 mm 的容許值，如表 5-3 所統整的內容。

子片頂部總是由原本的位置往稜鏡頂點的方向移動 ( 子片分界線應往稜鏡頂點的方向移動 )。若在右眼前有一包括 3 個稜鏡度底面朝上的稜鏡處方，那麼右眼的子片高度應從測量的位置降低約 1 mm。

---

**例題 5-3**

配戴者選了一副新鏡架。配鏡人員使用剛選定的鏡

架來測量子片高度。右眼和左眼的子片高度皆為 21 mm。若右眼鏡片有 3Δ 的底面朝下稜鏡，應訂製高度為何的子片，才能在有稜鏡的情況下使瞳孔同時觸及子片分界線？

### 解答

由於右眼鏡片有底面朝下稜鏡，右眼會往上轉向稜鏡的頂點。對於每一垂直稜鏡的稜鏡度，眼睛會偏轉相當於 0.3 mm 的量，因此眼睛將偏轉 $0.3 \times 3 = 0.9$ mm，或 1 mm。這表示右側子片高度應升高 1 mm。最終應訂製的子片高度為：

R: 22 mm

L: 21 mm

---

### 例題 5-4

假設某位配戴者有如下的處方：

R: −2.50 − 1.00 × 180　2.5 Δ底面朝上
L: −2.50 − 1.00 × 180　4.5 Δ底面朝下
+2.00 近用加入度

在測量子片高度前，所選定的鏡架已經過適當調整。子片高度是使用空鏡框測量。測量值為：

R: 21

L: 21

當裝上鏡片時，子片高度該如何調整，以容許垂直稜鏡處方的影響？

### 解答

為解決此問題，需先確認哪個子片高度需調升，而哪個需調降。由於子片高度會往頂點方向位移（即與底面相反的方向），因此右眼的子片高度將降低，而左眼的子片高度會升高。

欲繼續解題，接著需考慮子片高度必須移動多遠。記住每一稜鏡度會產生 0.3 mm 的移動距離。針對右眼，即移動 $2.5\Delta \times 0.3 = 0.75$ mm；針對左眼為 $4.5\Delta \times 0.3 = 1.35$ mm，因此最接近的子片高度將為：

R: 20 mm

L: 22 mm

在此用於計算子片高度的相同方式也可應用於漸進多焦點鏡片的配鏡十字高度。

## 子片高度的變化

我們不應期待每個人都最適合與角膜輪部下緣同高的雙光子片高度，但因決定子片高度時必須利用一些起始點，故描述了眼瞼下緣或角膜輪部下緣法。針對專業的子片高度測量，這些規則應作為基礎或起始點。其他的變化也會影響最終子片高度的位置。

### 姿勢

或許姿勢是對子片高度最明顯的影響因素。走路時趾高氣昂或挺直且頭往後傾的人，可能會覺得照正常狀況置放的子片經常干擾到遠用視野。這種人需要比一般更低的子片高度，乃因頭往後傾會讓子片變高而擋住視線。

與上述相反狀況的人（即彎腰駝背）可配戴比正常狀況略高的子片。

當這些姿勢的極端狀況很明顯時，需要特別注意，即使它們並非是常規狀況。

### 身高

高個子的人有時需比平常位置稍微低的子片設定，乃因看地板時眼睛必須往下轉動較大的角度。若置於一般正常的高度，雙光子片分界線有可能造成干擾。然而矮個子的人則不應使用比平常高的子片。

### 職業需求

整天在桌面工作的人或許比在戶外工作且很少做近距離工作的人還需要更高（且更寬）的子片。

### 圓形子片

不同類型的子片需設定在不同的高度，乃因雙光子片光學中心距離及子片頂部形狀的變化。圓形子片需置於比平頂子片高 1 mm 的位置，因為上半區域使用受限且光學中心距離頂端較遠。圓形子片只能升高 1 mm，因為很難在不干擾遠距視野的狀況下將子片明顯升高。

例如一個 22 mm 寬的圓形子片其光學中心距離頂端 11 mm，最寬可用區域也位於距離頂端 11 mm 的位置。若一子片裝在 14 mm 高的位置，子片的中心和最寬可用區域將位於鏡框下鏡圈的上方 3 mm 處。若將一個平頂子片置於與圓形子片相同的高度

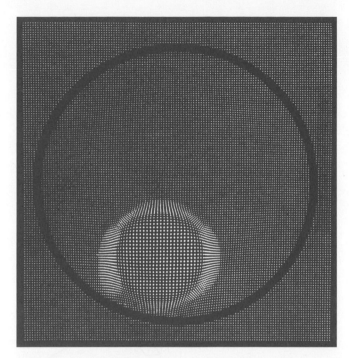

**圖 5-31**　熔合雙光鏡片對那些希望近用加入度看不出來，但又不想或無法負擔漸進多焦點鏡片者而言效果良好 (Courtesy of Essilor of America, St. Petersburg, Fla)。

上（即 14 mm 高），光學中心會在鏡框下鏡圈的上方 9 mm 處，亦為雙光子片最寬處。

## 熔合雙光鏡片或「隱形」雙光鏡片

所謂的熔合雙光鏡片具有一般圓形子片的光學性質，但並無子片和遠用區明顯的分界線。此乃透過鏡片的拋光程序或以狹窄的非光學轉換區取代分界線的鏡片模具加以去除。

熔合雙光鏡片並非是漸進多焦點鏡片，它們唯一的相似處為兩種鏡片設計的近用子片都不顯眼。在光學上，熔合雙光鏡片和標準雙光鏡片的表現相同，因為只存在兩個實際的聚焦區域：一為遠距而另一為近距，導致在鏡片周邊無明顯的像差或不理想的柱面度數。

熔合區域會在雙光子片的周圍產生影像扭曲，此區域的寬度變化從 3 mm 以下至略小於 5 mm，端看鏡片的近用加入度數和基弧而定（圖 5-31）。這個區域是雙光子片的邊界，允許鏡片根據如同普通雙光鏡片的規定進行裝配調整。子片高度和近用瞳距兩者仍需被指定。

由於大部分熔合雙光鏡片都屬於圓形子片型，

且因熔合區域較一般的分界線寬，這種雙光鏡片可能需要將子片頂部位置稍微提高些，或在閱讀時將視線壓得更低。製造商建議將此雙光子片調整至比其他型雙光子片平常所在高 1 mm 的位置。所使用的鏡框應可提供足夠的下半部空間以容納雙光鏡片。

低度數的熔合區域會比高度數者呈比例性的還要不明顯。子片稍微明顯的程度隨著遠用或近用區度數的增加而提升。

## 高度數鏡片

由於鏡片像差，從高度數正鏡片的中心外圍往外看出去時會有視力減退的現象，這在常規、非球面鏡片以及用於無水晶體矯正的超高度數正鏡片上會特別明顯。

例如一片常規非球面有著 −3.00 D 後表面弧度的 +12.00 D 鏡片，在距離光學中心 25 度的位置會顯現 +11.40 D 的球面度數及 −0.94 D 的柱面度數。因此，當某人往距離鏡片中央區域越遠的位置看出去時，則會與期望的度數差距更大。既然當某人看的地方距離光學中心越遠時度數更會受到影響，故理想的鏡片閱讀區域應盡可能靠近遠距的光學中心。基於這些原因，平頂雙光子片比圓形子片更能符合需求，且雙光子片的位置越高（靠近遠距光學中心），越能符合光學上的需求。

## 兒童

雙光鏡片處方很少開立給兒童，乃因其無法對近距離的物體對焦，他們對雙光鏡片的需求更常起源於雙眼視覺問題。兒童在看近物時通常能透過遠光區或近光區清楚觀看。除非子片高度配置妥當，不然兒童可能會在無意識間使用子片界線以上的遠光區閱讀或做近距離工作，而非雙光子片部位。為確保近用加入度有被使用到，雙光子片應經過測量並將雙光子片界線置於平分瞳孔的位置。為了測量上的目的，配鏡人員應於與兒童等高的位置上，這確保平行視差不會發生。兒童適應快速且不介意較高的子片位置。

寬的平頂型子片是被廣泛使用的子片類型。寬闊的近用區有助於確保整個近用區都能涵蓋近用加入度數，以達到處方用途（有些醫師偏好讓需要近用加入度的兒童使用漸進多焦點鏡片，乃因子片看

不出來 )。若漸進多焦點鏡片用於兒童，配鏡十字需比平常高 4 mm( 即瞳孔中心上方 4 mm)。

## 摘要

可看出有相當多的因素能影響雙光子片高度，在這裡並未提到所有因素，但此段落所涵蓋的因素可總結為以下幾點。

1. 仰頭－降低子片；低頭－升高子片。
2. 高個子：降低子片。
3. 依據職業上的需求調整高度。坐辦公室的職業 ( 近距離工作 )－升高子片；戶外工作 ( 看遠距離 )－降低子片。
4. 圓形子片需調高 1 mm。
5. 對於高度數正鏡片，子片頂部盡可能高些。

## 頂點距離對子片外觀高度的影響

子片的外觀高度取決於鏡片與眼睛間的距離或是頂點距離。

若配戴者抱怨新的雙光鏡片過高且總是擋住視線，即使從前方看來子片與舊眼鏡上子片和眼睛的高度關係一樣，新鏡片很可能比舊鏡片距離臉部較遠。

舉例說明，想像站在一扇窗的 3 英呎遠處，透過窗檯望向地面。往窗戶靠近時能看到更多地面，即使窗檯的實際高度未變化。對於雙光鏡片的分隔線也是如此。若雙光鏡片距離臉部更遠，會如同子片位置變高時那樣干擾視野。

解決方案是藉由調整金屬或複合材質鏡架的鼻墊臂以減少頂點距離 ( 見第 9 章鼻墊調整的部分 )，或增加鏡架的前傾角將鏡架下緣朝向臉部傾斜 ( 圖 5-32)。在幾乎任何種類的鏡架上，前傾角都能增加且提供有用的解決方案，乃因當鏡片靠近臉部移動時雙光區域會明顯降低。

由於子片外觀高度和頂點距離的關係，對於配戴者若一鏡片較另一鏡片更靠近臉部，子片就會出現看似比另一片高的情形。若配戴者抱怨子片高度不相等，這種可能性都應納入考量 (Box 5-5)。

## 有稜鏡補償的子片

當某人有不等視 ( 左眼和右眼的度數有很大差異 ) 的問題時，在透視鏡片中央以外的任何區域都會造成不相等的稜鏡。

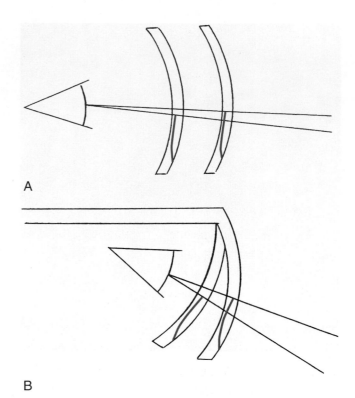

**A**

**B**

圖 5-32　**A.** 從配戴者的觀看角度來說，鏡片頂點距離的減少會造成子片外觀高度的降低。**B.** 對配戴者而言，增加鏡架的前傾角也會降低子片的外觀高度。

### Box 5-5

**依表所列嘗試進行子片調整**

**子片看似過高**

1. 增加前傾斜
2. 減少頂點距離
3. 鼻墊間距調寬
4. 調整鼻墊臂，升高鼻墊
5. 拉長鼻橋 ( 塑膠鏡架 )

**子片看似過低**

1. 鼻墊間距調窄
2. 調整鼻墊臂，下彎鼻墊
3. 增加頂點距離
4. 減少前傾斜
5. 縮短鼻橋 ( 塑膠鏡架 )

不需雙光鏡片者可藉由轉頭並使雙眼視線靠近鏡片光學中心的位置以避免稜鏡產生。閱讀時降低頦部使光學中心對準物件。眼睛自那些點內轉的幅度通常小到只會產生少量的稜鏡。稜鏡底是水平的且易於補償。

若配戴者嘗試壓低眼睛閱讀而非壓低鏡片，眼睛會遠離光學中心並造成顯著的垂直稜鏡。這可能

在臨床上很顯著，但有些不等視的人學會如何補償稜鏡。

當不等視的人被迫配戴雙光或三光眼鏡時，處方的稜鏡效果就無可避免了，乃因閱讀子片必須被置於遠離遠光區光學中心的位置。若欲預測這是否會成為問題，請配戴者使用舊 ( 非雙光 ) 眼鏡閱讀。當配戴者低頭閱讀時其是透過光學中心視物，可能需要削薄稜鏡的幫助以抵銷不相等的稜鏡效應。然而若配戴者閱讀時是眼睛往下移且透過鏡片底端視物，則其已習慣透過鏡片此區域閱讀，子片大概就不需要任何的稜鏡補償。

## 補償尺寸錯誤的樣品鏡架

在本章一開頭的部分強調了鏡架正確擺放的重要性。在測量鏡片位置前，鏡架必須依照之後將配戴的位置放置臉上，否則測量值將為錯誤。針對金屬鏡架，需將鼻墊調整至適當的高度。如前所述針對塑膠鏡架，若樣品鏡架的鼻橋太小，鏡架將會過高；若鼻橋太大，鏡架將會過低。然而，若樣品鏡架和未來將配戴的鏡架尺寸不同時該怎麼辦？除非有依鏡架尺寸差異給予補償，否則鏡片測量值將為錯誤。

若眼型尺寸過大或過小，其給定鏡架型式的深度將會依據鏡片尺寸的「方框」概念從一個尺寸至下一個尺寸變化一致。若眼型尺寸不正確，訂製的子片高度將需調整以容許鏡片深度的差異。在垂直尺寸上從一個眼型尺寸至另一個之間的差異通常是 2 mm，故光學中心或子片位置從鏡圈下端需改變的數值為 1 mm。

顯然在使用眼型尺寸正確但鼻橋尺寸錯誤的樣品鏡架時，產生誤差的機會大很多，乃因補償眼型尺寸相對較為簡單。

### 當眼型尺寸不正確時

例如假設某人需要 52□20 的眼型尺寸，但最接近的樣品為 50□20。雙光鏡片使用 50□20 進行測量，且高度定為 15 mm。若鏡片是為較大的鏡框磨製，15 mm 的雙光子片高度將使子片界線過低。問題是現在必需再增加多少的高度？

為確認答案，考慮給定的鏡架可能對所有眼型尺寸都使用相同的模板。當眼型尺寸在 A 尺寸增加 2 mm，鏡片材質的外緣在每個方向都要多出 1 mm

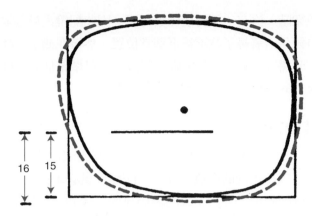

**圖 5-33**　樣品鏡架的實際眼型尺寸是以實線表示，欲訂製的理想眼型尺寸則以虛線表示且大於 2 mm，因此訂製的子片高度將為 1 mm 以上。

( 圖 5-33)，這表示幾何中心至下半鏡片斜面的距離會增加 1 mm，同時期望的子片頂部位置至下半鏡圈的距離亦增加 1 mm。因此若一副 50□20 的鏡架需要 15 mm 高的子片分界線，52□20 將需 16 mm 高的子片以維持上方界線在期望的高度上。基於相同的理由，眼型尺寸超出 2 mm 的樣品鏡架會比實際上需要的測量值高出 1 mm。

基本定則：對於不適當的眼型尺寸，子片高度需以樣品鏡架眼型尺寸和期望鏡架眼型尺寸之間差距的一半做校正。

對於任何基本定則仍有例外發生：

1. 當眼型尺寸變化時，鏡架的鼻橋比例會變得較高 ( 或較低 )，變化不會是一致的 ( 欲檢查這點，針對單一鏡架類型，測量鼻橋脊部至上半鏡架切線的距離。不同眼型尺寸間測量值的差異應為兩個眼型尺寸差距的一半，如同基本定則 )。

2. 根據配戴者鼻子至臉頰的構形，若較大的眼型尺寸會使較大鏡框尺寸的內側及下半鏡圈區域落在臉部不同的位置上，較大的眼型尺寸可能導致鏡架落在比預期還高的位置，因此需適當予以調整。

### 若無正確的鼻橋尺寸

現在考慮當有符合的眼型尺寸時之狀況，但鼻橋尺寸太小，這仍不可能直接以此鏡架在平常戴在臉上的位置上進行測量。當鼻橋尺寸太小時，整副鏡架的位置將會過高。任何未經補償的直接測量將導致子片位置太低。正確的鼻橋尺寸可使鏡架固定於正確的較低位置上。可惜的是，當使用錯誤鼻橋尺寸的樣品

鏡架時，沒有一個轉換係數可用，因此配鏡人員必須將鏡架沿著鼻子往下移至適當位置，然後在測子片高度時需固定鏡架 ( 此是假設配鏡人員可準確估計正確尺寸的鼻橋會讓鏡架落在什麼位置上 )。

## 其他方法

上述兩種狀況中較能準確預測的是錯誤的眼型尺寸以及正確的鼻橋尺寸。若配鏡人員必須從 (1) 不正確的眼型尺寸和正確的鼻橋尺寸，或 (2) 正確的眼型尺寸和不正確的鼻橋尺寸兩者擇一，那麼應選擇前者。

# 指導初次配戴雙光鏡片者

針對第一次配戴者，新的多焦點鏡片代表完全陌生的經驗，有些因此產生的問題可藉由預先的直接指導而避免。

由於正鏡片所造成的放大效果，配戴者可預期透過雙光鏡片看見的物體會被放大，產生這些物體感覺較近的印象乃因其看似較大。路旁石塊看起來比實際上高，當透過雙光近用加入度看出去時，樓梯會變成危險物。儘管有放大效果，經過一段時間適應後對於距離的判斷會恢復正常，因此可適當判斷樓梯、路旁石塊等的高度。

初次配戴雙光鏡片者會體驗到與長久以來習慣的不同處，應向其說明為了補償這些改變所需做的調整。例如在配戴雙光鏡片前：

1. 看地板時保持頭部直立並將視線下移至鏡片下半部。
2. 閱讀書籍時將視線固定於鏡片中央並將頭部和頦部下移。

正確使用雙光鏡片：

1. 看地板時將視線固定於鏡片中央並將頭部和頦部下移。
2. 閱讀書籍時必須保持頭部直立並將視線下移至鏡片下半部。

這些改變可牴觸配戴者長久以來的習慣，需要一段時間去適應，若配戴者事先了解這些要求的新調整動作，其將更容易熟練。

# 決定鏡坯尺寸

鏡坯 (lens blank) 是鏡片在尚未磨邊以裝入鏡框之前的狀態。鏡坯可能是完工或是半完工的。完工鏡坯具有處方中要求的正確度數，且只需磨邊。半完工鏡坯僅完成了鏡片的一面加工，通常是前表面；後表面需研磨並拋光至正確的度數。

配鏡人員對於鏡坯尺寸的考量基於數個理由。針對單光鏡片，若欲在眼鏡店內自行將鏡片磨邊，此問題就顯得特別有關。鏡坯尺寸決定了自行磨邊的店家是否可從庫存的完工鏡片中磨出處方鏡片，或處方鏡片是否必須寄出以磨面。針對多焦點鏡片，問題在於給定要求的子片高度和瞳距後，鏡片是否能依據所選的鏡架製作？

## 單光鏡片的最小鏡坯尺寸

瞳距測量基本上決定了鏡片光學中心的位置，並協助確認鏡架所需的完工鏡坯總尺寸。這部分可參考第 2 章，即鏡片的有效直徑是鏡片幾何中心至鏡片邊緣離幾何中心最遠的點之距離再乘上 2 倍 ( 圖 2-2)。若某人的雙眼不位於鏡框的幾何中心，鏡片中心必須位移或移心使之與配戴者的瞳孔中心垂直對齊。

例如若鏡片光學中心落在鏡框鏡片形狀的幾何或方框系統中心上，直徑等於鏡框形狀有效直徑的鏡坯就足以填滿鏡框的鏡片開口。但若鏡片必須移心，那麼根據通則對於每 1 mm 的移心，鏡坯的有效直徑必須加上 2 mm*。

## 以公式求出完工單光鏡片的最小鏡坯尺寸

完工單光鏡片的最小鏡坯尺寸 (minimum blank size, MBS) 能總結成一條簡單的公式。公式為：

$$MBS = ED + 2(每一鏡片的移心) + 2$$

其中 MBS 表示最小鏡坯尺寸，ED 表示鏡框形狀的有效直徑。每一鏡片的移心是鏡框幾何中心距 (A 尺寸加鏡片間距 ) 和配戴者瞳距的差距，全都除以 2。以公式表示，即為：

$$每一鏡片移心量 = \frac{(A+DBL)-PD}{2}$$

每一鏡片移心量的 2 倍等於總移心量。

---

\* 此定則只在鏡片開口幾何中心的最長半徑和移心方向相反時 ( 鼻側或顳側 ) 成立，意即若鏡片開口的最長半徑是在顳側，且鏡片向內移心 ( 往鼻側 )，則定則成立。亦成立於當最長半徑是在鼻側且鏡片向外 ( 顳側 ) 移心時。

圖 5-34　單光鏡片最小鏡坯尺寸圖。鏡坯尺寸圖的使用方法如下：(1) 將鏡架前框面朝下置於圖上，右側鏡片開口對著模擬的鏡片輪廓圈。(2) 將鏡架鼻橋中心對準正確的雙眼視遠瞳距，如左側刻度所示。(3) 確認垂直定心。將下半鏡圈內側凹槽的最低點置於圖表下半的刻度上。正確的高度是鏡架 B 尺寸的一半 ( 若垂直定位指定為鏡片光學中心，就用這個高度取代 )。(4) 注意哪個直徑的鏡片輪廓圈恰好圍住鏡架的鏡片開口，包括鏡圈凹槽，此為無稜鏡單光鏡片所需的最小鏡坯尺寸 (Reprinted with permission from Brooks CW: *Essentials of ophthalmic lens finishing*, St. Louis, 2003, Butterworth-Heinemann)。

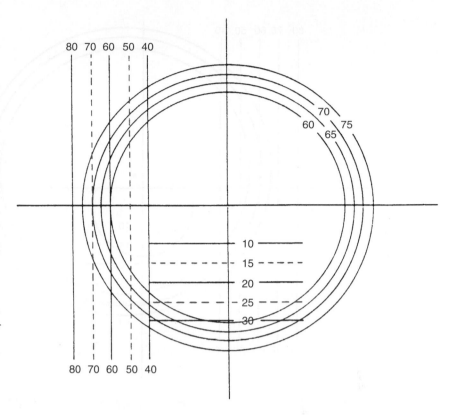

意即，

總移心量 = (A尺寸 + 鏡片間距) − 瞳距

這表示最小鏡坯尺寸的公式也能寫成

最小鏡坯尺寸 = 有效直徑 + 總移心 + 2 mm

最小鏡坯尺寸公式中的最後一個係數為「+2 mm」。此額外的 2 mm 稍微加上一些補充的鏡片材質，容許鏡片邊緣可能的瑕疵。在此為一個如何計算完工單光鏡片的最小鏡坯尺寸之例子。

---

**例題 5-5**

針對一片將裝在以下規格鏡框的完工單光鏡片，最小鏡坯尺寸將為何？

A尺寸 = 52 mm
鏡片間距 = 18 mm
有效直徑 = 57 mm

配戴者的瞳距為 62 mm。

**解答**

先找出總移心量。

總移心量 = (A尺寸 + 鏡片間距) − 瞳距

此例中，

總移心量 = (52 + 18) − 62
= 8 mm

既然總移心量已知，可求出最小鏡坯尺寸為

最小鏡坯尺寸 = 有效直徑 + 總移心量 + 2 mm
= 57 + 8 + 2
= 67

因此若處方無稜鏡，可用的最小完工鏡坯直徑為 67 mm。

## 利用作圖決定完工單光鏡片的最小鏡坯尺寸

使用新選的鏡架與等比例繪製的圖來決定所需的最小完工單光鏡坯尺寸是可行的。這種顯示比例的圖如圖 5-34 所示，請依圖說指示執行。

## 利用作圖決定多焦點鏡片的最小鏡坯尺寸

針對多焦點鏡片，子片在鏡框中的位置決定了半完工鏡坯是否夠大。若雙光或三光子片過高，在已磨邊鏡片的底端和鏡框的下半鏡圈之間可能存有空隙。對配鏡人員來說，當磨面工廠致電講述鏡片無法根據所選鏡框切割時，總是令人尷尬。有時這表示配戴者必須被叫回來選擇另一副新鏡架。因此針對有疑慮的案例，最好預先試算並驗證鏡坯尺寸以避免問題，可透過實際尺寸的繪圖或圖表完成。圖表範例如圖 5-35 所示。

所有的圖表基本上是描摹半完工的鏡片。將鏡

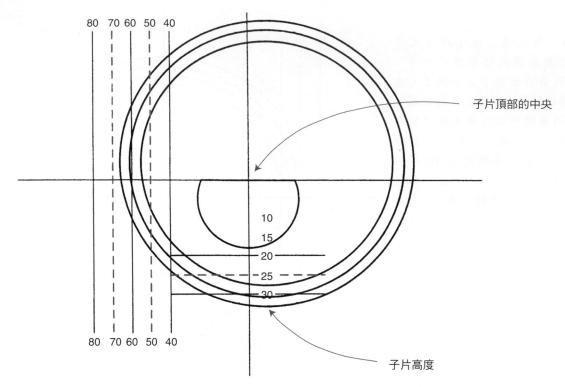

圖 5-35　使用多焦點最小鏡坯尺寸圖時，將鏡架的右側朝下置於圖上。將鏡架往左、右移動，直至與訂製的近用瞳孔間距相符的近用瞳孔間距線，正好直接位在鏡架鼻橋的中央。將鏡架上下移動，直至正確的子片高度與下半鏡圈內側斜面的最低點相符。完整圍住鏡片形狀的最小圓圈就是對這個製造商來說的最小鏡坯尺寸。不同製造商的鏡坯有所差異，故多焦點鏡片的鏡坯尺寸圖不可通用。

---

### Box 5-6

**如何使用等比例鏡片圖決定多焦點鏡片的最小鏡坯尺寸**

1. 將鏡框面朝下置於圖上。
2. 將鏡框往上或下移動，直至下半鏡圈的內側斜面在對應正確子片高度的線上。
3. 將鏡框往左或右移動，直至鼻橋中央在對應近用瞳距的線上。
4. 注意鏡坯是否完全包圍鏡框的鏡片開口。
5. 若包圍的區域完整，鏡坯就夠大；若不完整則表示鏡坯過小。

---

架置於等比例的鏡片圖上，垂直且水平移動以置放子片在鏡框中將出現的位置。若鏡框的鏡片開口完全被畫出的鏡片覆蓋，實際的鏡坯就會有足夠的大小 (Box 5-6)。

### 若多焦點鏡片無法切割出來

　　有時鏡片無法切割出來乃因訂製的子片特別高或異常低。若鏡片因此無法切割，可將鏡框往上或往下移動直至畫出的鏡片覆蓋鏡框的鏡片開口，然後決定子片高度需減少或增加多少，才可讓鏡片切割出來。修改後的高度可直接從圖上讀取。此時配鏡人員必須做出判斷：子片高度能修改嗎？或應選擇新鏡架或新的多焦點子片類型？小幅調整子片高度通常能讓已選定的鏡架繼續使用。

　　有時鏡片無法切割出來是因為配戴者的近用瞳距過小，無法允許足夠的鏡片移心。這可能是一項警訊，表示所選鏡架對配戴者來說太大了。將鏡框在最小鏡坯尺寸圖上向左或右移，會顯示近用瞳距該有多少才能切割出鏡片 ( 部分案例中若雙光子片夠寬，可允許修改近用瞳距。關於此主題的更多資訊可參考 Brooks: *Essentials for Ophthalmic Lens Finishing*[4])。

### 參考文獻

1. Allen MJ: How do you fit spectacles? Indiana J Optom, 32:2, 1962.

2. Dowaliby M: Practical aspects of ophthalmic dispensing. Chicago, 1972, The Professional Press, Inc.

3. Riley HD, Hitchcock JR: Segment height adjustment and vertical prism, Optom Weekly, 66:889-902, 1975.

4. Brooks CW: Essentials of ophthalmic lens finishing, ed 2, St Louis, 2003, Butterworth-Heinemann.

5. American Optical Corporation: Lens information kit; optical cosmetic and mechanical properties of ophthalmic lenses, Southbridge, Mass, 1968.

# 學習成效測驗

1. 對或錯？測量多焦點子片高度時，會使用在瞳孔正下方的鏡圈上一點作為零點。

2. 鏡片上光學中心與主要參考點是完全相同的一點，除了：
   a. 當有測量主要參考點高度時
   b. 當處方中有柱面度數時
   c. 當處方中有稜鏡度數時
   d. 當雙光子片有升距而非降距時
   e. 光學中心和主要參考點從來不會是鏡片上相同的一點

3. 當配戴者的瞳距小於鏡架的 A 尺寸加上鏡片間距的測量值，那麼：
   a. 需要正向鏡框彎弧
   b. 需要反向鏡框彎弧
   c. 不需要鏡框彎弧
   d. 需要前傾斜
   e. 需要後傾斜

4. 你有極小且時髦的橢圓形鏡片。眼型尺寸僅為 30 mm，鼻橋尺寸為 22 mm，鏡片度數為 −3.50 D 球面度數，配戴者的瞳距為 62 mm。實作上，你該如何調整鏡架的鏡框彎弧？
   a. 非常微量的鏡框彎弧
   b. 不需鏡框彎弧
   c. 非常微量的反向鏡框彎弧
   d. 適量的反向鏡框彎弧

5. 對或錯？使配戴者的頸部後傾，直至鏡架前框的平面垂直於地板，然後標記瞳孔高度。此為將鏡片主要參考點定在適當高度的測量速成法。

6. 針對每 2 度的前傾斜，光學中心應：
   a. 在瞳孔中心上方升高 0.5 mm
   b. 在瞳孔中心上方升高 1 mm
   c. 在瞳孔中心下方降低 0.5 mm
   d. 在瞳孔中心下方降低 1 mm
   e. 前傾斜和光學中心的垂直位置無關

7. 此為理論性問題。有兩副鏡架都給同一人配戴。事實上，兩副鏡架的樣式和尺寸皆相同，但其中一副要在無前傾斜的狀況下配戴，而另一副會有很大的前傾斜。訂製鏡片時，哪一副會有最高的主要參考點？
   a. 無前傾斜的那副
   b. 前傾斜很大的那副
   c. 主要參考點高度不應有差別

8. 你測量了主要參考點高度為 26 mm，鏡架的 B 尺寸是 44 mm 且前傾斜為 12 度，那麼你應訂製的主要參考點為何？（注意！此問題可能不像表面看起來那麼單純）
   a. 26 mm
   b. 24 mm
   c. 22 mm
   d. 20 mm
   e. 18 mm

9. 測距計是用於：
   a. 測量鏡片間距和鏡架的眼型尺寸
   b. 測量鏡片的度數
   c. 測量瞳距
   d. 測量頂點距離
   e. 測量子片高度

10. 左側鏡片較右側鏡片更靠近臉。因此：
    a. 對配戴者來說，左側子片看似較右側子片高
    b. 對配戴者來說，右側子片看似較左側子片高
    c. 未對子片主觀的外觀高度造成影響

11. 下列何者並非菲涅耳按壓扣合式子片的合理用途？
    a. 協助決定子片高度
    b. 作為暫時性的雙光加入度
    c. 可改變配戴者現有眼鏡的遠距度數，直至他們的新眼鏡到貨
    d. 展示雙子片鏡片如何作為職業性用途

12. 對於基弧增加的每一鏡度，頂點距離會發生？
    a. 增加約 0.6 mm
    b. 減少約 0.6 mm
    c. 增加約 1 mm
    d. 減少約 1 mm

13. 配戴者的處方從工廠送回，然而配戴者眨眼時睫毛會刷到鏡片背面，而他們不想更換鏡架。你無法調整鼻橋。你調整傾斜度和鏡框彎弧，做了所有能做的，但仍需多 1 mm 的頂點距離以排除睫毛。你決定重新訂製不同基弧的鏡片，應如何調整基弧？
    a. 將基弧增加 1 D
    b. 將基弧增加 2 D
    c. 將基弧增加 3 D
    d. 將基弧減少 1 D
    e. 你無法以此方式解決問題，需更換鏡架

14. 為三光鏡片做測量時，我們發現下半鏡圈的內側斜面至瞳孔下緣的距離為 22 mm。應訂製何種三光子片高度？
    a. 22.5 mm
    b. 23.5 mm
    c. 24 mm
    d. 20 mm
    e. 21 mm

15. 你正在配鏡處測量一副尼龍線鏡架的三光子片高度。鏡架上有展示用鏡片。為了決定三光子片高度，你先從測量至瞳孔下緣的距離開始，該距離為 21 mm。你應訂製何種子片高度？
    a. 22 mm
    b. 21.5 mm
    c. 21 mm
    d. 20.5 mm
    e. 20 mm

16. 訂製的圓形子片高度與平頂子片相較之下應為何？
    a. 訂製圓形子片高度時，應比平頂子片低 1 mm
    b. 訂製圓形子片高度時，應比平頂子片低 2 mm
    c. 訂製圓形子片高度時，應比平頂子片高 1 mm
    d. 訂製圓形子片高度時，應比平頂子片高 2 mm
    e. 子片形狀對子片高度沒有影響

17. 某人的左眼前方配戴 6Δ 的底面朝下稜鏡，以矯正斜位問題。使用一副空鏡架測量雙光子片高度，則左眼的雙光子片高度測量值應做何調整？
    a. 左眼的雙光子片高度必須從測量值升高 1 mm
    b. 左眼的雙光子片高度必須從測量值升高 2 mm
    c. 左眼的雙光子片高度必須從測量值降低 1 mm
    d. 左眼的雙光子片高度必須從測量值降低 2 mm
    e. 左眼的雙光子片高度應與測量值一致

18. 某人的右眼前方配戴 3Δ 的底面朝上稜鏡，左眼前方配戴 3Δ 的底面朝下稜鏡，以減輕斜位問題。若使用一副空鏡架測量雙光子片高度。雙光子片高度測量值應做何調整？
    a. 將右眼的雙光子片高度從測量值升高 0.5 mm，左眼的雙光子片高度則降低 0.5 mm
    b. 將右眼的雙光子片高度從測量值升高 1 mm，左眼的雙光子片高度則降低 1 mm
    c. 將右眼的雙光子片高度從測量值降低 0.5 mm，左眼的雙光子片高度則升高 0.5 mm
    d. 將右眼的雙光子片高度從測量值降低 1 mm，左眼的雙光子片高度則升高 1 mm

19. 初次配戴雙光鏡片者必須：
    a. 維持頭部直立，眼睛往下看地板
    b. 在閱讀書籍時眼睛往下看
    c. 在近距離工作時，使頭部和頸部下降

20. 某人選擇具有以下規格的鏡架：
    A ＝ 48
    B ＝ 44
    DBL ＝ 20
    配戴者的瞳距為 62，子片高度測量值為 21 mm。
    選擇的子片類型是雙 D 職業用鏡片。
    當鏡片磨邊並裝入鏡架後，鏡片頂端該有多少的垂直近用區？（以下有兩個可被認為是正確答案，端看所選擇的鏡片品牌，你只需兩者擇一）。
    a. 5 mm
    b. 6 mm
    c. 7 mm
    d. 8 mm
    e. 9 mm
    f. 10 mm
    g. 11 mm
    h. 12 mm
    i. 13 mm
    j. 14 mm
    k. 15 mm
    l. 16 mm

21. 兒童用的雙光子片高度應在何處？
    a. 角膜輪部下緣
    b. 角膜輪部下緣和瞳孔下緣之間
    c. 瞳孔下緣下方 1 mm 處
    d. 瞳孔下緣
    e. 瞳孔中心
    f. 瞳孔中心上方 4 mm 處

22. 你正在為一名兒童進行測量以求得雙光子片高度。此處為一些測量值：從下半鏡圈的內側斜面至角膜輪部下緣的距離為 15 mm；從下半鏡圈的內側斜面至瞳孔下緣的距離為 19 mm；從下半鏡圈的內側斜面至瞳孔中心的距離為 21 mm。你需訂製高度為何的雙光鏡片？
    a. 15 mm
    b. 18 mm
    c. 19 mm
    d. 21 mm
    e. 25 mm

23. 一副較新型式的鏡架中新處方鏡片的子片位置應複製舊眼鏡的子片位置，舊眼鏡的子片高度為 14 mm，然而雙光子片界線是在角膜輪部下緣下方 2 mm 處。針對新鏡架，從下半鏡圈的內側斜面最低點往上至角膜輪部下緣的距離為 17 mm。你為新眼鏡訂製相配的雙光子片高度應為何？
    a. 14 mm
    b. 15 mm
    c. 16 mm
    d. 17 mm

24. 對或錯？從配戴者的觀點來看，為了降低雙光子片的外觀高度，增加前傾角是可能的做法。

25. 某人選擇一副 A 尺寸為 50 mm 且鏡片間距為 20 mm 的鏡架，但該尺寸的鏡架無現貨。在必須訂貨的情況下，仍需測量漸進多焦點鏡片的配鏡十字高度。庫存只有一副 48□20 的鏡架，以此鏡架所測得的配鏡十字高度為 21 mm。下訂的配鏡十字高度應為何？
    a. 19 mm
    b. 20 mm
    c. 21 mm
    d. 22 mm
    e. 23 mm

26. 需要一副眼型尺寸為 48 mm 且鼻橋尺寸為 20 mm 的鏡架，但只有一副眼型尺寸為 50 mm 且鼻橋尺寸為 20 mm 的鏡架。你確認針對眼型尺寸為 50 mm 的鏡架，會需要 17 mm 的雙光子片高度。針對眼型尺寸為 48 mm 的鏡架，你應下訂何種高度使雙光子片界線在正確位置上？

   a. 16 mm
   b. 16.5 mm
   c. 17 mm
   d. 17.5 mm
   e. 18 mm

27. 一片半完工的鏡坯：

   a. 具有已磨製出正確曲面與度數的前後表面，但尚未磨邊
   b. 已磨製成正確的厚度，但前或後表面尚無正確的表面度數
   c. 前表面有正確的曲面，但後表面尚未磨製出需要的曲度以產生所需的鏡片度數

28. 一副鏡架尺寸為 49□19 且有效直徑為 52 mm，病患的瞳距為 68 mm，則所需最小鏡坯尺寸為何？

   a. 50 mm
   b. 52 mm
   c. 54 mm
   d. 63 mm
   e. 71 mm

29. 針對眼型尺寸為 50 mm 的鏡架，若每一鏡片必須移心 3 mm，則可能的最小鏡坯尺寸應為何？

   a. 50 mm
   b. 52 mm
   c. 54 mm
   d. 56 mm
   e. 58 mm

30. 問題 29 中的鏡架有效直徑為何？

   a. 48 mm
   b. 50 mm
   c. 52 mm
   d. 56 mm
   e. 63 mm

31. 對或錯？針對多焦點鏡片所設計的鏡坯尺寸圖，其基本上是一張用於處方的半完工鏡片圖。

32. 對或錯？若鏡片因為鏡坯太小而無法裝入某副鏡框，其子片高度或近用瞳距不應被修改，但鏡架和多焦點鏡片的樣式仍可使用。

# 鏡片的訂製與校驗

本章基本上是在訂製與校驗來自鏡片工廠的處方時所應遵循程序的指引。使用統一的術語以及清單檢查法能確保最少的錯誤，可提升對眼鏡配戴者的服務品質。

## 訂製鏡片

訂製處方鏡片時，使用製造商或供應商自行印製的表單，或可能的話在網路上輸入，這將能避免訂製過程中的許多錯誤或疏漏。從網路訂貨有助於避免錯誤，乃因程式通常會防止表單在所有必須資訊都填寫完畢前被送出。

使用紙本表單時，以印刷體書寫必需資訊很重要，潦草或難以判讀的字跡通常會造成錯誤。

## 表單的一般處理程序

由於表單在鏡片加工過程中可能會與材料一起傳遞，故每一份訂單皆使用獨立分開的表單。

若不是訂製一副完整眼鏡（鏡架和兩片鏡片），需於訂單上特別註明清楚。對於印製的表格，字體要寫得大些或在表單上適合處勾選。

勿於任何表單上寫多餘的數據或資訊，若那些資訊對訂單是不必需或不適用的。例如，只訂製鏡腳時就不用提供眼型尺寸或鼻橋尺寸。

## 鏡片資訊

當處方是以段落形式書寫時（如信件形式），總是先寫右眼鏡片的數據，然後再寫左眼鏡片的數據。例如「Hensley 先生被開立的處方為：OD：−3.00 D 球面度數，OS：−2.75，−1.50 × 175」。當寫在空白處方箋時，左眼鏡片的數據直接寫在右眼鏡片的下方。如以下：

OD: −3.00 D 球面度數
OS: −2.75 −1.50 × 175

（「OD」在此範例中是「右眼」的縮寫，源自拉丁文 *oculus dexter*；「OS」是拉丁文 *oculus sinister* 的縮寫，意為左眼）。務必使用至少 3 位數字來表示球面和柱面部分的度數。若鏡度單位小於 1.00 D，在小數點前補一個零，如 +0.75 D；在小數點後補兩個零，例如 +2.00 D（不是 +2 D) 或 −1.50 D（不是 −1.5 D)。將柱軸標示為 x，但勿於代表柱軸的數字之後加上角度符號，乃因有可能會誤讀成數字零。例如，10 度寫成 10° 時可能會誤讀成 100。有很多人也以 3 位數字標示柱軸，因此 5 度的柱軸寫成 005 也是正常的。

檢查配戴者舊鏡片的基弧，特別是只有一片鏡片要更換時。

## 鏡架資訊

若有超過一種鏡腳樣式可選擇，務必確認註明鏡腳的樣式。以印刷體寫上鏡架的名稱，包括製造商的名稱（圖 6-1）。

## 重新訂製現有的眼鏡鏡片

有時必須使用某人現有的眼鏡鏡片作為訂製另一副眼鏡的參考基準。這可能會發生在緊急狀況，如一片鏡片破裂或損壞，但仍在鏡框內的情形；也可能發生在某人有一副眼鏡而想配第二副，但無處方箋的情況。

### 取得現有眼鏡的鏡片資訊

直接從現有眼鏡讀取處方是有可能的，但最好還是聯絡開立處方者或先前的配鏡人員，以驗證訂貨時的處方，而不只是收到的結果。例如，從一副現有眼鏡取得處方時，實際上是 168 的柱軸可能誤讀為 170，即使原本的訂貨處方有可能是 165，因此就訂了柱軸為 170 的鏡片。但若新鏡片的柱軸變成

病患：_____ **1**　　　　　　　　日期 _____ 19 ____

| | 球面 | 柱面 | 柱軸 | 稜鏡量 | 稜鏡方向 | 移心量 | 前弧 |
|---|---|---|---|---|---|---|---|
| 遠用度數 右眼 | | | | | | | |
| 左眼 | | | | | | | **2** |

| | 加入度 | 子片高度 | 主要參考點 | 近區移心量 | 總移心量 | 遠用瞳距 | 近用瞳距 |
|---|---|---|---|---|---|---|---|
| 近用度數 右眼 | | | **3** | | | 右眼 **4** | 右眼 |
| 左眼 | | | | | | 左眼 | 左眼 |

| 鏡片材質 | 多焦點樣式 | 鏡片顏色和染色 | 厚度 | |
|---|---|---|---|---|
| 塑膠<br>聚碳酸酯(PC)<br>高折射率<br><br>**5**<br>玻璃<br>其他 | **7**<br><br>削薄鏡片<br>右眼　**9**　左眼 | **8**<br><br>完全　漸層 | 一般　**6**　其他 | 安全 |
| | | | 僅用於工廠 | |
| | | | 化學 | 空氣 |
| | | | 簽名 | |
| | | | 日期 | |
| | | | 5/8" | 1" |

**鏡架資訊**

| 名稱　　**10** | 製造商名稱 | 顏色　**11** |
|---|---|---|

| 眼型尺寸 | 鏡片間距 | 鏡腳長度 | 鏡腳樣式 **12** | 'B'尺寸 | 有效直徑 | 周長 **14** | 金屬 塑膠 無框 **15** |
|---|---|---|---|---|---|---|---|

| 提供<br>新鏡架 | 內含鏡架 **13** 鏡架後送 | 只磨邊 | 鏡片 |
|---|---|---|---|
| | | | 顏色 |

**特殊注意事項**

| 到期日<br>日期 | | 白片 | 鏡架　**18** |
|---|---|---|---|
| | | | 雜項 |
| 抗刮鍍膜(SRC)<br>紫外線防護(UV)<br>抗反射鍍膜(ARC) **16**<br>軋邊(ROLL)<br>拋光(POLISH) | | | |
| | | | 總計 |
| 簽名　**17** | | | 記錄日期 |
| | | | 運送日期 |

◀ 圖 6-1　訂單範例。每個工廠的表單相差甚大，重點是必須完整且正確地填寫訂單。填寫訂單時發生的錯誤可能會導致製作出不合適的眼鏡，增加重新製作的費用。至少，不完整的訂單可能延遲下訂，或需配戴者回配鏡場所提供缺少的資料。完成訂單表格一般欄位的指引如下。空白欄位不需加以解釋。

(1) 有些人建議將配戴者的姓氏全部以大寫書寫於此處，並加上底線寫在名字之前。後面加上逗點然後寫上小寫的名字。

(2) 若有訂製特殊基弧時填寫，否則留白。

(3) 只在主要參考點高度不等於 B 尺寸的一半時填寫，否則留白。這通常也是填寫漸進多焦點鏡片配鏡十字高度的欄位。

(4) 勿同時寫上雙眼和單眼瞳距。使用其中一個，不要兩個都寫。若你使用雙眼瞳距，寫一次即可，直接寫於左側和右側格子中間的界線上。

(5) 你必須指定一種鏡片材質。

(6) 通常你不需為鏡片指定厚度，但應確認鏡片是否為常規厚度或是用於安全眼鏡。若鏡架為 Z87 安全鏡架，將「安全」圈起來，鏡片會以符合 Z87 標準的規格製作。

(7) 適當時指定多焦點鏡片種類和子片尺寸，或漸進多焦點鏡片的品牌。

(8) 盡可能明確指定你想要的鏡片顏色。指定想要的透光率或染色濃度。若鏡片未染色則寫上「透明」或「白色」。圈選「完全」表示完全染色，或「漸層」表示漸層染色。

(9) 若欲訂製削薄鏡片，指定削薄鏡片的稜鏡量。

(10) 鏡架名稱千變萬化，例如「哈利」或「T849」，只寫名稱仍不夠，必須寫出製造商的名稱。不同製造商使用相同名稱或數字的狀況很常見。

(11) 顏色可能以數字表示。

(12) 範例：顳式、線型、弓式、圖書館式。

(13) 圈選此排其中一個選項。「鏡架後送」表示鏡架不與訂單一起，較點才會送出。

(14) 若訂單為「只訂鏡片」(只磨邊)，確保更準確裝配的方法是將鏡片自鏡架移出，並以周長量尺測量鏡片周長，這有助於複製鏡片尺寸，然而數位鏡框掃描儀的效果最佳。

(15) 標明鏡架為金屬、塑膠或無框，這在未附上鏡架時特別重要。盡可能寫清楚是哪一種，像指定鏡片材質那樣。

(16) 「特殊注意事項」是為了標明處方中任何異常之處。「SRC」表示抗刮鍍膜；「UV」表示紫外線防護(只限塑膠鏡片)；「ARC」表示抗反射鍍膜(塑膠或玻璃鏡片)；「ROLL」表示軋邊讓鏡片看似更薄；「POLISH」表示將邊緣拋光。

(17) 訂製處方者的簽名或配鏡場所的名稱。

(18) 此欄位是工廠報價用。

172？配鏡人員很可能會接受這樣的鏡片，因為只差 2 度且在 ANSI 標準內。配鏡人員未意會到的是鏡片的柱軸和原始處方相比已經差了 7 度。

## 重新進行面部測量

即使是複製一副舊眼鏡，重新進行面部測量仍然很重要。重新測量配戴者的瞳距，你可能希望採用舊眼鏡的光學中心間距，但必須知道配戴者的瞳距測量值。若存在很大的誤差，表示可能有處方稜鏡度數。

若鏡片屬於雙光或三光鏡片，注意子片界線相對於角膜輪部下緣的距離。若新子片要與舊子片配合，這點相當重要。若是漸進多焦點鏡片，找到舊鏡片上配鏡十字的位置，以驗證配鏡十字是否落在瞳孔中央。

## 當配戴者的瞳距與光學中心間距不符合時

若配鏡者新測量的瞳距與目前正配戴的眼鏡光學中心間距不符合，配鏡人員最佳的作法為：

1. 找出處方的來源並致電以驗證處方。特別詢問處方是否包括稜鏡處方，即使處方能輕易地從現有的眼鏡讀出，但這永遠是正確的首要作法，乃因仍有可能發生誤差。

2. 若配戴者不知道處方來源且不想重新檢驗，使用現有眼鏡的瞳距*。你無法確定這不是原本處方的一部分，因此應複製目前正配戴的眼鏡(此外，改變現有的稜鏡效應可能會使配戴者產生適應問題)。你應確保以非配戴者的測量瞳距訂製鏡片的理由已詳細記錄在表單上。

---

\* 此一般化規則的例外為在水平軸線上極低度數的鏡片。若極低度數鏡片的光學中心偏移，會產生極少量的水平稜鏡效應。當讀者對 ANSI Z80 的瞳距和水平稜鏡標準熟悉時，這種可能性將變得更為明顯。針對低度數鏡片，光學中心之間的距離可能會與配戴者訂製的瞳距有相當大的差距，但仍產生可忽略的水平稜鏡效應。發生這種狀況時，眼鏡仍被視為在誤差容許範圍內。

例如：一副眼鏡雙眼都有 -0.50 D 的球面度數。配戴者的瞳距為 60，然而測量舊眼鏡光學中心之間的距離為 64 mm，這表示造成的稜鏡效應僅為 0.20 稜鏡度。此不想要的水平稜鏡量是在 ANSI 可接受的範圍內，且原本的處方極不可能包括小於 1/4 鏡度的處方稜鏡。

總而言之，在判斷是否符合誤差容許值時以及當處方中確實有處方稜鏡時，熟悉瞳距－水平稜鏡的 ANSI 標準可更容易辨識。

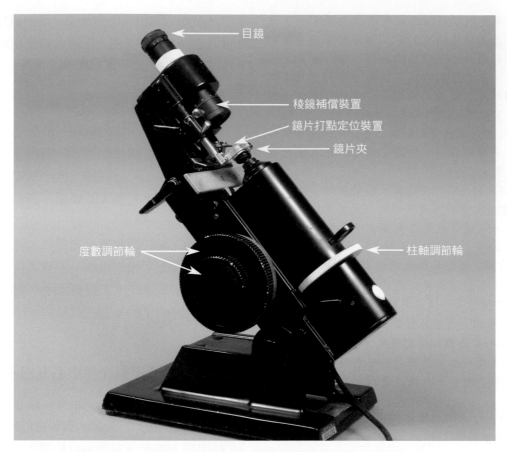

目鏡

稜鏡補償裝置

鏡片打點定位裝置

鏡片夾

度數調節輪

柱軸調節輪

**圖 6-2**　手動鏡片驗度儀有大多數儀器常見的某些基本組件。

## 取得單光鏡片的處方資訊

　　鏡片處方的重心在於球面度數、柱面度數及柱軸度，這些鏡片度數測量值可使用鏡片驗度儀 (lensmeter) 取得 ( 圖 6-2)。多數鏡片驗度儀使用線視標，但有些使用由一圈圓點組成的視標。鏡片驗度儀也有在儀器內觀看視標的，或將視標投影在螢幕上。鏡片驗度儀也可能是手動操作或全自動，最廣泛使用的鏡片驗度儀是手動且使用十字視標。

## 如何使用十字視標鏡片驗度儀找出單光鏡片的度數

　　使用鏡片驗度儀時，先對焦目鏡以確保讀數準確。透過目鏡觀看時，想像自己坐在一棟高樓的頂端並看向下方街道，這有助於放鬆調節並避免眼睛變換焦點，以防造成讀數誤差。首先轉動目鏡，使之移向操作者的眼睛 ( 遠離儀器其他部分 )，之後看著十字瞄準線和同心圓 ( 並非發光的十字視標 )，緩慢地將目鏡往後向儀器其他部分轉動，直至十字瞄準線和同心圓第一次變為清晰。若你轉太遠超過第

一個聚焦處，再次旋轉目鏡遠離儀器，接著將目鏡緩慢地往回轉動，直至第一個最佳焦點處。

　　針對每一副眼鏡的測量，對焦程序只做一次不需重複，然而每個人的目鏡對焦之調整皆不同。若有超過一人使用儀器，每個人都必須重複此程序 ( 每個使用儀器的人可將其「基準點」標記在目鏡邊緣以節省時間 )。

### 讀取球面和負柱軸度數。

　　讀取眼鏡鏡片處方時應先校驗哪一片？以下是做決定的方法。

- 先由度數最高的鏡片開始較適合。度數最高的定義為鏡片最高的度數在 90 度軸線上
- 若鏡片有類似的度數且有垂直稜鏡處方，就由垂直稜鏡處方較高的鏡片開始
- 若無哪一鏡片的度數明顯較高且無垂直稜鏡處方，則由右眼的鏡片開始

　　將鏡片置入鏡片驗度儀，使鏡片後方抵住鏡片驗度儀的開口。

　　有兩個方法可讀取或寫下處方，一個是讀取處方

中的柱面度數為負度數，另一個是讀取處方使柱面度數為正度數。我們會先將處方視為負柱面形式處方。

　　欲將處方以負柱面形式讀取，先將度數調節輪往高正度數方向轉動。現在緩慢地將度數調節輪往負度數方向回轉。若為無柱面度數的球面處方，發光視標會突然變為清晰，如圖 6-3 所示。在較舊的儀器中，視標可能是一條代表球面的直線，與三條間距較遠代表柱面的直線交叉。較常見的組合是由三條間距較近代表球面的直線，與三條間距較遠代表柱面的直線交叉。

　　若處方包含柱面度數，球面和柱面標線不會同時聚焦，因此在度數調節輪轉至高正度數後，需緩慢地將度數調節輪往負度數方向轉動，這會使球面或柱面度數的標線開始變為清晰。球面的標線必須先變為清晰。若較窄的球面標線先對到焦，但尚未完全變清晰，應轉動柱軸調節輪直至球面標線確實變為清晰 ( 圖 6-4)( 可能需輪流調整度數調節輪與柱軸調節輪，直至球面度數的標線變為清晰 )。若柱面度數先變為清晰，應轉動柱軸調節輪 90 度，使球面和柱面的標線交換位置，球面的標線才會較柱面的標線清楚。若球面的標線清晰且連續，將度數調節輪指向的數值記錄為處方的球面度數。注意柱軸調節輪的數值並記錄為柱軸。

### 例題 6-1

某一鏡片具有未知的度數。當處方寫成負柱面形式時，求出鏡片的球面度數及柱軸。

**解答**

將度數調節輪轉至高正度數，再轉回負度數的方向。

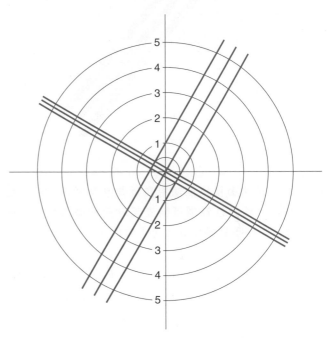

圖 6-3　當發光視標顯示球面和柱面標線同時變清晰時，此為球面鏡片。

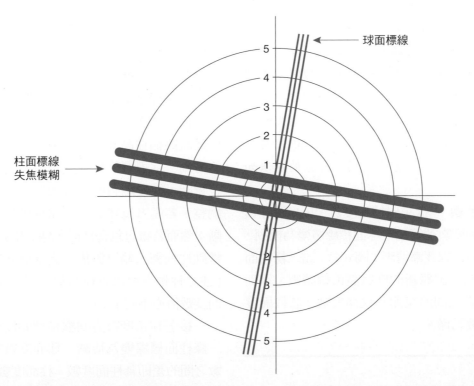

圖 6-4　無論操作者將球柱鏡讀取為正或負柱面形式，球面標線必須比柱面標線先對焦清楚。

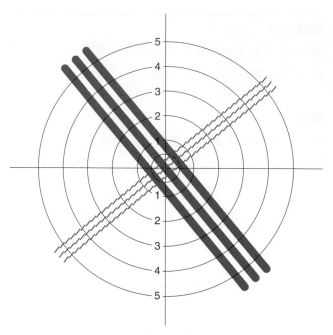

圖 6-5　若球面標線無法對焦清楚且呈斷續，表示柱軸偏移了。轉動柱軸調節輪直至球面標線清晰。當球面標線清晰時，柱軸位置才是正確的。

視標在度數調節輪轉成負度數前不會變為清晰。當視標變清晰時，三條柱面標線會較球面標線先變為清晰。柱軸調節輪讀數約為 45 度。欲使球面和柱面標線互換位置，需將柱軸調節輪旋轉約 90 度。目前柱軸約於 135 度的位置，但球面標線仍不太清晰，甚至看似呈鋸齒狀的斷裂（圖 6-5）。

標線看似破碎且呈鋸齒狀，表示標線不是在適當的軸上。將柱軸調節輪前後轉動，度數調節輪則微調至標線恢復連續貌（度數調節輪的最終讀數是將調節輪由負度數往正度數方向轉動[1]，接著在標線第一次變為清晰時停下取得讀數）。在此例中，當度數調節輪讀數為 –4.00 D 且柱軸調節輪讀數為 135 度時，球面標線會變為清晰。處方中這兩個部分的寫法如圖 6-6, A 所示。

**求出柱面度數。**　欲求出柱面度數，則繼續往負度數的方向轉動度數調節輪，球面標線將變為模糊，而三條寬的柱面標線逐漸清晰（圖 6-7）。當三條柱面標線在焦點上時，記錄新的度數調節輪讀數。球面讀數與此新度數之間的差即為柱面度數，該柱面度數的數值以負數記錄。

### 例題 6-1（續）

在之前的例子中，我們已求出球面度數為 –4.00 D 而柱軸為 135。求出負柱面的度數。

| | 球面度數 | 柱面度數 | 柱軸 |
|---|---|---|---|
| R: | –4.00 | | 135 |
| L: | | | |

A

| | 球面度數 | 柱面度數 | 柱軸 |
|---|---|---|---|
| R: | –4.00 | –0.75 | 135 |
| L: | | | |

B

圖 6-6　**A.** 使用鏡片驗度儀記錄處方的度數時，先記下的是球面度數和柱軸角度。應立刻記錄。**B.** 轉動球面度數調節輪找出第二個軸線上的度數後，將第一和第二個讀數之間的差記錄為柱面度數。

### 解答（續）

現在我們繼續往負度數方向轉動度數調節輪，球面標線變模糊而柱面標線開始變為清晰。當度數調節輪轉至 –4.75 D，柱面標線就變為清晰。柱面度數即為第一個與第二個度數調節輪讀數的差。–4.00 D 和 –4.75 D 之間的差為 0.75 D。由於此程序是針對負柱面鏡片，柱面度數記錄為 –0.75。如圖 6-6, B 所示（此程序的概要請見 Box 6-1）。

**以正柱面形式讀取鏡片。**　有些處方將柱面寫成正值而非負值。若寫成這種方式，該處方即被稱為正柱面形式。欲以正柱面形式讀取鏡片，鏡片驗度儀的測量程序基本上如同以負柱面形式讀取，只有一點例外：在求得球面度數時，先將鏡片驗度儀的度數調節輪往高負度數的方向轉動，而非高正度數的方向。當視標模糊且度數調節輪仍於高負度數的位置時，緩慢地將度數調節輪以正度數的方向往回調整。若處方為球面，發光視標會突然全部變為清晰；然而若處方包含柱面，球面標線必須先對到焦。轉動柱軸調節輪以對焦。記錄球面度數和柱軸角度（注意柱軸會與以負柱面形式記錄時相差 90 度，球面度數值亦不同）。

接著往正度數方向繼續轉動度數調節輪，直至三條柱面標線變為清晰。球面度數的讀數與此新讀數之間的差即為柱面度數。柱面度數以正值記錄（注意無論是以正或負柱面度數記錄，柱面的數值皆相同，只有正負號不同）。

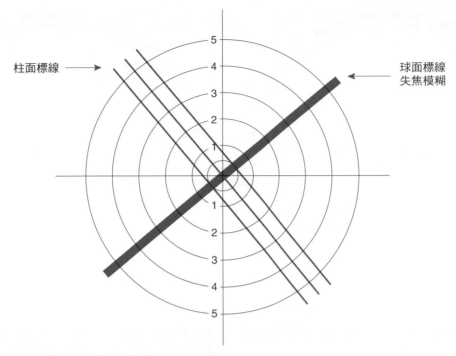

柱面標線 →

← 球面標線
失焦模糊

圖 6-7 一旦柱面標線清晰,便可找出柱面度數。柱面度數是目前度數調節輪讀數與稍早球面標線變清晰時的讀數之差。

**如何使用標準型十字視標鏡片驗度儀求出球柱鏡的度數**

1. 將目鏡對焦。
2. 轉動度數調節輪為正度數的範圍,直至發光視標模糊為止。
3. 往負度數方向緩慢地轉動度數調節輪,直至球面標線變為清晰。
4. 調整柱軸調節輪至球面標線清晰度最佳處。
5. 記錄球面度數及柱軸角度。
6. 往負度數方向繼續轉動度數調節輪,直至柱面標線變為清晰。
7. 計算兩個度數調節輪讀數的差,並記錄為負柱面度數。

**找出鏡片的光學中心並打點定位。** 找出球面、柱面和柱軸後,藉由將眼鏡在儀器工作檯上左右移動,以及將儀器工作檯上下移動,使發光視標置於目鏡十字瞄準線的中心,以找出鏡片光學中心的位置(實作上,在找出球面、柱面和柱軸數值的同時就已做到了)。一旦完成定心,即以鏡片驗度儀的打點功能將鏡片定位。

若柱面度數很高,球面和柱面標線無法同時看見,使得鏡片定心變得困難。欲將鏡片定心,移動鏡片直至球面標線與十字瞄準線的中央交叉。接著對焦柱面標線並將鏡片重新定心,使中間的柱面標線與十字瞄準線交叉。之後重複此過程,來回調整球面和柱面標線,直至兩種標線在不移動鏡片的狀況下都在中心。

在第一片鏡片完成打點定位後,將第二片鏡片移至鏡片驗度儀的開口前方,並定出鏡片的球面、柱面和柱軸的數值。將視標對準十字標線的水平中心,以找出光學中心的位置。勿嘗試從垂直方向來定心,亦不可將儀器工作檯往上或往下移動。

若視標未在垂直中心,記錄在儀器上所見的垂直稜鏡量(稍後將詳細說明如何記錄稜鏡)。打點定位鏡片一次。現在將儀器工作檯上下移動,直至視標位於垂直中心。再次打點定位鏡片。第二次的定位將顯示光學中心高度,亦用於稍後判斷處方中不必要的垂直稜鏡是否在標準內。第一次的定位是用以測量左右光學中心之間的水平距離。

若處方中無稜鏡處方,此光學中心之間的水平距離應等於配戴者的瞳距,實作上會有一個特定範圍內的誤差容許值。誤差容許值將涵蓋於本章稍後鏡片校驗的內文中。

從鏡片斜面最低處往上至定出的光學中心高度之間的垂直距離測量值即為光學中心高度。當沒有稜鏡處方時,光學中心和主要參考點就在同一點。

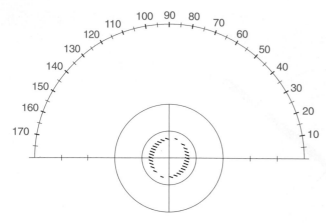

圖 6-8　使用冠狀視標鏡片驗度儀讀取球柱鏡的度數時，圓點會很明顯地朝著同個方向拉長。第一次清晰的拉長即為球面度數。

針對這種情形，測量光學中心高度就等同於測量主要參考點高度。

## 如何使用冠狀視標鏡片驗度儀找出單光鏡片的度數

　　有些鏡片驗度儀使用由一圈圓點組成的視標測量鏡片，而不是十字標線。欲以此圓點圈（冠狀）類型的儀器找出單光鏡片的度數，首先應將目鏡對焦，如同前述十字視標鏡片驗度儀的作法。

　　欲找出球面度數，將度數調節輪往高正度數方向轉動，直至那一圈圓點消失。緩慢地將度數調節輪往負度數方向轉回。若整個圓點圈同時變為清晰，鏡片即為球面。直接從度數調節輪讀取球面度數。

　　若圓點拉長成直線如圖 6-8 所示，表示鏡片包含柱面度數且剛才找到的讀數是球柱面的球面度數。欲找出柱面度數，將度數調節輪繼續往負度數方向轉動。拉長的「圓點」將變模糊且往原本方向以直角方式重新拉長。當它們再度變清晰，記錄度數的讀值。球面度數與此讀值之間的差即為柱面度數。

　　欲找出柱軸，使用目鏡內可旋轉細標線和角度尺規。旋轉細標線直至標線與圓點圈拉長的方向平行。記錄細標線落在角度尺規的位置，此即為柱面的軸（圖 6-9）（關於此程序的總結請見 Box 6-2）。

## 取得多焦點鏡片的處方資訊

　　多焦點鏡片的遠用度數之測量方式如同單光鏡

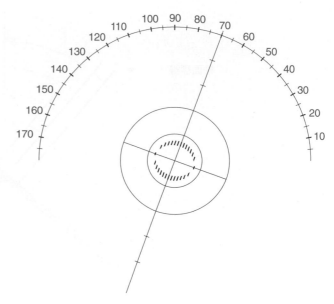

圖 6-9　讀取球柱鏡時，圈狀圓點會再次拉長。轉動目鏡的十字瞄準線，使瞄準線與拉長的方向平行。這就是柱軸。此處柱軸的讀數為 70 度。

### Box 6-2

**如何使用冠狀視標鏡片驗度儀求出球柱鏡的度數**

1. 將目鏡對焦。
2. 轉動度數調節輪為正度數的範圍，直至發光視標模糊為止。
3. 往負度數方向緩慢地轉動度數調節輪，直至視標的圓點拉長成清楚直線。
4. 記錄球面度數。
5. 往負度數方向繼續轉動度數調節輪，直至視標的圓點往另一方向 (90 度方向) 拉長成清楚直線。
6. 轉動測量用的細標線，直至與圓點拉長的方向平行。
7. 將柱面度數記錄為兩個度數調節輪讀值相減的負差值，柱軸即為測量用細標線指出的角度。

片的測量。多焦點鏡片不同於單光鏡片，乃因多焦點鏡片有看近物用的額外加入度。此近用加入度為正度數，是要加上遠用處方的度數。

　　欲測量多焦點鏡片的遠用度數，將眼鏡置於鏡片驗度儀上，方式如同單光鏡片的測量（圖 6-10）。遠用度數以前述針對單光鏡片的方式進行測量。

　　若欲測量（近用）加入度，於鏡片驗度儀中將

眼鏡反轉，使鏡片的前方對著鏡片驗度儀的開口。現在重新測量遠用度數。利用此方式進行測量時，該度數稱為前頂點度數 (front vertex power)。以正常方式從後方測量時，測量的度數稱為後頂點度數 (back vertex power)。針對較高的鏡片度數，前後頂點度數存在差異的情形是常見的。

值得注意的是鏡片驗度儀所測得的前頂點度數，柱軸會是後頂點度數柱軸的鏡像，意即一個後頂點度數柱軸在 30 度的鏡片反轉後，柱軸會在 150 度。

當重新測量鏡片的遠用度數以取得前頂點度數時，勿於光學中心的位置測量，而是在光學中心之上的位置測量遠用前頂點度數，該點應遠在光學中心之上且靠內側，而加入度測量的點是在光學中心下方且靠內側（圖 6-11 和 6-12）。此技巧能確保任何由鏡片像差或鏡片厚度造成的度數變化，在測量遠用和近用度數時都會相同。

接著透過近用子片測量鏡片度數（圖 6-13)(關於測量近用加入度的總結請見 Box 6-3)。遠用和近用度數讀值的差即為近用加入度。當鏡片屬於球柱鏡時，近用加入度是遠用球面度數和近用球面度數的差。

**圖 6-10**　欲測量單光鏡片度數或有子片多焦點鏡片的遠用度數，將眼鏡如圖所示置入鏡片驗度儀上，這是正確測量處方的方式。此時測量的度數稱為後頂點度數。

---

**例題 6-2**

某一鏡片的遠用前頂點度數讀作 +3.87 −1.00 × 020。透過近用區的前頂點度數讀作 +5.87 −1.00 × 020。加入度為何？

**解答**

加入度為 +2.00，乃因 +5.87 −(+3.87)＝+2.00。近用區的球面度數較遠用區的球面度數高 2.00 D。

有時當鏡片度數很高時，將難以透過近用區同時觀看球面和柱面標線，有可能只從近用子片看到柱面標線。這件事會發生乃因在鏡片中心外的區域產生了稜鏡效應，然而仍能找出近用加入度。簡單以柱面標線取得遠用度數和近用度數調節輪讀值的差值。在此例中遠用區的柱面標線在 +2.87 D 處變為清晰。在近用區柱面標線會在 +4.87 D 處變為清晰。差值仍與以球面標線求出的 +2.00 D 加入度相同。

若移心鏡片的稜鏡效應導致整個發光視標從視野中消失，可能必須使用輔助稜鏡或稜鏡補償裝置，使視標回到視野。將於本章稍後說明輔助稜鏡或稜鏡補償裝置的使用。

---

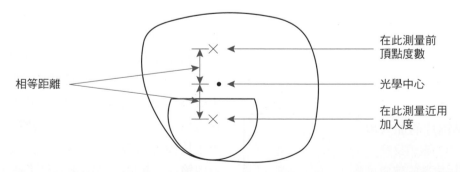

相等距離

在此測量前頂點度數

光學中心

在此測量近用加入度

**圖 6-11**　測量鏡片的加入度時，先將眼鏡反轉，重新在光學中心上方的一點測量遠用度數。這一點在遠用光學中心之上的距離應等於近光區校驗點在光學中心下方的距離。

圖 6-12 欲測量多焦點鏡片度數,必須將眼鏡於鏡片驗度儀中反轉,並再次測量遠用度數,這次是前頂點度數。注意,測量的這一點在鏡片光學中心之上的距離,應等於多焦點子片中的校驗點於遠用光學中心下方的距離。

圖 6-13 在眼鏡仍於反轉的狀態時,測量穿過多焦點子片的度數。遠用與近用度數之間的差即為近用加入度數。

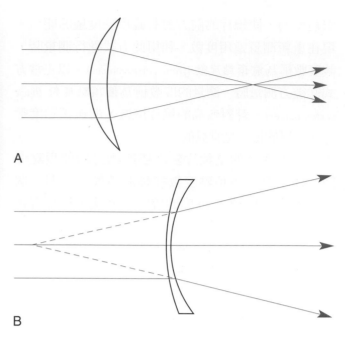

A

B

圖 6-14 遠用鏡片是使用正透鏡以符合遠視眼的需求 (A),或使用負透鏡以符合近視眼的需求 (B),藉由將源自遠方物體的平行入射光線會聚於非正視眼的遠點上完成 *。鏡片驗度儀是以光學的方式將發光視標置於那遠點上。來自驗度儀視標的光線從後方穿透鏡片。

## 為何眼鏡應反轉以測量近用加入度

　　遠用鏡片之目的是捕捉平行光並將其會聚於交點。針對正透鏡,這會是實像 ( 圖 6-14, A),而對於負透鏡則為虛像 ( 圖 6-14, B)。若欲測量此類型的鏡片,鏡片驗度儀的發光視標需置於鏡片的光學焦點上。來自鏡片驗度儀視標的光線由鏡片後方穿過鏡片後表面,並從前方穿出。當光線從鏡片的前方穿出時,光線呈平行且進入鏡片驗度儀的目鏡部位,因此遠用鏡片是在與配戴相同的狀況下進行測量[2]。配戴鏡片時,平行光線從前方進入鏡片 ( 光的路徑是可逆的 ),焦距即為與鏡片後表面之間的距離,因此所測得的度數稱作後頂點度數。

　　當遠用鏡片設計為接收入射平行光線並將其聚焦時,閱讀用子片必須接收自近物的發散光線並做出改變,使光線看似從更遠處而來。圖 6-15 中來自在近用子片焦距位置的一個物體之發散光線,在穿出子片後方時被轉換成平行光。當這與度數為零的遠用鏡片一起展示時將更容易了解,如圖 6-16 所示。

---

\* 非正視眼有屈光上的誤差,且需要遠距視力的鏡片處方。

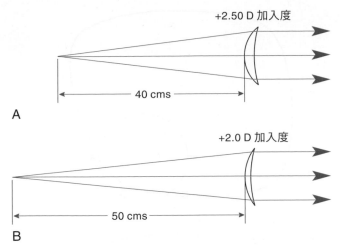

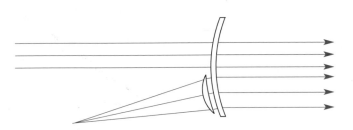

圖 6-15　外加的正透鏡 ( 變為近用加入度 ) 將改變來自近物的發散光線，使光線發散的程度降低。欲測試加入度的準確性，參考標準是鏡片前方，以前頂點度數為正確的度數測量值。+2.50 D 加入度 (A) 和 +2.00 D 加入度 (B) 都會造成從原本焦點發散的光線，變成像是來自無限遠處的光線。

圖 6-16　當某一近物位於近用加入子片的焦點上，發散光會以平行光的狀態離開子片。當光線平行入射時，正視眼 * 不需調節以看清楚物體。

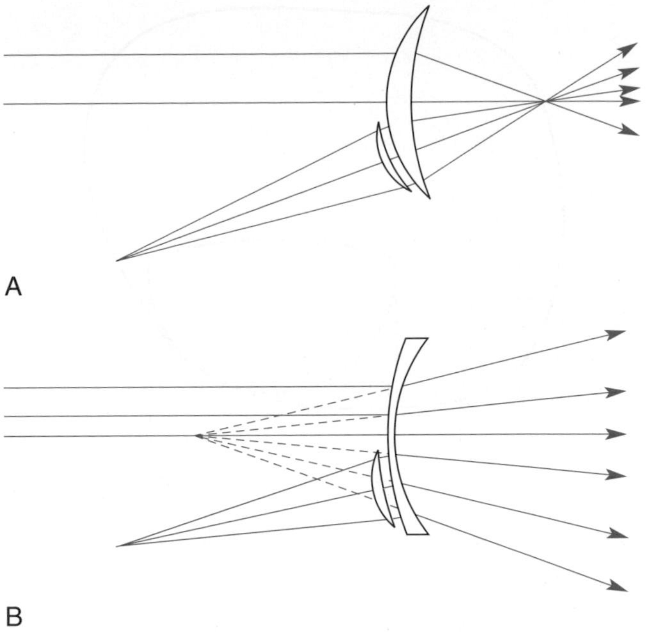

配戴此副雙光鏡片者不需要為了透過子片看到的近物去對焦。

　　根據上圖，顯然近用加入度實際上就是一個加在遠用鏡片上的小正透鏡。欲判斷此正透鏡子片是否確實能會聚光線，我們藉由在鏡片驗度儀中反轉鏡片以找出焦點。這使發光視標位於光學焦點上，且以鏡片前表面作為參考。我們現在測量的是前頂點度數。

　　當遠用鏡片有正或負度數時，將遠用和近用鏡片結合在一起，即圖 6-17 所示的狀況。近用附加子片接受來自近處物體的光線並折射光束，使來自近物的光線在光學上等同來自遠處物體的光線。當今

＊正視眼無屈光上的誤差，且不需任何遠距的鏡片處方。

圖 6-17　近用加入子片的功能是接收來自近物的光線並減少光線發散的程度。針對正度數遠用鏡片 (A) 以及負度數遠用鏡片 (B)，近用加入子片能將來自近用加入子片焦點的發散光轉換為平行進入遠用鏡片。

的遠用鏡片可使光線聚焦，以符合近視或遠視老花眼的屈光需求。

## 測量低度數鏡片的近用加入度

　　注意當遠用度數和加入度都很低時，使用前和後頂點度數所找出的加入度數之間的差異並不大。基於此原因，許多人使用較簡單的方法，即使用後頂點度數測量加入度，而不是將眼鏡反轉。然而一旦遠用或近用度數增加時，使用後頂點度數測量多焦點鏡片的加入度會產生錯誤的結果。

## 辨識多焦點子片類型與尺寸

　　根據現有的眼鏡訂製替代用的或第二副眼鏡時，辨識多焦點鏡片的種類相當重要。多焦點鏡片是根據子片的類型加以辨認。最為廣泛使用的非隱形子片類型是平頂 ( 有時稱作「D 型」子片 )、弧形及圓形子片。

## 測量子片尺寸

　　一旦辨識出子片類型後，便必須找出子片尺寸。子片尺寸是由跨越子片最寬的部分測量而得，不是子片底部 ( 圖 6-18 及 6-19 )。三光子片的尺寸是由兩

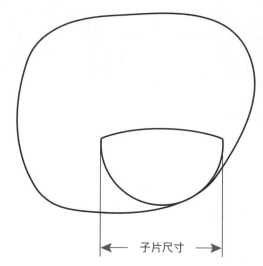

**圖 6-18**　雙光或三光子片的寬度是從子片最寬的部分進行測量。

個數字所決定，第一個數字是三光子片區域的垂直尺寸，以公釐為單位；第二個數字是多焦點子片最寬的水平測量值。

## 測量子片高度

為了測量並複製現有處方的子片高度，首先需測量現有處方的舊子片高度。若鏡架維持原樣，舊子片高度亦是相同。若使用不同類型的鏡架，那麼就必須複製舊子片界線在配鏡者臉上配戴的位置。

為了留下記錄，必須測量現有處方的子片高度，子片高度是從鏡片斜面最低處至雙光或三光子片界線處之間的垂直距離 ( 此部分已於第 5 章第 68 ～ 69 頁說明，並如圖 5-16 所示 )。

應詢問配戴者是否滿意舊眼鏡的子片高度。若答案為是，配鏡人員便遵照第 5 章第 71 ～ 72 頁的程序，將舊子片高度複製於新眼鏡上。

若配戴者不滿意或配鏡人員判斷舊子片高度不合適，則應決定新的子片高度。作法如同第 5 章第 68 頁開始處的說明。

## 辨識基弧

多焦點鏡片的前方弧面稱作基弧。若某人有超過一副相同度數的眼鏡，會建議所有眼鏡都採用相同的基弧。相較於完工的單光鏡片，這對於多焦點鏡片更為關鍵，乃因多焦點鏡片基弧的變化幅度較大。改變基弧可能影響物體在配戴者眼中的外貌，

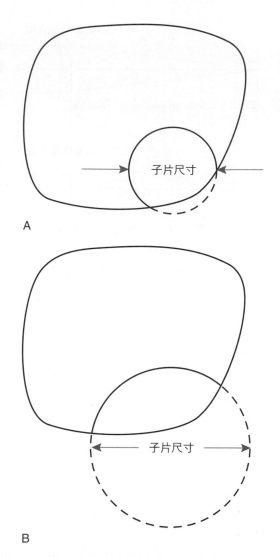

A

B

**圖 6-19**　圓形子片的寬度取決於子片直徑。即使大部分的子片都被磨去而使物理性測量變得不可能仍為如此。在這種狀況下，子片的尺寸取決於子片邊緣位置的估計。

直線會看似有弧度，物體看起來較實際上更大或更小，而地面會看似更近或更遠。當鏡片度數改變時，配戴者通常會適應一般的基弧變化，但當基弧改變而鏡片度數不變時，欲於兩副眼鏡之間替換便較為困難。

基弧是以鏡片鐘 *( 鏡片測量器 ) 進行測量。

---

\* 針對非球面和漸進多焦點鏡片表面，鏡片鐘並非是找出基弧的可靠方法。必須採取另一個方法，例如測量非球面的背面弧度、鏡片厚度以及後頂點度數，然後知道折射率計算出基弧 ( 第 24 ～ 25 頁 ANSI Z80-2005 標準 )。

**表 6-1**
**根據負透鏡中心厚度推測可能的鏡片材質 ***

| 若負透鏡中心厚度為： | 可能的材質或功能為： |
| --- | --- |
| <1.0 mm | 來自國外的玻璃鏡片 |
| =1.0 mm 或介於 1.0-2.0 mm 之間 | PC、Trivex 和某些高折射率塑膠 |
| ≈1.5 mm | 若為玻璃，鏡片可能是以某種康寧玻璃製造，例如「Thin & Dark」或「康寧透明 16」玻璃<br>若為塑膠，則為某些高折射率塑膠 |
| 1.9-2.2 mm | CR-39 塑膠 |
| ≈2.2 mm | 玻璃 |
| >3.0 mm | 任何材料製成的「基礎耐衝擊」安全鏡片 |

\* 警告：不可能根據鏡片厚度辨識鏡片材質！
　在美國境外購買的玻璃鏡片不具有相同的耐撞擊要求標準且可能特別薄。
　特別注意厚鏡片並非安全鏡片，除非鏡片表面有標記為安全鏡片的製造商辨識記號。

## 辨識鏡片材質

　　嘗試辨識現有處方的鏡片材質是很重要的，指出玻璃與塑膠之間的差異十分簡單。以金屬物體 ( 如戒指 ) 輕彈鏡片，產生的聲音與感覺將明顯不同。

　　區分不同的塑膠材質就沒那麼簡單。有人將聚碳酸酯 (PC) 鏡片背面朝下掉落於平面上的聲音，比喻為撲克籌碼掉落的聲音。然而，我們不會只為了做這項測試而取下某一已嵌入鏡架的鏡片！

　　PC 和較高折射率的塑膠通常做得比相同度數的一般塑膠鏡片還薄。鏡片中心厚度是以鏡片游標尺進行測量。中心厚度可用於協助決定鏡片是由哪一種材質製作而成。負透鏡的最薄處是在光學中心的位置。表 6-1 提供一些決定某些特定厚度的負透鏡是使用哪一材質的「中心厚度線索」。中心厚度是在鏡片光學中心的位置測量，如圖 6-20 所示，但至少需做到：每當製作新眼鏡時，配戴者必須能獲得關於現有各種鏡片材質安全性的建議。

　　假設配鏡人員使用常規 CR-39 材質去取代一副使用更安全材質的眼鏡，如 PC 材質。在缺少配戴者的主動參與及文字記錄下，此決定可能會造成災難。由於人們並不總是記得自己鏡片的材質，他們的回答並不可靠。簡而言之，配鏡人員應將選擇鏡片材質這件事視為是這個人在第一次配眼鏡。

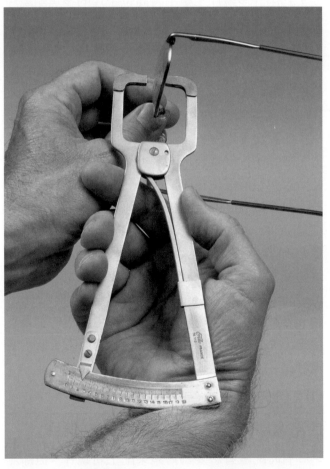

圖 6-20　準備測量鏡片厚度時，使用鏡片驗度儀打點定位鏡片的光學中心，然後以這張照片所示的卡尺測量鏡片的中心厚度。

## 辨識鏡片染色

　　應辨認並記錄舊眼鏡的鏡片染色。每次訂製新鏡片時，都應重新決定染色。不應假設配戴者想要如同之前的染色 ( 或不染色 )。

## 訂製單片而非兩片鏡片時的注意事項

　　偶爾是需要下訂一片而非兩片鏡片，這發生在僅一片鏡片的度數不同於之前的處方，或一片鏡片受損壞或破壞的狀況。

　　當更換一個單光鏡片時，應測量處方中仍被保留鏡片之主要參考點 (major reference point, MRP) 高度。新鏡片的主要參考點高度應與被保留的鏡片相配。

　　當只更換一個多焦點鏡片時，應訂製可使兩個子片高度相配的鏡片，除非配戴者的左眼和右眼測量而得的子片高度不同。

　　測量未被更換鏡片的主要參考點高度也很重要，乃因許多鏡片工廠不將高位子片的多焦點鏡片之主要參考點置於 180 度中線上。這表示為了讓新鏡片與舊鏡片相配，主要參考點高度和子片高度都該特別註明，即使原本的訂單從未指定主要參考點高度 ( 圖 6-21)。

　　在某些國家中，鏡片製造商可能會將雙光鏡片的主要參考點置於子片界線上方的一段標準距離上，無論子片高度為何。隨著全球化的程度提高，此狀況也可能發生在美國所販售的某些鏡片。美國國家標準協會 Z80.1-2005 處方建議定義了遠用參考點 (distance reference point, DRP) 一詞 (DRP 廣泛用於漸進多焦點鏡片，但不常用於有子片的多焦點鏡片 )。遠用參考點定義為「鏡片上由製造商指定的一點，是遠用球面度數、柱面度數和柱軸測量之處 *」。因此，若某鏡片製造商總是將主要參考點置於雙光子片上方 5 mm 處，那麼對於該製造商而言，遠用度數會在這個點進行測量。

## 只訂製鏡片

### 使用遠端鏡框掃描儀訂製「只訂鏡片」

　　有時配戴者想要為舊鏡架配上新鏡片，但卻無備用的眼鏡。當訂單無法在配鏡人員處立即完成，且配戴者必須保留鏡架時，給鏡片工廠的訂單就是「只訂鏡片」。「只訂鏡片」以及只提供鏡架名稱和尺寸的危險之處，在於鏡片很容易太大或太小。需等到配戴者再次回來，以及配鏡人員嘗試將尺寸

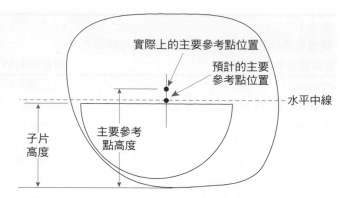

圖 6-21　當工廠收到的訂單未特別指示主要參考點高度時，主要參考點通常置於中間高度 ( 在水平中線上 )。然而當子片高度指定靠近或高於水平中線的高度時，許多工廠會將主要參考點置於子片界線之上 3 mm 處，因此若只重置多焦點處方其中一片鏡片時，配鏡人員應將舊眼鏡寄去工廠，或告知工廠子片高度以及新鏡片的主要參考點高度，如此新鏡片才能與舊鏡片搭配。訂製單一鏡片時若無法指定主要參考點高度，完工的眼鏡可能會有不理想的垂直稜鏡。

不合的鏡片裝入鏡架時，才會發現存在誤差。在這種狀況下，最適合的方法是將鏡片自鏡架取下，並使用與鏡片工廠連線的遠端鏡架形狀掃描儀。鏡架掃描儀的探針可掃描鏡圈的內側斜面，形狀和尺寸的兩種電子資料都可直接傳送至工廠 ( 圖 6-22)。在工廠內，鏡架資訊被下載至工廠的電腦，鏡片完全依照所掃描的形狀和尺寸切割。假設鏡架未在掃描過程中變形，當鏡片自工廠取回後，新鏡片應能符合舊鏡架。

### 根據 C 尺碼訂製「只訂鏡片」

　　有時並沒有鏡架掃描儀。若無掃描儀，配戴者仍可保留鏡架並訂製鏡片。當鏡架的形狀很常見時，工廠或許會有模板或電子檔案在手邊，然而尺寸可能存在差異。僅訂製鏡架上印的尺寸可能不夠好。針對此狀況，鏡片可能需移除並使用周長量尺 ( 圖 6-23) 找出 C 尺碼 * 或鏡片周長 ( 圖 6-24)。當鏡片周長已知時，便能更準確地複製鏡片尺寸。

### 為一副未知形狀的鏡架訂製「只訂鏡片」

　　若鏡架名稱或鏡片形狀未知或工廠尚未有模

---

*ANSI Z80.1-2005 美國國家眼鏡鏡片處方建議標準，鏡片工廠協會，菲爾法克斯郡，維吉尼亞州，2006，第 8 頁。

*C 尺碼不應與鏡片的 C 尺寸混淆。C 尺寸是用於測量鏡片和鏡架的方框系統法，為鏡片在水平中線上的寬度。

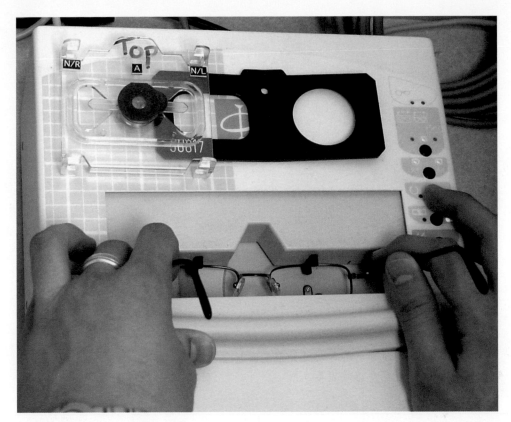

圖 6-22　　鏡框掃描儀使用探針以掃瞄鏡框的內側斜面，記錄鏡框的形狀。接著該形狀會被傳送至鏡片工廠並下載到其鏡片磨邊機，使鏡片能磨邊至恰好符合受測量鏡框的程度。

板，便需要掃描鏡片並測量 C 尺碼。掃描形狀和測量 C 尺碼的步驟為：

1. 使用鏡片驗度儀，打點定位遠用光學中心和 180 度線。

2. 自鏡架取下右側鏡片，勿干擾打在鏡片上的三個點 ( 這可能需使用非水性麥克筆定位；非水性筆的劃記稍後可用溶劑去除 )。

3. 使用表格如圖 6-25 所示，並保持 180 度線在水平上，如同製作模板般為鏡片定心 ( 圖 6-26)。實作上可能無表格可用，若無則在方格紙上畫「x」和「y」軸，並記錄必要資訊。方格紙也可利用 *。

4. 使用尖銳的鉛筆將鏡片形狀描摹於方格紙上，描摹鏡片的全程中鉛筆應垂直於紙面。

5. 測量鏡片實際的 A 和 B 尺寸 ( 不是描圖的尺寸 ) 並予以記錄，更簡單準確的替代作法 † 是使用鏡

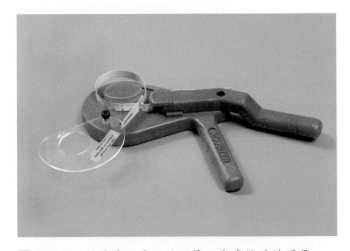

圖 6-23　　周長量尺是用於測量已磨邊鏡片的周長。

片尺寸測量圖表 (Box-O-Graph) 來測量鏡片 ( 圖 6-27)。描圖只用於取得形狀，而非尺寸。

6. 測量鏡架的鏡片間距 (DBL)，勿依賴鏡架上所刻的鼻橋尺寸。

7. 使用周長量尺測量並記錄鏡片的周長。

8. 記錄鏡片應搭配塑膠、金屬、尼龍線或其他種類的鏡架。

---

* 甚至有可能在一張白紙上畫一條水平線，然後將鏡片置於紙上使三個點在水平線上。沿著鏡片周圍描繪並記錄所有需要的測量值。
† 更精確的方法是使用與鏡片尺寸測量圖表相同的原理，但以數位方法讀取。鏡片工廠有時使用的替代方法為準確度工具科技公司的產品－數位測量儀 (Digi-sizer)(http://www.precisiontooltech.com)。

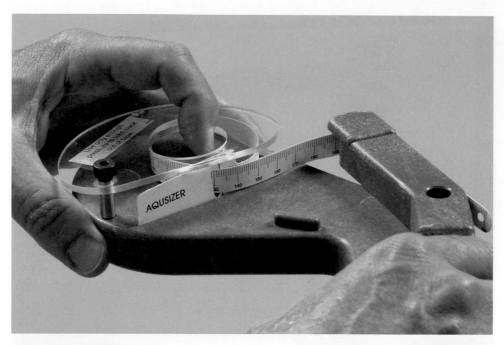

圖 6-24    欲測量鏡片周長，將鏡片前表面朝上置於周長量尺中。圍緊鏡片四周的帶狀尺，直接從帶狀尺讀取周長。

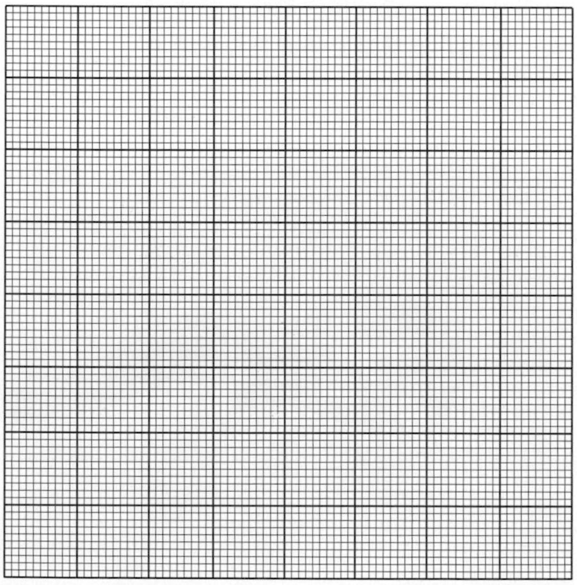

鏡架名稱 _____

鏡架製造商 _____

男用／女用(圈選一項)

A = _____    測得鏡片間距 _____
                 (或測得鏡架瞳距 _____)

B = _____

鏡片周長 = _____

鏡架材質(勾選一項)
塑膠 _____    金屬 _____
無框 _____    (有無凹槽？有／無)
其他 _____

掃描的鏡片為(右／左)眼的鏡片(圈選一項)
慣例是掃描右眼的鏡片

圖 6-25    此為某一類型表單的範例，可能用於掃描「只訂鏡片」訂單的未知形狀鏡片。

9. 註明鏡片是左眼或右眼的鏡片 ( 通常偏好使用右眼鏡片 )，在描圖的鼻側標上「N」代表鼻側。

10. 將鏡片裝回鏡架並清潔乾淨。

## 校驗

務必使用原始的檢驗或處方表單，而非實際上的訂單，以校驗來自工廠的處方。此作法將顯露填寫訂單時以及工廠所造成的任何錯誤。

## 校驗鏡片度數並決定誤差容許值

鏡片度數是以鏡片驗度儀校驗，而在美國眼鏡用鏡片處方的容許值是由美國國家標準協會制定。

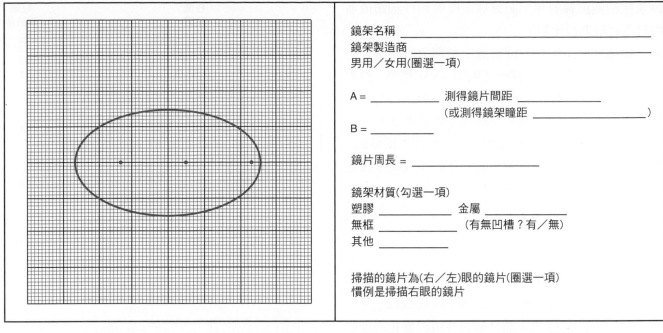

鏡架名稱 _____

鏡架製造商 _____

男用／女用(圈選一項)

A = _____　測得鏡片間距 _____

　　　　　　　　　(或測得鏡架瞳距 _____)

B = _____

鏡片周長 = _____

鏡架材質(勾選一項)

塑膠 _____　金屬 _____

無框 _____　(有無凹槽？有／無)

其他 _____

掃描的鏡片為(右／左)眼的鏡片(圈選一項)
慣例是掃描右眼的鏡片

**圖 6-26**　將鏡片置於中央使之正好位在網格的水平和垂直中心。鏡片驗度儀打點定位的三個點必須呈水平分布，但不需恰好在一條直線上；中央定位點也不需在 x 和 y 軸的原點上。

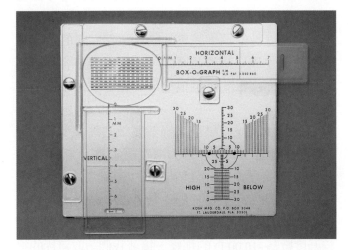

**圖 6-27**　正確使用鏡片尺寸測量圖表來測量鏡片或模板，必須將之置於鏡片尺寸測量圖表的表面，如同裝入鏡架時的方向。因此先在鏡片上打點定位有助於標定 180 度線。打點定位後，鏡片上的三個點皆應平行於裝置的水平線。穩固地推動水平和垂直的鏡片尺寸測量板抵住鏡片，然後從尺規讀取 A 和 B 尺寸。

美國國家標準協會 ( 縮寫為 ANSI) 是由業界代表組成的非政府機構。處方鏡片的標準由編號 Z80.1 規定，標題為「美國國家眼鏡鏡片處方建議標準」。此標準的重點摘要於本書後方的附錄 A。

眼鏡鏡片在各個方面都有一個小範圍的容許值，若是在此範圍內的變量，該眼鏡處方仍被認為是可接受的。我們必須了解欲裝配一個各方面均符合 ANSI 標準的處方是項困難的工作。

## 「球面」度數和柱軸的誤差容許值

使用鏡片驗度儀測量未知度數鏡片的方法已於本章稍早說明，以鏡片驗度儀校驗已知度數鏡片的方法亦差不多。

目鏡對焦過後，使鏡片最高度數於 90 度軸線上，然後置入鏡片驗度儀。若兩片鏡片度數接近亦有處方稜鏡，選擇最多垂直稜鏡的鏡片並從該鏡片開始 *。

鏡片驗度儀的度數調節輪預設在預期的球面度數上，柱軸調節輪亦預設在預期的柱軸上。若兩個值的其中一個不正確，鏡片驗度儀的發光視標將會模糊。

預先設定球面度數和柱軸，將驗度儀的視標中心定在十字瞄準線上。若視標不清楚，將度數調節

---

*Z80.1-2005 美國國家眼鏡鏡片處方建議標準，鏡片工廠協會，菲爾法克斯郡，維吉尼亞州，2006，第 21 頁。

輪或柱軸調節輪對焦，記錄球面度數和柱軸讀值並與訂貨資料進行比對。

問題是處方的球面度數能距離期望值多遠且仍被認為是可接受的？根據較舊版的 ANSI 標準，針對多數鏡片其誤差容許值為 ±0.12 D，而對於較高的度數其誤差容許值會增加。目前的度數標準並非根據球面度數，而是最高絕對度數所在的軸線上的度數。若欲了解此度數是否在標準內，我們在判斷度數是否可接受前，可能需檢驗完整的球柱鏡處方。因此在決定度數是否可接受前，我們將寫下測得的球面度數並繼續測量柱面度數。

柱軸的誤差容許值範圍不定，取決於柱面度數的大小。針對小的 0.25 D 柱面度數，柱軸可往兩側偏差至 14 度；然而若柱面度數為 1.75 D 或以上，誤差容許值將降至 ±2 度。將柱軸容許值視覺化的簡單方法是想像一個十字，0.25 D 柱面度數在下而 1.75 D 在上，如圖 6-28 所示。

## 柱面度數的校驗和誤差容許值

柱面度數的校驗是找出球面度數讀值（間距較近的球面標線聚焦處）三條間距較遠的柱面標線聚焦處之度數調節輪讀值的差異。ANSI 的柱面度數誤差容許值標準是根據柱面度數大小而定，針對柱面度數為 2.00 D 或更小的度數，容許值為 ±0.13 D；針對 2.25 D ～ 4.50 D 的柱面度數，容許值為 ±0.15 D。更高的度數其容許值是柱面度數的 4%。使用標準型鏡片驗度儀時，這表示柱面度數的誤差容許值接近 1/8th 鏡度。對於漸進多焦點鏡片，誤差容許值稍微大些。確切的誤差容許值已列於附錄 A。

## 最高絕對度數軸線之誤差容許值

如稍早所述，處方眼鏡的度數標準由看球面度數變為看最高絕對度數軸線上的度數，這代表什麼意思？基本上，度數標準對於低度數較為嚴苛，±6.50 D 以下的容許值為 ±0.13 D；針對 6.50 D 以上的度數，標準值為該度數的 ±2%（對於漸進多焦點鏡片，可容許稍微較大的誤差）。

對於一個寫成負柱面形式的處方，若度數為 −6.00 −4.00 × 180，度數標準為何？球面度數為 −6.00 D，這看起來需要的標準為 ±0.13 D。然而若此鏡片處方寫成正柱面形式呢？針對這個例子，鏡

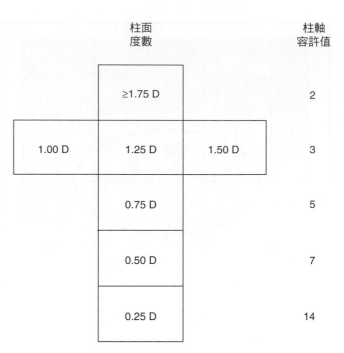

| 柱面度數 | | | 柱軸容許值 |
|---|---|---|---|
| | ≥1.75 D | | 2 |
| 1.00 D | 1.25 D | 1.50 D | 3 |
| | 0.75 D | | 5 |
| | 0.50 D | | 7 |
| | 0.25 D | | 14 |

圖 6-28　畫出「柱軸容許十字」是記憶每個柱面度數之柱軸容許範圍的一個簡易方法。

片會寫成 −10.00 +4.00 × 090，那麼此處方的球面度數為 −6.00 D 或 −10.00 D ？由於對低度數的標準較嚴，而高度數的標準較鬆，因此這個問題的答案會有很大的差異。基於此原因，度數的誤差容許值不再依據球面度數，而是根據最高絕對度數軸線上的度數。

如何找出並校驗最高絕對度數的軸線？最高絕對度數的軸線可藉由兩種方法找出並進行校驗。

第一個方法是將訂製鏡片的度數寫在光學十字上。在我們的例子中，光學十字如圖 6-29, A 所示，兩條軸線顯示 −6.00 D 和 −10.00 D，最高絕對度數軸線乃度數為 -10.00 D 的那條。接著我們讀取鏡片的度數，假設鏡片校驗得出的度數為 −6.15 −4.00 × 180，起初此度數看似不符合標準，乃因度數為 −6.00 D 時的標準是 ±0.13 D，但若我們將此置於度數十字上（圖 6-29, B），得知在一條軸線上為 −6.15 而在另一條上為 −10.15。度數為 −6.00 D 時的標準是 ±0.13 D，但若度數為 −10.00 D 時的標準是鏡片度數的 2%，即 ±0.20 D，因此從這個角度看鏡片是合格的。

第二個找出並校驗最高絕對度數軸線的方法是重寫處方，使最高絕對度數的軸線即為球面，那麼我們便能以讀取鏡片球面度數、柱面度數和柱軸的慣常方式去校驗鏡片。Box 6-4 說明如何書寫處方以

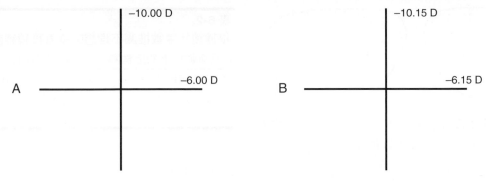

**圖 6-29**　為了助於理解鏡片度數的校驗，將訂製的鏡片度數寫在光學十字上。訂製的度數範例如 (A) 所示。完成的眼鏡從工廠送回後，將鏡片度數寫在光學十字上。完工眼鏡的範例如 (B) 所示。

---

**Box 6-4**

| **如何在書寫處方時使球面度數*即*為最高絕對度數軸線上的度數** | | |
| --- | --- | --- |
| **若球面度數為：** | **且柱面度數為：** | **作法：** |
| 負球面度數 | 負柱面度數 | 轉換處方為正柱面形式 |
| 負球面度數 | 正柱面度數 | 保留處方為正柱面形式 |
| | | [ 例外：若柱面度數超過球面度數的 2 倍，那麼轉換處方為負柱面形式 ] |
| 正球面度數 | 正柱面度數 | 轉換處方為負柱面形式 |
| 正球面度數 | 負柱面度數 | 保留處方為負柱面形式 |
| | | [ 例外：若柱面度數超過球面度數的 2 倍，那麼轉換處方為正柱面形式 ] |

如何轉換正負柱面形式處方：

將球面和柱面度數相加，此為新的球面度數。

將柱面的符號由正改為負或由負改為正，此為新的柱面度數。

柱軸加上或減去 90 度，此為新的柱軸。

---

使最高絕對度數總是等於球面度數。針對我們的例子，我們將處方轉換為正柱面形式，即 –10.00 +4.00 × 090。我們以正柱面形式讀取鏡片，得出 –10.15 +4.00 × 090。我們觀察到球面度數、柱面度數和柱軸皆於容許範圍內。

　　欲更了解此主題，務必確實讀閱本書後方附錄 A 的範例。

## 檢查不想要的垂直稜鏡

　　有兩種方法可檢查不理想的垂直稜鏡。第一個是較為傳統的方法，不使用鏡片的屈光度作為下決定過程的一部分。第二個方法利用一個界限度數以協助決定，稍微簡化了過程。

　　**檢查垂直稜鏡誤差容許值的傳統方法。** 在校驗第一片鏡片的球面、柱面和柱軸後，打點定位鏡片並將眼鏡滑過鏡片驗度儀的工作檯，以測量第二片鏡片。記得先校驗最高度數在 90 度軸線上的鏡片。校驗第二片鏡片的度數後，為該鏡片的光學中心打點定位。

　　若第二片鏡片的光學中心偏移，且發光視標在目鏡十字瞄準線交叉處的上方或下方，表示該鏡片有不理想的垂直稜鏡。稜鏡量是由十字瞄準線（或

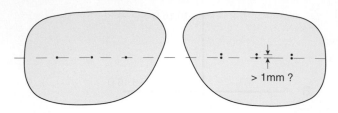

圖 6-30　此鏡片已打點定位兩次：一次在實際的光學中心，一次在光學中心應在的位置。光學中心應在的位置和其實際所在位置之間的垂直距離是否超過 1 mm ？若是且鏡片驗度儀的讀數超過 0.33Δ，那麼這副鏡片的垂直稜鏡會超出容許範圍。

是有些驗度儀的螢幕）上的同心圓所標示的數字決定。當發光視標在目鏡十字瞄準線中央的上方或下方時，讀取所示垂直稜鏡的量。若小於或等於 0.33Δ，處方就合乎 ANSI 的垂直稜鏡誤差容許值；若大於 0.33Δ，配鏡人員必須再次檢查，以確認鏡片的垂直稜鏡是否過多。

　　欲執行此額外檢查，務必確認鏡片的光學中心在水平上，即使視標有垂直偏移。當鏡片的光學中心定位在水平上，打點定位鏡片。接著將鏡片驗度儀的工作檯往上或往下移動，直至視標位於垂直中心。再次打點定位鏡片。將眼鏡自驗度儀移開，測量兩個定位點之間的垂直距離，如圖 6-30 所示。若兩點之間的垂直距離差大於 1 mm，這對鏡片便超出垂直稜鏡的誤差容許範圍。

　　注意當兩個判斷標準皆不符合時，鏡片才算是不合格。若垂直稜鏡的量超過 0.33Δ，但垂直距離差小於 1 mm，鏡片即為合格；若垂直距離差大於 1 mm，但垂直稜鏡的量小於 0.33Δ，鏡片亦為合格。僅當垂直稜鏡大於 0.33Δ 且垂直距離差超過 1 mm 時，鏡片才是不合格。

　　**根據度數檢查垂直稜鏡誤差容許值的方法。** ANSI Z80 標準目前是根據度數以確認不理想的垂直稜鏡是否在可接受的標準範圍內。此法遵循先前於內文中所解釋的相同基本程序，且結果與上述說明的方法完全相同。以下為執行作法。

　　若於鏡片垂直軸線上的度數是低的 (0 ～ ±3.375 D)，那麼只需擔心不理想的垂直稜鏡量是否超過 1/3 稜鏡度。若超過此數值，處方就不在可容許的誤差範圍內。

　　若於鏡片垂直軸線上的度數是高的 (>±3.375

### 表 6-2

### 根據鏡片度數推測不理想的垂直稜鏡容許值

| 若垂直軸線上的度數為 | 誤差容許值為 |
| --- | --- |
| ±3.25 D 或更小 | 垂直稜鏡為 0.33Δ 或更小 |
| ±3.25 D 或更大 | 主要參考點位置的垂直距離差為 1.0 mm 或更小 |

D)，垂直稜鏡的量不是問題，僅需留意光學中心之間的垂直距離。若光學中心之間的垂直距離大於 1 mm，表示處方超出誤差容許範圍。這些判斷標準總結於表 6-2。

　　以下步驟是根據度數來檢查不理想的垂直稜鏡之執行方法。

1. 校驗第一片鏡片的球面度數、柱面度數及柱軸角度。
2. 打點定位鏡片並將眼鏡滑過鏡片驗度儀的工作檯。校驗並定位第二片鏡片的光學中心。
3. 若第二片鏡片的中心偏移，往兩旁移動鏡片直至發光視標對準十字瞄準線中央的正上方或下方。讀取所示垂直稜鏡的量並打點定位鏡片。
   a. 若稜鏡的量小於或等於 0.33Δ，處方就在 ANSI 的垂直稜鏡誤差容許範圍內
   b. 若稜鏡的量大於 0.33Δ 且垂直軸線上的度數等於或小於 3.25 D，則處方為不合格
4. 若稜鏡的量大於 0.33Δ 且垂直軸線上的度數等於或大於 3.50 D，表示處方有可能合格。為了知道結果需繼續以下步驟。
5. 往上或往下移動鏡片驗度儀的工作檯，直至視標位於垂直中心。再次打點定位鏡片。
6. 將眼鏡自鏡片驗度儀取出，測量兩個定位點之間的垂直距離，如圖 6-30 所示。
   a. 若兩點之間的垂直距離差等於或小於 1 mm，處方即為合格
   b. 若兩點之間的垂直距離差大於 1 mm，則處方為不合格

### 檢查不想要的水平稜鏡

　　至目前為止，這一對眼鏡鏡片皆已打點定位。欲檢查不理想的水平稜鏡，測量兩片鏡片上的中心定位點之間的水平距離差，如圖 6-31，A 所示。將此距離差與下訂的瞳距進行比較。若下訂的瞳距和測

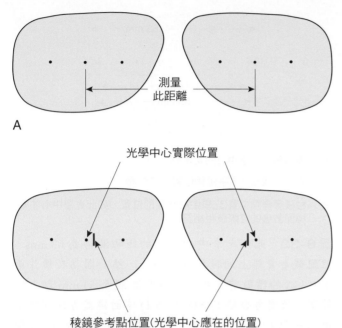

**A**

光學中心實際位置

稜鏡參考點位置(光學中心應在的位置)

**B**

**圖 6-31** A. 測量兩個中心定位點之間的水平距離 ( 鏡片光學中心的位置 )。B. 現在將此距離與稜鏡參考點之間的距離進行比較。稜鏡參考點是訂製的遠用瞳距應在的位置。若距離差小於 2.5 mm，水平稜鏡即在容許值內；若距離差大於 2.5 mm 且鏡片的水平稜鏡大於 0.67Δ，處方就超出容許值。當處方有處方稜鏡時，稜鏡參考點的位置即為處方稜鏡正確之處 ( 即仍於遠用瞳距位置上 )。

量的瞳距差了 2.5 mm 或更少，處方即為合格；若距離差大於 2.5 mm，處方可能不合格。然而我們無法確定，直至我們檢查水平稜鏡的誤差容許範圍。

　　有兩個方法可檢查水平稜鏡的誤差容許範圍，第一個方法較容易了解但難以執行，第二個方法起初較難理解，但較容易執行。第二個方法為 ANSI 所推薦的。

　　**方法一：打點定位在光學中心應在的位置。** 第一個方法需定位稜鏡參考點 (prism reference point, PRP) 的位置。稜鏡參考點是光學中心應在的位置，此距離是由鼻橋中心測量而得。以右眼的單眼瞳距 ( 或雙眼瞳距的一半 ) 找出右眼的稜鏡參考點。從鼻橋的中心測量，以麥克筆打點或畫一條垂直實線，標記鏡片上此稜鏡參考點的位置。同樣地，以左眼的單眼瞳距 ( 或雙眼瞳距的一半 ) 找出左眼的稜鏡參考點 ( 圖 6-31, B)。

　　接著將右眼鏡片的稜鏡參考點標記置於鏡片驗

度儀測量視窗前方的中央。從驗度儀讀取並記錄不理想的水平稜鏡值。左眼鏡片重複此步驟。將左側和右側的水平稜鏡值相加，若此值大於或等於 2/3 稜鏡度，處方就超出誤差容許範圍；若小於 2/3 稜鏡度，處方即於水平稜鏡的誤差範圍內。

　　**方法二：決定配戴者的瞳距是否在 2/3 稜鏡度的限制範圍內。** 欲檢查水平稜鏡的誤差容許範圍，將眼鏡放回鏡片驗度儀上，並執行以下步驟：

1. 針對第一片鏡片，將中心定位點置於驗度儀的測量視窗前方 ( 測量視窗是指鏡片驗度儀中抵住鏡片後表面的部位 )。
2. 標記配戴者瞳距應在的位置 ( 此位置稱作稜鏡參考點 )。
3. 移動眼鏡使稜鏡參考點 ( 配戴者瞳距應在的點 ) 往鏡片驗度儀的測量視窗移動。當鏡片移動時，觀察發光視標。在鏡片移動的同時，所見及的稜鏡效應會增加。繼續往同方向移動鏡片直至結果為 0.33Δ。
4. 打點定位鏡片。
5. 針對第二片鏡片重複上述步驟。
6. 測量兩片鏡片的新定位點之距離。若兩點之間的距離等於或超過配戴者瞳距，處方即為合格。若此距離未及配戴者的瞳距，處方即不合格。

　　**根據度數檢查水平稜鏡誤差容許值的方法。** 如同垂直稜鏡的誤差容許值，有一個根據度數決定不理想的水平稜鏡是否在可接受標準範圍內的方法，得出的結果依然與先前所解釋的決定水平稜鏡之方法完全相同。以下為此方法的步驟。

　　若於鏡片水平軸線上的度數是低的 (0 ～ ±2.75 D)，那麼只需擔心不理想的水平稜鏡量是否超過 2/3 稜鏡度。若超過 0.67Δ，處方就不在可容許的誤差範圍內。

　　若於鏡片水平軸線上的度數是高的 (>±2.75 D)，僅需留意光學中心之間的水平距離 ( 即超出瞳距多遠 )。若光學中心之間的水平距離超出配戴者的瞳距 2.5 mm 以上，表示處方超出誤差容許範圍。這些判斷標準總結於表 6-3。

---

**例題 6-3**

假設某一處方其左右眼鏡片的遠用度數均為 –0.75 D，配戴者的遠用瞳距為 58 mm。我們想要校驗此

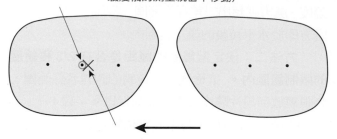

光學中心的位置
這是在移動鏡架和鏡前，
鏡片驗度儀測量視窗的所在位置。
（當鏡架和鏡片往左移，
驗度儀的測量視窗不移動）

這是稜鏡參考點應在的位置。
將鏡架和鏡片往左移直至1/3Δ處。
（稜鏡參考點是配戴者瞳距的期望所在位置）

**圖 6-32**　為了檢查水平稜鏡容許值，移動眼鏡使鏡片驗度儀的測量視窗朝向稜鏡參考點。稜鏡參考點位於配戴者瞳距所在位置。繼續移動眼鏡直至結果為 0.33Δ。

| 表 6-3 | |
|---|---|
| **根據鏡片度數推測不想要的水平稜鏡容許值** | |
| 若水平軸線上的度數為 | 誤差容許值為 |
| 從 0.00 D 至正或負 2.75 D | 0.67 稜鏡度 |
| 超過正或負 2.75 D | 總共 2.5 mm |

處方的水平稜鏡。當打點定位鏡片的光學中心時，光學中心之間的距離為 63 mm。此處方超出了水平稜鏡的誤差容許範圍嗎？

**解答**

此處方的光學中心間距為 63 mm，但原本應為 58 mm，顯然超過了 2.5 mm 的水平稜鏡誤差容許範圍標準。2.5 mm 的標準只容許光學中心間距介於 55.5 ～ 60.5 mm 之間，然而光靠這一點不表示該處方不符合 ANSI 標準。鏡片尚未以 0.67Δ 的水平稜鏡容許範圍進行檢查（因為處方度數小於 2.75 D，稜鏡的量是關鍵）。欲檢查水平稜鏡的誤差容許值，將右眼的鏡片置於鏡片驗度儀上，光學中心放在測量視窗的位置，如圖 6-32 所示。設定好驗度儀以測量正確的球面度數和柱軸角度，並確認視標是清晰的。由於配戴者的瞳距小於光學中心間距，且此為右眼鏡片，故將眼鏡往左移。向驗度儀內部看去，將眼鏡往左移，並觀察水平稜鏡的量是否增加。當稜

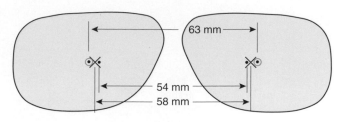

⊙　表示鏡片光學中心的定位點

·　表示讀取1/3Δ水平稜鏡位置的定位點

✕　稜鏡參考點位置（光學中心應在的位置，如此光學中心才會與配戴者的實際瞳距相符）

**圖 6-33**　此例光學中心之間的距離測得為 63 mm，但配戴者實際上的瞳距為 58 mm，然而因為在鏡片產生 0.33Δ 的讀數前，我們能移動眼鏡至 54 mm 以上的範圍，故處方合格（一個 -0.75 D 球面鏡處方能讓光學中心分開 49 ～ 67 mm 遠，且水平稜鏡仍符合 ANSI 標準。屈光度越低，眼鏡的光學中心能在不達到 0.67Δ 的狀況下偏離越遠）。

鏡讀數為 0.33Δ 時，停止移動並為鏡片打點定位。左眼鏡片重複相同步驟。這次將眼鏡往右移動，直至稜鏡效應值達到 0.33Δ。打點定位鏡片。眼鏡目前看似如圖 6-33 所示。

接著測量兩個新打點定位點之間的距離，此距離為 54 mm。由於該距離超過配戴者的瞳距，處方為合格，即使不符合 2.5 mm 的標準（關於水平和垂直稜鏡標準範圍的總結請見附錄 A)。

## 校驗處方稜鏡

有包括處方稜鏡的鏡片處方在鏡片驗度儀中定心的方法不同於無稜鏡的處方。若驗度儀的發光視標位於十字瞄準線的交叉點，稜鏡處方就是不正確的定心。當發光視標位於符合處方稜鏡的點時，稜鏡處方才是正確的定心。在此狀態時，鏡片能以打點標記作為校驗用途。

## 例題 6-4

某一右眼鏡片的處方為：

+3.00 – 1.25 × 135, 2.00 Δ基底朝外

在打點定位鏡片前，鏡片該如何定心？

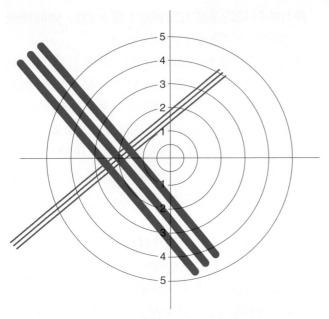

圖 6-34　此例中發光視標指出 2Δ 基底朝外稜鏡，假設鏡片為右眼的鏡片（若測量的鏡片為左眼的鏡片，稜鏡將為 2Δ 基底朝內）。

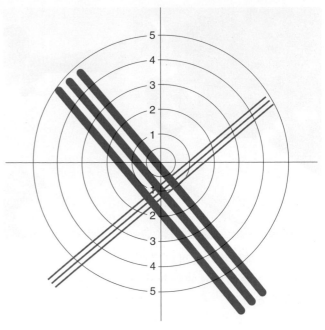

圖 6-35　此稜鏡效應讀為 1Δ 基底朝下，無論是左眼或右眼鏡片。

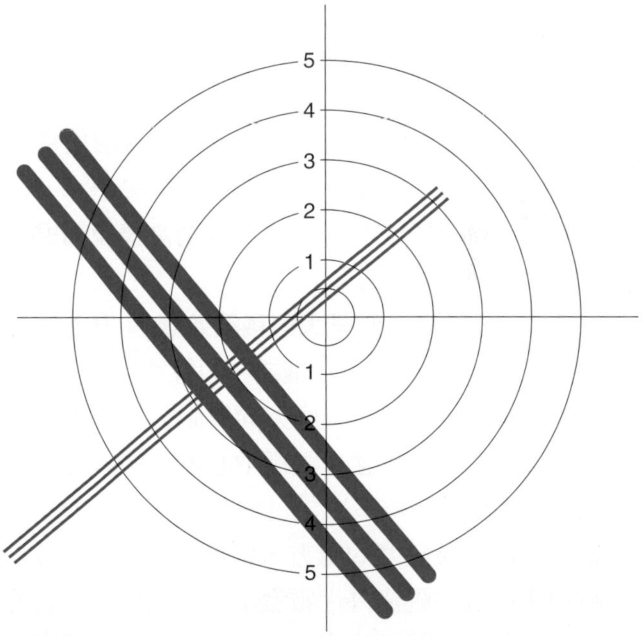

### 解答

欲校驗此處方，鏡片必須置於鏡片驗度儀並移動，直至發光視標位於十字瞄準線中央往左（顳側）2Δ 單位處（圖 6-34）（視標中心位置總是與稜鏡基底方向一致，無論鏡片度數是正值或負值）。

### 例題 6-5

另一右眼鏡片的處方讀作：

+3.00 − 1.25 × 135, 1.00 Δ基底朝外

在打點定位鏡片前，鏡片該如何定心？

### 解答

除了稜鏡以外，其他項目皆如同之前的處方，故此例中唯一的差別在於移動發光視標直至其位於十字瞄準線交叉中心的正下方 1Δ 單位，如圖 6-35 所示。

### 例題 6-6

假設某一右眼鏡片處方具有與之前兩個處方相同的屈光度，且有水平和垂直稜鏡。訂製的稜鏡數值為 1Δ 基底朝下和 2Δ 基底朝外。若欲使校驗準確，應如何置放發光視標？

圖 6-36　若某一右眼鏡片校驗的處方稜鏡為 2Δ 基底朝外和 1Δ 基底朝下，鏡片在打點定位前必須如圖所示置放。

### 解答

若同時有水平和垂直稜鏡，發光視標必須往垂直和水平方向移動。正確的定位如圖 6-36 所示。

**圖 6-37**　輔助稜鏡是用以協助校驗處方中有較大稜鏡量的鏡片。輔助稜鏡的稜鏡基底需置於與處方稜鏡基底相反的方向。

## 校驗高稜鏡度

　　以鏡片驗度儀校驗高稜鏡度時，對稜鏡而言發光視標中心移出驗度儀視窗範圍外的狀況是常見的，這會使視野內只有球面或柱面標線，兩者不會同時出現。當發生這種情形時，依照鏡片驗度儀的類型使用兩種方法中的一種讀取稜鏡的量值，一種方法為使用輔助稜鏡，另一種方法則需稜鏡補償裝置。

　　**使用輔助稜鏡以測量大的稜鏡效應。**　某些鏡片驗度儀如 B&L Reichert，在儀器內的特殊鏡片置放格中附有稜鏡。此稜鏡的基底方向與眼鏡鏡片的稜鏡基底方向相反，因此發光視標中心能返回視窗。找出稜鏡的步驟如下：

1. 嘗試讀取高稜鏡度的處方，但鏡片驗度儀的發光視標中心位在視窗外。當發生這種情形時，看著處方並評估稜鏡基底方向，藉由觀察鏡片厚度變化加以評估。鏡片最厚的邊緣即為稜鏡的基底方向。
2. 測量或查詢配戴者的瞳距。根據配戴者的瞳距，於右眼和左眼鏡片主要參考點應在的位置上打點標記（此步驟已於本章稍早內文「方法一：打點定位在光學中心應在的位置」中說明）。
3. 估計稜鏡需要的量值，並將輔助稜鏡置於鏡片驗度儀的鏡片置放格中，使稜鏡的基底方向與眼鏡

鏡片中稜鏡的基底方向相反（圖 6-37）。輔助稜鏡的基底保持完全水平或完全垂直。

4. 將鏡片驗度儀的柱軸設定於 180 度且球面度數為零。向鏡片驗度儀內部看去，稍微旋轉輔助稜鏡，直至發光視標中線與十字瞄準線的中心交叉，這能確保稜鏡基底方向確實為 0 或 180 度（基底朝內或基底朝外），且無垂直稜鏡 *。若測量的垂直稜鏡量很大，這能確保基底方向為 90 或 270 度（基底朝上或基底朝下），且無水平稜鏡。
5. 接著將眼鏡鏡片置於鏡片驗度儀上，並將鏡片主要參考點的中心對準驗度儀的測量視窗。若視標未出現，藉由選擇下一個更高稜鏡度的輔助稜鏡以增加稜鏡的量（每次置入不同的輔助稜鏡時，必須重複上一步驟所述的對齊程序）。
6. 當發光視標可於視窗中見及，記錄在鏡片驗度儀中所見的稜鏡量值。欲找出稜鏡的總量，反轉輔助稜鏡的基底，並加上驗度儀顯示的稜鏡度數。意即若螢幕顯示稜鏡為 1△ 基底朝外，且輔助稜鏡為 6△ 基底朝內，將 6△ 基底朝內改為 6△ 基底朝外，並加上 1△ 基底朝外。此鏡片的稜鏡總量為 7△ 基底朝外。

---

### 例題 6-7

某一鏡片在未補償稜鏡的協助下，無法以鏡片驗度儀讀取度數。一片 5△ 基底朝內的輔助稜鏡使視標變得可見。發光視標顯示在螢幕上量值為 4△ 基底朝外且 1△ 基底朝上的一點。鏡片的稜鏡度為何？

### 解答

5△ 輔助稜鏡的基底方向與鏡片稜鏡的基底方向相反。欲求出鏡片稜鏡的量，將 5△ 基底朝內改成 5△ 基底朝外。現在將輔助稜鏡的 5△ 基底朝外加上螢幕上所見的 4△ 基底朝外和 1△ 基底朝上，使稜鏡量總值變為 9△ 基底朝外且 1△ 基底朝上。

---

　　**使用稜鏡補償裝置以測量高稜鏡度。**　某些鏡片驗度儀如 Marco 和 Burton 鏡片驗度儀附有稜鏡補償

圖 6-38　稜鏡補償裝置如照片所示，可校驗稜鏡量極高的鏡片。針對有稜鏡補償裝置的鏡片驗度儀，務必檢查驗度儀以確保補償裝置已歸零，否則鏡片驗度儀會在鏡片無稜鏡的狀況下偵測出稜鏡。

裝置 *（圖 6-38）。若欲以稜鏡補償裝置求出稜鏡的量和稜鏡軸的方向，先將稜鏡參考點置於鏡片測量視窗之上。稜鏡參考點是「鏡片上由製造商指定的一點，乃完工鏡片測量稜鏡度之處[†]」。針對一副眼鏡，稜鏡參考點和配戴者單眼瞳距（或雙眼瞳距的一半）的位置一致。這是鏡片主要參考點應在的位置。

　　將度數調節輪轉至處方的球面度數，柱軸調節輪則轉至正確的柱軸角度，接著以稜鏡補償裝置移動發光視標，使較大的稜鏡部分（水平或垂直）能被讀取。

　　（補償稜鏡的度數可藉由轉動補償裝置的握把而增加或減少。移動握把能改變補償稜鏡的基底方向，使之繞著鏡片驗度儀的軸旋轉。）

　　再度使用稜鏡補償裝置，移動發光視標至目鏡測量用十字瞄準線的水平或垂直刻度上，藉由只使用水平或垂直稜鏡完成，意即使稜鏡補償裝置的基底方向位於 90 或 180 度處（記住，藉由觀察顳側和鼻側的鏡片邊緣厚度變化，或頂邊或底邊之間的厚

* 稜鏡補償裝置是根據 Risley 稜鏡定律設計。Risley 稜鏡由兩片可旋轉的稜鏡組成，共同運作以變化稜鏡度數。當兩片稜鏡的基底朝向相反方向時，稜鏡度數為零；當兩片稜鏡的基底都在相同方向時，稜鏡度數最大。

[†]ANSI Z80.1-2005 美國國家眼鏡鏡片處方建議標準，鏡片工廠協會，菲爾法克斯郡，維吉尼亞州，2006，第 9 頁。

**使用稜鏡補償裝置以讀取高稜鏡度**

1. 根據單眼瞳距測量值，將配戴者眼睛的位置打點於鏡片上。
2. 將參考點置於鏡片測量視窗上（利用鏡片驗度儀打點裝置的中心指針，確認標記的參考點確實在中心）。
3. 轉動度數調節輪至處方的球面度數，而柱軸調節輪則至正確的柱軸角度。
4. 評估水平或垂直稜鏡哪個較大（藉由觀察顳側和鼻側的鏡片邊緣以及頂邊和底邊的厚度差異找出最厚的邊緣）。
5. 移動稜鏡補償裝置的握把。若水平稜鏡較大，將稜鏡的基底朝向 180 度，若垂直稜鏡較大，則將基底朝向 90 度。
6. 移動內部的發光視標至內部的目鏡測量用十字瞄準線之水平或垂直刻度上（藉由轉動稜鏡補償裝置的握把增加或減少稜鏡的量）。
7. 從外部的稜鏡補償裝置讀取較大的稜鏡量。
8. 從儀器內部的十字瞄準線尺規讀取較小的稜鏡量。

度差異，以預先評估鏡片的基底方向）。較大的稜鏡值經過稜鏡補償裝置中和後便能讀取，較小的稜鏡值則由測量用的格線直接讀取（這些步驟的統整請見 Box 6-5)。

## 使用自動鏡片驗度儀以校驗鏡片

　　自動鏡片驗度儀的優點是比手動儀器需較少的專業操作技能。若配備印表機，其亦可為讀數提供永久性的記錄。

　　自動鏡片驗度儀的操作複雜程度不一，最基本的使用程序如下：

1. 選擇鏡片形式和精確度。

　　操作者需指定鏡片是以正或負柱面形式讀取，亦應指定精確度，乃因許多儀器可偵測的鏡片度數值是至最靠近的 1/4 鏡度、1/8 鏡度或甚至 1/100 鏡度。

2. 置放第一片鏡片。

　　移動鏡片直至定心。不同於傳統式十字或冠狀視

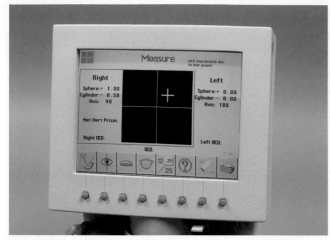

A

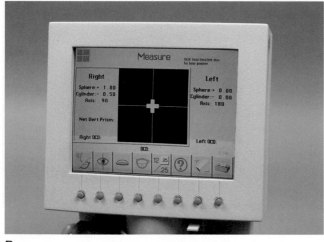

B

圖 6-39　以 Humphrey 鏡片分析儀 LA 360 機型為鏡片定心，將鏡片置於鏡片驗度儀上。這可使視窗如圖 (A) 所示，小白色十字偏離中心。移動鏡片直至可移動的小十字位於靜態大十字的中心 (B)。

標，所見為小螢幕上的一個十字 ( 圖 6-39, A)。移動鏡片時此十字可能會靠近一個大的中心十字。當小十字移至大十字的中央時，小十字可能會變粗，如 Humphrey 儀器公司生產的鏡片分析儀 ( 圖 6-39, B)。

某些儀器如所示的鏡片分析儀，無論鏡片有無定心皆能操作。在某一操作模式下置放眼鏡鏡片，使已知瞳距置於儀器的讀取視窗前方。儀器讀取該點的度數和稜鏡效應。在已知單眼瞳距的狀況下使用此操作模式。

第二種操作模式可讀取鏡片上任何位置的數值。一旦取得第二片鏡片讀數，儀器會使用度數和稜鏡效應以計算光學中心的位置，得出眼鏡的「瞳距」。

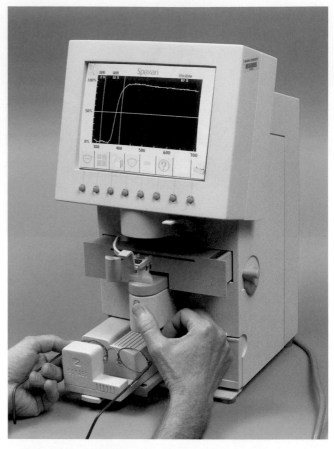

圖 6-40　有些機型的 Humphrey 鏡片分析儀之全自動鏡片驗度儀能測量鏡片的透光率。讀數是以透光率曲線的形式表示。

3. 打點定位鏡片。
   若鏡片已定心如上述第 2 個步驟，就以慣例的三個驗度儀定位點來打點定位。
4. 置放並打點定位第二片鏡片。
   針對單光鏡片，下一個步驟是置放並打點定位第二片鏡片。某些自動鏡片驗度儀對於多焦點鏡片有一中間步驟，即在第二片鏡片前先測量加入度。
5. 將結果列印出來。

   **使用自動鏡片驗度儀以校驗透光率。**　一般取得鏡片透光率的方法是使用透光率檢測儀，亦能以 Humphrey 鏡片分析儀求出鏡片的透光率。透光率是以透光率曲線呈現 ( 圖 6-40)。

## 校驗鏡片的子片和表面

### 多焦點子片的校驗

　　欲校驗多焦點子片的尺寸與位置，需檢查以下項目：

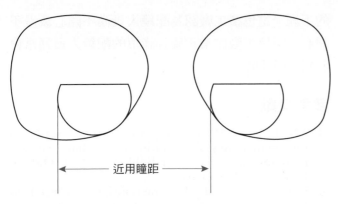

近用瞳距

圖 6-41　若兩個多焦點子片完全相同，測量近用瞳距時自一子片的左側至另一子片的左側，較中心至中心之間的距離更簡單。

1. 檢查子片高度。
2. 將尺橫放於子片底部，以檢查平頂雙光鏡片的傾斜。
3. 將尺置於子片最寬的部位以測量子片寬度。
4. 測量一子片的左側至另一子片的左側之距離，以校驗訂製的近用瞳距 ( 圖 6-41)。一對鏡片的距離與所訂距離之間的差異需在 2.5 mm 內以符合標準。

## 檢查鏡片表面弧度、尺寸與染色

　　使用鏡片鐘檢查基弧並尋找扭曲量。扭曲量是鏡片前後表面的兩個不同表面度數 ( 指柱面度數 ) 所形成，而非僅來自一個表面。

　　檢查鏡片尺寸，特別是「只訂鏡片」的訂單。確認染色和訂製的一致。

## 檢查表面與材質的小瑕疵

　　檢查內部的材質瑕疵，例如鏡片材質內的氣泡和條痕。條痕是鏡片內可見的條紋，由材料內折射率的變化所致。當條痕出現在玻璃鏡片上時，條紋會使物體在被觀看時產生扭曲，而不會造成如鏡片表面上或內部痕跡之物理性條紋。亦需檢視表面是否有刮傷、凹洞或灰色區域。

　　亦需檢視表面是否有波紋。波紋是鏡片表面弧度的瑕疵，會造成表面度數有輕微不規則的變化。這發生在鏡片磨面的過程，也可能出現於任何鏡片材質上。檢查波紋時，在眼前 12 英吋遠處持握鏡片，觀看格線或有筆直邊緣的某個物體。將鏡片緩慢地前後移動，筆直的邊緣應似平滑。當筆直的物體邊緣靠近鏡片的邊緣時，物體邊緣應保持平滑並逐漸彎曲。

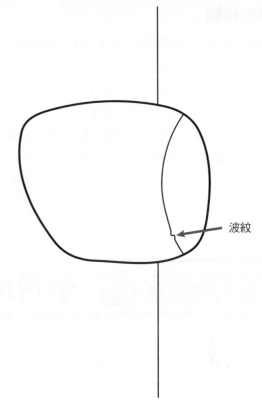

波紋

圖 6-42　欲檢查鏡片表面上的波紋，透過鏡片觀看網格或平直邊緣，緩慢移動鏡片使直線的成像慢慢橫貫鏡片表面。在平滑成像內的不規則處即表示了波紋的存在。

　　若出現一個局部的扭曲 ( 圖 6-42)，標記該區域並透過鏡片驗度儀加以檢視。若此區域扭曲了驗度儀的視標，這個瑕疵會讓鏡片不被接受。然而，若瑕疵是在以主要參考點為中心的 30 mm 圓圈範圍之外，或瑕疵是在鏡片邊緣的 6 mm 之內，該鏡片或許會被接受。事實上，此原則可應用至任何小的單獨材質或表面瑕疵，而不光是波紋。若小或單獨的瑕疵是在 30 mm 圓圈範圍之外，或在鏡片邊緣的 6 mm 之內，它們都是可接受的。

## 鏡架的校驗與裝配的品質

　　首先檢查裝配 ( 鏡片嵌入 ) 的品質。鏡片是否穩妥，端看鏡片和鏡框之間有無空隙。注意斜面是否平均，或邊緣是否有缺口或其他瑕疵。

　　檢查以確認鏡架是否確實同時符合所有訂製的規格：(1) 類型和顏色、(2) 眼型尺寸和鏡片間距，以及 (3) 鏡腳長度。務必檢查可能的鏡架受損處，例如表面刮傷或損傷或鏡圈變形。

## 整體的校驗

　　檢查鏡架對齊的狀況（第8章）。多數例子中鏡架並未適當對齊，但能在配鏡場所調整回標準對齊。在某些狀況下這就沒辦法，乃因鏡架扭曲變形太嚴重了，或是鏡片因為柱軸位置錯誤而扭曲。

　　可在配鏡場所調整的問題，最好是由配鏡人員來解決。若處方不必退回鏡片工廠，將可省下很多時間。然而，配鏡人員無法處理的問題不應留給客戶，這違反了基本倫理，且最終會導致對配鏡人員的不滿。這也讓工廠認為配鏡人員漠不關心或漫不經心。堅持工廠作業正確且謹慎的配鏡人員通常會收到正面評價。

## 參考文獻

1. ANSI Z80.1-1999 American National Standard for Ophthalmics: Prescription ophthalmic lenses—recommendations, Merrifield, Va, 2000, Optical Laboratories Association.
2. How bifocal adds should be measured, Ophthalmic Lens Data Series, Bausch & Lomb, undated.

# 學習成效測驗

下列處方的何處有誤？（問題 1-4）

1. OS：$-4.25 - 0.75 \times 010$
OD：$-4.50$ 球面度數

2. $+4.5 - 1.0 \times 017$

3. $+0.50 - 1.75 \times 12°$

4. $+2.00 - .75 \times 033$

5. 對或錯？總是使用實際的訂單來校驗從鏡片工廠收到的處方。

6. 某人的鏡片嚴重刮傷想要一副新眼鏡。你讀了舊眼鏡的處方以配製新眼鏡，亦測量配戴者的瞳距，但目前的眼鏡光學中心間距與配戴者的瞳距存在明顯差異。下列何者為可能的原因？
   a. 處方可能有柱面度數
   b. 製作原本眼鏡的過程中出了差錯
   c. 原本的處方有處方稜鏡
   d. 處方中的兩片鏡片為球面

7. 某位配戴者弄壞了她的眼鏡，但仍可測量破損眼鏡的鏡片度數及光學中心間距。處方度數相當高，測量配戴者的瞳距和破損眼鏡的光學中心間距存在很大的落差。配戴者無法確認是由誰或何處開立處方，或眼鏡是在哪裡製造。針對此例，鏡片製作時應：
   a. 將新鏡片定心於配戴者的瞳距上
   b. 將新鏡片定心於舊鏡片的相同光學中心上

8. 使用鏡片驗度儀時，可找出正或負柱面形式的度數。假設你要找出負柱面形式的鏡片度數。正確的步驟如下。將正確的字填入空格，使步驟符合正確的負柱面形式。若你讀到的處方為 $+2.00 -4.00 \times 015$，亦列出所求得的數據。
   a. 轉動度數調節輪至高 _____ 度數
   b. 緩慢地往 _____ 方向繼續轉動度數調節輪
   c. 轉動柱軸調節輪使 _____ 標線先對焦
   d. 對到焦時記錄 _____ 和 _____ 數值
   （當讀取此鏡片的度數時，數值相當於 _____ 和 _____ ）
   e. 再次移動度數調節輪，仍往 _____ 方向，直至 _____ 標線變清晰
   （此讀數為 _____ ）
   f. 第一個與第二個讀數之間的度數差即為柱面度數，且以 _____ 值記錄

9. 使用傳統的十字視標鏡片驗度儀找出鏡片的度數。欲以正柱面形式測量處方，先從轉動度數調節輪開始：
   a. 朝高正度數方向
   b. 朝高負度數方向
   c. 朝任一方向

10. A. 鏡片驗度儀是用於測量鏡片。單條標線在 −3.00 D 處變清晰，且柱軸調節輪讀數為 20。當柱軸調節輪仍在 20 的位置時，三條標線在 −2.50 D 處變清晰。此鏡片是以正或負柱面形式讀取？

    a. 正柱面形式

    b. 負柱面形式

    B. 寫成負柱面形式時，此鏡片的度數為何？

11. 對或錯？測量近用加入度的適當方法為在鏡片驗度儀中反轉眼鏡使鏡腳指向你，然後測量遠用和近用度數，兩者之間的差即為近用加入度。

12. 當鏡片後表面抵著鏡片驗度儀的測量視窗以一般方式測量時，測量的度數稱為：

    a. 等效度數

    b. 有效度數

    c. 前頂點度數

    d. 後頂點度數

13. 一片鏡片的遠用區域前頂點度數為 +4.87 −1.25 × 165，近用區域前頂點度數為 +6.62 −1.25 × 165。近用加入度為何？

14. 必須為一副無法送去鏡片工廠的鏡架訂製一片鏡片。鏡架是常見的款式且工廠有模板。缺少何者資訊會使鏡片在光學性質上不被接受？

    a. 「鏡框差」測量值

    b. 鏡片光學中心的高度

    c. 鏡架的有效直徑

    d. 現有鏡片的周長

15. 對或錯？使用鉛筆或筆為「只訂鏡片」的訂單描摹鏡片形狀時，亦需在圖上畫出柱軸位置。

16. 對或錯？為一副未知名稱的鏡架「只訂鏡片」下訂單時，假設有一張手繪的鏡片描圖。此圖僅作為形狀上的參考，並非測量值。

17. 鏡片尺寸測量圖表是用於測量：

    a. 鏡片的 C 尺寸

    b. 鏡片的周長

    c. 鏡片的有效直徑

    d. 鏡片的 A 尺寸

18. 對或錯？這些都是指相同的東西：(1) 鏡片 C 尺碼、(2) 鏡片 C 尺寸以及 (3) 鏡片周長。

19. 對或錯？由舊處方配新眼鏡時，新眼鏡總應使用舊處方使用的鏡片材質。

20. 當處方的柱面度數增加時，美國國家標準協會的柱軸誤差容許範圍表示：

    a. 高柱面度數需更精確的柱軸

    b. 高柱面度數允許更不精確的柱軸

    c. 高與低柱面度數需同等的精確度

21. 為一副眼鏡校驗鏡片度數時，務必：

    a. 從右眼鏡片開始

    b. 從左眼鏡片開始

    c. 從最高度數在 180 度軸線上的鏡片開始

    d. 從最高度數在 90 度軸線上的鏡片開始

    e. 從最高度數在軸上的鏡片開始

22. 美國國家標準協會推薦以下的誤差容許值為鏡片不想要的水平稜鏡之可接受範圍：

    a. 若瞳距大於 2.5 mm 且水平稜鏡超過 0.67Δ，處方超出了可接受的誤差範圍

    b. 若瞳距大於 2.5 mm 且水平稜鏡超過 0.33Δ，處方超出了可接受的誤差範圍

    c. 若瞳距大於 2.5 mm 或水平稜鏡超過 0.67Δ，處方超出了可接受的誤差範圍

    d. 若瞳距大於 2.5 mm 或水平稜鏡超過 0.33Δ，處方超出了可接受的誤差範圍

美國國家標準協會推薦的鏡片垂直稜鏡或主要參考點定位為 ( 問題 23 ～ 25)：

23. a. 0.12Δ

    b. 0.33Δ

    c. 0.50Δ

    d. 0.67Δ

    e. 1.00Δ

或

24. 未訂製稜鏡時，左右主要參考點之間的高度差為：

    a. 0.5 mm

    b. 1.0 mm

    c. 1.5 mm

    d. 2.0 mm

    e. 2.5 mm

25. 且處方是合格的：

    a. 若兩個條件都符合

    b. 若其中一個條件符合

26. 美國國家標準協會推薦的已安裝或未安裝鏡片的子片高度為 ＿＿＿ 。

    a. ±0.5 mm

    b. ±1.0 mm

    c. ±1.5 mm

    d. ±2.0 mm

    e. ±2.5 mm

27. 美國國家標準協會推薦的已安裝鏡片的近用瞳距誤差容許值為：

    a. ±0.5 mm

    b. ±1.0 mm

    c. ±1.5 mm

    d. ±2.0 mm

    e. ±2.5 mm

下列幾個問題是關於處方是否在 Z80.1 處方光學鏡片推薦標準提出的誤差容許範圍內。處方如下：

$$R: -1.00 - 2.75 \times 175$$
$$L: -0.25 - 0.75 \times 004$$
加入度 = +2.25
瞳距 = 65/62
子片高度 = 21

然而，當處方從工廠送回時，你發現數值如下：

$$R: -1.37 - 2.65 \times 178$$
$$L: -0.25 - 0.70 \times 008$$
加入度 = +2.25
瞳距 = 69/64
子片高度 = 21.5
垂直稜鏡顯示0.25Δ，基底朝下，左眼
水平稜鏡顯示0.10Δ，基底朝內

判斷上列數值是否符合美國國家標準協會指定的標準 ( 問題 28 ～ 37)。

28. 右眼鏡片最高絕對度數軸線上的度數

    a. 是

    b. 否

29. 左眼鏡片最高絕對度數軸線上的度數

    a. 是

    b. 否

30. 右眼鏡片的柱面度數

    a. 是

    b. 否

31. 左眼鏡片的柱面度數

    a. 是

    b. 否

32. 右眼鏡片的柱軸角度

    a. 是

    b. 否

33. 左眼鏡片的柱軸角度

    a. 是

    b. 否

34. 遠用瞳距／水平稜鏡
    a. 是
    b. 否

35. 近用瞳距
    a. 是
    b. 否

36. 子片高度
    a. 是
    b. 否

37. 不想要的垂直稜鏡
    a. 是
    b. 否

38. 嘗試測量一片鏡片時，發現處方中的稜鏡量太高，使發光視標超出了鏡片驗度儀螢幕的範圍。使用稜鏡補償裝置只以水平或垂直稜鏡，讓發光視標移至測量用十字瞄準線的水平或垂直刻度上。
    a. 較大的稜鏡值是由稜鏡補償裝置讀取，較小的稜鏡值是直接從十字瞄準線讀取
    b. 較小的稜鏡值是由稜鏡補償裝置讀取，較大的稜鏡值是直接從十字瞄準線讀取
    c. 從稜鏡補償裝置或十字標準線讀取稜鏡值並無差別

39. 鏡片扭曲量可從何處看出：
    a. 前表面的柱面度數
    b. 後表面的柱面度數
    c. 前後表面皆無柱面度數
    d. a 和 b
    e. 以上皆非

40. 欲檢查鏡片內的應變，需使用何種儀器？
    a. 眼底檢查鏡
    b. 視網膜檢查鏡
    c. 考爾瑪鏡
    d. 鏡片驗度儀
    e. 可使用 c 或 d

41. 何種錯誤並非校驗鏡架和鏡片正確性之可能後果？
    a. 鏡片和鏡架之間有空隙
    b. 鏡片斜面和表面之間的邊緣有缺口
    c. 鏡片斜面和表面之間的邊緣扭曲（不均勻）
    d. 金屬鏡架中的玻璃鏡片在靠近鏡圈處有應變
    e. 以上皆是

42. 此處方的最高絕對度數軸線上的度數為何：
    $-1.50 -2.75 \times 180$ ？
    a. $-1.50$ D
    b. $-2.75$ D
    c. $-4.25$ D
    d. $-1.25$ D
    e. 以上皆非

43. 重寫以下處方，使最高絕對度數的軸線即為球面度數。
    a. $+3.00 - 2.00 \times 180$
    b. $-3.00 - 2.00 \times 180$
    c. $+3.00 + 2.00 \times 180$
    d. $-3.00 + 2.00 \times 180$

# 鏡片嵌入

在鏡框上嵌入鏡片，若欲使人一看就知道是以精準和專業的手法，所需的技術需透過不斷練習才能發展出來。現今有多種可運用的技術，只要最終產品達到所要求的標準，任何技術都可被接受。本章將介紹嵌入鏡片的步驟、目前使用的一些方法，亦指出某些必須加以避免的困難。

## 塑膠鏡架的鏡片嵌入概述

針對大部分的塑膠鏡架，這些鏡片的安裝步驟是標準規範，最主要的差異在於過程中有無使用熱氣－若有使用熱氣又需加熱多久？若未使用熱氣，鏡片則會「砰然一聲地」扣入鏡框，此稱為冷扣法 (cold snapping)。

本章稍後將說明如何在特殊鏡架材質上應用這些鏡片嵌入的基本步驟。表 7-1 提供不同鏡架材質之鏡片嵌入概述。

### 一般塑膠（醋酸纖維素）鏡架的鏡片嵌入

此處為在塑膠鏡架上嵌入鏡片的程序步驟。縱然這是特別針對醋酸纖維素鏡架材質的說明，但與其他鏡架的嵌入方法大同小異。

### 加熱鏡框

在鏡框上嵌入鏡片時注意勿使鏡腳變形。當鏡框端片仍為溫熱時若鏡腳變形，鏡架絞鍊便可能鬆脫或偏移。此乃因大多數的塑膠鏡架有隱藏式絞鍊 (hidden hinges)，它並未完全穿透塑膠，鬆脫的鏡腳是難以修復的。

開始加熱鏡框時需注意彎月型鏡片的彎曲度，並與鏡圈曲線相互比較 ( 圖 7-1 )。由於鏡片通常較鏡圈更加彎曲，建議可預先固定鏡圈的上下部分，使其與鏡片邊緣的彎月型面契合，如此在鏡片安裝時會稍微容易些。在加熱鏡框前，建議先執行「沙盤演練」。確實持握鏡框實際欲安裝鏡片處，因為加熱鏡框後需立即回到安裝鏡片的位置。鏡框急速冷卻，其可塑性會快速消失，透過練習而省下少許時間可能就是成功安裝的關鍵。

秉持好像真要著手嵌入鏡片的作法，一手拿著鏡片，另一隻手拿著鏡架。持握前框而非鏡腳為佳，持握鏡腳會大幅增加絞鍊鬆脫的機會。僅加熱實際需處理的鏡架部位即可，在此鏡片嵌入的步驟中只需加熱前框的一半 ( 圖 7-2, A)。

有些鏡架加熱器是從鏡架兩旁吹送熱風至鏡架，有些則只是單一方向吹送熱風。當使用單向烘烤機時，務必輪流加熱鏡框的前後方或頂端與底端，以避免過度加熱任何部分。

使用鹽鍋時首先攪拌鹽使鍋內溫度均勻，然後在鍋內一角將部分鹽堆積成丘。將需加熱的鏡框部分置於鹽丘表層下方，不需加熱的鏡框部分則勿被鹽所覆蓋，且盡量平行於鹽的表層 ( 圖 7-2, B)。在鹽丘內需持續且極為緩慢地移動鏡框，以避免使軟化的塑膠沾黏鹽粒，不可讓鏡框加熱至彎曲變形。若鹽粒沾黏至乾燥的鏡框上，應在鹽中加入額外的滑石粉 ( 此「鹽浴」只有兩種成分，即鹽與普通滑石粉，鹽可以傳熱，滑石粉能防止鹽在鏡架上結塊和沾黏)。警告：許多鏡架材質對過度加熱極為敏感，且鹽鍋的高熱容易損傷鍍膜鏡片，故使用熱風烘烤機較熱鹽更為安全。使用熱鹽加熱鏡架，將容易損壞昂貴的抗反射鍍膜。

### 嵌入鏡片

先前提到起初便應注意彎月型鏡片的彎曲度，並與鏡圈曲線相互比較，如圖 7-1。加熱鏡框並將鏡圈的上下部分預先固定，使其與鏡片邊緣的彎月型面契合，如圖 7-3。

方法一－將鏡片的顳側 ( 外側 ) 邊緣嵌入鏡框

表 7-1
比較不同鏡架材質的鏡片嵌入方式

| | 熱量 | 加熱方法 | 磨片尺寸 | 材質收縮的情形 | 備註 |
|---|---|---|---|---|---|
| 醋酸纖維素 | 使用最少熱量直至鏡架柔軟 | 熱風最佳，熱鹽或玻璃珠亦可 | 剛好尺寸，或最多只比鏡框大 0.5 mm | 浸入冰水會收縮。若先前已延展，亦會造成收縮 | 醋酸纖維素是最多塑膠鏡架使用的標準材質 |
| 丙酸纖維素 | 若可能則以冷扣法安裝鏡片；若無法則使用最少的熱量 | 必要時將熱風加熱器設於低溫 (40° C/105° F)。避免使用熱鹽 | 剛好尺寸 | | 一次加熱一些有助於避免過度加熱 |
| 尼龍 | 使用熱水 | 浸入熱水為佳。若無熱水則使用熱風 | 約比鏡框尺寸大 0.2 mm | 材質不收縮 | 持握已調整形狀的鏡架，直至冷卻以固定形狀 ( 沖冷水可加速冷卻 ) |
| 碳纖維 | 不加熱或僅用最少熱量。嵌入鏡片的優先方法：冷扣法 | 若加熱則使用低溫熱風 | 剛好尺寸，但有些例子需鏡片稍大些 | 材質不收縮 | 碳纖維的種類很多，加熱與嵌入的技巧也隨之不同 |
| 聚醯胺 | 不加熱，以冷扣法安裝鏡片 | 僅使用熱風加熱鏡腳 | 尺寸精確 | 加熱時材質稍微收縮 | 嵌入鏡片後，可稍微加熱鏡框以緊縮鬆脫的鏡片 |
| 聚碳酸酯 | 無 | 冷扣法 | 剛好尺寸 | 材質不收縮 | 材質無法調整 |
| 環氧樹脂 (Optyl) | 高熱，加熱直至材質自行彎曲 | 高溫熱風 | 約比鏡框尺寸大 0.6 ～ 1.0 mm | 材質不收縮，但加熱會膨脹。溫度冷卻後尺寸會逐漸收縮回復 | 再度加熱時，材質會回復至原始尺寸。快速冷卻則中止收縮過程並導致鏡片鬆脫 |

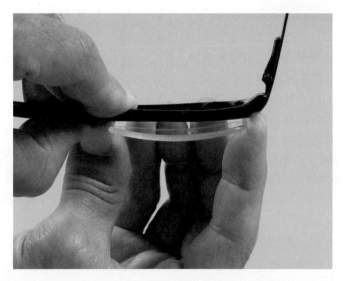

圖 7-1　比較鏡框頂端與鏡片頂端。若使鏡框先彎曲以便與鏡片吻合，成品的外觀上通常較令人滿意。

A

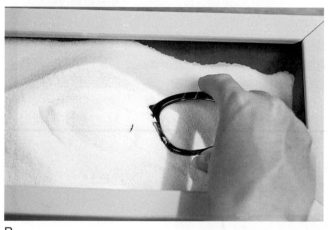

B

圖7-2　A. 只加熱要處理的鏡架部分。在此使用熱風型鏡架加熱器以加熱鏡架。熱風是比熱鹽更安全的加熱鏡架方法。B. 若使用熱鹽，應將鏡架置於熱鹽表層下方緩慢移動，如此有助於均勻加熱。由於鹽類會不斷散發熱氣，隨即傳送至緊鄰的鏡架塑膠，故移動鏡架會加速加熱（記住：針對較新型的塑膠材質和許多鏡片處理方法，使用鹽鍋加熱是不安全的）。

相對應的部分（外側）（圖7-4, A）。將拇指置於鏡面，其餘手指則置於鏡圈的鼻側（內側）邊緣，拇指與其餘手指同時施壓，自鼻側（內緣）將鏡片扣入鏡框（圖7-4, B）。

　　方法二－將鏡片外側（顳側）邊緣的上半部嵌入鏡框溝槽內（圖7-5, A），且內側（鼻側）邊緣的上

圖7-3　預先形塑鏡框使其吻合鏡片的彎月弧型，讓鏡框與鏡片有更好的嵌合。

半部推入鏡圈，使鏡片的整個上半部邊緣位於鏡框內（圖7-5, B），接著推進顳側邊緣的下半部（圖7-5, C），最後將鼻側邊緣的下半部扣入（圖7-5, D）（上述兩種方法之複習請見表7-2）。

　　大部分的鏡框結構是自前方嵌入鏡片較為容易。安全鏡架務必自前方嵌入鏡片，如此若有外力從前方撞擊鏡框，鏡片較不容易脫落。

　　無論使用何種方法，若鏡框在鏡片完全嵌入前就已冷卻，建議在重新加熱鏡框前完全移除鏡片，此乃因鏡片加熱後會難以處理，且無鏡片的鏡框也較容易均勻加熱，在嵌入鏡片時的延展性會更平均。

　　無論使用何種方法拉調鏡圈，拉調動作務必平直，注意勿「滾動」鏡圈。滾動的動作會導致鏡圈後方較前方覆蓋到較多的鏡片，或鏡圈前方覆蓋到較多的鏡片，鏡圈溝槽會因而移轉某個角度（圖7-6）。受到滾動的鏡圈會使鏡片不易妥當固定，並影響眼鏡成品的外觀。此外，若鏡片傾斜面外露而折射光線，也可能會干擾視覺。

　　在嵌入鏡片過程中，若鏡圈受到滾動，改變嵌入方向會有助益（從後方至前方或前方至後方），故在鏡圈某部分施加的壓力可藉由在另一部分施壓而取得平衡，如此便可逆轉滾動的方向。

　　將鏡片嵌入傳統塑膠鏡架（醋酸纖維素材質）並檢查是否需調整後，將鏡架與鏡片放入冰水中有助於「固定」它們的形狀。此程序會收縮鏡框，防止

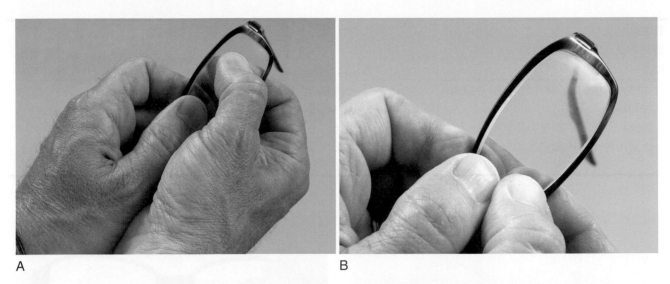

A                                      B

圖 7-4　方法一 A. 將鏡片的顳側邊緣放入鏡框溝槽 ( 為了使鏡片斜面與鏡架溝槽對齊妥當，剛開始嵌入鏡片的時機是很重要的，動作必須迅速 )。B. 鏡片應相當容易安裝。若是要花很大氣力才能將鏡片嵌入，使用方法二為較佳的作法。

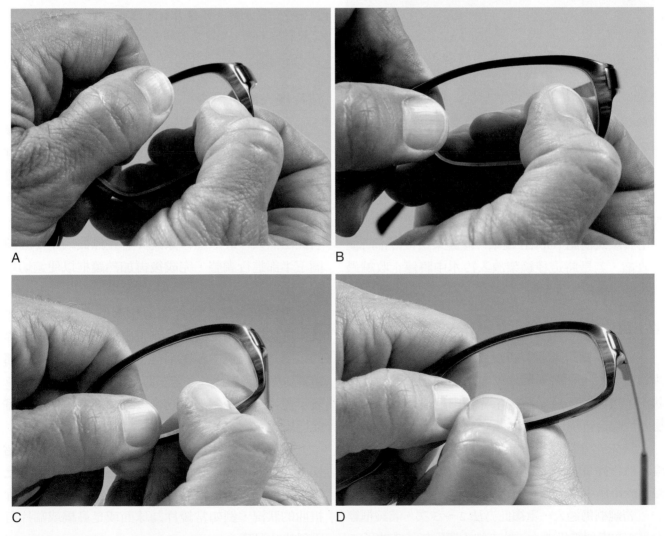

A                                      B

C                                      D

圖 7-5　方法二 A. 方法二亦是先對齊鏡片斜面與鏡框溝槽，從顳側上方彎角處開始處理。B. 諾鏡圈的上下框已根據鏡片預先形塑，應在鏡框冷卻前便將鏡片嵌入鏡框的上半部。C. 鏡片上半部已嵌入鏡框後，從顳側開始拉入鏡圈下半部以框住鏡片。D. 最後將鏡片鼻側下半部扣入溝槽完成嵌入程序。

| 表 7-2 | |
|---|---|
| **鏡片嵌入塑膠鏡架的步驟** | |
| 方法一 | 方法二 |
| 1. 加熱並彎曲鏡框頂端以契合鏡片頂端 | 1. 加熱並彎曲鏡框頂端以契合鏡片頂端 |
| 2. 加熱鏡圈 | 2. 加熱鏡圈 |
| 3. 將鏡片外部置入鏡框外部 | 3. 將鏡片上半部外緣處安裝於鏡框內 |
| 4. 以拇指將鏡片內緣推入鏡框內 | 4. 將鏡片上半部內緣處安裝於鏡框內（鏡片頂端現已在鏡框內） |
| | 5. 從顳側至鼻側拉緊鏡圈下半部以框住鏡片 |

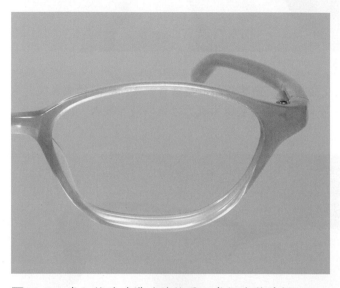

**圖 7-6**　嵌入鏡片時導致的鏡圈下半部滾動前傾。

**圖 7-7**　嵌入第一片鏡片後，已嵌入鏡片的情況應與空鏡圈相比較。此鏡框的顳側部分顯得過於上彎。

日後鏡片鬆脫。然而，在「固定」鏡片前，務必檢查嵌入與所有的調整點。注意，這種處理方法並不適用於環氧樹脂 (Optyl) 鏡架，該鏡架緩慢冷卻時便會收縮，若是將這種鏡架放入冷水中將停止收縮過程，進而導致鏡片鬆脫。

## 過小鏡片的調整方法

若已為舊鏡架訂製新鏡片，當舊鏡架已被舊鏡片過度延展，那麼新鏡片就有可能過小。針對這種狀況，可收縮一般塑膠鏡架，藉由縮小鏡圈周長以穩固地吻合新鏡片。

首先充分加熱鏡架前框，直至可容易彎曲的程度，然後隨即放入溫度盡可能低的冷水中，使鏡架浸泡於冷水中直至完全冷卻。

若鏡框仍過大，重複此方法 2～3 次。若鏡框經過第 3 次處理後仍過大，此方法大概已無法成功了。

此處理方法也可用於新鏡架，儘管成效不大，但可姑且一試。

## 鏡片嵌入後的檢查

嵌入鏡片後，務必檢查鏡片是否完全嵌入鏡圈溝槽內。鏡圈必須是平整的，或其外緣應為整齊圓滑。若有傾斜的狀況，表示鏡圈曾受到滾動。欲修正滾動的鏡圈，可加熱鏡圈受到滾動的部分，以手指扭正或將鏡圈靠在平面上以反滾動的方向施壓。若此法無效，最好應移除鏡片並在無嵌入鏡片的鏡圈下半部進行調整，完成後再加熱鏡框以便適切地嵌入鏡片。

將已嵌入鏡片的鏡圈與相鄰的空鏡圈進行比較，確認鏡片完全嵌入且無歪斜。注意已嵌入鏡片的鏡圈是否仍與空鏡圈平行，觀察靠近鼻橋的上部邊框並與空鏡圈比較，若塑膠有隆起或撐大的狀況，表示鏡片未與鏡圈形狀吻合，且原先的鏡框形狀可能已變形（圖 7-7）。

嵌入兩片鏡片後，可利用形狀相同的空鏡架為樣本以評估嵌入成果，對於無經驗的配鏡人員，此為必要的程序，乃因鏡片驗度儀無法發現所有鏡片扭曲的狀況，例如當鏡片為球面或是鼻橋或端片有歪斜的狀況時。

鏡片扭轉鉗（圖 7-8）可用於矯正鏡片的旋轉問題。首先加熱鏡框並檢查鏡片與鉗子，確保所有表

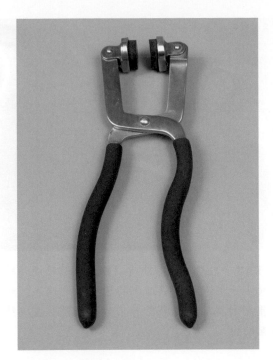

圖 7-8　鏡片扭轉鉗的種類繁多，但有兩個主要差異可作為種類的區分。1. 第一是鉗子的「鉗嘴深度」，襯墊距離鉗嘴的中心接合處越遠，扭轉鏡片時因不慎而留下鏡框刮痕的可能性就越小。2. 第二個差異為夾著鏡片表面的襯墊垂直尺寸。針對垂直深度狹窄的鏡框，有些襯墊會因過大而無法垂直使用。

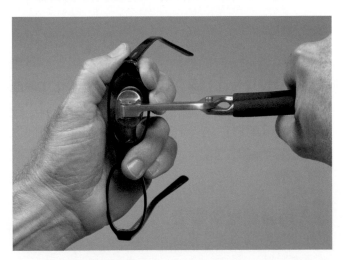

圖 7-9　此為持握鏡架的正確方式，然而持握鏡架時若不慎，不只會造成鏡片旋轉，亦使鏡架的鼻橋扭曲。

面皆未沾黏鹽粒。一手持握鏡框並使鏡圈上半部朝向手掌。處理鏡片時，食指、中指與拇指應抓著靠近端片的區域，而無名指與小指則托住鼻橋區域 ( 圖 7-9 )。使用鉗子夾住鏡片並旋轉鏡架，當從一側鏡片轉換至另一側時，鏡圈的上半部務必保持朝向手掌，

圖 7-10　若鏡片為平頂雙光鏡片，其兩條雙光線會平行於平直物的邊緣。在此所示的誤差為左眼鏡片明顯扭曲。應提醒的是即使鏡片的雙光線為平行，並不保證鏡框中的鏡片未扭曲，仍需檢查鏡架前框的顳側有無上彎或鼻側有無隆起。

不同的是一側鏡片的鉸鍊背對手掌，另一側鏡片的鉸鍊則是面對手掌。

　　鏡片扭轉鉗應盡量夾在靠近鏡圈下半部的鏡片，避免使鉗子的金屬觸及鏡圈。若鉗子夾到熱鏡圈，鏡圈必定將因而凹陷。

　　相同的鏡片調整方法可不必使用扭轉鉗，而是以另一隻手的手指抓住鏡片。此調整方法必須於嵌入鏡片後且鏡框尚未冷卻前立即施行。

## 檢查雙光鏡片與漸進多焦點鏡片

　　針對平頂雙光鏡片 (straight-tiop bifocals)，可容易地以任何平直物的邊緣檢查鏡片的位置，即是將平直物的邊緣水平橫放於鏡片前表面，對齊平行雙光子片的平頂。

　　若兩鏡片已正確嵌入，子片的頂部皆會與平直物邊緣相鄰或平行。若有一或兩鏡片未妥善嵌入，當平直物邊緣與一鏡片的子片頂部平行時，就會發現另一鏡片的子片頂部偏離了平直物邊緣形成一個角度 ( 圖 7-10 )。

　　若鏡片的子片頂部呈平行，但根據上述的檢測標準 ( 比較已嵌入鏡片的鏡架與空鏡架 )，一側鏡片仍舊安裝拙劣，這表示鏡坯在磨邊時早已旋轉。此誤差無法經由調整矯正，只有重新製作鏡片一途。

　　在嵌入鏡片前將兩鏡片平行互靠進行比較，此方法可確認雙光鏡片磨邊時是否已旋轉。若訂製的是相等子片高度與移心量的鏡片，雙光的部分應準

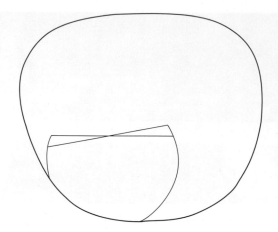

圖 **7-11**　當兩鏡片背對背互靠時，鏡片有無旋轉誤差立即清晰可見。當訂製的一個雙光鏡片子片高度不同於另一子片時，相同的方法可用於檢測「只訂鏡片」的訂單，它們的差異是明顯且可測量的。

圖 **7-12**　一般校驗過程中會將眼鏡平放於鏡片驗度儀的平檯上，然而為了協助確認已旋轉的鏡片該轉向何方以重新對齊，設定儀器於正確的軸度上並旋轉眼鏡是有幫助的。

確重疊才是 ( 圖 7-11)，所有型式的多焦點鏡片皆可如此處理。

　　這些方法也可用於鏡片上仍有鏡片標示的漸進多焦點鏡片，鏡片上會有兩個圈圈或是其他標示說明 180 度線，如同雙光鏡片的頂端，這也可用於檢查鏡片的平直度。

　　圓形子片雙光鏡片 (round-seg bifocals) 的鑑定，乃根據注意鏡框內的鏡片是否看似平直且無旋轉 ( 再次比較已嵌入鏡片的鏡架與空鏡架 )。一個用於觀察的良好參考點，即位於子片鼻側邊緣接鄰鏡圈處。若兩個訂製的雙光鏡片有相等的子片高度與移心量，子片的內側邊緣應與鏡圈相接在對稱點上。若一側的相接點在鏡圈鼻側高過另一側，在不使柱面矯正偏離軸度的情況下，可使用鏡片扭轉鉗矯正。一旦軸度偏離，表示鏡片已被錯誤地切割成形。

　　欲確認**單光柱面鏡片** (single-vision cylindrical lenses) 於鏡框中是否平直，可將鏡片驗度儀預設在正確的球面度數，並根據處方設定軸度讀數。若鏡片驗度儀的標線顯示為「離軸」，表示鏡片嵌入位置受到旋轉或扭轉。自鏡片驗度儀一次一側地提高眼鏡，直至鏡片驗度儀的標線呈平直且未中斷 ( 圖 7-12)。

　　注意擺放鏡架的角度，記住旋轉的鏡片現已回到適當的軸度位置 ( 重點為鏡架需順著鏡片扭回至能再次平臥於鏡片驗度儀檯上的正確位置 )。為了調整鏡片至正確的位置，先以鏡片驗度儀的打點定位裝置標記鏡片，然後加熱鏡圈並扭轉鏡片，直至三

點的打點註記在鏡框上呈水平狀態，這表示鏡片已於適當的軸度，鏡架外觀也會因而對稱。

　　若只有一側的鏡片出現鼻側隆起或顳側上彎，表示鏡片在磨邊過程中已滑脫，或是當初在磨邊時並未妥善定位。唯一的解決方法即更換新鏡片。

　　在鏡片平直嵌入鏡框後，調整鏡架至對齊標準。

## 移除鏡片

　　移除鏡片時需加熱鏡架前框，將拇指置於鼻側下半部的鏡片背面 ( 圖 7-13)，其餘手指則托住鏡圈前方，可使用毛巾包裹鏡片以防止手指燙傷 ( 以「冷扣」法嵌入的鏡片仍必須冷卻移除 )。自一個方向以拇指施壓將鏡片推出，其他手指則從反方向支撐或拉牢鏡圈。

## 嵌入丙酸纖維素鏡架

　　丙酸纖維素與醋酸纖維素是非常相似的材質，然而此材質對熱氣更加敏感，建議以冷扣法嵌入鏡片。加熱時應將鏡架加熱器設定在低溫 (40°C/105°F) 狀態。若已磨邊的鏡片尺寸與鏡框尺寸越相近，則需要的熱氣便越少，因此鏡片磨邊時應盡可能做到「剛好尺寸」。由於通常不易分辨醋酸纖維素鏡架和一般塑膠鏡架，且有許多其他鏡架材質也對熱氣敏感，應特別注意下列事項[1]：

- 盡量使用最少量的熱氣完成工作

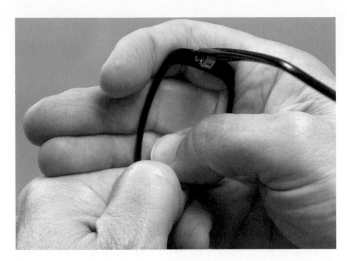

圖 7-13　移除鏡片時，施壓於近鼻側下半部的鏡片背面。

- 加熱鏡架直至其柔軟易折，切勿加熱至過於軟化
- 絕不可將鏡架留在鏡架加熱器中且無人看管

## 嵌入尼龍鏡架

務必遵循製造商的指示，將鏡片嵌入尼龍鏡架以避免問題發生。

尼龍鏡架不如一般塑膠鏡架那麼容易延展，故鏡片磨邊時必須比一般情況更接近鏡框的大小。務必謹慎避免將鏡片切割得過小；因尼龍鏡框繞著鏡片延展有其困難度，更促使此狀況成為一個常見的危險趨勢。由於鏡片邊緣斜面深度之故，使得切割過小的鏡片嵌入鏡框後會有裝配鬆脫的感覺。

一般方法無法將尼龍鏡架均勻加熱至足以達到鏡片嵌入時所需的延展度，熱風與鹽鍋的方法往往會過度加熱尼龍外層，而內部深處卻過冷而無法延展。熱水較能傳熱至尼龍，使鏡圈得以適當地延展而接納鏡片。

調整尼龍鏡架時，最佳方法是加熱塑膠時即依照所需形狀彎折，然後在其冷卻時固定調整好的鏡架結構。若在冷卻前便鬆開鏡架，它將會回到原先的形狀。在沖冷水時固定調整好的鏡架可能會有所幫助。

## 嵌入碳纖維鏡架

市面上有許多不同的碳纖維鏡架，實際材質則因各個製造商而異，這表示材質的性質也會有所差異，故應遵循各鏡架製造商的建議說明。

加熱碳纖維材質時需格外謹慎。碳纖維本身並不適合調整，儘管加熱可使碳纖維變得有些許可塑性，但欲將鏡片嵌入無鏡圈螺絲的碳纖維前框，建議是以「冷扣法」嵌入鏡片。

冷扣鏡片嵌入法如其名所示。將鏡片切割至完全吻合鏡框的尺寸，鏡架前框不需加熱，即在未加熱的狀態下嵌入鏡片。鏡片如同嵌入一般的塑膠鏡框被推入鏡框內，意即施壓將鏡片「扣入」未加熱的「冷」鏡框中。

據說標準 CR-39 塑膠鏡片具有隨著時間輕微收縮的傾向，有些配鏡工廠使用少量的熱氣以嵌入鏡片，因此鏡片會稍微磨得大些。若欲加熱碳纖維的材質，使用熱風比使用鹽粒或玻璃珠會更佳，將熱風加熱器調至低溫，並加熱鏡架 10 ～ 20 秒。然而應注意熱氣會軟化鏡架，使得鏡片尖銳的磨邊容易刮傷鏡架的鍍膜表面，這會導致鏡架出現缺口和剝損，暴露出鏡架內部的暗淡基材[2]。

如同一般的金屬鏡架前框，許多碳纖維鏡架前框也帶有鏡圈螺絲。旋開和關合螺絲能調整鏡圈以安裝鏡片，方法如同在金屬鏡架上嵌入鏡片 ( 見本章稍後的金屬鏡架的鏡片嵌入 )。

## 嵌入聚醯胺鏡架

大部分的碳纖維鏡架的嵌入鏡片指南皆適用於聚醯胺鏡架。以尼龍為主的聚醯胺材質薄輕且不易調整，故應準確切割鏡片，然後使用冷扣法安裝。由於材質不具延展性，過大的鏡片將無法嵌入。這種材質的特點之一即加熱超過 230° F 時會有稍微收縮的傾向[3]，因此加熱聚醯胺鏡架以嵌入剛好尺寸的鏡片將產生問題，剛好尺寸的鏡片相對於鏡架反而變得過大了。反之，若鏡片些微過小，這種稍微收縮的特點可能是個優點。以冷扣法安裝鏡片後，可透過同時加熱鏡片和鏡架以加強密合度，聚醯胺鏡框收縮時，鏡圈也會順著鏡片收縮。切記勿將鏡架放入冷水中。

針對聚醯胺鏡架，使用熱風型的鏡架加熱器為佳，即使是調整鏡腳時也是如此。

## 嵌入聚碳酸酯 (PC) 鏡架

聚碳酸酯 (PC) 的材質用於特定運動眼鏡的鏡架前框。聚碳酸酯的鏡架是無法調整的，乃因加熱聚

碳酸酯並不會使它變得柔軟，因此鏡片必須以「冷扣」到位。聚碳酸酯既不延展也不收縮，故鏡片應切割至接近鏡框的實際大小。

## 嵌入克維拉 (Kevlar) 鏡架

克維拉 (Kevlar) 亦是一種以尼龍為主的材質，遇熱既不延展也不收縮，但有一定程度的可塑性，此可塑性允許使用較為傳統的鏡片嵌入法。換言之不需冷扣嵌入鏡片，然而鏡片尺寸仍需精確切割，否則嵌入鏡框後也會變得很麻煩。

## 嵌入環氧樹脂 (Optyl) 鏡架

環氧樹脂 (Optyl) 最先是由奧地利 Traun 的 Wilhelm Anger 公司於 1968 年最先開發出來。此為一種屬於環氧樹脂類的材質。製造環氧樹脂鏡架是以注模而非切割的方式完成，這種材質較普通鏡架材質減少 20 ～ 30% 的重量[4]。

環氧樹脂鏡架可由商品名或是其材質獨特的透明顏色加以分辨。環氧樹脂鏡架的原始設計中，並未使用金屬以強化鏡腳，故呈現出透明的環氧樹脂材質與可辨識的特徵。然而，環氧樹脂鏡架後來也開始使用不同成分的傳統金屬芯強化物的鏡腳。它們不同於第一代的環氧樹脂鏡腳，可使用稍微加熱或完全不需加熱的方式來進行調整。

由於環氧樹脂不會收縮，因此最好將鏡片切割至稍微大些的尺寸，一般會多 0.6 ～ 1.0 mm 的大小。

原始環氧樹脂材質製成的鏡架需加熱至 80°C 才會開始軟化，且能安全加熱至 200°C 都不會產生氣泡或變形。若鏡架變形，僅需加熱鏡架便可使其回復至原本的模製形狀。當鏡框在嵌入鏡片時變形，這可以說是個優點，但發生在調整鏡架時卻是個缺點，乃因在調整後加熱鏡架，反而會使鏡架回復至最初的模製形狀。

鏡框應加熱至本身柔軟且足以彎折才能嵌入鏡片，這通常需加熱 30 ～ 60 秒，之後甚至不需過度推送便可嵌入鏡片。若鏡圈未適當框住鏡片，此時應重新加熱鏡框。當鏡框欲恢復原本的模製形狀時，鏡圈會隨之調整而使鏡片順利嵌入。

絕不可強行將鏡片嵌入尚未加熱柔軟的鏡框內，亦不可為了收縮包覆鏡片的塑膠而將鏡架放入冷水中。環氧樹脂會受熱膨脹，緩慢冷卻後便可恢復至原本的尺寸，此時將鏡架放入冷水會停止收縮過程，造成不想要的反效果。

若玻璃鏡片出現軸度偏離或是被嵌入在已旋轉的錯誤位置，此時應重新加熱鏡框以便將其轉回至適當的位置，絕不在鏡框未加熱時逕行處理。然而若為塑膠鏡片，應將鏡片移除後再重新嵌入鏡框。若未移除鏡片即旋轉矯正，鏡框和鏡片在冷卻後便會產生鬆脫的現象。

不可彎折冷卻後的原始環氧樹脂鏡架，在未加熱的狀況下調整這類鏡架，幾乎都會造成斷裂損壞。此材質僅於加熱後才能彎折，除非再次加熱，否則調整好的環氧樹脂鏡架便可保持定型。

調整鏡架時，僅需加熱欲彎折的部分。針對難以加熱的限定區域，如耳朵附近的鏡腳部分，使用可將熱導引至此限定區域的加熱器，例如附帶圓錐的風壓加熱器可引導熱的流向。手持鏡架加熱時，切記加熱區域的鄰近部位需受到保護而未觸及熱氣，才不會失去其已完成的調整處理。

# 金屬鏡架的鏡片嵌入

必須將欲嵌入金屬鏡架的鏡片磨邊至精確的尺寸。磨片工廠若有配戴者的實體鏡架，才有可能訂製尺寸正確的鏡片，然而某些時候的訂單必須「只訂鏡片」。若「只訂鏡片」是為了金屬鏡架而訂製，配鏡處必須使用遠端鏡框掃描儀以追蹤鏡片，並傳送數位化的鏡框形狀至磨片工廠。

若配鏡處無鏡框掃描儀，則磨片工廠必須要有上述的鏡框模板。若不確定磨片工廠是否真有模板，下單前應仔細詢問。若無確切的鏡框模板，實體鏡架必須隨同訂單寄付至磨片工廠。一旦確定磨片工廠有此模板，需測量現有鏡片的周長，以使「只訂鏡片」的訂單成功吻合現有鏡架的機會大為增加（已於第 6 章詳細說明）。

將鏡片置入金屬鏡框內時，首先比較鏡片頂端與底端的彎月型弧線與鏡圈上半部與下半部對應的弧線。若它們無法吻合，鏡片邊緣斜面將不能正好卡入鏡圈的溝槽。在大部分的情況下，這些弧線皆能密合以使鏡片可完好嵌入，但偶爾仍需使用鏡圈塑形鉗（圖 7-14）以重新形塑鏡架的鏡圈。鏡圈塑形鉗有著尼龍材質的弧型鉗口。如圖 7-15 所示，為了增加彎月型的弧度，順著鏡圈置放鉗子後輕柔地施

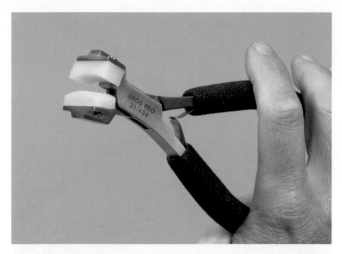

圖 **7-14**　鏡圈塑形鉗用於調整鏡架的鏡圈以契合鏡片斜面的彎月弧型。

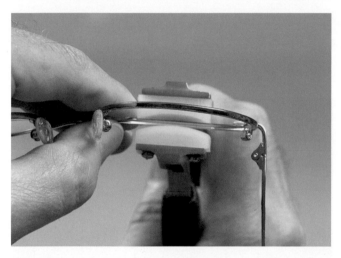

圖 **7-15**　如照片所示置放鏡圈塑形鉗，輕柔地施壓以加大金屬鏡架鏡圈的弧度，必要時可調整鉗子的位置。

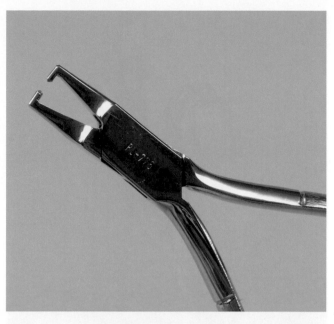

圖 **7-16**　鏡圈封閉鉗是用於吻合鏡圈桶狀部的頂端與底端。

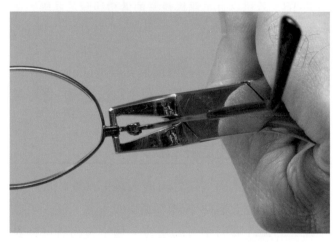

圖 **7-17**　以鏡圈封閉鉗施壓鏡片周圍的鏡圈，便可檢測鏡片的契合度而不需更換螺絲，這類鉗子在磨片工廠尤其方便。

力壓緊。有可能需沿著鏡圈的上半部持續移動鉗子，或至下半部直到新弧線均衡成形 ( 若是鏡圈的弧度過大，可逆向使用鏡圈塑形鉗縮減鏡圈的弧線 )。

　　最佳的方法是先移除鏡圈的螺絲，將鏡片置於框邊後再鎖回螺絲。若只是稍微鬆開螺絲便將鏡片置入鏡圈內，鏡片很可能會在嵌入過程中碎裂。可利用鏡圈封閉鉗輔助將鏡片卡入鏡圈的溝槽 ( 圖 7-16)。使用封閉鉗也有助於分辨鏡片尺寸是否正確 ( 圖 7-17)。

　　若鏡片過大，有些配鏡人員會試著使用手動磨邊機磨小鏡片以吻合鏡框。配鏡人員在動工前應記住下列幾點：

1. 均勻地磨小鏡片並不容易。

不均勻的尺寸縮減，會使鏡片與鏡框之間產生間隙。

2. 只有非玻璃鏡片才可進行手工磨邊。熱處理的玻璃鏡片在手工磨邊時可能會碎裂，且也會破壞鏡片硬化的效果。經化學硬化處理的玻璃鏡片在手工磨邊後，應追加硬化處理，乃因手工磨邊會減低鏡片的耐衝擊性。

　　鏡片一旦安裝於鏡圈內便可鎖上鏡圈螺絲。鏡圈螺絲旋得太緊會使鏡片承受過多的壓力，若遭撞擊玻璃鏡片可能會沿著邊緣剝落，或造成塑

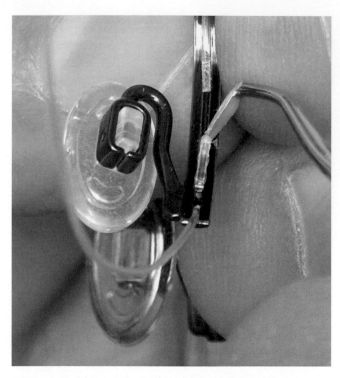

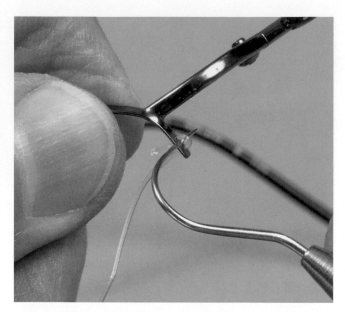

圖 **7-19**    欲自尼龍線鏡架汰換舊線時，牙用鉤棒能挑
起緊實的圈環並將它從孔洞中移除。

圖 **7-18**    若難以自尼龍線鏡架的溝槽移除尼龍線，使
用牙用鉤棒會較容易。

膠鏡片扭曲變形。考爾瑪偏光鏡 (colmascope) 是
一組交叉偏光片的儀器，可用以檢驗鏡片邊緣是
否受壓過度變形。

## 尼龍線鏡架的鏡片嵌入

　　有別於利用斜切鏡片再嵌入鏡框溝槽的傳統方
法，尼龍線鏡架需要不同的鏡片嵌入法。嵌入尼龍
線鏡架的鏡片需有平直的邊緣，通常會沿著邊緣表
面刻出小溝槽，一條連結鏡框的細尼龍線便可塞入
已有溝槽的鏡片中，藉以確保鏡片嵌入鏡框。尼龍
線鏡架有許多別稱，包括超級尼龍 (nylon supra)、線
安裝 (string mount)、邊線尼龍 (rimlon)、尼龍兒 (Nylor)
和懸掛式安裝 (suspension mounting)。

　　無論是在尼龍線鏡架上安裝新的溝槽鏡片，或
是汰換現有鏡架的老舊或斷裂線，所需的程序大同
小異。一旦熟練了汰換老舊或斷裂線的技巧，在新
的鏡架上安裝新鏡片便可容易執行，故在此先敘述
汰換老舊或斷裂線的技巧。我們假設至少部分的線
已遺失，因此必須重新估量線的長度以契合鏡片。

### 汰換長度不明的尼龍線

1. 首先需移除舊線。由於舊線已被楔牢於鏡框溝槽

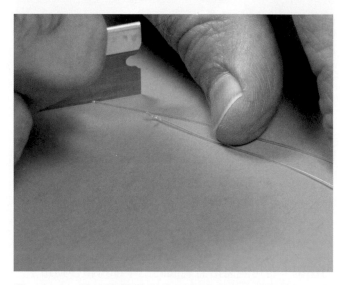

圖 **7-20**    斜切尼龍線會使之更容易穿過鏡架孔洞，並
能平順地置入鏡片下方的溝槽內。此處的新線長度是
比照從連結點附近斷裂的舊線長度進行估量。

中，因此有時難以將其自溝槽中取出。若發生這
種情形，可利用牙用鉤棒自鏡框溝槽內勾出一端
的線頭 ( 圖 7-18)。

2. 拉出舊線。使用牙用鉤棒勾住圈環 ( 圖 7-19)，接
著拉出舊線。

3. 斜切新的尼龍線。由於遺失的舊線長度未知，從
一條很長的尼龍線開始執行。記住每當裁切尼龍
線時務必斜切。已斜切線的兩端會使線在穿洞時

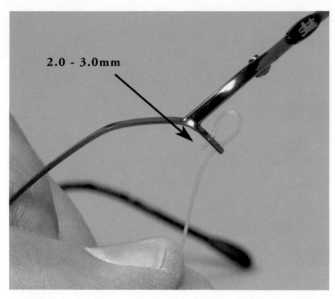

**2.0 - 3.0mm**

圖 **7-21** 尼龍線由內側穿入下方孔洞，再繞回至上方孔洞。

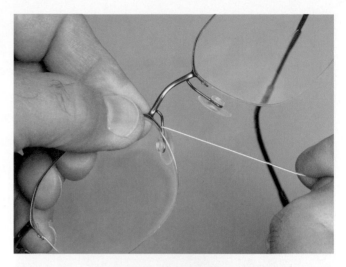

圖 **7-22** 此例中若遺失整個或部分線段時，我們必須找出所需的線段長度。當汰換未知長度的尼龍線時，可沿著鏡片邊緣拉著線但勿過緊。

更為容易，且線也可以妥當安置於鏡框中。裁切時使用單刃刀片為佳 ( 圖 7-20)。

4. 穿裝一邊的尼龍線。尼龍線需安裝在兩處以連結鏡框，每個鏡框連結點各有兩個小孔。有人偏好從鼻側的連結點著手，有人則習慣從顳側點開始。為了方便圖例說明，我們從顳側點開始。

　　　從顳側連結點開始，自鏡片那一側將尼龍線的一端穿入下方孔洞，然後將相同一端的尼龍線穿入上方孔洞，記住需保留 2.0 ～ 3.0 mm 長的線繩 ( 圖 7-21)。

5. 估量尼龍線長度以吻合鏡片。將線的另一端穿入鼻側連結點下方的孔洞，勿穿出上方的孔洞。記住必須將線自鏡片那一側穿入。由於尼龍線的一端仍是鬆的，此時將鏡片滑入鏡框的上半部，然後將線沿著鏡片邊緣環繞並拉緊 ( 圖 7-22)，勿將線拉得過緊以致於延展。

6. 移除鏡片時勿「遺失定位」。以拇指持握所保留的尼龍線尾端使線不致滑脫，接著移除鏡片 ( 因為線並未拉緊，應在取下鏡片的同時保有計量線長度的參考點 )。

7. 處理預留鬆脫的部分。由於環繞鏡片的線並未拉緊，穿過下方孔洞的線必須多拉出 1.5 ～ 2.0 mm，使鏡片嵌得夠緊。

8. 從另一孔洞穿出多餘的尼龍線。自鼻側上方孔洞穿出多餘的線，並維持下方孔洞尼龍線的新位置。

9. 裁切多餘的線。剪去多餘的線，只於鏡圈內側保留 2.0 ～ 3.0 mm( 斜切尼龍線使之於溝槽可平順安置。可利用指甲剪或是一般的切割鑷 )。

10. 將線的尾端壓入鏡框溝槽。首先以拇指將線壓入鏡框的溝槽內 ( 圖 7-23, A)。為了使線完全置入溝槽，接著可輔助使用單墊尼龍顎鉗，以將線鬆脫的一端塞入溝槽內 ( 圖 7-23, B)( 若未將線塞入溝槽，由於鏡片邊緣與鏡圈邊緣間的線繩壓力，如此將導致鏡片剝碎 )。鼻側和顳側皆應處理。

11. 將鏡片固定於鏡框上半部。將鏡片嵌入鏡框應從鼻側部分開始 ( 圖 7-24, A)，接著再安裝顳側部分 ( 圖 7-24, B)。應在尼龍線的後方安裝鏡片，使線位於鏡片的前表面。

12. 沿著鏡片拉直尼龍線以塞入溝槽內。為了將鏡片固定於鏡框內，尼龍線必須被拉直以塞入溝槽內。使用塑膠片完成此步驟 ( 有些人使用布緞帶，然而容易磨損的緞帶會留下線絲存留於鏡片與線之間，這些線絲將非常難以清除 )。首先將線置於鏡片的前方，接著使塑膠片滑進尼龍線與鏡片之間，反折塑膠片並抓緊兩端。從顳側邊開始並以塑膠片拉起鏡片邊緣的尼龍線，再將尼龍線順著塞入鏡片溝槽內 ( 圖 7-25)。

　　　( 注意：尼龍線鏡片皆有特製的金屬鉤。使用金屬鉤的主要風險為鏡片可能存在小裂痕，因而導致鏡片在溝槽內碎裂。若發生此情況則必須更換鏡片。)

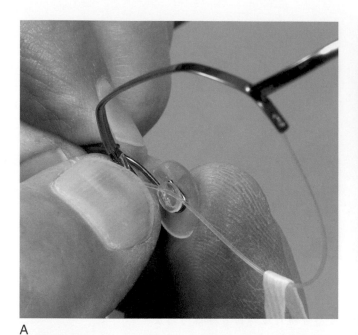

A

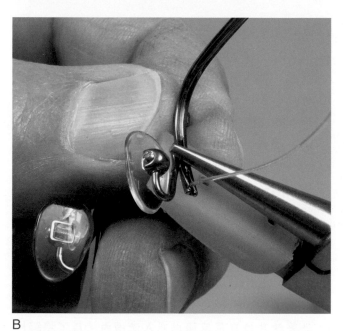

B

圖 **7-23**　裁切尼龍線至正確的長度並完成穿孔動作。在將鏡片嵌入鏡框前，線的末端應壓入鏡框溝槽內。如 (A) 所示以拇指將線尾端按壓就位，儘管可能無法將線全部塞進溝槽內，但至少已有了開端。如 (B) 所示使用單襯墊鉗子將線尾端完全塞進溝槽內。

13. 檢查尼龍線的鬆緊度。至少有兩種方法可檢測線的鬆緊度：

　　a. 將線置入溝槽後立即檢查鏡片彎角部位的鬆緊度 ( 圖 7-26 )，或是

　　b. 往鏡片底端滑入塑膠片直至接近鏡片尼龍線的中點，藉此檢測尼龍線的鬆緊度。以塑膠片稍

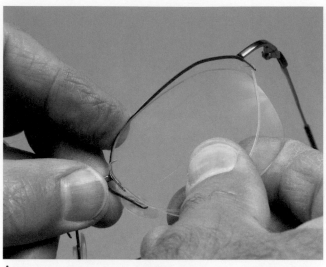

A

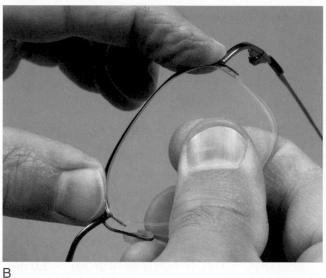

B

圖 **7-24**　如 (A) 所示從鼻側上方彎角開始將鏡片嵌入鏡框。如 (B) 所示一旦安裝好鏡片的鼻側上方彎角，便可更容易地將鏡片的上半部邊緣沿著鏡框的上半部邊框移動對齊。

　　微拉緊尼龍線，塑膠片應將尼龍線拉離鏡片邊緣 0.5 ∼ 1.0 mm。

14. 試著轉動鏡片。一旦鏡片安裝完畢，如圖 7-27 所示抓著鏡片在鏡框中轉動。若很容易便可轉動鏡片，表示尼龍線不夠緊實。

　　若鬆緊度不當，應移除鏡片並修改尼龍線的長度 ( 可能需使用牙用鉤棒自鏡框溝槽挑起線尾端。最常見的狀況是裝線錯誤，線會因太鬆而需裁短。若是如此請從步驟 8 開始重複上述程序 )。

圖 **7-25**　現在拉著線環繞鏡片四周。從顳側往鼻側的方向將線框住鏡片並滑入鏡片的溝槽內。必須從鏡片的前方開始拉移線。

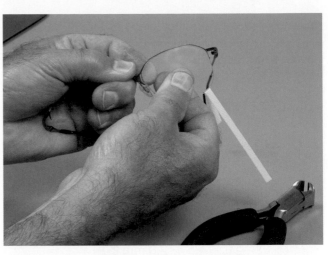

圖 **7-27**　一旦鏡片嵌入後，以拇指與手指持握鏡片並試著轉動。若鏡片可容易轉動，表示線不夠緊實。

圖 **7-26**　稍加用力拉移塑膠片以測試線的鬆緊度。如圖所示應稍微拉長尼龍線，但勿拉離鏡片超過 1.0 mm (某些人喜好從鏡片底端中心測試線的鬆緊度)。

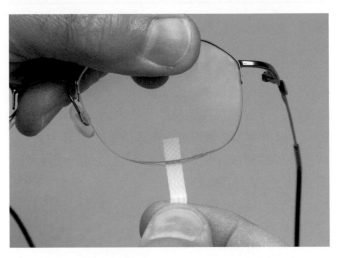

圖 **7-28**　試著移除塑膠片前，先將其移至鏡片的中央。若在鏡片彎角或靠近彎角處移除塑膠片，它有可能將線拉出溝槽外。

15. 移除塑膠片。鏡片一旦嵌入固定後，將塑膠片移至鏡片邊緣的中心位置，鬆開塑膠片的一端便可將其自鏡片與尼龍線之間拉出 (圖 7-28)。若自彎角處移除塑膠片，可能會將尼龍線拉離溝槽 (步驟複習請見 Box 7-1)。

## 汰換老舊或斷裂的尼龍線

　　若尼龍線為老舊或斷成兩段完整的線，則可依據舊線的長度裁切新線。除了我們可並排新舊線以裁切合適的長度之外，汰換的程序基本上如同剛才所描述汰換遺失線的步驟。記住需斜切新線的兩端。若為舊線斷成兩部分，排列斷裂線中最長的部分，並預估較短斷裂線的長度且預留額外的線，裁切新線至符合的長度。

　　如上述，將新線穿過鏡框顳側與鼻側兩部分的孔洞，其餘步驟同上。

## 薄邊鏡片的注意事項

　　當使用薄邊鏡片於尼龍線鏡架時，鏡片邊緣面上可能沒有太多空間可刻出溝槽，這表示溝槽任何

<table>
<tr><td>

**Box 7-1**

**尼龍線鏡架的鏡片嵌入步驟**

1. 必要時移除舊線。
2. 斜切新線的尾端。
3. 將尼龍線自鏡片的一側穿過顳側下方孔洞後，再穿進上方孔洞且留下 2.0 ～ 3.0 mm 的線。
4. 嵌入鏡片並拉緊線以吻合鏡片的尺寸。
5. 用拇指抓著多餘的線端部分並移除鏡片。
6. 在線上預留 1.5 ～ 2.0 mm 長的鬆脫部分。
7. 將剩餘的線穿入鼻側上方孔洞。
8. 剪去穿過孔洞 1.5 ～ 2.0 mm 的線。
9. 將多餘的線頭塞入兩側的鏡框溝槽。
10. 將鏡片嵌入鏡框上半部。
11. 使用塑膠片將線拉直繞過鏡片下半部。
12. 檢查線的鬆緊度 ( 線應可達 0.5 ～ 1.0 mm)。

</td></tr>
</table>

一側的薄鏡片材質都有碎裂的可能，尤其是在嵌入和移除鏡片的過程中。正度數鏡片和垂直尺寸狹窄的超薄高折射率負度數鏡片，兩者皆有明顯的薄邊區域。以下為預防薄邊鏡片邊緣碎裂的建議[5]：

將尼龍線嵌入鏡片時，若可能則從鏡片最薄的部分開始，於最厚處結束。

移除尼龍線時則需逆向操作，從鏡片邊緣最厚的部分開始，於最薄處結束。

## 重新縮緊鬆脫的尼龍線鏡片

若鏡片自尼龍線鏡架上鬆脫或滑落，審慎的作法是採取上述步驟以汰換線，而非重新拉緊現有的線。舊線的彈性會隨著時間過去而變得較差。新線的彈性較佳，且汰換掉舊線將可避免日後線斷裂的可能。

有些配鏡人員採用移除鏡片並加熱舊線的方式。線會因熱而收縮，重新嵌入鏡片後將感到較為緊實－但僅為短暫的效果。以此方式緊縮鏡片並不是個好作法，乃因線無法長期維持緊實，鏡片可能會因此意外掉落，造成破裂或嚴重的刮傷。

## 有襯墊的尼龍線鏡架

有些尼龍線鏡架於鏡架頂部的鏡圈溝槽內加有襯墊，這些稱為 8 字型襯墊 (*figure 8 liners*)，乃因從端部 ( 在橫切面處 ) 觀看，襯墊看似呈數字 8 的形狀，此 8 字型的一部分小於另一部分。

若需汰換頂端鏡圈的 8 字型襯墊，可使用刀片、銼刀或牙用鉤棒翻開襯墊，然後從任何一端使之滑出。測量舊襯墊的長度並切裁一片等長的新襯墊。為了使新的 8 字型襯墊易於置入頂端鏡圈，務必將襯墊斜切。

無論是從鼻側或是顳側，首先應自 8 字型襯墊最小的一側開始處理，將其滑進頂端鏡圈的溝槽，整片襯墊應置於溝槽中心。若襯墊看似是鬆的，則換用最大的一側。當心勿遮住用於安裝尼龍線的四個孔洞。

## 邊框有金屬「線」的鏡架

有些鏡架是由極細的金屬線構成鏡框，這類鏡架的鏡片邊緣都被磨成扁平狀然後刻出溝槽，金屬線框滑入鏡片溝槽的方式如同尼龍線的置入方式。由於金屬線框較尼龍線粗，故其溝槽會比尼龍線的溝槽刻得更寬。

# 鏡架與鏡片的清洗

過去清洗鏡架和鏡片之最簡單的方法，乃將之浸泡於溫和的清潔溶液中，藉由手指或軟布搓洗然後再以無絨的軟布擦乾。鏡片上的頑垢可使用丙酮清除，但切忌讓丙酮觸及塑膠鏡架。然而現今的清洗方法已不是這種直接的作法。

由於某些清潔劑內含添加物，因此不適合最後用於清洗有抗反射鍍膜的鏡片。切忌使用含有柑橘的清潔劑 ( 會有殘留物 )，亦不可使用含有乳劑或研磨材料的清潔劑。不應將丙酮用於清洗聚碳酸酯 (PC) 鏡片。

針對不同的鏡架和鏡片材質，表 7-3、7-4 總結了應使用或避免使用的清潔劑。

**表 7-3**
**鏡架清洗**

| 鏡架材質 | 使用 | 避免使用 |
|---|---|---|
| 醋酸纖維素 | 溫和清潔劑 * | 丙酮或丙酮替代物 |
| 丙酸纖維素 | 超音波清潔器組與超音波清潔劑 | 酒精 |
| 聚醯胺 | | |
| 尼龍 | 溫和清潔劑 | 丙酮或丙酮替代物 |
| 碳纖維 | 酒精可除去頑強污漬 | |
| 環氧樹脂 | 超音波清潔器組與超音波清潔劑 | |
| 聚碳酸酯 | 溫和清潔劑<br>酒精<br>超音波清潔器組與超音波清潔劑 | 如丙酮等溶劑 |
| 金屬 | 溫和清潔劑<br>酒精<br>超音波清潔器組與超音波清潔劑 | 丙酮或丙酮替代物 ( 可能會移除著色裝飾 ) |

\* 溫和清潔劑不含柑橘 ( 柑橘會有殘留物 )，且不含乳劑或研磨材料。亦可使用如美國品牌 Joy 的透明清潔劑。
　丙酸纖維素材料對酒精敏感。由於難以分辨醋酸纖維素鏡架與丙酸纖維素鏡架，故勿使用酒精較為安全。

**表 7-4**
**鏡片清洗**

| 鏡片材質 | 使用 | 避免使用 |
|---|---|---|
| 玻璃與 CR-39 塑膠 | 溫和清潔劑、酒精、丙酮或如「Solves It*」的丙酮替代物 | 研磨材料 |
| 聚碳酸酯與高折射率塑膠 | 溫和清潔劑或酒精 | 丙酮 |
| 抗反射鍍膜鏡片 | 抗反射鍍膜鏡片清潔劑 ( 亦可先使用溫和清潔劑，再使用抗反射鍍膜鏡片清潔劑 ) | 含有柑橘、乳劑或研磨材料的清潔劑<br>丙酮<br>超音波清潔器組 |

\* 加州洛杉磯的 SeeGreen 有供應此物品。

## 參考文獻

1. Hilco TempMaster Frame Warmer Instructions, Plainville, Mass, Hilco.
2. Bruneni J: Heating carbon frames, Optical Dispensing News, no 33, 2003.
3. Ophthalmic frame: plastic materials guidelines: Bell Optical Laboratories, Dayton, Ohio, undated.
4. How to work with Optyl: Norwood, NJ, 1976, Optyl Corp.
5. Tibbs R: Cord counsel, Optical Dispensing Newsletter, Oct 24, 2000.

# 學習成效測驗

1. 對或錯？若初次試著嵌入鏡片未成功，可將鏡架與已局部嵌入的鏡片一起加熱，然後再將鏡片尚未嵌入的部分順勢推入斜面。

2. 對或錯？當嵌入鏡片時，鏡架的鏡圈下半部有滾動前傾的狀況發生（即正面下傾）。若嘗試多次拉直鏡圈並重新嵌入鏡片後，鏡圈前傾的問題仍存在，此時唯一的解決方法是拉直鏡圈，然後試著從後方嵌入鏡片。

3. 若鹽鍋的鹽沾黏至鏡架，應如何做以解決此問題？
   a. 使用較新的鹽
   b. 檢查加熱的環節
   c. 在鹽中加入滑石粉
   d. 使用更好的鏡架
   e. 提前清洗鏡架

4. 將一對已磨邊的多焦點鏡片平行互靠時，其子片可完全重疊。下列哪一敘述不正確？（複選題）
   a. 柱軸是正確的
   b. 處方無多餘的垂直稜鏡
   c. 在磨邊時，鏡片位置都沒有扭曲
   d. 子片高度一致
   e. 子片總內偏距一致

5. 加熱尼龍鏡架之最佳方法是使用：
   a. 鹽
   b. 玻璃珠
   c. 加壓熱氣
   d. 熱水
   e. 沙

6. 哪種類型的鏡架可加熱直至因本身重量而彎曲？
   a. 醋酸與丙酸纖維素鏡架
   b. 環氧樹脂鏡架
   c. 尼龍鏡架
   d. 聚醯胺鏡架
   e. 以上皆非

7. 何種鏡架材質在浸入冷水後會收縮？
   a. 聚醯胺
   b. 醋酸纖維素
   c. 環氧樹脂
   d. 碳纖維
   e. 丙酸纖維素

8. 何種鏡架材質在加熱時會稍微收縮？
   a. 聚醯胺
   b. 醋酸纖維素
   c. 環氧樹脂
   d. 碳纖維
   e. 丙酸纖維素

9. 何種鏡架材質是以「冷扣法」為嵌入鏡片之最佳方法？
   a. 聚醯胺
   b. 環氧樹脂
   c. 碳纖維
   d. 聚碳酸酯
   e. 克維拉 (Kevlar)

10. 不易調整的鏡架材質類型為：
    a. 聚醯胺
    b. 環氧樹脂
    c. 碳纖維
    d. 聚碳酸酯
    e. 醋酸纖維素

11. 對或錯？聚碳酸酯鏡架加熱時，既不延展亦不收縮。

12. 某副鏡架標示著「環氧樹脂 (Optyl)」，鏡腳部分有等長的金屬補強。這些鏡腳：
    a. 調整時需大量加熱
    b. 調整時不需大量加熱

13. 環氧樹脂鏡架的磨邊鏡片通常需偏離鏡架的標示尺寸多少距離？
    a. 小於標示尺寸 0.2 ～ 0.4 mm
    b. 等於標示尺寸
    c. 大於標示尺寸 0.2 ～ 0.6 mm
    d. 大於標示尺寸 0.6～1.0 mm
    e. 大於標示尺寸 1.0～1.4 mm

14. 欲自加熱後的醋酸纖維素鏡架移除鏡片，最容易將鏡片推出的方法是將拇指置於：
    a. 近顳側的鏡片前側，當手指拉著鏡圈時便以拇指推出鏡片
    b. 近鼻側下方的鏡片前側，當手指拉著鏡圈時便以拇指推出鏡片
    c. 近中間的鏡片後側，當手指拉著鏡圈時便以拇指推出鏡片
    d. 近顳側上方的鏡片後側，當手指拉著鏡圈時便以拇指推出鏡片
    e. 近鼻側下方的鏡片後側，當手指拉著鏡圈時便以拇指推出鏡片

15. 鏡圈封閉鉗是用於：
    a. 將難以嵌入的鏡片壓入過小的鏡圈
    b. 將金屬鏡架的鏡圈形塑成彎月弧型鏡片
    c. 封閉環繞鏡片之金屬鏡架的鏡圈以評估鏡片尺寸
    d. 在鎖緊鏡圈螺絲時抓著鏡架的鏡圈

16. 對或錯？經化學處理的玻璃鏡片在手工磨邊後不需再次處理是可被接受的，其不需要像熱處理後的鏡片在手工磨邊後需重新加熱處理一樣，再次化學處理。

17. 重新裝配尼龍線時，需將線的兩端分別穿過鏡架鼻側的兩個孔洞與顳側的兩個孔洞。首先應穿進哪一孔洞？
    a. 尼龍線總是先穿過上方的孔洞
    b. 尼龍線總是先穿過下方的孔洞
    c. 無論先穿過哪一孔洞皆可

18. 我們正要將有溝槽的鏡片嵌入尼龍線鏡架，尼龍線長度恰好且已連接於鏡架。現在鏡片的上半部已按壓進入鏡架的上半部鏡圈，此時線的位置應在何處？
    a. 在鏡片的前表面
    b. 在鏡片的後方
    c. 線的位置並不重要

19. 若尼龍線的尾端卡在溝槽內，最好以何種工具將其取出？
    a. 你的指甲
    b. 指甲剪
    c. 牙籤
    d. 牙用鈎棒

20. 處理尼龍線鏡架時，在移除用於將尼龍線滑入鏡片溝槽的塑膠片之前，就應檢查尼龍線的鬆緊度。塑膠片應置於鏡片底端靠近鏡片線的中點，接著再以塑膠片將其拉緊。塑膠片：
    a. 應可將線拉離鏡片邊緣約 0.5 ～ 1.0 mm
    b. 應可將線拉離鏡片邊緣約 1.5 ～ 2.0 mm
    c. 應可將線拉離鏡片邊緣約 2.5 ～ 3.0 mm
    d. 不應將線拉離鏡片邊緣

21. 對或錯？尼龍線鏡架用的線喪失彈性時，先移除鏡片再加熱線，如此可收縮線並重新拉緊鏡片。鏡片維持牢固的時間長度幾乎等同初次嵌入時。

22. 當鏡片完全嵌入鏡框斜面時，鏡片下緣卻稍微凸出，最可能的問題為何？

23. 使用鏡片驗度儀測試時，哪種形式的鏡片檢查不出其於鏡框中已有扭曲或旋轉的跡象？

24. 校驗一副眼鏡時，有一鏡片位置明顯轉動了，但鏡片驗度儀卻顯示該鏡片的柱軸並未偏離，上述可能的原因為何？

25. 若醋酸纖維素鏡架已被之前過大的鏡片撐大（使新鏡片對於鏡架而言過小），解決此問題之最佳方法為何？

26. 當鏡片是平頂多焦點鏡片時，在嵌入鏡片後檢查鏡片是否旋轉之最簡便的方法為何？

CHAPTER **8**

# 對齊標準

配鏡人員在配好一副眼鏡前，必須能妥當地對齊鏡架。在學習「校準」鏡架的同時，首先應研讀並精通裝配眼鏡的實際操作程序。本章教授適當的對齊標準，為裝配鏡架做好準備。

## 對齊標準或鏡架「校準」

從光學工廠所取得的鏡架照理應已校準（即達到對齊標準）。對齊標準的鏡架是符合某種客觀標準，而非正好吻合配戴者的臉型。對齊標準應確保鏡架調整能回應配戴者的臉部特徵，而非屈就鏡架本身在實驗室塑形時可能產生的變異。

事實上有些鏡架在工廠內可能未經校準，因此配鏡人員為個別配戴者調整眼鏡前，執行校準的程序是很重要的。處方確認之時即為事前調整的最佳時機。

「校準」眼鏡是調整它們的良好起始點，特別是長時間配戴但近期未調整的眼鏡。校準也可用於由非配戴者為配戴者帶來調整的眼鏡，或被踩到、輾過或以其他方式毀損的眼鏡。這些鏡架在進行外加調整前，必須先回歸至對齊標準。

對齊標準的通則是從鼻橋開始，然後調整端片，最後才處理鏡腳。顯然，調整鏡架的一部分將影響另一部分，例如彎折鼻橋可能會改變鏡腳的關係位置。先處理鼻橋再依序調整其他部位，有助於免除必須回頭調整已調整的部位之情況。

可調式塑膠鏡架幾乎都需先加熱才能調整對齊。金屬的鏡架與零件不需加熱，有包覆塑膠的部分則除外。

本章依塑膠鏡架、金屬鏡架、鼻墊與無框鏡架的校準分為不同單元。為了因應教學目的，很容易讓讀者認為這些鏡架皆為不同型態，然而實際操作時便發現種類繁多的鏡架其特徵卻是重疊交叉。有些鏡架是兩種或多種鏡架的綜合體。這表示配鏡人員到最後必須經常將不同單元習得的技巧運用於單一鏡架上。

建議先閱讀塑膠鏡架內文，再進行金屬或無框的部分，因為第一單元將會介紹並詳細說明稍後單元所使用的專門術語。

## 單元 A
### 塑膠鏡架的對齊標準
### 加熱鏡架

標準塑膠鏡架\*於任何的調整對齊程序中皆需加熱，調整鏡架的標準程序應從鼻橋開始。

僅於鏡架需調整的部位加熱，以避免不慎影響已對齊的區域。鏡架加熱可利用加壓的熱空氣、裝有已加熱的調味鹽之「鹽鍋」，或是內含加熱的小玻璃珠之鍋子。加熱鏡架的首選為加壓熱空氣。

### 熱鹽或玻璃珠

縱使已說明了熱鹽或玻璃珠的使用方法，但切記它們並不建議使用，乃因鹽鍋加熱會影響有些較新的鏡架材質，故最好是以加壓熱空氣加熱。再者，熱鹽的摩擦或熱能可能會損害鏡片鍍膜表面，即使鍍膜在使用鹽鍋加熱後看似完好無損，但使用壽命卻已減短。當配戴者有正常保養，而鏡片卻在比預

---

\* 醋酸纖維素鏡架與丙酸纖維素鏡架被視為標準塑膠鏡架。更多不同塑膠鏡架對熱的反應請見第 1 章與第 7 章。

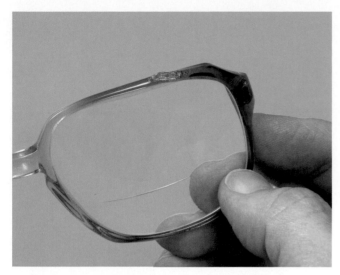

**圖 8-1** 鏡架過度加熱導致上半框的塑膠產生氣泡之範例。

期短的時間內因表面模糊或裂紋 * 而被退回，此問題可能早在配鏡場所時便產生。配鏡新手很難分辨是否是因任意使用鹽鍋而造成鏡架或鏡片的損害，因此若鹽鍋在校準過程中正被使用，請新手改用加壓空氣加熱器較為安全。

使用鹽鍋時在尚未置入鏡架前，先攪動鹽以加熱均勻，而木製湯匙是攪動的最佳工具，它不會因碰觸熱鹽升溫，亦可用於推堆鹽丘以加熱特定的物件。

將鏡架放入鹽中，就在表層下方且盡量與表面平行。若斜插鏡架導致部分鏡架過於靠近加熱物質，鏡架便可能產生氣泡或變形 ( 圖 8-1)。鏡架在鹽中來回移動，亦可避免此問題的發生。若不移動鏡架，即使是醋酸纖維素鏡架其塑膠表面也會輕微凹陷，而這些輕微的凹陷將使滑順、相當光亮的烏黑鏡架暗淡無光。基於此原因，建議勿使用鹽鍋來加熱黑色鏡架。

將滑石粉摻入鹽中，可預防鹽粒沾黏於鏡架或聚結成塊。鹽粒亦會沾黏於經過冷水冷卻再放入鹽中的濕鏡架，因此濕鏡架最好使用暖空氣加熱。

## 加壓熱空氣

加熱鏡架的首選方法是加壓熱空氣。當使用熱空氣加熱鏡架時，特別是加熱器只從單一方向散發

熱氣，務必移動或轉動鏡架以預防過度加熱某部位，也可確保表面加熱的均勻性。若僅一側過度加熱，鏡架表面塑膠將產生氣泡，此現象可能發生在鏡架加熱尚未至能彎曲時。

加熱鏡架摘要請見 Box 8-1。

## 鼻橋

有些偏差與鼻橋有關，故主要是透過鼻橋對鏡片平面的影響來判定鼻橋本身。欲將鏡片重新調回適當平面，先加熱鼻橋區域，再持握鏡架的鏡片區域，並根據預期的矯正進行調整。

使用鹽鍋加熱鼻橋時，攪動鍋內的鹽並於鍋子中央堆成鹽丘。將鏡架放入鍋中且鏡腳朝上，使鼻橋沒入鹽丘頂，重複此步驟直至鼻橋柔軟足可彎曲 ( 圖 8-2)。

使用熱空氣時，需將熱氣流集中於鼻橋上。依據加熱器的種類，可於氣體出口處置放錐狀連結物，或封住出口處的局部以集中熱氣流。在熱氣流中來回移動鼻橋直至柔軟。一旦鼻橋柔軟後便可進行必要的調整，以達到預期的矯正效果。

若其中一鏡片相對於另一鏡片上移或後移，鼻橋即無法對齊。若一側鏡片高於另一側，則稱為未水平對齊；若一側鏡片的位置較另一側鏡片往前或往後，則稱為未垂直對齊。

---

\* 表面裂紋非常細微，看似如乾裂的泥土。

圖 8-2　加熱鼻橋區域，先將鹽於鍋子中央堆聚成丘，然後使鼻橋沒入鹽丘頂。

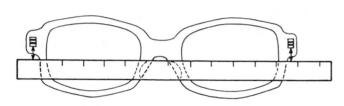

圖 8-3　檢查水平對齊。由於直尺與鏡架兩側端片參考點之間等距離，故此副鏡架是對齊的。

## 水平對齊

　　檢查塑膠鏡架是否水平對齊並不容易，乃因鏡架不總是有明顯的參考點。欲檢查是否水平對齊，在鏡架後方橫放直尺或直邊物，若有鼻墊即在鼻墊上方；若無鼻墊則可能在鼻橋末端的雕刻處（此區域有鼻墊的功能）。水平對齊時，兩端片距離直邊物應等距離（圖 8-3）。經驗老到的眼力將勝於直尺更能看出是否水平對齊。

## 鏡片旋轉

　　鏡架未水平對齊有兩個常見的原因：鏡片旋轉與鼻橋歪斜。鏡架的鏡片旋轉將導致鏡圈頂部於鼻橋隆起，或一側端片的形狀歪斜（第 7 章圖 7-7)。欲矯正此問題需使用鏡片扭轉鉗，第 7 章已說明處理的步驟。

## 鼻橋歪斜

　　從前框觀看，鼻橋歪斜會造成一側鏡片高於一側（圖 8-4)，此問題通常是在眼鏡裝配不當時才會發生。

圖 8-4　鼻橋歪斜的範例。注意兩側鏡片皆未扭轉，偏差在於一側鏡片高於另一側（此照片是從鏡架前方望去的角度，下一張矯正此問題的照片乃攝自鏡架後方）。

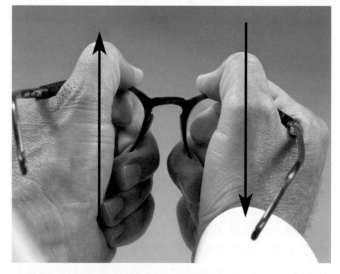

圖 8-5　矯正歪斜的鼻橋，首先加熱鼻橋然後強行向上調整一側，而另一側向下調整。這副鏡架與上圖鏡架相同，但鏡架方位相反（注意鏡腳的方向）。

　　欲矯正歪斜的鼻橋需先加熱鼻橋，如圖 8-5 兩手各抓著前框鏡圈，以相反方向的力量強迫調整鏡圈，直至兩鏡圈頂部平行。當然在進行此程序時，鏡片必須於鏡框內才能奏效。若以相反方向的力量對鏡片施壓，兩鏡片的前側平面務必保持平行，鏡架才不致於不慎發生前框 X 型扭曲。稍後將介紹前框 X 型扭曲的詳細內容。

圖 8-6　檢查四點接觸。鏡架鏡圈在直尺與鏡圈交會處相觸。當「鏡架瞳距」與配戴者的瞳孔間距相等時，代表已正確對齊。

## 垂直對齊 ( 四點接觸法 )

　　檢查垂直對齊或四點接觸 (four-point touch) 時，置放直尺或直邊物使之穿過整副眼鏡鼻墊下方區域的前框內側。理論上，鏡架鏡圈應與直尺四點接觸 ( 即直尺與鏡圈於四點交會 [ 圖 8-6])，然而這僅發生在鏡架小於配戴者的頭部尺寸時 *，否則便需鏡框彎弧 †。

## 鏡框彎弧

　　鏡框彎弧 (face form) 或鏡框環弧 (wraparound) 即是前框正好稍微順著臉型的彎曲。多數鏡架至少都有一定程度的鏡框彎弧，特別是大鏡架或厚金屬鏡架。有鏡框彎弧的鏡架無法符合四點接觸法，但仍需對稱。顳側鏡圈應與直尺碰觸，而兩鼻側至直尺的距離應相等 ( 圖 8-7)。

　　若兩鼻側鏡圈距離直尺很遠，明顯表示鏡框彎弧過多。若只有鼻側鏡圈碰觸直尺，而顳側鏡圈無法，表示鏡框彎弧不足 ( 圖 8-8)。

　　鏡框彎弧過多或不足的補救方法為調整鼻橋。首先加熱鼻橋使之柔軟，藉由拇指從內側而其餘手指從外側持握鏡架的鏡片與鏡圈，接著朝內或朝外彎折鼻橋 ( 圖 8-9)。

---

* 精確的四點接觸法僅用於鏡框矩形孔的水平尺寸 (A)+ 鏡片間距 (DBL)= 配戴者瞳距 (PD) 的情況。
† 關於鏡架為何應有鏡框彎弧而又需多少弧度的說明請見第 5 章「鏡框彎弧」內容。

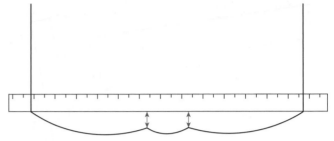

圖 8-7　對於那些無法也不該完美符合四點接觸的鏡架，鏡圈鼻側至直尺的距離應等距離。

圖 8-8　負鏡框彎弧的範例。

圖 8-9　配製眼鏡時對稱往往非常重要。調整鏡框彎弧時，對稱持握靠近鼻橋的眼鏡方能彎折得當。

## 前框 X 型扭曲

　　檢查四點接觸時，可能會察覺到另一種垂直不對齊的問題。前框扭曲使兩鏡片彼此不在相同的平面，從側方觀看前框鏡圈形成 X 型，故稱為前框 X 型扭曲 (X-ing)( 圖 8-10)。圖 8-11 是從下方觀看，鏡架呈現前框 X 型扭曲的情形。

　　前框 X 型扭曲會造成兩鏡腳的不平行。每當出

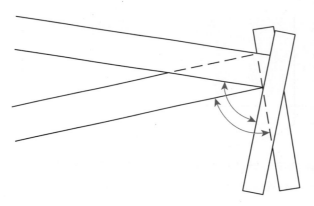

圖 8-10　欲分辨前框 X 型扭曲，可從側方觀看由鏡圈所形成的特有 X 型。

圖 8-12　持握鏡架以矯正前框 X 型扭曲的偏差，兩手腕以相反方向移動。

圖 8-11　此為由下往上觀看的前框 X 型扭曲的鏡架。

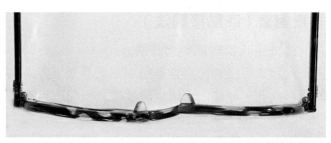

圖 8-13　此為鏡片平面相異或不在共同平面上對齊之範例。儘管鼻橋彎折不當，鏡片仍相互平行。

現鏡腳不平行的情形，在未使用其他方法調整對齊鏡腳前，應先檢查是否為前框 X 型扭曲。

　　如圖 8-12 持握鏡圈矯正前框 X 型扭曲，雙手以相反方向的力量旋轉鏡圈，直至鏡片平面呈平行。

## 相異平面

　　當鏡片平面相異或未在共同平面上對齊時，此為另一種垂直不對齊的問題。針對這種情況儘管鏡片平面呈平行，但其中一鏡片較另一鏡片前傾（圖 8-13）。即使相異平面很容易被忽略，但使用四點接觸測試常可明顯察覺此誤差。

　　矯正鏡片不在共同平面的鏡架，先加熱鼻橋如圖 8-9 持握鏡架，如同矯正過多的鏡框彎弧一般，

然而此時需將整個鏡圈自一側推離自己，另一側則往自己拉近，以使兩鏡片平面相互平行。

## 鏡腳

　　在預先水平、垂直調整鼻橋與鏡圈後，校準鏡架之第三個需考量的區域即為鏡腳。調整程序可能會影響端片，故先檢查鏡腳張幅，之後是鏡腳平行度與對齊鏡腳尾端，最後再矯正鏡腳褶疊角。

### 鏡腳張幅

　　鏡腳張幅（temple spread）或鏡腳張角（let-back）是指開展鏡腳與前框形成的夾角。鏡腳柄必須筆直，以了解鏡腳張幅的真實樣貌。在進一步調整前先拉直鏡腳柄，透過加熱鏡腳並以雙手拉直，應可消除鏡腳柄任何曲度的問題。

圖 8-14　針對鏡架的適當對齊標準，此副鏡架的鏡腳張幅顯得過大，張幅應縮減至鏡腳與鏡架前框的角度為 94～95 度。

圖 8-15　減少鏡腳張幅的方法之一，乃一手持握鏡架的鏡片與鏡圈，另一隻手以拇指將端片往後推。

　　鏡腳張幅稍微大於直角是正常的，通常為 94～95 度之間。尚未配戴之前，鏡腳張幅最好小於直角，往後才不需再將鏡腳調回，而拉回鏡腳的難度通常大於拉開鏡腳。

## 鏡腳張幅過大

　　針對標準對齊，鏡腳若開展超過 95 度即是過寬（圖 8-14）。有數個方法可矯正此問題，但都有相同的準則：必須將端片加熱且向內彎曲，以不致於使鏡腳張幅過大。

　　將鏡腳完全打開，矯正程序即從欲加熱的區域開始加熱。鏡腳充分開展較容易分辨是否端片已達到足夠的彎度，這是因為能看見鏡腳往內調整的幅度。若鏡架有隱藏式絞鍊，謹慎以避免碰撞鏡架，如此會使絞鍊鬆動。

　　可使用下列方法調整端片以降低鏡腳外張的機會：

1. 使用拇指－在端片仍溫熱時，持握鏡架的鏡圈並以拇指將端片推回（圖 8-15）。若前框上有金屬片，在拇指與前框中間放置一塊布以防止皮膚燙傷。
2. 使用平面－加熱端片並以雙手抓著鏡圈和鏡片。利用一塊平面，將鏡架端片往平面下壓而迫使端片退後（圖 8-16, A 與 B)。平面必須平滑且無沙礫與鹽粒。當鏡架壓在不平整的平面或有鹽粒等外來物時，將會於鏡架前框留下壓痕。

　　鏡片彎角可能常於進行此方法時砰地彈出。若發生這種狀況，反轉鏡架利用手指從後方支托鏡圈，並以拇指將鏡片彎角推回，如此可使鏡片嵌回鏡框內。在某些特別困難的案例中，可預期此狀況會在調整過程時多次發生。

3. 彎折鏡圈與端片－若使用上述二法後端片仍不夠彎曲，將鏡片從鏡框中取出。針對空鏡架，其更容易往後彎折鏡圈與端片（圖 8-17）。於鏡架重新塑形後再嵌入鏡片。

　　然而，在推斷上列任何方法是否能完善調回鏡腳前，檢查端片與鏡腳末端間的部分。若是使用鹽鍋，將可能留下鹽粒造成鏡腳無法正常開展。沖洗鏡架後鹽粒會溶解，鏡腳便能開展而呈現對齊狀態。

4. 彎折鏡腳端頭部分－若上述三種方法皆無法解決問題即可使用此法，其通常用於較老舊的鏡架，由於會傷害鏡架的表面外觀，故這是最後使用的方法。

　　先加熱鏡腳，以單墊調整鉗盡量在靠近絞鍊處夾著鏡腳端頭（單墊調整鉗如圖 8-18 所示），然後使用另一隻手持握靠近鉗子的鏡腳並向內彎折（圖 8-19）。

5. 將隱藏式絞鍊插入於前框更深處－有隱藏式絞鍊的醋酸纖維素鏡架，若將其前框絞鍊插入至稍微較深的塑膠中，便可減少鏡腳張幅。可藉由移除鏡腳、以烙鐵或手指型加熱器加熱隱藏式絞鍊來

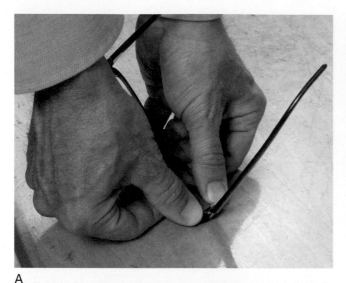

A

B

**圖 8-16**　減少鏡腳張幅之最簡單且最有效的方法即倚靠平面壓回端片。A 與 B 為兩個操作圖例。

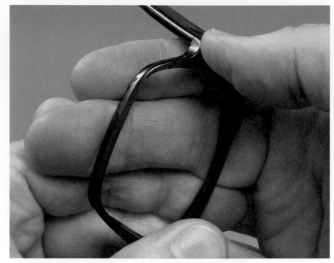

**圖 8-17**　以食指支托兩鏡圈，拇指則壓擠端片減少鏡腳張幅。

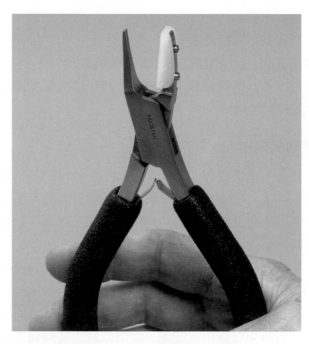

**圖 8-18**　以單墊調整鉗夾穩鏡架。有尼龍墊的鉗口可防止鉗口損傷鏡架，而無尼龍墊的鉗口為平整或圓滑的。

完成。並不需於深度上有太大的改變，即可使鏡腳張幅明顯地減少 ( 更多的處理細節請見第 10 章「隱藏式絞鍊」內文 )。

## 鏡腳張幅過小

　　在嵌入鏡片與拉直鼻橋後，鏡腳有時仍不夠開展。當發生此問題時，至少有三種矯正的方法：

1. 鏡片可能於端片處未完全嵌入鏡架。查看鏡片是否位置正確，若沒有則將鏡片壓回溝槽內，如此便可解決問題。

2. 端片必須朝外彎折。先加熱端片區域，然後利用拇指支托鏡片，並以其餘手指往外拉移端片 ( 圖

8-20)。絕不可拉移鏡腳，如此只會使鏡架鬆脫而無法根治問題。

3. 銼磨鏡腳端頭。上述方法皆無效時，可能就需銼磨鏡腳。這發生在鏡腳過於朝內偏移以及當使用前表面弧度過大的鏡片時，原因或許是鏡架前框增加額外的弧度，乃因鏡圈為了符合彎曲的鏡片而改變形狀。

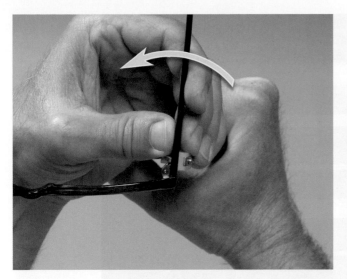

圖 8-19　若其他方法皆不可奏效，利用單墊調整鉗夾著鏡腳端頭，並以另一隻手彎折鏡腳。

A

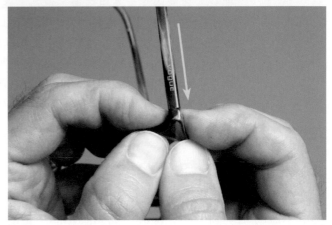

B

圖 8-20　欲開展鏡腳可加熱端片，拇指壓著端片而其餘手指則將端片拉回 (A 與 B 為不同角度的圖例)，如此應可增加鏡腳張幅。若碰巧鏡片未完全嵌入鏡架的顳側溝槽內，它可能為鏡腳張幅不足的主要原因。若鏡片確實未在溝槽內，此動作也能將鏡片嵌回定位。

　　為了矯正此問題，使用粗糙的銼刀 ( 圖 8-21) 於鉸鏈接連鏡架前框處銼磨鏡腳端部。切記，為此目的只能銼磨鏡腳，絕不可銼磨前框。同型的各別替代鏡腳，通常可於不同的角度裝配相同的前框，但若是銼磨前框而非鏡腳，若更換鏡腳便會造成鏡腳張幅異常過大。

　　為了銼磨鏡腳，可將眼鏡倚靠於某硬物，或是以食指關節靠在桌邊支托鏡腳閉合的鏡架 ( 圖 8-22)。均勻銼磨鏡腳後端且不時地完全開展鏡腳，以便觀察其與端片的接合處。注意鏡腳後端是否完全碰觸端片。

　　有個常見的銼磨錯誤會導致在端片與鏡腳端頭區域接連的頂端或底端產生間隙 ( 圖 8-23)。第二個常見錯誤為若是銼磨鏡腳內側太過，鏡腳與鏡架前框之間只留下一小接鄰區域 ( 圖 8-24)。第一個錯誤在美觀上特別不討喜，這兩個錯誤在眼鏡配戴一段時間後皆會產生問題，乃因壓力集中的區域最終將承受不住，使鏡腳呈喇叭狀開展造成眼鏡鬆脫。

　　在尚未觸及金屬強化零件，即是鉸鍊本身之前，通常不可能過度銼磨。銼磨此零件並不會傷害或削弱鏡架；事實上，若過度銼磨是必要時就不可避免。

4. 朝外彎折鏡腳。若上述方法皆無法解決問題，最後一招即是在從端片至鏡腳約 3/4 英吋處向外彎折鏡腳。通常會以單墊調整鉗夾著鏡腳端頭，另一隻手使鏡腳向外彎折，其彎曲類似圖 8-19 所示。

　　鏡腳張幅的問題與解決方法摘要請見表 8-1。

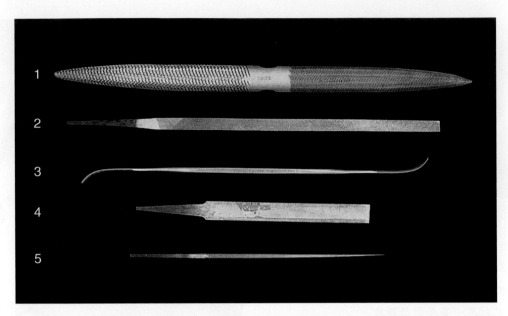

**圖 8-21** 配鏡使用的標準銼刀。由上至下：1. 賽璐珞銼刀－用於銼磨鏡架的塑膠部分。儘管兩端皆為粗糙面，但為了銼磨速度的變化，有一端會較另一端細緻。2. 柱狀銼刀－較賽璐珞銼刀更為細小，此銼刀常用於銼磨鏡架的金屬部分。3. 波紋銼刀－此匙狀銼刀擅於銼磨狹小且難以觸及之處，使用時拇指或其餘手指將持握「匙狀」彎弧。4. 開槽銼刀－用於重新開槽的螺絲上，或在無槽孔處開槽。5. 鼠尾銼刀－用於傳統型無框裝配架。此銼刀是用於減少某區域的鏡片厚度，使鏡片箍可適度抓牢，也可被用來平整鑽孔的內緣。

## 鏡腳平行度

針對標準對齊鏡架，鏡腳必須相互平行，一側鏡腳不應較另一側下傾。從側方觀看眼鏡時，鏡腳平行度取決於鏡腳與前框所形成的角度，該角度常稱為前傾角 (*pantoscopic angle*)。前傾角是指當水平握著鏡腳時，鏡架前框偏離垂直線的角度＊。

從側方觀看鏡架，前框下半框較上半框更靠近臉部，故稱此角度「前傾」。適當的前傾角有少至 4 度高至 18 度的差異。若調整眼鏡使下半框傾斜遠離臉部，則稱此副眼鏡為「後傾」而非前傾斜。後傾斜很少是恰當的。

針對各種案例若欲測試鏡腳是否平行，需將眼鏡鏡腳開展並倒置於平面上，然後觀察兩鏡腳是否皆能平置，或是有一支鏡腳未能接觸平面。若難以判定則可先觸碰一支鏡腳，接著再碰觸另一支鏡腳，看看鏡架有無前後搖晃，或是否可平穩置於平

**圖 8-22** 儘管特別設計的長凳支架是個可用的方法，但將指關節倚靠在桌子邊緣作為支撐，也能在銼磨時固定鏡架。

---

＊ 嚴格說來前傾角的定義是指在配戴眼鏡時，鏡架前框平面與臉部前表面所形成的角度。

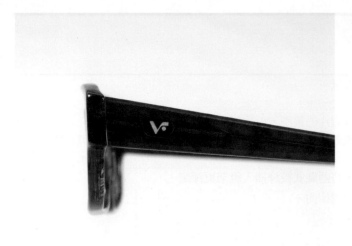

A

A

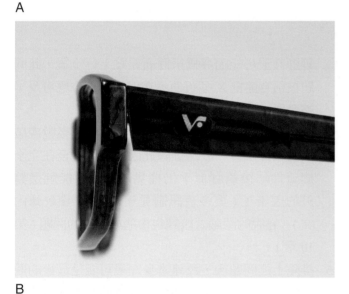

B

圖 8-23　圖 A 顯示鏡架的鏡腳與前框之間有適當的接合，而圖 B 的鏡架則為銼磨不均勻或草率銼磨的結果。

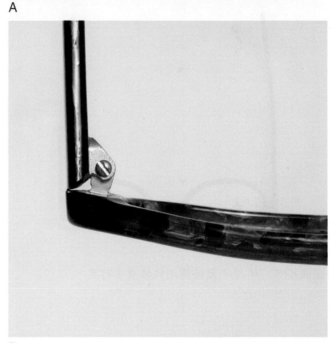

B

圖 8-24　由上往下觀看，圖 A 的鏡架展示鏡腳應與前框如何接合。圖 B 中未銼磨完全的鏡腳將無法對齊，因為此一小區域會受力很大，導致塑膠在短時間內被壓縮而使鏡腳過於開展。

面，此步驟即為平面接觸測試 (flat surface touch test) (圖 8-25)。若鏡架搖晃便需矯正鏡架，否則配戴在臉上時會傾斜不端正。

　　檢測鏡腳平行度常見的錯誤，乃將眼鏡正放於桌上而非倒置。若以此方式檢測平行度，出現一側鏡腳彎下部位較另一側稍微下彎，或是一側鏡腳的彎折點較另一側稍微往前，便無法利用平面接觸測試來檢驗鏡腳平行度。

　　鏡腳平行度不正確有五個原因：

1. 若是因端片不平直導致鏡腳平行度不正確，原因可能為：

　a. 鏡片未正好嵌入端片區域。先檢查此處，其會

影響整個鏡腳的角度。鏡片若只是稍微移出鏡圈外，通常不需移除再嵌入鏡片，僅加熱該區域的鏡架並將鏡片壓回溝槽內即可。

　b. 端片僅是角度不適當。若端片要在鏡片嵌入處被彎折，則加熱端片並藉由實驗毛巾保護手指以彎曲端片。

| 表 8-1 | |
|---|---|
| 塑膠鏡架鏡腳張幅問題及其解決方法 | |
| 問題 | 解決方法 |
| 鏡腳張幅過大 | 1. 加熱端片，以拇指將其往後推。<br>2. 加熱端片並倚靠桌面壓回。<br>3. 移除鏡片，彎折端片與靠近端片的鏡圈，再重新嵌入鏡片。<br>4. 當鏡架老舊或上述方法皆無效時，以單墊調整鉗夾著鏡腳端頭，盡可能在靠近鉗子處彎折鏡腳。<br>5. 使用烙鐵或手指型加熱器，將隱藏式絞鍊插入鏡架更深處。 |
| 鏡腳張幅過小 | 1. 查看鏡片是否在鏡架的顳側溝槽內。<br>2. 向前彎折端片。<br>3. 銼磨與前框接合之鏡腳。<br>4. 若上述無一可行，在鏡腳距離端片約 3/4 英吋處朝外彎折鏡腳。 |

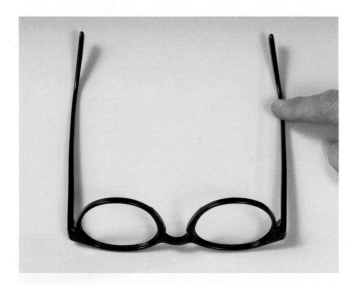

圖 8-25　使用平面接觸測試檢查平行度。

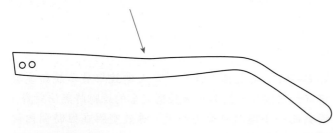

圖 8-26　鏡腳開展置於平面上時，鏡腳柄的彎曲可能會造成眼鏡搖晃。

2. 另一個導致誤差的原因是鏡腳柄本身的彎曲（圖 8-26)。這常發生故應提早檢查，它是很容易矯正的，透過加熱並拉直鏡腳柄，便可立即修正此偏差。

3. 鏡腳甚至可能因鼻橋扭曲而偏離平行位置。此問題被稱為前框 X 型扭曲，在對齊過程中應可及早被發現，並已於稍早說明。

4. 針對無隱藏式絞鍊的鏡架，問題可能是鬆脫或破損的絞鍊鉚釘，故需排除此因素。若甚至在完全旋緊螺絲後鏡腳似乎仍搖晃，那麼可能就是鉚釘的因素了（更多資訊請見第 10 章維修絞鍊內文)。鬆脫的隱藏式絞鍊也會造成相同的問題（第 10 章)。

5. 排除上述問題後，絞鍊本身即最可能是最後的問題點，必須進行拉直動作。解決此問題的方法如下：將完全開展的鏡腳稍微閉合，一手持握近端片的鏡架前框，另一隻手抓著靠近鏡腳端頭處上下調整鏡腳角度（圖 8-27)。

不使用工具徒手調整鏡腳並非皆能改變前傾角，下列為使用工具的調整方法：

若端片有足夠的空間，使用單墊調整鉗夾著端片。有保護墊的鉗子其鉗口應於前方，而無墊鉗口於後方。後方的鉗口抵住端片絞鍊鉚釘以便支托，再以第二個角度調整鉗（圖 8-28）夾著絞鍊螺絲的頂端與底端。旋轉鉗子調整絞鍊，使兩側鏡腳相互平行（圖 8-29)。未使用鉗子調整時，應稍微合起鏡腳使其端頭不致觸及端片，否則鏡腳碰觸端片將有礙彎折。

若無足夠的空間可夾著端片，那麼只使用角度調整鉗，並以雙手握著鏡架前框以改變前傾角。

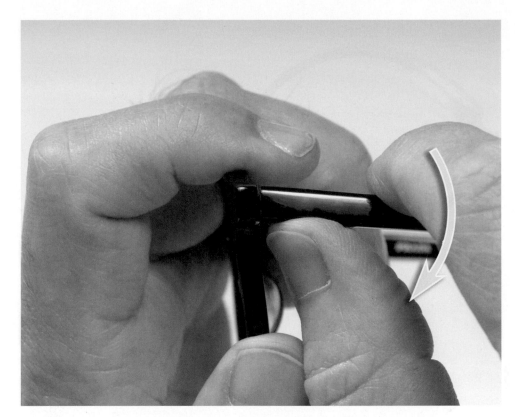

圖 8-27　此照片顯示改變鏡腳前傾角的常用方法。鏡腳若完全開展將無法順利操作此法,如此便無空間來調整鏡腳。鏡腳端頭務必不得觸及鏡架前框。

A

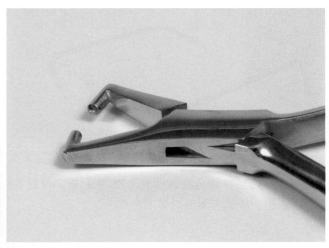

B

圖 8-28　角度調整鉗。圖 A 為傳統型的角度調整鉗,注意鉗口內側的凹口是用於夾著螺絲。由於這類角度調整鉗較為笨重,且有時不好深入難以觸及之處,圖 B 為較狹窄的角度調整鉗。

　　**註:** 操作任何前傾角度調整程序時不應加熱鏡架,乃因軟化的塑膠會造成鉚釘鬆脫。若加熱鏡架,隱藏式絞鍊可能會意外自前框脫落。

　　前傾角不均的可能原因請見 Box 8-2。

## 對齊鏡腳後端

　　下一個對齊區域前進到鏡架後方的鏡腳彎下部位:鏡腳後端。當鏡腳後端皆呈下彎狀,從側方觀看時良好的對齊標準要求兩鏡腳後端的彎下一致 (圖 8-30)。

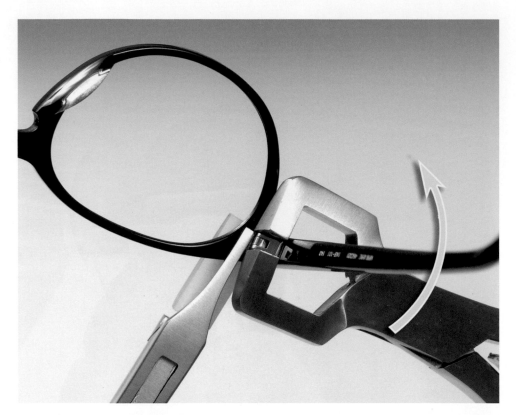

圖 8-29　此為改變前傾角的極佳方法，但因端片的設計而有時無法使用，繞過端片便能從另一處夾住端片。

圖 8-30　此照片的兩鏡腳後端未下彎一致，但對齊標準要求兩側鏡腳有相同的彎下角度。

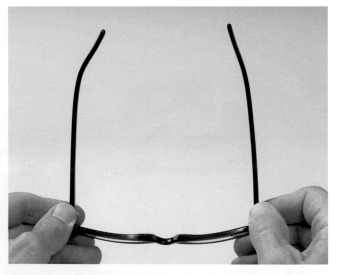

圖 8-31　兩鏡腳後端應稍微內彎，方能符合一般人的頭形。朝內的彎弧應對稱而非如圖所示，其左側鏡腳耳端較右側更加內彎。

## Box 8-2

### 前傾角不相等的可能問題 ( 鏡架沒有通過四點接觸法檢驗 )

1. 鏡片未完全嵌入鏡架顳側溝槽。
2. 端片彎曲。
3. 鏡腳柄彎曲。
4. 鏡架鼻橋扭曲 ( 前框 X 型扭曲 )。
5. 有絞鍊鉚釘的鏡架，鉚釘鬆脫或破損。
6. 絞鍊彎曲或需予以彎折。

　　兩鏡腳後端也應稍微內彎 ( 圖 8-31 )，以符合一般人的頭形。若是以鹽鍋加熱，鏡腳後端在鍋內時平行於鹽表層是很重要的 ( 圖 8-32, A )，而非垂直於鹽表層 ( 圖 8-32, B )。鏡腳後端若插入鹽堆中，尾端通常將過度受熱。

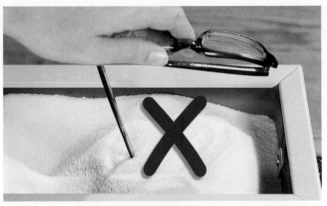

A              B

**圖 8-32** 加熱鏡腳後端時，使之在鹽內以平行於表層的方式持握是很重要的，如圖 A 所示。鏡腳後端垂直插入鹽鍋內，如圖 B 所示，常造成末端過度加熱故應避免。

**圖 8-33** 使用角度調整鉗改變鏡腳褶疊角。

## 鏡腳褶疊角

　　最後的對齊步驟為閉合鏡腳並觀察其交疊時所形成的角度。鏡腳必須閉合使之相互平行，或是輕微交叉傾斜。這些角度應相互對稱且對齊鼻橋的中心，精確交叉於鏡架中心。適當調整至此外型，眼鏡即可容易地裝入標準型眼鏡盒內。

　　有兩種常見方法可改變鏡腳褶疊角：

1. 第一種方法是單手握著鏡架前框，使用角度調整鉗夾著絞鍊螺絲的頂端與底端進行彎折 ( 圖 8-33)。受彎折的絞鍊為金屬材質，故不需加熱鏡架。

2. 第二種調整鏡腳褶疊角的方法是使用手指型調整鉗。此鉗子有平行鉗口，當鉗口完全閉合時仍有空間 ( 圖 8-34)，也稱為 U 型鉗。這類鉗子原本設計用於調整舊鏡腳，但調整鏡腳褶疊角也非常好用。在鏡腳閉合時，使用此鉗以平行端片絞

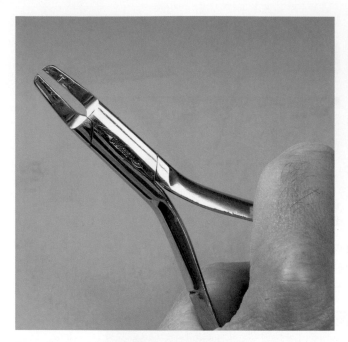

**圖 8-34**　手指型調整鉗原本是設計用於調整老舊鏡腳的眼鏡,但調整鏡腳褶疊角也非常好用。

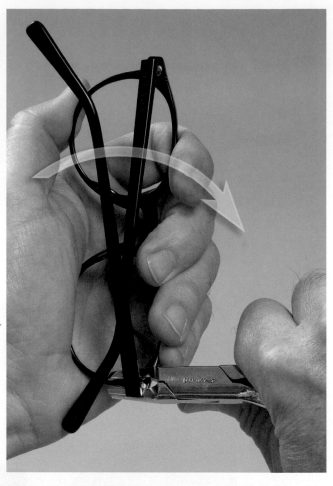

**圖 8-35**　鏡腳閉合時,持握手指型調整鉗使之平行於端片絞鍊的螺絲,方能夾著絞鍊兩側。

鍊螺絲的方式握鉗夾著絞鍊兩側 ( 圖 8-35),另一隻手持握鏡架前框,調整絞鍊至適當位置 ( 圖 8-36)。

　　上述僅以雙手彎折鏡腳來改變鏡腳褶疊角的方法,效果並不如使用調整鉗子。僅運用雙手而未使用調整鉗子,可能會造成鏡腳於絞鍊處裂開。

　　關於標準對齊步驟的摘要請見 box 8-3。

## 單元 B
### 金屬鏡架的對齊標準

　　對齊標準中,金屬鏡架與塑膠鏡架有相同的原則,也大致應符合相同的標準。主要的差異在於對齊鏡架的操作方法與可調式鼻墊的存在。

　　金屬鏡架只有塑膠包膜的金屬部位才需加熱,其餘的彎折皆在「冷」的狀態下處理。

　　鏡架調整大多是使用鉗子。由於鉗口施壓可能會損毀完工的鏡架表面,故應使用有保護墊的鉗子,或至少將無保護墊鉗子的一側鉗口安裝摩擦帶或膠帶作為緩衝。

　　對齊金屬鏡架的步驟順序與塑膠鏡架相同,皆從鼻橋開始。

## 鼻橋

　　如同塑膠鏡架,鼻橋對齊取決於鏡片平面與整體垂直和水平的對齊。

### 水平對齊

　　將直尺或直邊橫越與鼻墊臂連結的前框,以檢查金屬鏡架的水平對齊。在大部分的鏡架中,端片會高出鼻墊臂許多,使得水平對齊難以判斷。端片應與直尺等距離。

### 鏡片旋轉

　　金屬鏡架如同塑膠鏡架,其鏡架未水平對齊有兩個常見原因。第一個是鏡片旋轉,此情況乃因其中一片鏡片的鼻側或顳側上揚,導致鏡片頂端未平行。欲矯正金屬鏡框的鏡片旋轉問題,先鬆開鏡圈螺絲並轉動鏡片,直至與另一鏡片正確對齊,之後再重新旋緊螺絲。

圖 8-36　當以另一隻手抓著鏡架前框時，調整絞鍊直至如圖所示的適當位置。

## 鼻橋歪斜

鼻橋歪斜是無法水平對齊的第二個原因，情況是兩鏡片位置一致，但其中一鏡片稍微高出另一鏡片。欲矯正鼻橋歪斜的金屬鏡架可能是困難的，端視鼻橋設計而定。

欲徒手矯正鼻橋歪斜，仿照處理塑膠鏡架抓著前框，如圖 8-5 一手持握一側的鏡圈，以相反方向的力量強行調整使兩鏡圈水平對齊。進行此步驟時務必謹慎，乃因鏡片已嵌入鏡框中，故有剝碎鏡片的風險。

由於鼻橋構造的關係，並非都可利用鉗子以矯正水平歪斜。金屬鏡架的鼻橋構造與無框類型相似，可遵行在無框及半框裝配架內文中的描述進行調整。

## 垂直對齊（四點接觸法）

如同在塑膠鏡架上進行四點接觸測試，必須使

用直尺或直邊物判定鏡架是否對齊，然而金屬鏡框的結構變化多，其橫跨鏡圈內側時多半無法做到四點接觸。此測試用於評估前框的對稱程度。

## 鏡框彎弧

金屬鏡架通常有鏡框彎弧設計，尤其是較大的鏡架眼型尺寸。有些非常牢固的金屬鏡架實際上並無法達到四點接觸法的要求，亦不能藉由調整達成。檢查垂直對齊時，應謹記兩個問題：

1. 鏡架是否有四點接觸或是鏡框彎弧？
2. 鏡架若是有鏡框彎弧，兩鼻側鏡圈是否與直尺等距離，或是一側鏡圈較另一側遠離直尺？

可利用調整鉗或徒手調整金屬鏡架的鏡框彎弧弧度。若使用調整鉗，以兩鉗子夾著靠近每一鏡圈

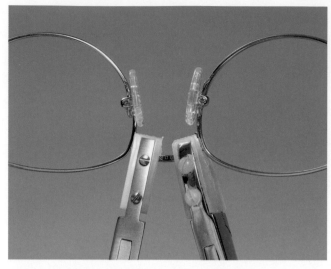

圖 8-37　雙墊調整鉗彼此以反方向扭轉，藉此增加鼻橋曲度 ( 增加鏡框彎弧 ) 或減少曲度。調整鉗的鉗口將觸及金屬，尤其是金屬鏡架的外部，故應安裝保護墊以免損傷其拋光外觀。

圖 8-38　此為改變金屬鏡架的鏡框彎弧，或消除前框 X 型扭曲時雙手置放的位置。務必謹慎進行，乃因受壓過度的鏡片／鏡圈區域可能會使鏡片邊緣剝碎。

的鼻橋位置，再以反方向扭轉兩把鉗子，藉此增減鼻橋彎曲弧度 ( 圖 8-37)。兩鉗子的鉗口應安裝保護墊以免損傷鏡架。

　　鼻橋有強化條的鏡架並不適用調整鉗。大部分的鼻橋皆能以拇指與食指持握鏡片與鏡圈，再謹慎地彎曲鼻橋 ( 圖 8-38)，盡量避免鏡片／鏡圈區域受壓，乃因此時壓力可能導致鏡片剝落 ( 邊緣剝碎 )。

## 前框 X 型扭曲

　　此歪斜情形為前框 X 型扭曲，而金屬鏡架的情

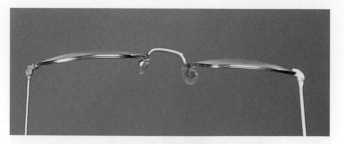

圖 8-39　當金屬鏡架的鏡片未於相同平面上時，重新對齊的程序相較於塑膠鏡架困難許多。

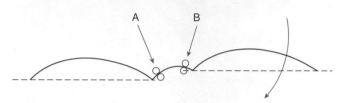

圖 8-40　開始矯正有相異平面的鏡片時，持握最靠近配戴者臉部鼻橋部分的鉗子 (A 鉗 ) 是用於夾住鏡架，而 B 鉗的功用則是彎折。

況與塑膠鏡架完全相同，且以相同的方法便能察覺。若為金屬鏡架，如同調整鏡框彎弧，藉由拇指與其餘手指抓著鏡片與鏡圈以矯正前框 X 型扭曲，利用旋轉或扭轉的方式調整鏡片。如上所述，務必謹慎勿施壓於鏡片／鏡架的邊緣位置。

　　使用兩支鉗子可矯正前框 X 型扭曲。類似前圖 8-37 的方法，以雙墊調整鉗夾著鼻橋，一支調整鉗拉進而另一支鉗子推送，使鏡片相互平行。運用鉗子應可減少施壓，若非如此則將鉗子置於鏡圈上。

## 相異平面

　　當歪斜情況是兩鏡片不在相同的橫向平面上但仍相互平行 ( 圖 8-39)，可利用兩種方法矯正鏡架。

　　有相異平面問題的金屬鏡架，其處理方式通常與塑膠鏡架相同但不需加熱。以雙手拇指及其餘手指持握鏡片與鏡圈使鏡架彎折，迫使鏡架如圖 8-9 對齊。

　　若第一種方法無法成功，矯正相異平面的第二種方法為使用兩支調整鉗以完成兩道程序。第一，兩支鉗子各自夾著靠近鏡圈處的鼻橋部位，最靠近配戴者臉部的鉗子 (A 鉗 ) 是用於支托鏡架，而離臉部最遠端的鉗子 (B 鉗 ) 之功用為彎折 ( 圖 8-40)，然後宛如要增加鏡框彎弧曲度地彎折鼻橋，直至鼻橋鼻側 ( 其已前傾 ) 與鼻橋另一側位於同一平面，鏡片目前彼此呈傾斜狀態 ( 圖 8-41)。

　　現在以先前用於彎折的 B 鉗作為支托，移動 A

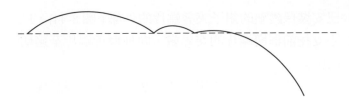

圖 8-41　彎折鼻橋宛如欲增加鏡框彎弧一般，使彎向前的鼻橋鼻側處與其另一側位於相同的平面上，鏡片現在則彼此呈傾斜狀。

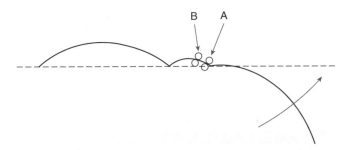

圖 8-42　現以先前用於彎折的 B 鉗為支托鉗，移動另一支鉗子 (A 鉗) 至鏡圈與 B 鉗之間的鼻橋部分。此時以 A 鉗向上彎折鼻橋使鏡片彼此平行。

圖 8-43　矯正相異平面鏡片的最後步驟，即是將金屬鏡架恢復至適當的四點接觸外型。

鉗至鏡圈與 B 鉗之間的鼻橋部分 ( 圖 8-42)，此時以 A 鉗向外彎折鼻橋直至鏡片平行 ( 圖 8-43)。

# 鏡腳

如同塑膠鏡架，鏡腳為下一個調整的部位，而鏡腳張幅為評估的起點，但調整通常會影響端片。緊接於鏡腳張幅後是再次檢查鏡腳平行度，然後對齊鏡腳尾端，最後再調整鏡腳褶疊角。

## 鏡腳張幅

如同塑膠鏡架，兩支鏡腳與前框的角度應相同，即 94 ～ 95 度。在配戴者尚未配戴前，通常不希望鏡腳張幅大於直角，此與塑膠鏡架的要求一致。

## 鏡腳張幅過大 ( 減少鏡腳張幅 )

若鏡腳張幅過大，有幾個方式可使之回復對齊，下列為數個精選的方法：

方法一：使用單墊調整鉗作為彎折鉗。單墊調整鉗一側為金屬小鉗口，而另一側為尼龍墊鉗口，利用它夾緊端片外部 ( 圖 8-44)。另一隻手緊握靠近

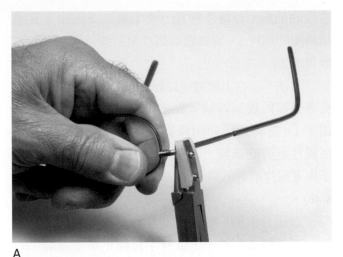

A

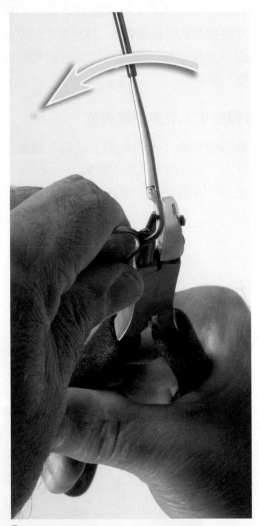

B

圖 8-44　鏡腳若張幅過大，以單墊調整鉗夾著端片外部並加以彎折。A 為側視圖；B 為上視圖。

端片的前框 ( 若端片夠寬，使用第二支細鉗夾著連結鏡圈的端片 )。旋轉彎折鉗直至鏡腳達到預期的開展角度。

　　方法二：合上鏡腳並以細鉗自下方夾著鉸鏈 ( 未夾著外露的鏡架區域，故不需使用已安裝保護墊的鉗子 )。旋轉鉗子向內彎折端片 ( 圖 8-45 )。由於存在鏡片剝碎的風險，若有足夠的空間則以第二支鉗子夾著鏡片附近的鏡架，以不致使鏡圈區域受壓 ( 圖 8-46 )。

　　方法三：另一種彎折端片的方法僅需光滑的平面，而不需使用鉗子。以雙手持握正好接連端片的鏡片和鏡圈之鏡架部位 ( 持握越靠近端片的鏡架部分，鏡片破裂的風險便越低 )。持握鏡架前框垂直倚靠於桌面以推擠端片，彎折端片直至鏡腳開展至適切的角度 ( 圖 8-47 )。

## 鏡腳張幅過小 ( *增加鏡腳張幅* )

　　當鏡腳張幅過小，可使用上述減少鏡腳張幅的前兩種方法，以逆向方式增加張幅。

　　方法一：正好是逆向使用上述的方法一。使用

已安裝保護墊的鉗子夾著端片的外部 ( 圖 8-44 )，以手支托前框與端片的交界處，向外彎折端片至適切的張幅。

　　方法二：逆向運用上述方法二。閉合鏡腳後夾著鉸鏈，將端片向外彎折。如先前所述，若某類的鏡架端片區域有足夠空間，可容許使用第二支鉗子緊鄰鏡圈作為支托工具。這能減少鏡圈的受壓負擔，以降低鏡片碎裂的風險。

　　鏡腳張幅問題的解決方法摘要請見 Box 8-4。

---

### Box 8-4

**增減金屬鏡架鏡腳張幅的替代方法**

1. a. 以手持握鏡架端片 ( 或可能時則以細單墊調整鉗作為支托的工具 )
   b. 以細墊或單墊調整鉗作為彎折的工具，夾著靠近鉸鏈的端片。朝外或朝內彎折端片
2. 閉合鏡腳，夾著鉸鏈桶部，朝外或朝內彎折端片
3. 將端片外部倚靠平面推擠以向內彎折

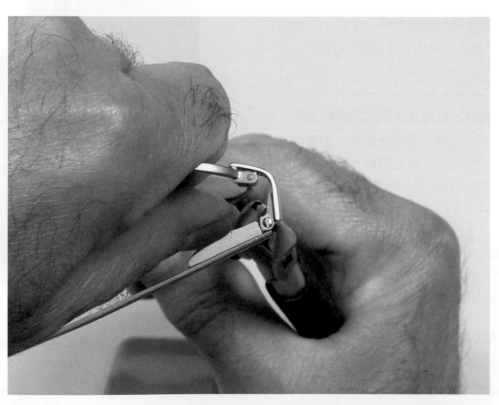

**圖 8-45**　以手抓穩鏡架前框的端片處，使用鉗子減少鏡腳張幅。若有鏡片剝碎的危險性則先移除鏡片。

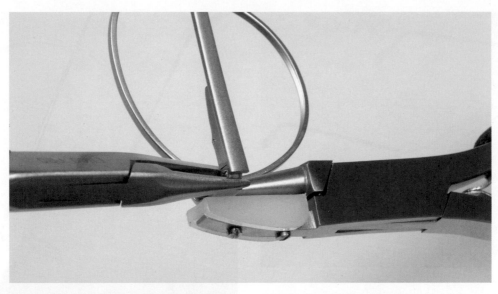

圖 8-46　減少鏡腳張幅時，可用鉗子支托以降低鏡片剝碎的風險。

圖 8-47　將鏡架前框垂直於平面上，倚靠平面推擠端片以減低鏡腳張幅。

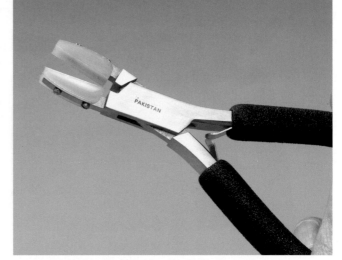

圖 8-48　調整鏡架時，雙墊調整鉗有助於避免鏡架留下壓痕。

## 鏡腳平行度 ( 改變前傾角 )

　　鏡腳平行度是指從側方觀看的相對前傾角度。檢測金屬鏡架的鏡腳平行度，其方法完全如同塑膠鏡架的檢測。

　　將眼鏡倒置於平面，注意是一支或兩支鏡腳接觸平面 ( 平面接觸測試 )。鏡架若晃動則必須調整前傾角。

　　正常的前傾角為 4 ～ 18 度不等，若謹記於心就相對容易判定該朝上或朝下彎折哪一鏡腳。若兩側角度差異明顯，便需將一側鏡腳向上彎折，而另一側向下彎折，使兩側角度相等。

　　有數種方法可調整金屬鏡架的前傾角：

1. 只用雙手。最簡單的方法即是以手緊握靠近端片的鏡圈與鏡片，其與欲調整角度的鏡腳在鏡架同一側，之後向上或向下彎折鏡腳。鏡架將於端片或鉸鏈處彎折。

　　儘管不希望如此，但有時必須稍微合上鏡腳才能彎折鉸鏈。此法的缺點為可能會在鏡腳端頭和端片的交接處留下 V 型缺縫，因此最好避免。

2. 使用兩支已加保護墊的鉗子。使用鉗口一側為金屬而另一側為尼龍墊的束緊鉗 ( 單墊鉗 )，若有空間便需夾著前框端片，若無空間則夾在鉸鏈的前方。第二支用於彎折的鉗子應為雙墊鉗 ( 圖 8-48)，握著靠近鉸鏈或鉸鏈上的鏡腳。若鏡架

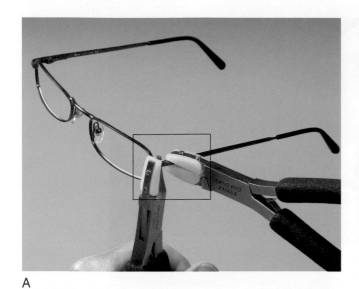

A

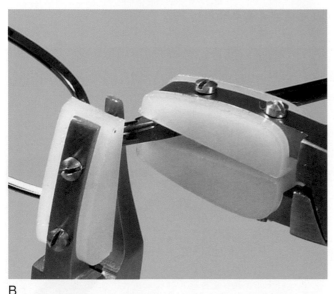

B

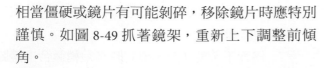

圖 8-49　夾著端片並持握鉸鏈的頂端與底端，重新調整鏡腳以改變前傾角度。

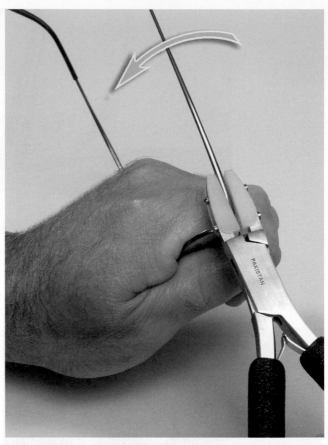

圖 8-50　當端片過小時，不用鉗子支托也能改變前傾角。若鏡架的彈性不足，可事先移除鏡片。

相當僵硬或鏡片有可能剝碎，移除鏡片時應特別謹慎。如圖 8-49 抓著鏡架，重新上下調整前傾角。

3. 使用單手與一支雙墊鉗。前述彎折鏡架的方法也可不需使用束緊鉗，如圖 8-50 所示使雙墊鉗與鏡腳平行，自前框夾著端片和鏡腳進行彎折。

4. 單手握著鏡架前框並使用角度調整鉗。改變鏡腳角度的另一種方法即是以角度調整鉗彎折端片，利用角度調整鉗夾著鉸鏈的螺絲端頭（圖 8-51，A 與 B），緊握前框並旋轉角度調整鉗，直至達

到預期的角度。以手持握前框時需靠近端片，或是以鉗子固定端片，才能更加確保鏡片不會剝裂。

5. 夾著鏡圈的螺絲。若方法不見效或有點效果卻無法順利完成任務，仍有其他方式可達到相同之目的。如圖 8-52，某些鏡架可藉由抓著鏡圈螺絲並調整鏡腳角度以改變前傾角，但這只能運用於特定結構的鏡架上，而不應初次調整前傾角時即選用此法。

6. 使用角度調整鉗且單手持握鏡腳。角度調整鉗可用以改變前傾角且不影響端片，此法在平整的端片上或許有效。依照常規使用角度調整鉗夾著鉸鏈，但這次不旋轉鉗子而是使之作為支托工具，另一隻手向下彎折鏡腳柄（圖 8-53），藉由改變鉸鏈角度而非端片角度以矯正前傾角。

　調整金屬鏡架前傾角的摘要請見 Box 8-5。

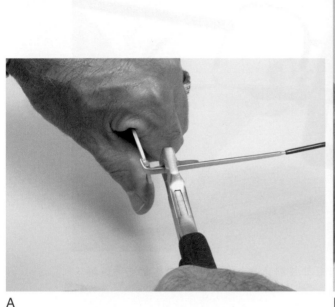

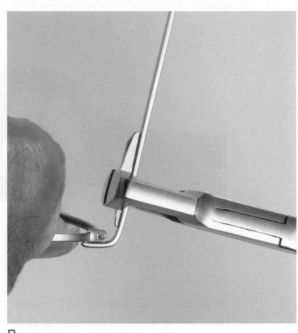

A　　　　　　　　　　　　　　B

**圖 8-51**　欲改變鏡腳前傾角,可利用角度調整鉗夾著鏡腳螺絲的頂端與底端,然後往上或往下彎折鏡腳,如側視圖 **A** 與上視圖 **B** 所示。

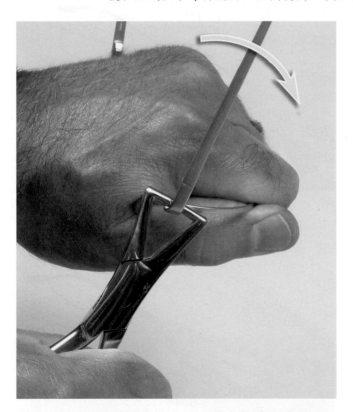

**圖 8-52**　此圖前傾角的改變是藉由抓著鏡圈螺絲而非鉸鏈。切記標準的角度調整鉗可能過於粗厚而無法伸入此小區域,請使用較細的角度調整鉗。

## Box 8-5

**改變金屬鏡架前傾斜的替代方法**

1. a. 持握靠近鉸鏈的前框
   b. 以手向下彎折鏡腳
2. a. 以單墊鉗夾著端片 ( 圖 8-49)
   b. 以雙墊鉗夾著鏡腳鉸鏈的頂端與底端
   c. 朝上或朝下彎折
3. a. 以手持握鏡架前框 ( 圖 8-50)
   b. 以雙墊鉗夾著鏡腳鉸鏈的頂端與底端
   c. 朝上或朝下彎折
4. a. 以手持握靠近端片的前框 ( 圖 8-51)
   b. 以角度調整鉗夾著鉸鏈
   c. 以鉗子彎折
5. a. 以手持握靠近端片的前框
   b. 以角度調整鉗夾著鏡圈螺絲 ( 圖 8-52)
   c. 以鉗子彎折
6. a. 以角度調整鉗夾穩鉸鏈 ( 圖 8-53)
   b. 以手持握鏡腳並向下彎折

## 對齊鏡腳後端

　　鏡腳後端或稱金屬框鏡腳的下彎部分,其對齊方法如同塑膠鏡架。然而,在調整過程中有幾個事項需注意,以避免損傷鏡架。

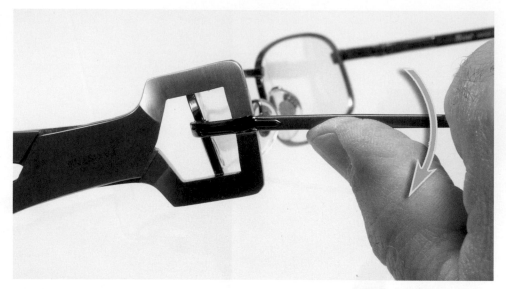

圖 8-53　彎折鉸鏈而非端片本身亦可改變鏡腳角度。使用角度調整鉗夾著鉸鏈，
再以另一隻手彎折鏡腳柄即可完成。

金屬鏡架常見的是顫式鏡腳，通常有塑膠包覆鏡腳的後端，使配戴時更為舒適契合。基於塑膠之故，常需一定程度地加熱此部分才能調整鏡腳，不同種類的鏡腳要求不同程度的加熱。

有透明塑膠包覆的鏡腳受熱迅速，僅需稍微加熱即可（較體溫稍微高些）。塑膠若過度加熱容易產生氣泡，太軟時彎折它又會變形。新型鏡架在低溫或不加熱時便可彎折到令人滿意的程度，然而舊型塑膠鏡架若未大幅加熱，彎折時便容易碎裂。

其他的鏡架有相當沉重的金屬貫穿至鏡腳後端，這些鏡架因厚重的金屬而較不易彎折。常被誤以為是加熱不足才產生如此的抗性，結果卻是過度加熱以及在彎折塑膠時導致塑膠畸變。為了避免錯誤發生，僅稍微加熱整個塑膠部分，但集中熱能於彎折處。即便加熱步驟完成無誤，仍需稍加用力彎折才行。

## 鏡腳褶疊角

改變金屬鏡架的鏡腳褶疊角，其程序隨著端片的種類而異。在此介紹常見的兩種方法，一種為使用雙墊鉗，另一種則是使用單墊鉗。

方法一類似於圖 8-54, A，一手緊握鏡架前框，並以雙墊鉗夾著鉸鏈區域的頂端與底端，朝矯正的方向旋轉鉗子，直至鏡腳平行對齊（圖 8-54, B）。

方法二則是如同方法一以單手持握鏡架前框。

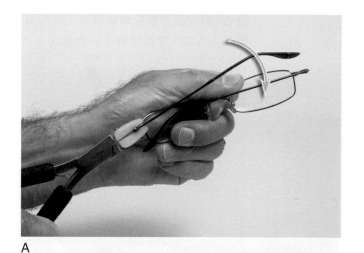

A

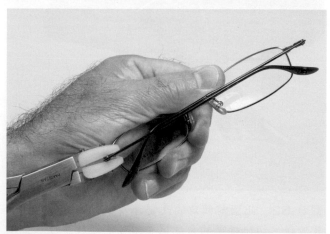

B

圖 8-54　若欲改變常用金屬鏡架種類的鏡腳褶疊角，以手持握鏡架前框使鏡腳閉合。如圖 A 以雙墊鉗夾著鉸鏈區域的頂端與底端，如圖 B 彎折鏡腳使之回復並維持正確平行的對齊。

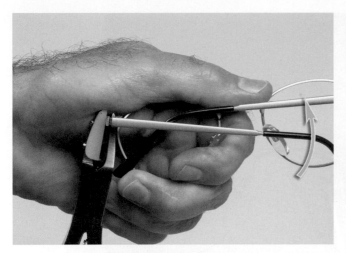

圖 8-55　使用單墊鉗夾住端片，然後再彎折閉合的鏡腳至平行位置來改變鏡腳褶疊角。

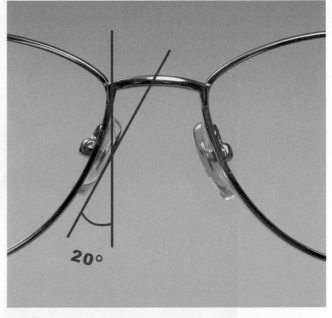

**20°**

圖 8-56　在鼻墊的標準對齊中，從前方觀看鏡架時可清楚看見的鼻墊角度稱為前角。

如圖 8-55 所示，在鏡腳閉合的狀態下，以單墊鉗夾著端片並旋轉鏡腳直至相互平行。

## 單元 C
### 鼻墊的對齊標準

　　初步調整鏡架時，鼻墊如同鏡架前框與鏡腳亦有特定的對齊標準。顯然地，配戴者的臉型與鼻型會明顯影響鼻墊調整的最後階段，然而若一開始便調整鼻墊至適當標準，將有助於後續的個人化調整。

　　調整鼻墊時，有三個基本角度會被用作為參考點，依序為前角、張角與垂直角。欲對齊標準，這些角度必須落在一定的範圍內，且左、右兩側的鼻墊角度應相同。

## 前角 ( 從前方觀看鏡架 )

　　鼻墊前角 (*frontal angle*) 是指從前方觀看鏡架時兩鼻墊的相互垂直位置。鼻墊頂端應較底部更為靠攏，且以距離垂直約 20 度的方向相互對齊 ( 圖 8-56)。

　　大部分的鼻墊在旋轉接頭處可「晃動」，因此鼻墊應與前角傾斜相同的角度，最容易的調整方法即是使用可夾著整個鼻墊的鼻墊調整鉗。鼻墊調整鉗種類繁多，鉗子的選用端視鼻墊結構而定 ( 圖 8-57)。調整時一手緊握鏡架前框，然後旋轉鉗子調整鼻墊至預期的角度 ( 圖 8-58)。

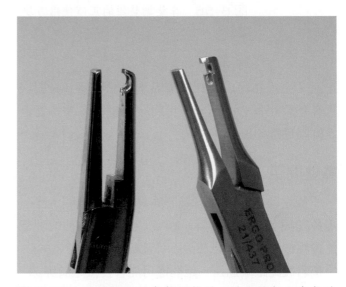

圖 8-57　需使用何種鼻墊調整鉗，端視鏡架上鼻墊的種類而定。

　　檢查鼻墊時，鼻墊的晃動程度應與每側正確前角的預期位置相同，意即鼻墊不應該會極度晃動，以便吻合另一鼻墊的前角。

　　若發現鼻墊晃動程度過大，針對某些種類的鼻墊，可使用鉗子壓緊鬆脫的鼻墊，以減少鼻墊的晃動程度。此方法的成效端視鼻墊的製作方式而定，例如針對某些鼻墊，可將鉗子一側鉗口置於鼻墊的

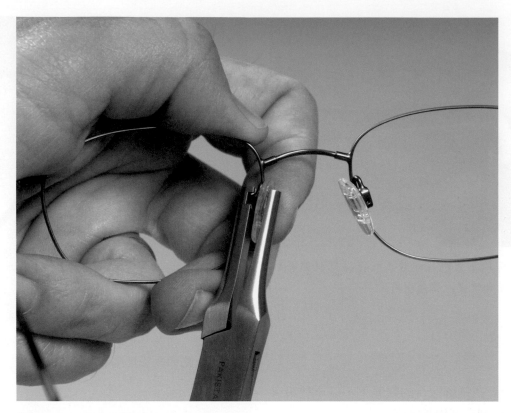

圖 8-58　鼻墊調整鉗的正確使用方法。

正面，另一側鉗口壓在接觸點上壓緊即可。針對嵌入鼻墊臂小框中的鼻墊，可將小框壓緊入墊扣背面以抑制晃動的程度。

## 鼻墊間距

　　觀看前角時需察看鏡圈與鼻墊間的空間大小，兩鼻墊與各自鏡圈應等距離。鼻墊正面預估的理想位置應較鏡圈本身更加接近鼻部約 1 mm( 圖 8-59)。鼻墊若彼此距離過遠，鏡框邊可能會直接壓於鼻部。兩鼻墊與各自鏡圈也應等距離，否則鏡架不會在臉部的中央位置。第 9 章在談論改變鼻墊之間的距離時，將詳述矯正這些錯誤的適切方法。

## 鼻墊高度

　　第三個觀察重點是兩鼻墊是否在相同的水平面上 ( 圖 8-59)。若其中一個鼻墊高於另一個鼻墊，可將鼻墊臂往上彎折。兩鼻墊必須有相同的晃動位置，乃因若其中一個鼻墊直立，而另一鼻墊呈傾斜狀，它們的高度便會出現差異。再者，具體的調整技巧將於第 9 章改變鼻墊高度內文中完整介紹。

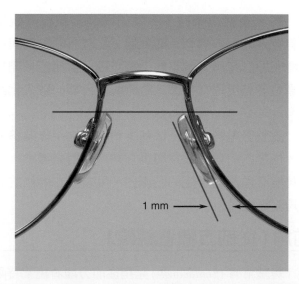

1 mm

圖 8-59　鼻墊正面預估的理想位置是在比鏡圈本身更靠近鼻部約 1 mm 處。兩鼻墊也應高度一致，如圖示的水平紅線。

## 張角

　　記住鼻根較鼻梁寬大，且鼻墊平面應完全貼附於鼻部，顯然地鼻墊後緣應比前緣相離更遠。從頂部或是底部觀看鏡架時，每一鼻墊的前、後緣形成

**圖 8-60**　自上方觀看鏡架若鼻墊適當對齊，即可看見第二個關切的鼻墊角度，此稱為張角。

**圖 8-61**　針對鼻墊對齊標準，常被忽略的鼻墊角度即為垂直角。欲確保鏡架重量均勻分散於鼻墊，此角度尤其重要。配戴眼鏡時，鏡架前框並非由上到下筆直而是呈傾斜，但鼻墊的縱向軸則為由上到下呈筆直狀。

的差異即為張角 (splay angle)。初次對齊時，25 ～ 30 度的張角是令人滿意的 ( 圖 8-60)，此張角可透過使用鼻墊調整鉗達到。

## 垂直角 ( 從側方觀看鏡架 )

針對鼻墊對齊標準，最常被忽略的角度即為垂直角 (vertical angle)，然而若要確保鏡架的重量適當分散於鼻墊，此角度尤其重要。理想狀態是鼻墊平面的縱向 ( 上至下 ) 軸應順著重力方向與鼻部的表面接觸，意即鼻墊的縱向軸在臉部上應是垂直向下的 ( 若鼻墊為圓形而非狹長型便無垂直角 )。

大部分的眼鏡於配戴時都會有某種程度的前傾斜，故鼻墊也需傾斜使底端較頂端稍微靠近前框，如此當在鼻部上的眼鏡呈現適當的前傾角時，鼻墊將大概為垂直的 ( 圖 8-61)。初次對齊時，約 15 度的垂直對齊角度是恰當的，可透過下列三種方法中擇一達成：

1. 使用鼻墊調整鉗。如圖 8-58 使用調整鉗夾著鼻墊表面並旋轉之 ( 在某些時候可能必須自頂端夾著鼻墊而非自底部，方能調整垂直角 )。
2. 使用尖嘴鉗夾著鼻墊臂。調整垂直角時，由於沒有空間可使用鼻墊調整鉗進行調整，故改用尖嘴鉗自上方或下方直接夾著鼻墊後方的鼻墊臂。
3. 夾著鼻墊臂後方的小框。某些鼻墊連結於有小框的鼻墊臂，使用鉗子夾著鼻墊後方的小框或許能重新調整角度，如圖 8-62 所示。

## 鏡架前框至鼻墊必須等距離

從側方檢查垂直角是否恰當時，亦需注意每一鼻墊至前框的距離。兩鼻墊應向後等距離延伸，它們不僅需高度一樣、斜度相同，且此距離必須一致。若此三個細節皆已精準對齊，則直接從側方觀看時，其中一個鼻墊幾乎是藏身於另一鼻墊後方。欲矯正這方面的錯誤，使用第 9 章改變鼻墊高度與頂點距離內文中所描述的方法。

## 記住三種鼻墊角度的幽默口訣 *

此處有個聰明的方法可記住鼻墊角度的種類及其是如何移動的。

1. 將拇指插入腋下並像隻小雞般地上下拍動臂膀，此動作相應於前角。

---

*Michelle Chen 博士提供。

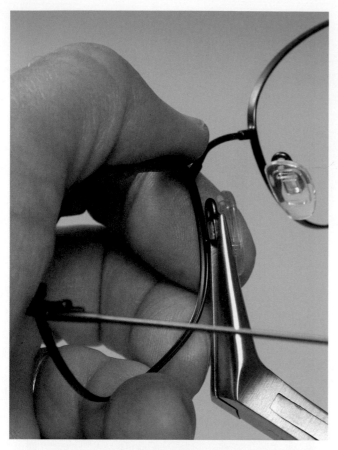

**圖 8-62**　若是有個鼻墊角度未對齊，可使用鉗子夾著鼻墊後方的小框以矯正角度。某些矽膠鼻墊在受壓之下傾向分離或撕裂。此方法可避免夾住鼻墊正面時施壓於鼻墊上的壓力。

2. 再面前向上舉起你的手，以「美國小姐」的招牌揮手動作轉動手腕，此像極了張角。
3. 想像自己正站在機場柏油碎石跑道上，持握兩支橘色手電筒引導飛機向你的方向滑行。你握著手電筒上下筆直揮舞，指引飛機朝向自己移動。現在彎曲手肘、前後揮動手電筒，此動作相應於垂直角。

## 單元 D
### 無框眼鏡的對齊標準
## 無框構造與鏡片材質

　　以往無框眼鏡是最脆弱的眼鏡。由於極為容易使鏡片剝碎，導致調整和對齊無框眼鏡的過程變得冗長且危險。若使用較為老舊的裝配架或不當的鏡片材質，情況仍會如此。相較於塑膠或金屬鏡架的調整，無框眼鏡的難度仍然較高，然而若使用適當的工具並遵循程序，便不會損傷眼鏡且成效良好。

　　較新式的眼鏡運用許多方法以增加眼鏡裝配的穩定性。在過去是使用一個鼻側孔和一個顳側孔將鏡片定位，如今則是利用一個以上的孔洞，或一個孔洞與一個凹槽的組合，這些結構也能予以調整對齊。

### 合適的鏡片材質

　　無框裝配架若使用適當的鏡片材質，鏡片剝碎的機率便可大幅降低。在撰寫此書時，裝配無框眼鏡的最佳鏡片材質為 Trivex 與 PC，兩者皆有相當良好的承載力，然而 Trivex 較不會在鑽孔周邊因受壓而造成小斷裂，故某些配鏡工廠只會對 Trivex 鏡片或 Trivex 與 PC 兩種鏡片給予保證。

　　許多高折射率的塑膠材質亦適用於無框眼鏡，縱使效果比不上 Trivex 與 PC。傳統的 CR-39 塑膠鏡片並不適合無框眼鏡，但仍有人使用。

　　多年前，無框裝配架慣用玻璃鏡片，但現在不應再被使用了。化學強化玻璃在物理上能用於無框眼鏡，但卻不是合適的材質。無框裝配架不可能用熱處理玻璃鏡片，乃因熱處理產生的應變圖形與裝配點所引發的變形，很快就會使鏡片破碎。

## 對齊鼻橋

　　一般鏡架是以鼻橋或鼻墊臂起點與端片作為參考線，而無框鏡架的參考線則為裝配線 (mounting line)。裝配線是指「通過與鼻墊臂連接的鏡圈或鏡片箍接點之直線[1]」。端片可能在這條線上，也可能高於或低於此線。

### 水平對齊

　　將直邊物置於裝配線上或與之平行，即可得知是否水平歪斜。鏡腳若是與鏡片在裝配線上相接，四個接觸點皆將於直邊物上排列成線；鏡腳若不在裝配線上，鼻側接點應落於直邊物，鏡腳的連接點應與直邊物等距離 ( 圖 8-63)。

　　鏡片若未水平對齊且鏡架是新的，可能是其中一片鏡片的鑽孔不當，然而更有可能是鏡架的鼻橋彎折。圖 8-64 為裝配未水平對齊的情形，矯正問題的方法如下：

1. 使用無框束緊鉗與雙墊調整鉗。保護鏡片裝配點免於受壓是無框眼鏡裝配調整過程中的重點之

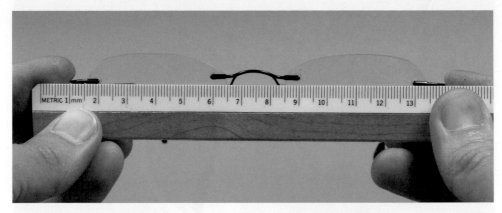

圖 8-63 檢查無框眼鏡的水平對齊。此處為直尺置於顳側的鑽孔處，鼻側的鑽孔
應與直尺等距離。

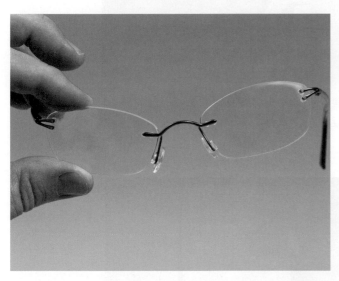

圖 8-64 此副無框眼鏡未水平對齊。

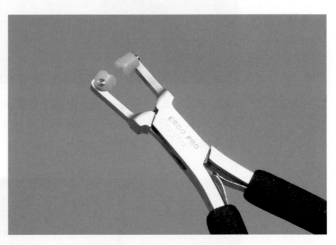

圖 8-65 無框束緊鉗是用於支托無框鏡圈與鏡片的
連接點。此特殊鉗子的一側鉗口已固定，另一側則為
旋轉鉗口。將可轉動的鉗口（圖例的鉗子是左側）置於
鏡片前表面以補償鏡片基弧。

一。鏡片裝配點若承受過多壓力，可導致鏡片鬆弛或斷裂，而無框束緊鉗是專門設計用於減少壓力的工具，圖 8-65 是這種鉗子的樣品之一。如圖 8-66 所示，欲重新對齊鼻橋可用無框束緊鉗夾著鼻側鑽孔處，以雙墊調整鉗夾著鼻橋然後彎折。

2. 使用兩支雙墊調整鉗。如圖 8-67，可使用兩支雙墊調整鉗以矯正未水平對齊的無框鼻橋。

## 垂直對齊（四點接觸法）

矯正水平對齊後，下一步即檢查四點接觸，方法大致與塑膠或金屬鏡架相同。將直邊物置於鏡片內側略低於鼻墊處（圖 8-68, A），理論上兩鏡片的鼻側與顳側應會觸及直邊物，然後將直邊物置於略高於鼻墊處再次檢查（圖 8-68, B），鏡片的鼻側與顳側

應可再度觸及直邊物（實際上因配戴者的雙眼瞳距通常小於「鏡架瞳距」，故鏡片鼻側邊緣不需觸及直邊物，但必須與之等距離）。

## 前框 X 型扭曲

若鏡片鼻側與顳側的頂端和底端位置皆未觸及直邊物，便已發生鏡片前框 X 型扭曲。依據無框眼鏡的裝配法，有可能在鏡片中心有正確的四點接觸，卻仍發生前框 X 型扭曲。基於此原因，在鏡片的頂端與底端兩處需進行四點接觸測試。

## 鏡框彎弧

測試四點接觸時，可能會發現存在過多或過少的鏡框彎弧，欲增減鏡框彎弧則以無框束緊鉗夾著

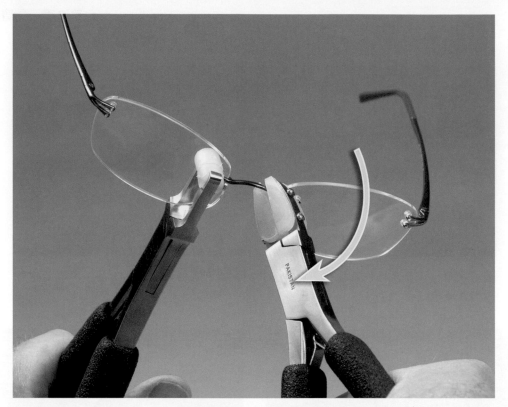

圖 8-66　此圖的方法是使用無框束緊鉗與雙墊調整鉗以調整水平對齊。矯正如圖 8-64 未水平對齊的鏡架，以無框束緊鉗夾住鼻側連接點，再利用雙墊調整鉗往下彎折鼻橋。

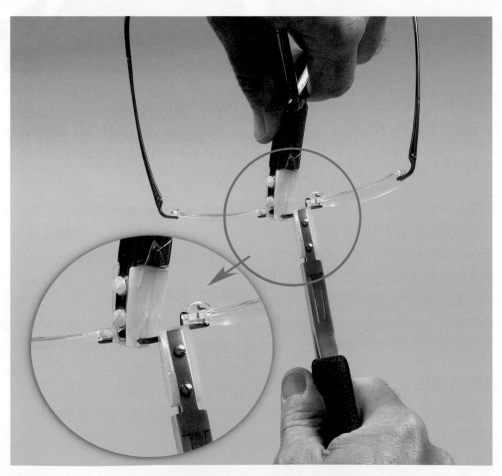

圖 8-67　可使用兩支雙墊調整鉗夾住鼻橋以矯正水平不對齊。此鏡架仍為圖 8-64 那副未水平對齊的鏡架。由上往下觀看，左側的鉗子替代無框束緊鉗夾著鼻橋，右側的鉗子往下彎折鼻橋將其重新對齊。

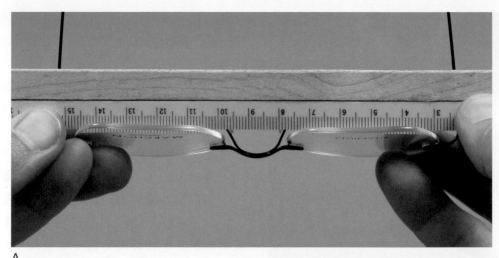

A

B

圖 8-68　**A.** 於無框眼鏡上進行四點接觸的檢查，一開始先於鼻墊下方的鏡片內側置放直邊物。**B.** 接著在鼻墊上方的鏡片內側置放直邊物，如此才算完成無框眼鏡四點接觸的檢查。檢查鼻墊的上方與下方，可容易分辨是否有螺旋槳般的前框 X 型扭曲效應。

鼻側裝配連接點，再以雙墊調整鉗往前或往後彎折鼻橋 ( 圖 8-69)，鼻橋彎折處會在兩鉗之間。為了保持對稱，有時會先稍微彎折部分鼻橋，再將無框束緊鉗移至另一鏡片的鼻側連接點處完成整個彎折動作，此作法將有所助益。

## 鏡腳

在無框裝配架的標準對齊中，如同塑膠與金屬鏡架，下一步應考慮的是鏡腳區域。

### 鏡腳張幅

若其中一個或兩個鏡腳的張幅角度過大 ( 圖 8-70) 或過小，可藉由彎折端片以矯正錯誤。彎折端

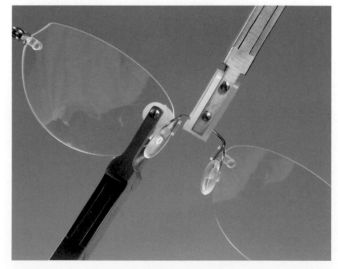

圖 8-69　若欲增減鏡框彎弧，使用無框束緊鉗夾住鼻側的裝配接點，再以雙墊調整鉗向前或向後彎折鼻橋。

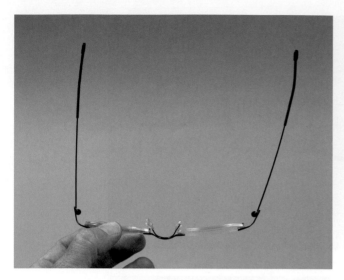

圖 8-70　此副無框眼鏡的右側鏡腳張幅過大，必須重新調整。

片時可使用無框束緊鉗夾著鏡片顳側連接點，然後再以單墊鉗自上方 ( 圖 8-71, A) 或下方 ( 圖 8-71, B) 夾著端片，此時無保護墊的鉗口必須於端片內側。若鏡腳的張幅過大，如圖 8-71, C 向內彎折端片。

使用三邊角度調整鉗亦可增減鏡腳張幅。三邊角度調整鉗 * 的一側鉗口有兩個圓形部分，另一側鉗口則為單個圓狀區域，如圖 8-71, D 置妥並推壓鉗子以增減鏡腳張幅 ( 此鉗子也能用於調整其他種類的鏡架彎角，或是重塑夾具以吻合鏡架外形 )。謹慎勿刮傷鏡架。

若無法彎折端片則彎折鏡腳。彎折鏡腳請以鉗子夾著鏡腳端頭，越靠近鉸鏈越佳，然後利用另一隻手的拇指與食指盡可能靠近鉗子，持握鏡腳並予以彎折。

## 鏡腳平行度

使用先前提及的用於塑膠與金屬鏡架的平面接觸測試法，以檢驗鏡腳平行度 ( 相對的前傾角度 )。若其中一個鏡腳未觸碰平面，原因可能為鏡腳本身就已彎折，不是在連接鏡框的部分，就是在鏡腳耳端彎曲處之前，此現象容易發生在舒適線型的鏡腳，

* 美國新墨西哥州 Santa Fe 的西部光學有限公司 (Western Optical Supply, Inc.) 有售此物。

如圖 8-72。或者彎折可能是因鏡腳柄隨著時間逐漸被拉長。解決方法通常是僅運用雙手以消除不想要的彎折。

若鏡腳本身未彎折，問題可能如圖 8-73 所示出現在端片角度上。下列為常用的矯正方法 ( 基本上是左、右側的前傾角存在差異 )。

使用無框束緊鉗與雙墊鉗。如圖 8-74, A 或 B 開展鏡腳後，使用無框束緊鉗夾著鏡片顳側裝配點，並以雙墊鉗夾著端片，然後旋轉雙墊鉗使鏡腳往下或往上移動以增減鏡腳的前傾角。

使用無框束緊鉗與端片角度調整鉗。此法與上述方法只有一處不同，即不使用雙墊鉗而改以端片角度調整鉗夾著鏡腳螺絲的頂端與底端 ( 圖 8-75)。轉動端片角度調整鉗以彎折端片，使鏡腳向上或向下移動。

以手彎折鏡腳。如圖 8-76 可先使用無框束緊鉗持握鏡片的顳側連接點，再以手往上或往下彎折鏡腳。由於控制鏡架實際彎折處並不容易，因此這大概是成效最不佳的方法。使用兩支鉗子以確保彎折處是在兩鉗之間。

## 對齊鏡腳後端

針對顬式鏡腳的無框裝配架，對齊其鏡腳下彎部分的步驟如同金屬鏡架所述。

單獨使用雙手是對齊線型鏡腳的最佳方法，乃因線型鏡腳易於彈回至原來的位置，故需比其他的鏡腳彎折幅度更大。

## 鏡腳褶疊角

閉合的鏡腳應符合如塑膠與金屬鏡架所述之相同的要求，一般的調整程序也與塑膠及金屬鏡架相同，除了必須使用無框束緊鉗夾著鏡片連接點，以避免在鏡片及其連接點處施壓過多。

閉合鏡腳並觀看兩鏡腳交叉的情形，它們應相互重疊或至少於鏡架中心交叉。圖 8-77 展示無框鏡架的鏡腳褶疊角不均一的情形。

欲矯正鏡腳褶疊角，以無框束緊鉗夾著顳側連接點，使用雙墊鉗夾著端片與閉合鏡腳的端頭部分，如圖 8-78 運用雙墊鉗向上或向下調整鏡腳。

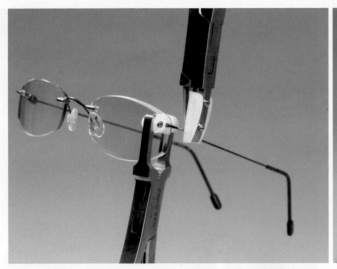

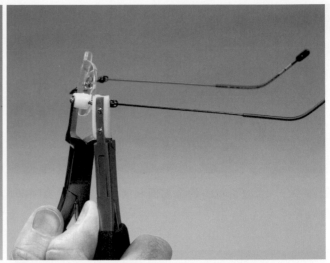

A                                        B

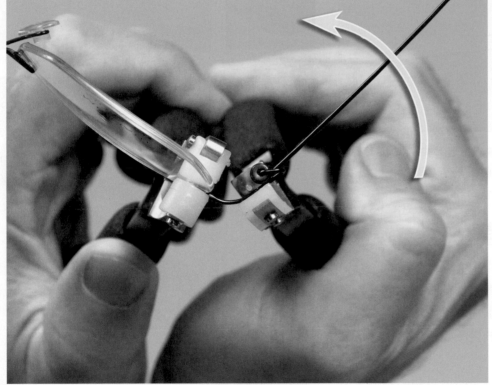

C

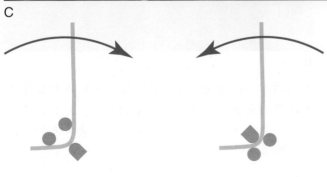

開展鏡腳                    向內彎折鏡腳

D

圖 8-71 **A.** 欲增減無框眼鏡的鏡腳張幅，使用無框束緊鉗夾住鏡片顳側的裝配接點，然後以單墊鉗自上方夾住端片向外或向內彎折。**B.** 有些人可能較喜歡自下方以兩支鉗子夾著端片區域向內或向外彎折。**C.** 使用無框束緊鉗 ( 左 ) 抓穩鏡架前框，並旋轉單墊鉗以彎折端片，鏡腳即會朝內或朝外做調整。**D.** 對特定的無框眼鏡，可利用三邊角度調整鉗增減鏡腳張幅，而不會施壓於鏡片上。

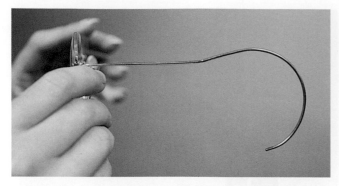

圖 **8-72**　在線型鏡腳的金屬圈狀開端處可能產生不必要的彎折。

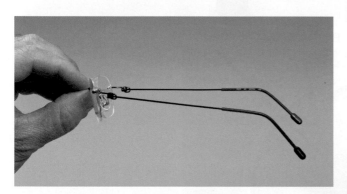

圖 **8-73**　此副鑽孔裝配的無框眼鏡鏡腳未平行，兩個前傾角的誤差將使鏡架無法通過平面接觸測試。

## 其他無框眼鏡的調整

### 無框眼鏡的鼻墊對齊

　　無框裝配架的鼻墊應與金屬鏡架有相同的對齊規格。調整方法的最大區別在於除非鼻墊臂底部有良好的支托，以避免施壓於裝配點與鏡片上，否則不可嘗試彎折鼻墊臂。

　　使用鼻墊調整鉗調整鼻墊時，可藉由無框束緊鉗夾著裝配點予以支托，有時以拇指與食指緊握裝配點便足以支撐。

### 鏡片鬆脫

　　若未完全扭緊鏡片螺絲，任何鑽孔的無框鏡片便有可能鬆脫。

　　若問題是出在螺絲，只需予以扭緊，可使用一般的螺絲起子處理，但必須謹慎勿使螺絲滑落而刮傷鏡片。有一種螺絲起子其端部含塑膠襯套，可助於平穩螺絲起子並防止其滑落至鏡片上 ( 圖 8-79)。切記扭轉過緊的螺絲可能會使鏡片破裂。無框鏡片

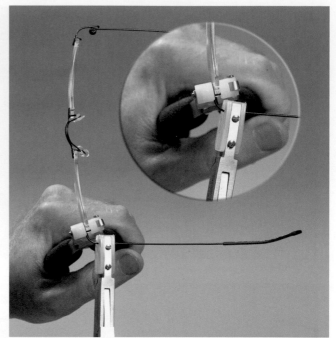

A

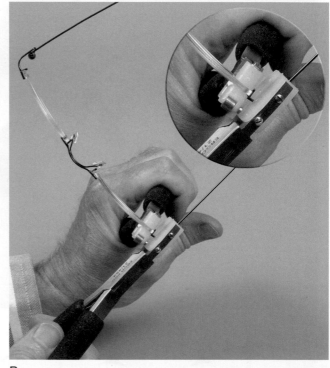

B

圖 **8-74**　**A.** 欲矯正不同的前傾角，配鏡人員可用無框束緊鉗夾著鏡片顳側的裝配點，並以雙墊鉗旋轉鏡腳。**B.** 此夾住無框裝配端片的方法只是圖 A 的變化，仍需朝上或朝下轉動鏡腳。

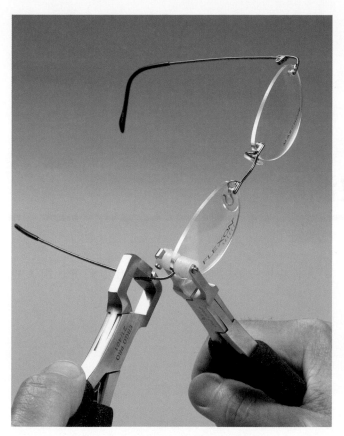

圖 8-75 使用端片角度調整鉗以調整鏡腳，乃改變前傾角相當常見的變動。

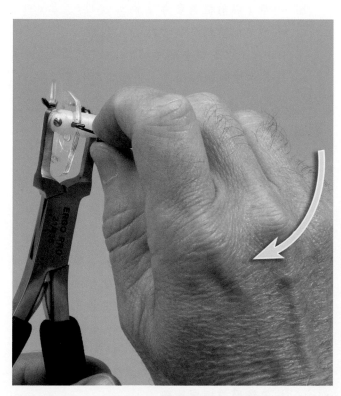

圖 8-76 有個改變鏡腳前傾角的快速替代方法，乃使用無框束緊鉗作為支托並以另一隻手彎折。

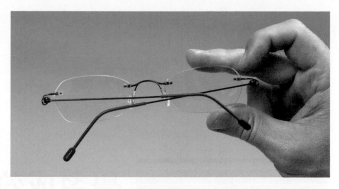

圖 8-77 鏡腳褶疊角不一致的無框裝配架。

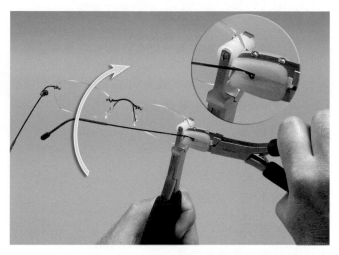

圖 8-78 持握鏡片顳側的裝配點，以雙墊鉗調整鏡腳。

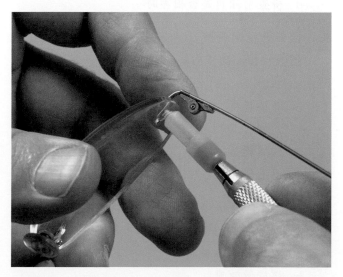

圖 8-79 專為無框鏡片螺絲設計的螺絲起子，塑膠襯套可穩定螺絲起子，並能降低螺絲滑落而刮傷鏡片的風險。

使用的鏡片螺絲在早期是用於穿過玻璃鏡片材質，故有時將之稱為「玻璃螺絲」。

　　有些人發現在鏡片表面貼上幾層透明膠帶可助於保護鏡片表面，若螺絲起子不慎滑落便能減少鏡面損傷。撕去膠帶後的殘留物質可用酒精清除[2]。

## 參考文獻

1. Cline D, Hofstetter HW, Griffin JR: Dictionary of visual science, ed 4, Radnor, Pa, 1989, Chilton Trade Book Publishing.
2. Carlton J: Fitting tip: Scotch tape to the rescue, Optical Dispensing News, no 139, June 25, 2003.

# 學習成效測驗

1. 對或錯？「校準」意思即為「對齊標準」。

2. 對或錯？使用熱鹽加熱鏡架較熱空氣更為安全。

3. 使用四點接觸法測試鏡架前框時，卻只有碰觸兩顆側鏡圈，表示鏡架：
   a. 歪斜
   b. 有鏡框彎弧
   c. 未於共同平面上對齊
   d. 有前框 X 型扭曲
   e. 以上皆非

4. 如何能發覺鏡片旋轉：
   a. 在檢查平行對齊時
   b. 在檢查垂直對齊時
   c. 以四點接觸法檢查時
   d. 檢查前傾角是否相等時

5. 鏡架前框因兩鏡片彼此在相異的平面上而呈現稍微扭曲，此情形稱為：
   a. 扭曲
   b. 鼻橋歪斜
   c. 前框 X 型扭曲
   d. 鏡架環弧
   e. 以上皆非

6. 在標準對齊時從前方觀看鏡架，若其中一片鏡片稍微較另一鏡片高，此偏差稱為：
   a. 前框 X 型扭曲
   b. 螺旋槳效應
   c. 鏡架環弧
   d. 鏡片在相異平面上
   e. 鼻橋歪斜

7. 若其中一鏡片較另一片鏡片往前許多，則此鏡架：
   a. 有歪斜的鼻橋
   b. 鏡框彎弧過大
   c. 前框 X 型扭曲
   d. 不在共同平面上對齊

8. 有副鏡架的鏡腳張幅過小，而調整鏡架的配鏡人員並不知道配戴者的頭部寬度，因此在標準對齊鏡架時，最好不要拉開鏡腳超過多少度？
   a. 85 度（以前框為參考點）
   b. 90 度（以前框為參考點）
   c. 95 度（以前框為參考點）
   d. 100 度（以前框為參考點）
   e. 只要兩鏡腳張幅相等，張幅角度並不重要

9. （指出下列敘述何者正確而何者錯誤）欲減少標準塑膠鏡架的鏡腳張幅，可以：
   a. 加熱端片並倚靠平面予以擠壓
   b. 銼磨鏡架前框
   c. 銼磨連接端片的鏡腳端頭
   d. 加熱端片並以拇指推送

10. 欲增加標準塑膠鏡架的鏡腳張幅，應先試著加熱端片並朝外彎折以拉大鏡腳張幅。若此方法與其他方法皆失敗，那麼可藉由銼磨以加大鏡腳張幅，作法為：
    a. 僅銼磨鏡架前框
    b. 僅銼磨鏡腳
    c. 均勻銼磨前框與鏡腳
    d. 先銼磨鏡腳再銼磨前框，然而在觸及鏡腳的金屬片後僅銼磨前框

11. 銼磨塑膠鏡架的鏡腳時，銼磨鏡腳的金屬片（鉸鏈的一部分）是：
    a. 允許的
    b. 應避免乃因會減少鏡腳的支托力
    c. 從未是個問題，乃因金屬從不會在鏡腳那麼遠處
    d. 以上皆非

12. （指出下列敘述何者正確而何者錯誤）鏡架沒有通過平面接觸測試的原因：
    a. 鏡片未完全嵌入溝槽而造成端片不筆直
    b. 斷裂或鬆脫的鉸鏈鉚釘
    c. 鏡腳柄彎折
    d. 彎曲的鉸鏈

13. 在標準對齊過程中檢查前傾角是否相同時，最好先將眼鏡以何種方式置於桌上？如同 A 或 B？
    a. A 為正面朝上
    b. B 為背面朝上

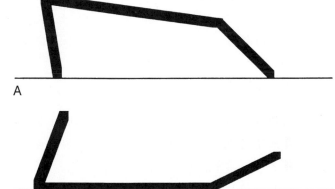

14. 假如一側鏡腳的下彎部分較另一側下彎，將此鏡架以如圖 A 方式置於桌上。
    a. 如此觀看鏡架，即使左、右側的前傾角一致，也會看起來不相等
    b. 如此觀看鏡架，左、右側的前傾角將不相等，這清楚地表示它們確實不相等

15. 進行何項步驟時不應以加熱來調整傳統的塑膠鏡框：
    a. 彎折端片
    b. 改變鼻橋區域
    c. 改變前傾角
    d. 彎折鏡腳耳端
    e. 應總是以加熱方式來調整塑膠鏡框

16. 下列所有工具中，何者是改變塑膠鏡框鏡腳褶疊角的好選擇？
    a. 切割鉗
    b. 賽璐珞銼刀
    c. 單墊調整鉗
    d. 方圓鉗
    e. 手指型調整鉗

17. 對或錯？當鏡腳完全開展時，其與前框形成的角度稱為「鏡腳張角」。

18. 當塑膠鏡架的鏡腳完全開展時鏡腳張幅過小。有數種方法可矯正此問題，下列何者並非可能的解決方法？
    a. 鏡片可能未完全嵌入端片位置的鏡架溝槽。加熱鏡框並將鏡片完全嵌入
    b. 加熱並向外彎折端片
    c. 銼磨鏡腳的端頭
    d. 加熱鏡腳端頭並向外彎折鏡腳
    e. 使用烙鐵或手指型加熱器加熱隱藏式鉸鏈，讓鉸鏈更深入鏡架前框

19. 「後傾斜」的表徵：
    a. 鏡架前框的頂部較底部更靠近配戴者的臉部平面
    b. 鏡架前框的底部較頂部更靠近配戴者的臉部平面
    c. 其中一鏡片較另一鏡片更靠近配戴者的臉部平面
    d. 在配戴者的臉上其中一鏡片較另一鏡片高

20. 對或錯？在標準對齊中即使鏡腳在鏡架中心交叉，但鏡角褶疊角應兩鏡腳相互平行才正確。

21. 對或錯？欲改變金屬鏡架的鏡腳張幅，倚靠平面推擠端片外部是絕對行不通的。

22. 辨認例圖是何種角度。
    a. 鼻角
    b. 垂直角
    c. 後傾角
    d. 前角
    e. 頂角

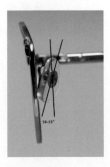

23. 何種鼻墊角度從鏡架上方或下方可看得最清楚？
    a. 前角
    b. 張角
    c. 垂直角

24. 何種鼻墊角度與前傾角關係最深？
    a. 前角
    b. 張角
    c. 垂直角

25. 若鼻墊為圓形而狹長型時，即無何種鼻墊角度？
    a. 前角
    b. 張角
    c. 垂直角
    d. 沒有任何一種鼻墊角度會消失
    e. 圓形鼻墊不會影響鼻墊角度

26. 針對一副可調墊式鼻橋鏡架，兩鼻墊頂端通常應較鼻墊底端更加靠近。若非如此而是兩鼻墊底端較頂端更加靠近，表示何種鼻墊角度已偏離？
    a. 前角
    b. 張角
    c. 垂直角
    d. 無法從所給的訊息中判斷

27. 在標準對齊中，從鏡架的鼻側鏡圈至鼻墊正面的距離通常為多少釐米？
    a. 0 mm
    b. 1 mm
    c. 2 mm
    d. 2.5 mm
    e. 3 mm

28. 鼻墊調整鉗
    a. 從鼻墊後方夾著鼻墊臂
    b. 夾著鼻墊的正面和背面

29. 記住鼻墊角度的幽默口訣中，何種鼻墊角度相應於小雞拍打翅膀的角度？
    a. 前角
    b. 張角
    c. 垂直角

30. 應於無框眼鏡的何處進行四點接觸法測試？（從下列選項找出一個最佳的答案）
    a. 鏡片後方低於鼻墊處
    b. 鏡片後方高於鼻墊處
    c. 鏡片後方以及鼻墊的上方與下方
    d. 鏡片前方與鼻墊臂接點齊高處
    e. 鏡片後方與鼻墊臂接點齊高處

31. 在無框裝配架做四點接觸法檢查時，發現直邊物在鼻墊上方四點適當接觸，但在鼻墊下方直邊物只觸及左側鏡片，而未觸及右側鏡片，究竟發生了什麼錯誤？
    a. 鏡框彎弧過大
    b. 鏡框彎弧過小
    c. 鏡片在相異平面
    d. 未水平對齊
    e. 前框 X 型扭曲

32. 下列鏡片材質中當用於無框鑽孔裝配時，何種材質最容易在裝配點上發生斷裂、破裂或受壓分裂？
    a. CR-39 鏡片
    b. PC 鏡片
    c. Trivex 鏡片

33. 下列鏡片材質中當用於無框鑽孔裝配時，何種材質最不易在裝配點上發生斷裂、破裂或受壓分裂？
    a. CR-39 鏡片
    b. PC 鏡片
    c. Trivex 鏡片

34. 同時使用兩支鉗子最有助於裝配何種鏡架型式？
    a. 醋酸纖維素鏡架
    b. 金屬鏡架
    c. 無框鏡架
    d. 並無差異

# CHAPTER 9

# 鏡架調整

本章之目的是傳授「正確裝配調整鏡架」所需熟練的基本技術原則。若無法掌握在此傳授的知識，則許多在本書其他章節學習到的原則將無法運作，乃因眼鏡無法如預期般地被消費者正常配戴。

## 抱怨的原因

一副眼鏡實體零件的功能，以及這些部分是否能與配戴者貼合，將影響個人對新處方眼鏡的滿意度與調適能力。針對眼鏡實體零件的相對功能為影響眼鏡配戴舒適度的因素，Kintner[1] 的研究指出絕大多數對眼鏡的抱怨皆與鏡架的貼合度有關，這是鏡架選擇和眼鏡調整所致的直接結果。若鏡架配戴舒適，許多配戴者多會容忍驗光處方的些微偏差，即使驗光處方無誤但眼鏡與個人的契合度極差，配戴者反而會無法忍受。

鏡架貼合所帶來的舒適感和合適度，可說是配戴者滿意度最重要的衡量標準。

## 單元 A
### 整體鏡架調整
### 裝配調整過程

配鏡人員收到的應是一副已標準對齊的新鏡架 ( 第 8 章 )，然而如先前所述並非總是如此，因此在將鏡架依配戴者的臉型進行調整前，最好先檢查鏡架且必要時將鏡架標準對齊。

適用於新鏡架首次裝配時的調整方法，同樣適用於配戴了一段時間卻不再對齊的舊鏡架。

### 戴上鏡架

第一次試戴眼鏡時，首先最好是由配鏡人員將鏡架戴在配戴者的臉部。若鏡架需進行額外的調整，

配鏡人員應注意且立即移除鏡架處理，不致使配戴者誤認為其眼鏡有任何不妥之處。

為配戴者戴上眼鏡時，持握鏡腳處並將其稍微向外拉開來輕易地將眼鏡戴上，鏡腳兩端剛好繞過耳朵向下 ( 圖 9-1)。若鏡腳必須更加向外開展才能戴上，則運用第 8 章敘述的方法調整鏡腳張幅，使鏡腳的開展程度可讓鏡架戴在配戴者的鼻梁上而不致壓迫頭側。

## 力的三角分配

裝配調整三角形是由 Stimson[2] 提出，乃眼鏡與頭部接觸或施壓的三個點組成，三角形的頂角為眼鏡架置於鼻梁處的接觸點，而三角形基底的兩個端點是指在頭部兩側耳根上方的兩個施力點 ( 圖 9-2)。由於通常會在鏡架上使用鼻墊，故三角施力點的頂角實際上可能有兩個停靠點。

## 完成適當的鏡腳張幅

鏡架鏡腳張幅的角度不應導致鏡腳柄產生壓力，即使僅是觸碰也不可於臉部或鏡腳的任何區域產生壓力，除了兩側耳根上方，此位置通常是配戴者頭部最寬之處。

### 鏡腳張幅過小

若鏡腳張幅不足將會於頭部兩側施壓過多，導致鏡腳呈外弓狀 ( 圖 9-3)。此情況會使鏡架前移，造成鏡腳位於頭部較窄的部分。當鏡架向前滑移時，原本彎折鏡架的壓力將因此減少 ( 圖 9-4)。

若配戴眼鏡時發生此情形，且鏡腳張幅從未予以修正，眼鏡不僅會滑落而已。眼鏡若真的滑落，亦會造成鏡腳下彎部分拉扯耳後，感覺像是眼鏡過

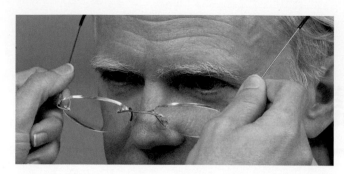

圖 9-1    配鏡人員持握眼鏡的鏡腳，通常會再稍微往外拉以避免施壓於頭部。

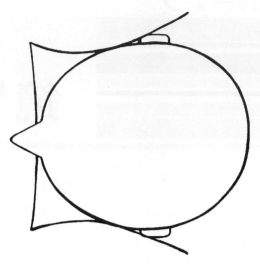

圖 9-3    縱使圖例誇張了些，但能見及壓力如何施加於頭部使鏡腳呈外弓狀。

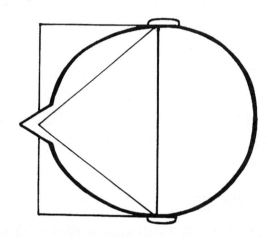

圖 9-2    裝配調整三角形是指「壓力」只能施加於三個點的連線，其為鼻梁與耳根正上方的頭部兩側，而鼻部的壓力來自於鏡架的重量。

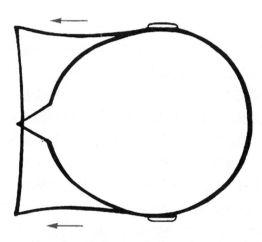

圖 9-4    鏡腳為了恢復原狀會使鏡片滑動，造成眼鏡貼合最糟的過緊與過鬆的狀況，不只是眼鏡向前滑動，且可能傷及耳部後方。

鬆導致滑落同時傷及耳後。配戴者將同時感受到過鬆和過緊的不適感。

　　鏡架調整程序的第一步即找到適當的鏡腳張幅角度，使前框可容易地倚靠鼻部而不致向前滑落。方法則從調整端片著手，無論於耳前的哪一點，皆不可使鏡腳壓迫頭側。儘管鏡腳柄會觸及頭側，但不可因此產生壓力。對於已調整的眼鏡，應可使紙張的一角滑入鏡腳柄和頭側之間。僅耳朵根部上方是唯一能受壓之處。

　　若配戴者的頭部很圓，或是其耳前部分較耳朵上方寬，對此可能需將鏡腳彎折至可契合頭部較寬廣的弧度，但終究僅能於頭部特定區域施壓（即耳根正上方）。

## 鏡腳張幅過大

　　若鏡腳張幅對於配戴者的頭部而言過寬，眼鏡將容易自鼻部滑落，尤其在鏡架配戴一段時間後，此狀況將更頻繁地發生。用於減少鏡腳張幅角度的特定方法請見第 8 章。

## 鏡片頂點等距

　　此時建議檢查眼鏡鏡片頂點距離是否等距。作法是請配戴者帶著眼鏡將頭前傾，讓配鏡人員自上方觀看眼鏡（圖 9-5）。若眼鏡已適當調整且配戴者的頭部對稱，兩鏡片與配戴者臉部的距離應一致。然而若鏡腳張幅不等，一側鏡腳的角度較另一側鏡腳

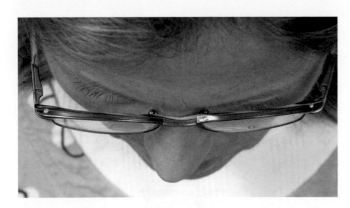

圖 9-5　其中一支鏡腳較另一支鏡腳更加壓迫頭側，導致配戴者左眼前的鏡片較近。

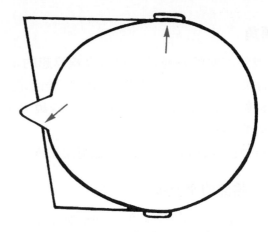

圖 9-6　若配戴者抱怨鏡架導致一側鼻部疼痛，原因可能為鏡腳張幅角度不一致。

過大或過小，或若配戴者的頭部一側較另一側寬些，則其中一鏡片將比另一鏡片更靠近配戴者的臉部。

　　針對鏡片頂點不等距的情況，必要的修正步驟直接由鏡架位置即可看出端倪。如圖 9-5 所示若右側鏡片距離配鏡者臉部較遠，將使其右耳比左耳承受更大的壓力，迫使眼鏡右側往前突出（檢視原則如圖 9-4 的描述，除了一側鏡腳較另一側承受過多壓力，使得該側鏡腳往前）。此問題的解決方法有二：

1. 可能是因右側鏡腳張幅不足，導致右側貼合過緊，解決方法為將右側鏡腳拉得更開，作法如同標準對齊。

2. 若已正確調整右側鏡腳，可能的原因即為左側鏡腳過鬆。由於缺乏左側鏡腳產生的反作用力，右側鏡腳此時只會造成向前傾的效用。在此的解決之道即是將左側鏡腳內合，減少鏡腳張幅。再次提醒，調整的技巧與鏡架標準對齊的方式相同。

　　實際操作時，通常兩側鏡腳皆已被調整，即拉近一側或推遠另一側。如先前所述無論問題是出自眼鏡或配戴者的頭型，解決方法皆相同，可藉由鏡架本身的位置檢視之。表 9-1 提供了簡單的方式以協助記憶調整方法。

　　若眼鏡未裝配妥當，造成一側鏡腳張幅不足，配戴一段時間後將使得該側耳朵與配戴者鼻梁之對側出現酸疼感，產生鏡架過緊所致一側不斷捏夾臉部之曬衣夾效應（圖 9-6），因此若配戴者抱怨鏡架使一側鼻部產生疼痛，便應檢查鏡腳張幅是否恰當。

　　應注意解決鏡片頂點不等距的情況，最好事先檢查是否有一側鏡腳不平直而向內或向外彎弓。若

**表 9-1**
**調整一片鏡片使之靠近臉部的方法（太近即向內調整；太遠即向外調整）**

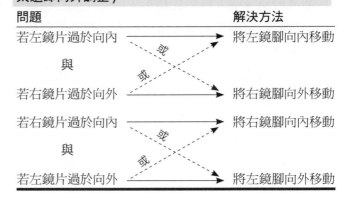

| 問題 | 解決方法 |
|---|---|
| 若左鏡片過於向內 ↘或↗ | 將左鏡腳向內移動 |
| 與 | |
| 若右鏡片過於向外 | 將右鏡腳向外移動 |
| 若右鏡片過於向內 ↘或↗ | 將右鏡腳向內移動 |
| 與 | |
| 若左鏡片過於向外 | 將左鏡腳向外移動 |

鏡腳已彎折則應先將之拉直。單側鏡腳彎折可造成鏡片頂點不等距，原因如同鏡腳張幅角度之差異。

## 前框

　　確定鏡腳張幅角度正確後，進行鏡架前框的調整。兩個調整步驟摘要如下：

- 首先適當的鏡架前框前傾角或傾斜必須固定。
- 接著從前方直視時，配戴於臉部的鏡架必須調整平直

　　顯然適當的鏡架前傾角和筆直度應在調整鼻橋前就已處理好，此乃因鏡架前框角度的改變將直接影響鼻墊於鼻部的位置。若先調整鼻墊使其平落於鼻部，然後再將整個前框重新調整至新的前傾角，問題便因此產生，即鼻墊不再平落於鼻部。

## 前傾角

　　鏡架前框傾斜通常是自垂直線算起的 4 ～ 18 度,除非眉毛異常突出才會將角度上調至極端的角度(18 度)。檢測前傾角時應確定鏡片或鏡架邊緣未觸及眉毛或臉頰。

　　(改變前傾角度的光學理由請見第 5 章。)

## 鏡架於臉部的平直度

　　若鏡架於臉部是歪斜的,調整眼鏡每一端片的前傾角,即可使鏡架自前方觀看時呈現水平。

　　可能造成鏡架歪斜的第一個原因為標準對齊執行不完全。若兩鏡腳未平行即無法通過平面接觸測試,鏡架便不可能平直地配戴於臉部,然而即使兩鏡腳平行仍可能存在問題。

　　大部分配戴者的頭部並不對稱,一側耳朵通常些微高於另一側。針對此情形,即使先前已將鏡腳呈平行的眼鏡標準對齊,當自前方觀看時配戴於臉部的眼鏡仍會出現傾斜狀況。

　　無論造成的原因為鏡架或臉部,其解決方法皆相同,即需再調整鏡架一側或兩側的前傾斜角度*(或更精準地說,鏡腳和鏡架前框之間的角度)。

　　若鏡架右側過高,則必須將右側鏡腳的角度調高,使鏡架在該側降低些,然後鏡腳才觸及耳朵頂部。

　　然而並不建議減少較高一側的前傾角。從側方觀看鏡架前框時,有時會出現前傾斜不足的狀況,若是如此則可能必須往下調低對側鏡腳的角度。此作法將增加對側的前傾角,達到殊途同歸的效果,乃因其可調高過低的一側鏡腳。

　　通常必須調高其中一側鏡腳並調低另一側鏡腳,若僅彎折一側並無法使鏡架呈現水平。簡單而言,若右側鏡架前框過高,則將右側鏡腳往上彎折。或自鏡架的另一側觀看若左側過低,則將左側鏡腳往下彎折。表 9-2 乃針對此調整方法提供了易於記憶的圖表。

　　當配戴者頭部的兩耳高度不同,若調整前傾角以使眼鏡在臉部平直,將造成眼鏡本身置於平面上

---

表 9-2
調整一片鏡片使之高於臉部的方法(太高即往上調整;太低即往下調整)

| 問題 | 解決方法 |
|------|----------|
| 若左鏡片過高 —— 或 → | 將左鏡腳往上彎折 |
| 與 | |
| 若右鏡片過低 ---- 或 →  | 將右鏡腳往下彎折 |
| 若右鏡片過高 —— 或 → | 將右鏡腳往上彎折 |
| 與 | |
| 若左鏡片過低 ---- 或 → | 將左鏡腳往下彎折 |

時出現歪斜情形。若未向配戴者說明,其可能認為是眼鏡存在問題,且懷疑配戴時的配鏡品質。切記務必告知配戴者此狀況。

## 參考點

　　確認鏡架的水平程度時,儘管以眉毛為參考點極有助益,然而在臉部不對稱的情況下,將導致一側鏡片高於另一側,即使鏡架並非真的如此。由於臉部五官可能不對稱,在調整鏡架前框時不應只依賴眉毛高度或頭部的眼睛位置,反之應整體考量雙眼及兩側眉毛的位置。若因臉部五官不對稱之故,便應稍微調高鏡架的一側以使其與臉部特徵契合,如此鏡架才會貼合。

　　雙光鏡片若已裝配完成,且也使用針對每一隻眼睛各別調整妥當的鏡架做了正確的測量,雙光鏡片交界線與瞳孔下緣之間的關係即為合理的參考點。欲客觀地判斷,請配戴者的頭部向後傾斜,觀察兩子片的交界線是否交叉於瞳孔上的同一點(針對主觀和客觀技巧的詳盡敘述請見第 5 章)。同樣的方法也可用於漸進多焦點鏡片的配鏡十字記號,配鏡十字記號應準確地定位於瞳孔前。

## 導致鏡架前框歪斜的其他錯誤原因

　　當眼鏡歪斜時,應同時檢查下述區域是否為問題所在。

1. 兩支不同彎曲角度的鏡腳是因彎曲的端片所致,或僅是鉸鏈所致?
2. 鏡腳本身是否彎曲?

---

* 前傾角與裝配調整相關的主要定義為「當下半框較上半框更靠近臉部時,鏡架前框與配戴者臉部前側的平面形成之角度」(請見詞彙表),然而在標準對齊過程中,前傾角通常是指「當鏡腳以水平方向持握時,鏡架前框偏離垂直方向的角度」。

3. 鼻橋是否歪斜？
4. 一側耳朵是否較另一側往後？（若鏡腳的長度一致，此情況將使一支鏡腳下彎的部分施壓於耳朵處與另一側耳朵受壓處在不同的鏡腳下彎位置，產生一側耳朵高於另一側的同樣效果）。

## 鏡腳

　　當所有與眼鏡前框相關的調整如鏡腳張幅、前傾角、高度、頂點距離和鼻部的鼻墊位置皆已完成，最後便是調整鏡腳。

　　若之前的前框調整已令人滿意，當頭部挺直時縱然鏡腳尚未完全調整完畢，眼鏡仍位於臉部的適當位置。僅當鏡腳與頭部的第一個接觸點位於兩側耳朵正上方時才是正確的。注意：此時是調整鼻墊的最佳時機，而本書至此尚未談到鼻墊調整。若鏡架配有鼻墊，在調整鏡腳兩端前便應先調整鼻墊。鼻墊調整在本章單元 B 有相關敘述。

　　橫向壓力－必要時可藉由減少鏡腳張幅，以增加鏡腳在頭部兩側耳朵正上方的壓力，這可利用先前於第 8 章描述的任一方法進行調整，例如將眼鏡端片部分向內彎折。

　　若橫向壓力的大小合宜，配戴者應不會感到壓力，或就算感到壓力也不會出現不適。即使配戴者低頭，眼鏡應可穩固地待在臉部而不滑落。縱然鏡腳後側尚未調整，也應是這樣的情況。

　　調整鏡腳時所必須記住的重要一點，即眼鏡配戴的最佳方式是透過摩擦力而非壓力。當眼鏡與頭側有最大面積的接觸時，摩擦力便會增加。記住此點，調整圖書館式或顱式鏡腳時，最好是讓鏡腳內側與頭部有三個位置平行：(1) 沿著鏡腳柄、(2) 在耳根上方 (圖 9-7)、(3) 沿著耳後的頭部傾斜部分。

　　這可能需順著鏡腳的長軸旋轉，為了達到效果應加熱鏡腳並進行旋轉調整。

　　鏡腳耳端或捲曲部－橫向壓力若施壓得宜，接著可將注意力放在通過耳朵頂部的鏡腳部分。由於鏡腳樣式不同，調整方式需根據其樣式來做考慮。

### 裝配調整耳後直式鏡腳和顱式鏡腳

　　耳後直式或圖書館式鏡腳在耳後不會垂直彎曲。物如其名，該鏡腳於耳後呈筆直狀。顱式鏡腳則會在耳後向下彎曲。

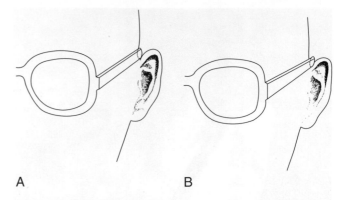

圖 9-7　調整圖書館式或顱式鏡腳時，應使鏡腳整個側邊平行於耳根上方的頭部斜面。**A.** 適當地平行貼合。**B.** 不平行。

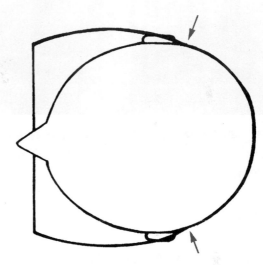

圖 9-8　未受過訓練的配鏡人員常犯的配鏡錯誤，即是為了達到緊密貼合而彎弓鏡腳。

　　多數鏡腳無論耳後是否彎折皆能裝配調整，如同顱式和耳後直式鏡腳。在此我們先了解如何調整未彎折的鏡腳。為了調整鏡腳，我們需先考慮鏡腳與頭部兩側貼合的情況，之後再加入彎折部分。

　　耳後直式或圖書館式鏡腳的所有調整原則亦適用於顱式鏡腳。

　　耳後直式鏡腳的調整包括將剛通過耳朵頂部的鏡腳部分向內彎折，使鏡腳內側表面直接服合於耳朵頂部後方的頭部。鏡腳必須持續自耳後頂部接觸頭部，並對此區域均勻施壓。

　　為了拉緊滑下鼻部的鏡架，常犯的調整錯誤即是將鏡腳的最後部分過度地向內彎折，造成鏡腳末端施予頭部單點過多的壓力。此錯誤調整通常會使鏡腳其他部分拱起彎曲而偏離頭部 (圖 9-8)。由於眼

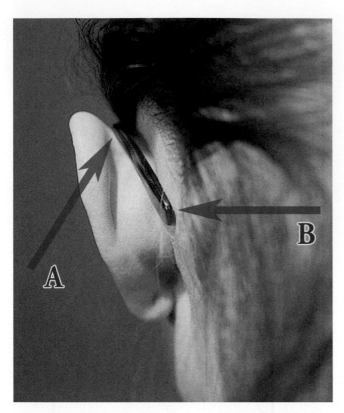

圖 9-9 此照片使用顱式鏡腳以示範前圖的錯誤，注意鏡腳如何向外施壓於耳朵上 ( 箭頭 A) 並向內壓迫頭側 ( 箭頭 B)。

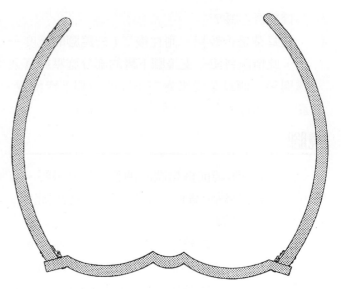

圖 9-10 因鏡腳彎弓所產生的壓力被移轉至鏡架鼻橋與端片區域，一段時間後將使之疲乏。此圖是為了緊密貼合而持續增加鏡腳彎曲所得的自然結果。

鏡於鼻部不再滑落，配戴者起初會很高興，然而向內彎曲的鏡腳會位移至耳朵上半部的外側，最終鏡腳尖端將壓迫頭側，造成令人痛苦的凹陷 ( 圖 9-9)。此錯誤太常發生於耳後直式和顱式鏡腳的調整。

若向內彎折過大，鏡腳與頭部的接觸點產生過多壓力，端片和鼻橋因而向外彎折，如此將喪失支托鏡架不滑落的橫向壓力。無經驗的配鏡人員未意識到造成錯誤的原因，往往會採用此類似的錯誤「解決方法」，即增加鏡腳的彎曲程度使鏡腳尖端碰觸頭側。此惡性循環的結果將造成鏡腳拱起彎曲過寬，以及鏡架前框過度彎折 ( 圖 9-10)。

若頭側有內凹或鏤空的迴旋，可加熱鏡腳然後準確地順著頭側調整，其目的是使接觸表面盡可能增加磨擦力，以產生「碟式煞車」的效果。配鏡人員將顱式鏡腳的下彎部分加熱後，以兩拇指向下加壓，因此許多人稱其是在為鏡腳「按上拇指指紋」。若以拇指調整過於困難，則可使用鏡圈塑形鉗，方法如圖 9-11 所示 ( 之前有此塑形鉗的參考照片，通

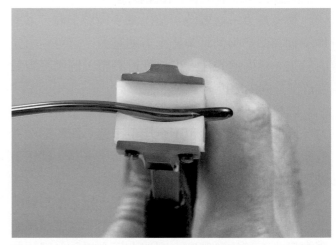

圖 9-11 鏡腳末端常被形塑以符合配戴者頭側的些微內凹。利用兩拇指按壓而於鏡腳上形成傾斜，常稱為「拇指指紋法」。在此顯示以鏡圈塑形鉗調壓鏡腳的情形。

常是用於形塑金屬鏡架的鏡圈，如圖 7-14 與 7-15 所示 )。

若鏡架前框已妥適調整，鏡腳的橫向壓力將會正確，且鏡腳末端出現摩擦接觸，如此便可安全地配戴眼鏡而不致造成傷害。

## 調整鏡腳彎折部分的位置

鏡腳彎折的適當位置即在剛過耳朵頂部之處。

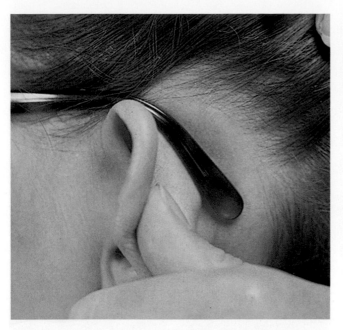

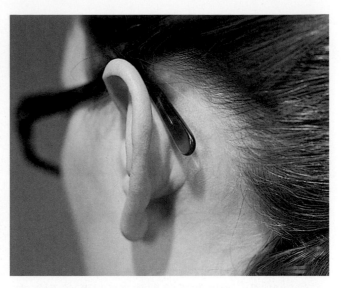

圖 9-14　若鏡腳的下彎部位離開頭側，表示未調整好彎折部位的位置。

圖 9-12　若鏡腳的彎折部位適當，正好位於耳朵的上方後側，將使鏡腳的下彎部位平行於耳根上半部。

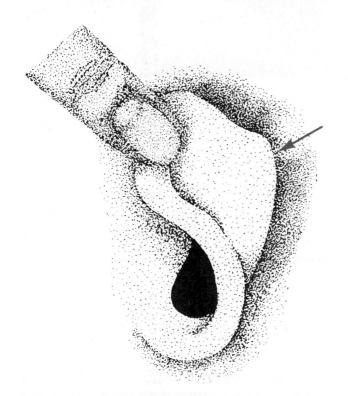

圖 9-13　將耳朵往前翻折，箭頭所指處為耳朵最敏感的部位，故鏡腳應避免於此處施壓。

鏡腳耳端的下彎傾斜處應與耳根後方的斜面平行，即使觸及耳根也應僅為輕觸 ( 圖 9-12)。綜合上述，鏡腳切忌壓迫耳朵與頭部之間的折縫，或是在連結耳朵與頭部的軟骨韌帶上 ( 圖 9-13)。

鏡腳的耳端部分不應只是向下彎折 ( 圖 9-14)，亦需倚靠頭側，通常需向內傾斜。

調整鏡腳耳端向下延展部分，使之貼合顳骨的乳突部迴旋，即耳後頭側隆起的部位。整支的鏡腳如同耳後直式鏡腳，應均勻施壓於整段長度。

### 鏡腳過長或過短

若鏡腳過長或過短，可就其彎折部分的位置進行修正。當然，彎折部分的調整幅度是有限制的，畢竟改變太大將使鏡腳耳端過長或過短。相較於全是金屬製成的鏡腳，調整塑膠鏡腳的彎曲處較為簡單且結果也令人滿意。某些金屬鏡腳可能需以尺寸恰當的其他鏡腳取代之。

由於鏡腳是以 5 mm 的級距製造而成，故有可能出現鏡腳無法如預期準確地貼合某頭部的情況，若是如此則可改變彎折的位置。當無法取得長度適合的鏡腳，或是訂購的鏡腳長度出錯，同樣需改變彎折的位置。改變彎折位置的步驟建議如下：

1. 注意彎折位置－前框的位置應安置妥當，以調整眼鏡至配戴時的位置。新眼鏡或鏡架樣本通常會於配戴時過鬆，使得眼鏡滑下鼻部。若出現這種情形，鏡腳將下滑直至被耳朵勾住，儘管鏡腳彎折處看似沒有問題，實際上卻是鏡腳過長。為了避免發生此問題，站在坐著的配戴者前方，以左手拿取眼鏡的兩個端片位置，使眼鏡置於臉部的

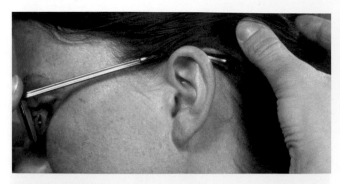

圖 9-15　僅當眼鏡正確定位時，才能精準判斷鏡腳彎折的理想位置。穩固地持握鏡架，便可防止彎折部位的位置錯誤發生。

適當位置，並以右手將配戴者的頭髮撥到後方，或是將其耳部往前彎折，以檢查鏡腳是否正確貼合 ( 圖 9-15)。檢查左側鏡腳時，交換雙手重複相同的步驟。不可認為一側鏡腳已安置妥當，即代表另一側也是如此。人的臉部並不對稱，有時會發現兩鏡腳的長度不同。

　　若鏡腳柄過長，其彎折部位就會在預期位置的後方，幾乎剛好跨過耳朵頂部 ( 圖 9-16)，如此將使眼鏡向前移動，直至鏡腳耳端倚靠於耳後軟骨。

　　僅需簡單調整鏡腳彎折的角度，即可使其下彎部位剛好觸及配戴者耳後。此處的錯誤判斷認為是只有兩個接觸點，即耳朵頂部和耳後，因此在長期配戴眼鏡後，耳後將出現一個令人難以承受的疼痛點。反之，應移動鏡腳彎折的位置，使鏡腳可貼合正確。

　　若鏡腳柄過短，其彎折部位將於耳朵頂部之前，使下彎部分位於耳後軟骨的後傾處。鏡腳通常會因此高出耳朵，自頭側即可看到彎折部分，造成鏡腳末端加壓耳後 ( 圖 9-17)。

2. 評估新的彎折位置－觀察鏡腳彎折部分與其應在耳朵上方位置之關係，藉此評估彎折的新位置。由於頭部兩側和臉部可能不對稱，故應分別觀察兩側耳朵。

3. 拉直再彎折或彎折再拉直－加熱原初彎折的區域和鏡腳柄預計彎折之處。一手穩固地拿取鏡腳柄，另一隻手的手指抓握彎折部分，拇指支托彎折處 ( 圖 9-18)。將鏡腳末端向上拉，以將整個鏡腳拉直。

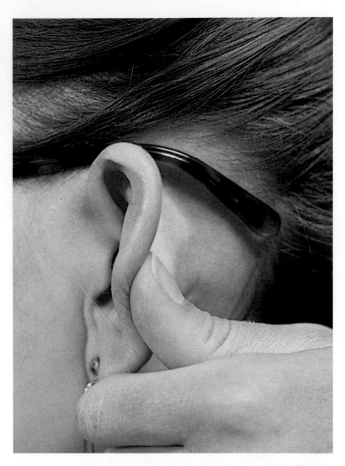

圖 9-16　若鏡腳柄過長，彎折部位將超過預期的位置。

　　移動持握鏡腳柄的手指，使拇指和食指支托新的鏡腳彎折點。另一隻手的拇指在持握鏡腳柄該手的食指位置將鏡腳突出的末端壓下，直至完成預期的彎曲角度 ( 圖 9-19)。

　　徒手增加新的鏡腳彎折對於某些人而言可能相當困難，有針對此情況所設計的鉗子可運用。如圖 9-20 所示，在鏡腳預計彎折的位置使用鏡腳彎折鉗。

　　利用水性細簽字筆或油性筆更準確地記下鏡腳預計彎折的位置，以避免操作時臆測。若難以彎折則必須在增加新的彎折前重新加熱鏡腳。

## 實際加長與縮短鏡腳

　　某些金屬鏡架的下彎部分包覆著塑膠，而內含金屬芯。此鏡腳的特別之處在於無法預期其縮短或加長的調整結果，甚至有可能縮短某些塑膠鏡腳。第 10 章將詳述這兩種可能的調整方法。

圖 9-19　一個調整良好的彎折是個急彎，可藉由將鏡腳末端強推過指關節以製造合宜的急彎。

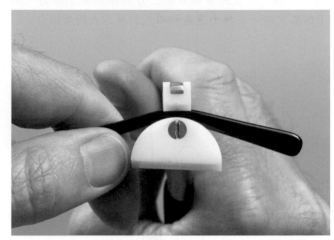

圖 9-17　若鏡腳柄過短，彎折部位將明顯前傾。注意如何將鏡腳抬高而離開耳朵，使得彎折部位本身是看得到的。

圖 9-20　可使用鏡腳彎折鉗來製造鏡腳的彎折。鏡腳仍需加熱，但勿過度加熱以避免於塑膠材質留下印記。

## 鏡腳裝配標準摘要

　　總結來說，鏡腳應符合以下標準：

- 在臉部或耳朵正上方前面的頭部任一點，鏡腳柄不應對其施予壓力，而鏡腳的橫向壓力應施於耳朵正上方的接觸點。

- 鏡腳的彎折部分應緊鄰耳根頂部，以不致只是倚靠耳根頂部或壓迫耳後（圖 9-21）。

- 下彎部分應傾斜，約與耳根軟骨的後傾斜平行（耳溝），而不致壓迫耳朵與頭部之間的折縫或是此處的軟骨韌帶。

- 鏡腳柄的截面形狀若非圓形，則應與配戴者的頭部傾斜處平行，且其最寬廣的部分需倚靠頭部。

- 下彎部分（鏡腳耳端）應傾斜且最寬廣處需倚靠於頭側，其形狀輪廓應契合耳後的凹陷（坐骨中空處），並緊隨著下方的隆起部分即顱骨乳突部，

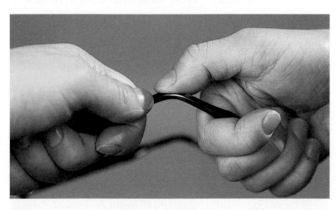

圖 9-18　可如圖所示拉直鏡腳以將彎折移至新的位置。若欲將彎折部位前移，可先於預期位置製造新的彎折，然後再消除舊彎折。

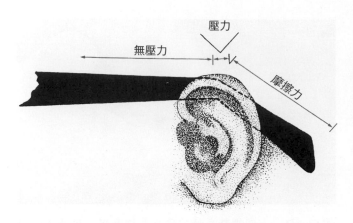

**圖 9-21**　鏡腳彎折的適當位置即是緊鄰耳根上方後側的那一點，僅能於緊鄰耳根上方的頭側施予壓力。過了該點之後，其抓力應是如碟式剎車方式的摩擦力。

**圖 9-22**　若鏡腳平行於頭部與耳朵的解剖外形，配戴時將會更舒適且更能固定鏡架。

壓力應平均分布於整個區域 ( 圖 9-22)。鏡腳末端不應挖扯腦部後方或施予超過鏡腳耳端平衡所需的壓力。

## 環氧樹脂鏡腳

　　環氧樹脂鏡腳的調整標準如同其他材質鏡腳。環氧樹脂鏡腳有兩種基本樣式。第一種鏡腳所使用的材質與環氧樹脂的鏡架前框相同，可從整支鏡腳缺乏金屬補強物的特點加以辨認。由於環氧樹脂鏡

架加熱後會回復初始的形狀，這種樣式的鏡腳需特殊的調整技術。第二種樣式是 LCM 環氧樹脂鏡腳，或稱為輕覆膜金屬鏡腳 (light coated metal)。

## 調整原始環氧樹脂材質的鏡腳

　　以原始環氧樹脂材質製成的鏡腳，調整時需充分加熱以便彎折。若未加熱或加熱不足就嘗試彎折，如此將造成鏡腳斷裂。只針對需彎折的部分加熱，持握其餘的鏡腳，以避免無需調整的相鄰部分受熱。加熱後將鏡腳彎折至預期位置，握住鏡腳直至其足夠冷卻以固定新成形的鏡腳 ( 某些鏡架加熱器有冷空氣選項，可用以冷卻加熱區域 )。由於加熱後的環氧樹脂材質將回復至最初形狀，若無法固定鏡腳，它多少會恢復原狀。在鏡腳的另一位置進行第二個彎折時，第一個彎折的區域需予以防護勿使之受熱，否則將前功盡棄。

　　無金屬強化線的環氧樹脂鏡腳是能加以延長的，將鏡腳加熱至足夠的熱度即可拉直並延展。這樣的方式調整或許可使用過短的鏡腳，即使其彎折部位已盡可能向後方移動。

## 調整 LCM 環氧樹脂鏡腳

　　第二種樣式的環氧樹脂鏡腳有不同材質的塑膠包覆著金屬芯，其為 LCM 環氧樹脂鏡腳且應有「LCM」三個英文字母的標示。此 LCM 環氧樹脂鏡腳可塑性極高，稍微加熱即可進行調整。相較於原始的環氧樹脂鏡腳，LCM 環氧樹脂鏡腳不會在受熱後回復原狀。欲分辨這兩種樣式的鏡腳，記得檢查是否有金屬加強線芯，若無即是原始環氧樹脂鏡腳。標示為「LCM」的縮寫即為輕覆膜金屬鏡腳。

## 彈簧式鉸鏈鏡腳

　　彈簧式鉸鏈的鏡腳已大幅改善。當彈簧式鏡腳剛問世時相較於配鏡人員，其對於配戴者更具吸引力。不同於今日的設計，這種鏡腳原初並無足夠的強度與彈性，因此必須拉開鏡腳的大半部分才能進行安裝，意即眼鏡在配戴時，張力擴展區域的中點將落於鏡腳最自然的位置。

　　設計較佳的彈簧式鉸鏈已改變以往的狀況。現在彈簧式鉸鏈鏡腳的裝配方式與其他鏡腳完全相同，必須貼合於配戴者的頭部，使其於正常配戴的

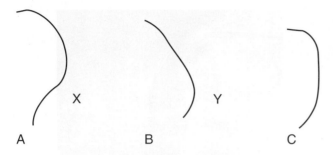

圖 9-23　所謂的耳溝有不同的輪廓，圖中為三種範例 (Redrawn from Stimson RL: Ophthalmic dispensing, ed 2, Springfield, Ill, 1971, Charles C Thomas)。

情形下不會彈開。相較於其他裝配良好的一般鏡腳，彈簧式鏡腳的優點並非是環抱頭部的方式不同，它們環抱頭部的方式是一樣的。一副品質良好的彈簧式鉸鏈鏡腳，其優點是能讓調整完畢的鏡架維持得更長久。

當人們日復一日地脫戴眼鏡，鏡架便承受了特定程度的壓力，鏡腳在調整好的狀態之後被迫張開，最終調好的鏡腳會開始鬆脫。由於鉸鍊內的彈簧可化解此壓力，裝配了彈簧式鉸鏈的鏡腳便能避免類似的問題。

若受到球類、手肘的撞擊或自臉部擊落，配置了彈簧式鉸鏈的鏡架較不需重新調整或維修，這是因為彈簧式鉸鏈使鏡腳彎折的角度向外後再彈回，而非彎折後便無法恢復原狀。

彈簧式鏡腳在耳後的調整方式如同其他類型的鏡腳，鏡腳彎折位置的準則亦無不同。

## 弓式和線型鏡腳

若顯式鏡腳不足以支托眼鏡，例如從事激烈肢體活動的兒童或個人，此時可使用弓式或線型鏡腳。弓式鏡腳是以塑料製成，線型鏡腳則是採用可捲曲的金屬。

安裝線型或弓式鏡腳時，鏡腳應順合耳根，然而如圖 9-23, A 所示，在耳後的 X 點之前，鏡腳不應對耳根的任一點造成壓力。自 X 點至鏡腳末端之間，鏡腳線絲應貼近耳根，藉此貼合方式固定眼鏡。鏡腳最後數毫釐的長度應調離耳朵，防止鏡腳末端刺入。圖 9-24 為鏡腳末端尚未調整的情形。線絲的末端應向後彎折且稍微遠離頭側。調整時可利用圖 9-25 所示的雙墊調整鉗。圖 9-26 顯示鏡腳末端完成彎折的狀態。

如圖 9-23, B 所示，當線絲的形狀與耳朵接連頭

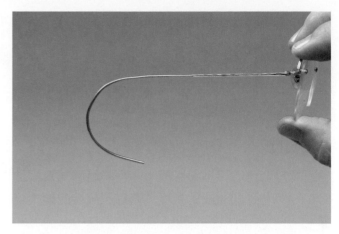

圖 9-24　此圖為調整鏡腳尖端前，線型鏡腳末端的外觀。

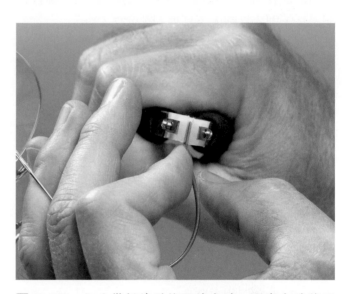

圖 9-25　如此彎折線型鏡腳的末端，那麼末端將不會刺入耳溝。將鏡腳倚靠於雙墊調整鉗旁進行彎折，便能出現尖銳、明確的彎折部位。

圖 9-26　此處顯示完成尖端彎折的線型鏡腳尖端之外觀。

部處的輪廓相符，線絲在捲曲部配掛於耳朵之前，應繞過 Y 點且不施予壓力。

若耳朵的形狀如圖 9-23, C 所示，鏡腳應只在末端 10 或 15 mm 長度施壓於耳部。鏡腳彎折的角度幾乎呈直角，故難以進行調整。

## 鏡腳長度

若無合適的線型鏡腳樣本，可將鏡腳加長相當 0.75 英吋或約 20 mm 的長度，藉以正確裝配顱式鏡腳。

線型鏡腳的正確長度應正好止於耳垂下半部之上不遠處 ( 圖 9-27, A)。過短的線型鏡腳會因長度不足而無法抓著耳下區域 ( 圖 9-27, B)。線型鏡腳若裝配過長，則容易刺入下耳垂 ( 圖 9-27, C)。

## 助聽器與裝配調整眼鏡

曾有一段時間，多數助聽器的設計是為了符合配戴者的眼鏡鏡架之鏡腳。由於助聽器不斷縮小的發展趨勢，加上眼鏡鏡架的潮流快速演變，鏡腳式助聽器現已罕見。

多數助聽器是配置於耳內或耳後或是兩者的組合。若為耳內助聽器，配置調整鏡腳時便不需特殊的考量。若助聽器是安置於耳後的配件，盡可能選擇越細的鏡腳越佳。縱使並不總是垂手可得，線型鏡腳為最好的選擇，其線絲會抓著耳朵底部，完全不會妨礙助聽器的安裝。

若顱式鏡腳夠細，有時可調整至近似線型鏡腳的貼合程度，至少在耳後上部有著相同的效果。鏡腳必須盡量與頭側齊平。若鏡腳的下彎部分越細，將可減少其與助聽器的相互干擾。

# 給配戴者的一般鏡架操作指南

依據不同的配戴情形，鏡架操作上的說明亦各異。對配戴雙光鏡片者所給予的操作建議不同於配戴漸進多焦點鏡片者。本書特定的主題部分都有不同操作指南和注意事項的描述，在此針對配戴眼鏡的一般情況提出建議：

1. 為了維持眼鏡調整後的最佳狀態，最好是以雙手摘下眼鏡。
2. 僅以右手取下眼鏡時需抓握右側端片，然後將右側鏡腳往上移離耳朵，再朝著臉部左側移動，如

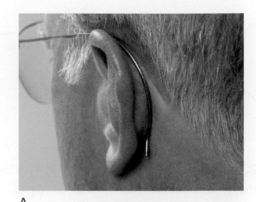

A

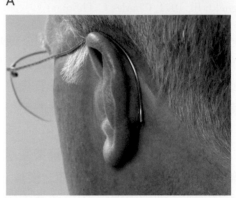

B

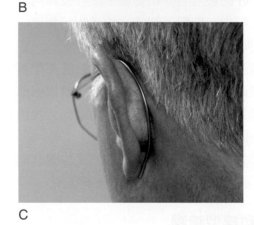

C

圖 9-27　欲判斷線型鏡腳長度是否正確，觀察鏡腳環繞耳部時其末端的位置。A. 正確的線型鏡腳長度應於耳垂下半部之上不遠處。B. 過短的線型鏡腳會因長度不足而無法抓牢耳朵下部。C. 線型鏡腳若裝配過長，往往會刺到下耳垂。若無較短的鏡腳，可利用切割鉗切除鏡腳末端，並焊封此新端頭。尖端上的小球型焊料將使表面平滑，維持盤曲的線絲不致於散開。

此左側鏡腳便可輕易地移離耳朵。若僅以左手取下眼鏡，則反其道而行。

3. 取下舒適線型鏡腳的鏡架時，以右手持握右側端片，左手則拿取左側線型鏡腳的尖端 ( 圖 9-28)。將左側鏡腳拉離耳朵，眼鏡往右側擺動，使右側的線型鏡腳可輕易地移離耳朵。

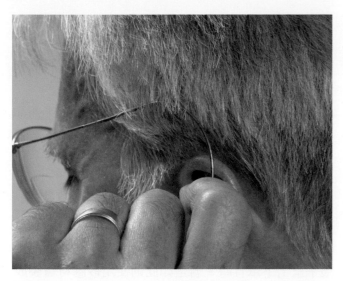

圖 9-28　欲脫下裝配線型鏡腳的鏡架，先握著靠近鏡架前框的一支鏡腳，然後再抓著另一支鏡腳的尖端並將其繞過耳部後拉離。

4. 置放鏡腳開展的眼鏡於桌上或化妝檯上時，請將眼鏡反向置於平面。鏡腳閉合時則將已褶疊鏡腳的眼鏡放下。切忌將眼鏡鏡片朝下置於平面。

5. 不可將眼鏡留在汽車的儀表板上，或是任何會使眼鏡暴露於熱氣之處。

6. 不配戴的眼鏡最好收在眼鏡盒內，尤其是以皮包或袋子攜帶眼鏡時更需如此。

7. 除非是使用特別為鏡片設計的擦拭布，否則利用布擦拭鏡片前請先以水沖洗。記住亦需清潔鏡架。如同洗碗盤時，可使用溫和洗潔劑洗淨鏡架與鏡片。

如需更多清潔鏡架和鏡片的資訊，請見第 7 章鏡架與鏡片的清洗內文與表 7-3 和 7-4。

## 單元 B
### 裝配調整可調式鼻墊

可調式鼻墊給予鏡架的裝配調整極大的變通性。不幸的是，多數人並不熟悉調整鼻墊的正確基本方式，因而害怕做出改變。此單元依步驟說明正確裝配鏡架的方法。

若有可調式鼻墊和鼻墊臂可供選擇，便可透過加寬或縮窄鼻墊間距以調整鏡架的高度，然而在增加或減少鼻墊間距時，謹記這不只會降低或提高鏡架於臉部的高度，亦使鏡架較靠近或更遠離眼部。

基本上有兩種可調式鼻墊臂，較舊的型式如同問號形狀。目前普遍使用的是形狀如上下顛倒的 U 字或如鵝頸的鼻墊臂。

## 可調式鼻墊的適當鼻墊角度

鼻墊調整需移動鼻墊臂時，可預期鼻墊正面將不再平貼於鼻部。必須重新將鼻墊對齊至適當的位置，使前角、張角與垂直角再次正確。這些角度已於第 8 章第 159 ～ 162 頁說明。

切記：在調整這三種鼻墊角度前，首先應調整前傾角 ( 鏡架前框的傾斜 )。鏡架前框的傾斜將影響鼻墊如何貼合於鼻部表面。若在對齊鼻墊後才調整前傾角，表示必須重新再次對齊鼻墊。

### 針對可調式鼻橋調整適當的鼻墊角度

使用鼻墊調整鉗最容易來調整晃動的鼻墊 ( 第 8 章圖 8-57)，這些特殊的鼻墊鉗有不同的構造，應以鼻墊附著於鏡架的樣式挑選鉗子。附著樣式隨著時代變化，置於辦公室長達數年的鼻墊調整鉗，其樣式可能不再適用於現今的鏡架。

鼻墊調整鉗若挑選得當，一側鉗口將可固定鼻墊的底座，而不會損壞鼻墊插口或附著物，另一側鉗口則支托鼻墊正面。這類鉗子能靈活地調整鼻墊的張角、垂直角與前角。亦可使用尖嘴鉗或是扁平鉗口鉗進行鼻墊支撐臂的調整，但若用於某些鼻墊正面，則可能會在表面造成壓痕或損傷。

欲調整鼻墊使之正確貼合於鼻部表面，應符合下列準則：

1. 鼻墊應位於鼻脊與內側眼角的中間 ( 圖 9-29)。

2. 當配戴者挺直頭部時，鼻墊的長徑應垂直於地面 ( 圖 9-29)。

3. 鼻墊的表面應全部均勻位於鼻部。若鼻墊的下部、上部、內側或外側未貼合鼻部表面，配戴後鼻部將留有印記或壓痕，或於配戴一段時間後變得過於敏感。

欲矯正這些問題，應遵循下列方法重新調整鼻墊的正面。

1. 若下半部壓入 ( 圖 9-30)，可將兩鼻墊的底端分開以改變前角。

2. 若頂端邊緣壓入 ( 圖 9-31)，可將鼻墊的下半部移近以改變前角。

圖 9-29 可調式鼻墊的適當擺放位置是在鼻脊與眼角內側的中間，且鼻墊長軸應與地面垂直。

3. 若前方邊緣壓入 ( 圖 9-32)，則減少鼻墊張角。

4. 若後方邊緣壓入 ( 圖 9-33)，則增加鼻墊張角。

5. 若切入的邊緣似乎傾斜，即鼻墊未垂直。改變垂直角並重新調整以修正上述誤差。

6. 若鼻墊上半部表面似乎平行於鼻部，但下半部卻是壓入，或兩者相反，以有彈性的矽膠鼻墊替代，其較容易順應鼻墊角度的改變 *。

## 鼻墊的角度正確但仍往下滑動或導致疼痛

有時即使鼻墊的角度正確且鏡架調整得宜，但眼鏡仍有滑落的傾向，此情況可能發生在鼻部前角幾乎呈上下筆直時。若是如此則使用矽膠材質製成的替換鼻墊取代之，當然這是假設此副鼻墊並非由柔軟的矽膠製成。

另一個方法是以較大的鼻墊汰換現存的鼻墊。鼻墊若對皮膚造成刺激，此法尤其助益，這常發生在較年長的配戴者，乃因其皮膚已失去彈性。

第三個可行方法是以箍狀鼻橋 (strap bridge) 替代兩鼻墊。箍狀鼻橋宛如兩個可調式鼻墊呈箍狀連結

---

* 若配戴者不喜歡矽膠鼻墊的配戴感受，可將硬的塑膠鼻墊加熱彎折以契合鼻部表面的弧度。當鼻部鼻橋的上半部又薄又直且在鼻墊的範圍內，鼻部突然外傾開展時便容易發生此狀況。

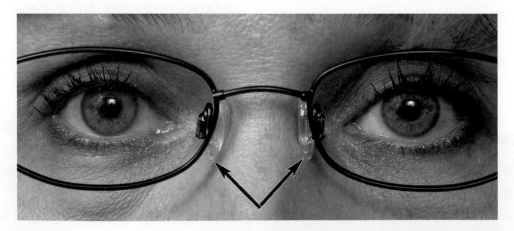

圖 9-30 此圖顯示鼻墊的下半部邊緣壓入鼻部表面。若鼻部皮膚是柔軟的，此誤差將不顯眼；但若配戴眼鏡一段時間，即可從鼻部的 U 型紅印察覺出來。此為前角不正確且必須予以矯正。

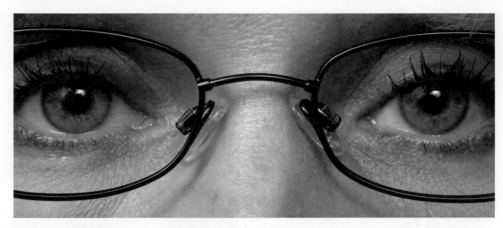

圖 9-31　若鼻墊的上半部邊緣壓入，前角的位置必須更為垂直。

圖 9-32　此圖為橫截面的俯視圖，顯示鼻墊張角相對於鼻部為過大，故必須減小張角的角度。

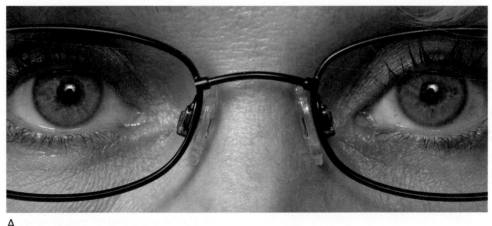

A

B

圖 9-33　圖 A 的鼻墊張角需增大。若不予以矯正，鼻墊背部邊緣將壓入鼻肉。圖 B 為相同情況的橫切圖示。

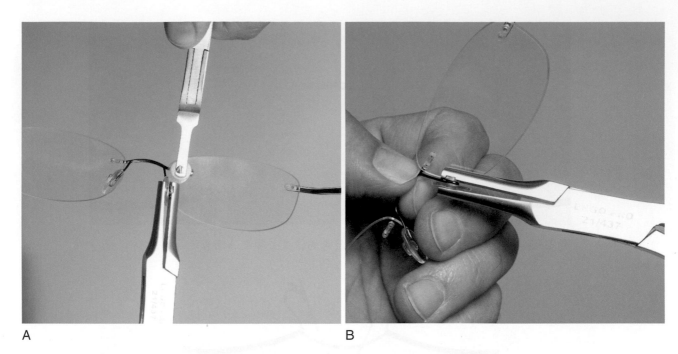

A　　　　　　　　　　　　　　　　　B

圖 9-34　A. 依據鏡架結構調整鼻墊角度，可使用無框調整鉗握住鏡片，以避免調整時損傷鏡片的連接點。針對這個特定鏡架，由於鼻墊臂直接連接至鼻橋，故實際上此非最佳選擇。圖 B 的方法較佳。B. 若鏡架構造是鼻墊臂有更多部分連接至鼻橋，調整鼻墊時握著鼻橋將可靈活進行。

在一起，正如下一章圖 10-44 所示，它會增加鏡架重量的承載表面。

　　具彈性的箍狀鼻橋每一側皆配有鼻墊臂，故調整方法與普通鼻墊相同。欲充分受惠於替代的鼻橋，應確認上半部的箍狀區域已位於鼻脊，以助於鏡架重量的承載。

## 無框與半框裝配架的鼻墊角度調整

　　調整無框眼鏡的鼻墊時，需採取特定的預防措施以避免於連接點損傷鏡片。有個好方法可供參考，即使用鼻墊調整鉗修正鼻墊角度時 ( 圖 9-34, A)，同時使用無框調整鉗 ( 圖 8-65) 在鼻側連接點固定鏡片。對於某些鏡架，這並非絕對必要，乃因其鼻墊臂是接連至鼻橋頂端。若是如此或沒有無框調整鉗時，如圖 9-34, B 所示在修正鼻墊時，以手持握鏡架的鼻橋。另一個方法是在調整鼻墊時，以拇指與食指持握鏡片的連接點 ( 圖 9-35)。至於何種方法最恰當，則視鏡架構造而定。

## 鏡架高度與頂點距離

### 達到正確的鏡架高度

　　一旦前傾角符合要求，下一步即是調整鏡架至正確的高度。大部分單光鏡片的調整，乃根據鏡架與眉毛、眼窩的相對位置而定 ( 圖 9-36)。欲調整配有可調式鼻墊鼻橋的鏡架之垂直高度並不困難，針對這類鏡架可藉由增寬或縮窄鼻墊間距以改變鏡架高度。

　　Box 9-1 列舉增寬或縮窄鼻橋區域的主要原因。

### 適當的頂點距離

　　有時必須改變鏡架與臉部之間的距離，此指改變頂點距離 (vertex distance)，更明確地說即是眼睛前表面至鏡片背面的距離。例如當鏡架頂部倚靠於眉毛或是鏡圈底端觸及臉頰，且前傾角的改變無法矯正此兩者錯誤時，便可能需做這種修正。頂點距離的增加亦是避免睫毛觸及鏡片背面的常備方法。

　　純粹因美觀因素，可縮短頂點距離或是將鏡架

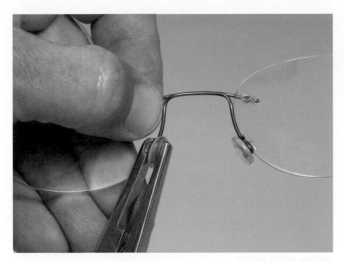

圖 9-35　若沒有無框調整鉗可使用，調整鼻墊角度的預防措施則是以拇指與食指緊握鏡片的連接點，此法有助於調整時減少鏡片受壓。此圖例與先前的兩個圖例中，最適當的流程則視鏡架結構而定。以此圖例順序 ( 圖 9-34, A、9-34, B 與 9-35) 而言，圖 9-34, B 為針對此鏡架之最合適的方法。

A

B

C

圖 9-36　針對一般的眼鏡，鏡架高度取決於眼睛、眉毛與眼窩的位置。圖 A 的鏡架位置過高。圖 B 的高度對於展示的鏡架而言是正確的。圖 C 的鏡架位置過低。過去某些大型鏡架其上部邊緣的設計即高過眉毛。流行會持續輪轉著，未來也可能會再度流行。無論如何，這類鏡架的裝配高度仍需符合第 4 章之鏡架選擇的標準。

## Box 9-1

### 增寬或縮窄鏡架鼻橋區域的原因

**適合調寬鼻橋區域的情況如下：**

1. 鏡架於臉部的位置過高。
2. 雙光或三光子片過高。
3. 漸進多焦點鏡片的配鏡十字高度過高。
4. 鼻橋對於鼻部過小。
5. 鏡片距離眼部過遠。

**適合調窄鼻橋區域的情況如下：**

1. 鏡架於臉部的位置過低。
2. 雙光或三光子片過低。
3. 漸進多焦點鏡片的配鏡十字高度過低。
4. 鼻橋對於鼻部過大。
5. 睫毛摩擦至鏡片背面。

　　針對雙光鏡片配戴者，不需往下移動子片，只將鏡架移近臉部便可增加雙光鏡片上方的視野 ( 增加前傾斜可產生相同的效果。詳細資訊請見第 5 章 )。

　　處理高度數鏡片時，頂點的準確定位相當重要。有時只要在完工眼鏡上稍微更動頂點距離，便可能對視力造成很大的影響。

## 調整有倒 U 型鼻墊臂的鼻墊

### 改變「倒 U 型」鼻墊臂的鼻墊間距

　　倒 U 型鼻墊臂所需的調整程度，端視其 U 型拱弧的高度而定。若鼻墊臂不長，可調整的空間即有其限度，但若有「多餘」的長度，配鏡人員在調整鏡架高度與頂點距離時，就有較多的調整空間 ( 圖 9-38)。

　　拉近臉部。頂點距離的減少亦可給予更廣的矯正視野，例如當某人站在越靠近窗戶的地方，便可看見左、右側更多的區域。基於相同的原理，鏡架越靠近臉部，透過鏡片便可看見更多的側邊區域，即增加整體視野 ( 圖 9-37, A)。增加前傾斜亦可增加下半部的視野 ( 圖 9-37, B)。

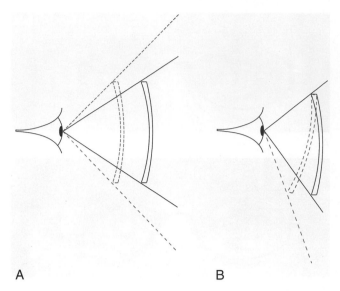

**圖 9-37** 當鏡片移近眼睛時，視野將增加 (A)。前傾斜亦會增加鏡片下半部區域的視野 (B)。若欲增加雙光、三光與漸進多焦點鏡片的近距離觀看區域，此法特別有幫助。

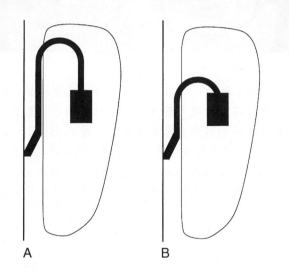

**圖 9-38** U 型鼻墊臂 (A) 有足夠的長度以更動鏡架高度與頂點距離。儘管兩鼻墊之間的距離仍可稍做更動，鼻墊臂 (B) 在高度與頂點距離方面只能允許少量的改變。

　　大部分的鼻墊調整皆能以兩個動作完成。第一步是改變；第二步為完成改變且恢復適當的鼻墊角度（假設我們第一次即正確完成了調整）。

## 加寬鼻墊間距

　　當鼻墊間距過小而無法貼合鼻部時，我們必須加寬間距，可利用鼻墊調整鉗夾著鼻墊來完成（圖 9-39, A）。

1. 首先將鉗子頂端往外（朝向顳側）傾斜，支點即落於鼻墊臂的連接點位置，這會造成 U 型頂端傾斜而遠離鼻子，再從底座彎折鼻墊臂（圖 9-39, B），使鼻墊移向顳側且改變前角。
2. 接著在鉗子不移開鼻墊的情況下，將其底端向外傾斜。此時支點應轉移至鼻墊臂的倒 U 型頂端，這將導致 U 型頂端彎折，鼻墊中心移向顳側（圖 9-39, C）。第一個彎折會改變鼻墊前角，但第二個彎折便會使其恢復。圖 9-39, D 為「加寬」的左側鼻墊，右側鼻墊仍於原位。

## 縮窄鼻墊間距

　　欲減少鼻墊間距，方法與上述加寬鼻墊間距的二步驟一致，除了彎折方向不是向外，而是朝著鼻部或向內。

1. 將鉗子頂端向內傾斜（朝向鼻側）以完成第一個彎折，其支點再度位於鼻墊臂的連接點處。
2. 針對第二個彎折，請接著將鉗子的底端向內傾斜完成之並恢復前角。支點應於鼻墊臂的倒 U 型頂端。

## 向左或向右移動鏡架

　　（此類調整方法需並用前述的兩種調整方式：縮窄與加寬鼻墊間距。）

　　如圖 9-40 所示，鏡架於臉部的位置可能過於偏左或偏右，造成此問題的可能原因有二個。

1. 鏡架上的鼻墊不對稱。
2. 配戴者的鼻部不對稱。

## 當鼻墊不對稱時

　　鏡架配戴在臉部時過於偏左或偏右，第一個原因可能是鏡架上的鼻墊不對稱。若鏡架出了差錯，即使鼻墊平倚於鼻部且無不適感，但其本身卻稍微偏向一側（圖 9-41）。此問題的修正方法是將一側鼻墊往鼻部移動，而另一側鼻墊則往顳側移動。將一側鼻墊移往鼻側的方法與減少鼻墊間距的方法相同，而將另一側鼻墊移往顳側的方法如同前述增加鼻墊間距的方法。

　　兩套鼻墊臂皆應調整使之互為鏡像，左、右鼻墊臂在製作時即為相互對稱的。

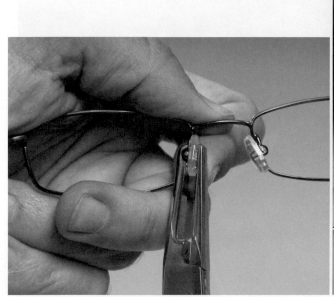

A

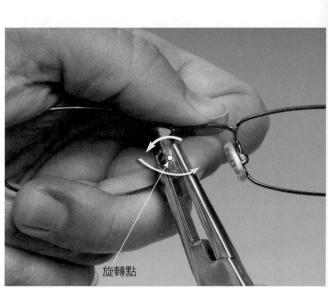

旋轉點

B

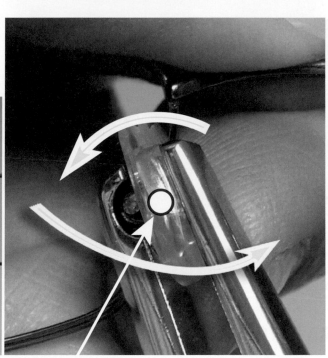

圖 9-39　欲增加 U 型鼻墊臂鏡架的鼻墊間距：
- 使用鼻墊調整鉗握著鼻墊 (A)
- 將鉗子的頂端往顳側外傾 (B)，其旋轉支點是在鼻墊臂的連接點處，如此將可減
  少前角

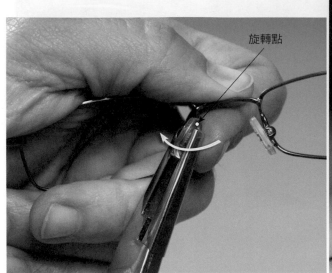

旋轉點

C

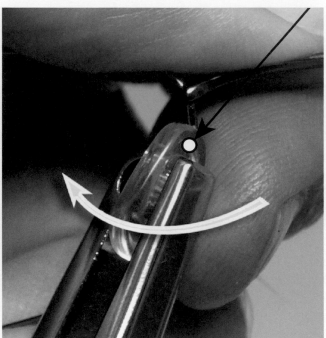

D

**圖 9-39　續**
- 接著，支點位於鼻墊臂倒 U 型的頂點，將鉗子往顳側方向轉動 (C)，如此鼻墊正面將轉向顳側，使得鼻墊前角回復至該有的角度
- D 圖的左側鼻墊已「加寬」（向外移動）

## 當配戴者鼻部不對稱時

　　鏡架於臉部過於偏左或偏右，第二個原因可能是配戴者的鼻部不對稱。由於許多人曾撞斷鼻部，這個原因便不足為奇。若鼻部上的斷裂夠深，即使鼻墊臂與鼻墊對稱，仍會導致鏡架偏離中央。

　　欲檢查這類誤差則自正前方觀察鏡架。若鏡架偏向配戴者臉部的右側，從鼻墊臂基座將其往配戴者右鏡片的方向彎折，然後重新對齊鼻墊角度；若鏡架偏向配戴者的左側，則朝其左鏡片彎折鼻墊臂。記住使鼻墊臂往一側移動便可將鏡架推往反方向的邏輯，以牢記彎折的方向。亦可硬背著「鏡架偏右

則向右移動鼻墊。右側－右側」與「鏡架偏左則向左移動鼻墊。左側－左側 *」。

---

* 到目前為止我們為了幫助記憶，已在觀察誤差與矯正誤差的適當方法之間歸納出簡單的一致性，即該誤差方向與矯正其誤差的方向有一致性關係。針對頂點等距：其中一片鏡片過於向內，則將同側鏡腳向內彎折：太內－向內；其中一片鏡片過於向外，則將同側鏡腳向外彎折：太外－向外。針對配戴於臉部的鏡架平直度：若一側鏡架過高，則將同側鏡腳往上彎折：過高－往上；若一側鏡架過低，則將同側鏡腳往下彎折：過低－往下。針對配戴於臉部的鏡架對稱性：若鏡架偏右，則將鼻墊向右移動：偏右－向右；若鏡架偏左，則將鼻墊向左移動：偏左－向左。

**圖 9-40**　此範例為鏡架過於偏向配帶者的左側。注意當鼻墊往配戴者的右側移動時，鏡架將移往配戴者的左側。

**圖 9-41**　此圖的鼻墊角度基本上是對稱的，但鼻墊本身卻過於偏向一側。透過這個俯視圖顯示此瑕疵會造成鏡架偏向配戴者的左側，正如上圖所示。

## 改變鏡架高度但不改變頂點距離
### 改變倒 U 型鼻墊臂的鼻墊高度

　　透過縮窄或加寬鼻墊間距，臉部的鏡架大多會移高或移低 ( 此方法已於先前說明 )，然而縮窄或加寬鼻墊間距亦使鏡架遠離或靠近眼睛。兩鏡片至雙眼的距離即稱為頂點距離。頂點距離若保持不變，則鼻墊的間距亦必須不做更動，這表示為了改變鏡架配戴的高度，鼻墊相對於鏡架前框的位置必須往上或往下移動。

　　利用倒 U 型鼻墊臂，即能不改變鼻墊間距便可移高或移低臉部的鏡架，其是透過改變鼻墊臂 U 型頂端的彎曲或環圈的位置來達成。下列兩種方法皆

能調低鏡架，第一種方法僅需兩個主要的彎折步驟故較為簡易。

　　**調低鏡架：方法一。**　欲在不改變頂點距離的情況下調低臉部上的鏡架，則將鼻墊臂上彎曲的位置移近鼻墊，如圖 9-42 所示調整程序是以兩個彎曲來完成，其為：

1. 如圖 9-43, A 所示以鼻墊調整鉗抓著鼻墊，往上施力拉著鼻墊同時彎曲鼻墊臂，直至 U 型的後部幾乎與前框呈直角 ( 圖 9-43, B)。目前鼻墊臂的「U 型」更趨近「L 型」。
2. 使用鉗子往上推時，將鼻墊臂朝後彎下 ( 圖 9-43, C)。

　　若鼻墊往上移動不足，可能需重複此二步驟。若無步驟一的上拉動作與步驟二的上推動作，鼻墊的高度將不會出現顯著變化。圖 9-43, D 為調整完畢的鼻墊，需調整另一側鼻墊以與之對稱。

　　此法通常可奏效，但若施行該方法，鏡架仍移動不足，可能需採用較複雜的方法二。

　　**調低鏡架：方法二。**　使用此法將臉部上的鏡架調低，倒 U 型上的彎曲仍需移近鼻墊。先移除舊彎曲，以使新彎曲更為容易。

　　下列為用於調低臉部上鏡架的方法二流程：

1. 如圖 9-44, A 先以鼻墊調整鉗夾著鼻墊。
2. 彎曲鼻墊至可將鼻墊臂拉直 ( 圖 9-44, B)。
3. 一旦拉直鼻墊臂，使用方圓鉗、尖嘴鉗、彎嘴鉗或是類似的細鉗夾著鼻墊臂使之靠近鼻墊 ( 圖 9-44, C)。鉗子應靠鼻墊多近，端視鏡架於臉部上需移得多高而定。
4. 轉動鉗子直至完全恢復 U 型彎曲 ( 圖 9-44, D)。比較兩鼻墊的相對位置 ( 圖 9-44, E)，應可發現新調整完畢的鼻墊明顯較高。
5. 接著以相同方法調整另一側鼻墊。

　　最後，兩鼻墊間應仍有相同的水平距離，因此其將落於之前鼻部的相同位置。由於鼻墊已調高，故將降低鏡架於臉部的位置。

### 不改變鼻墊間距以調高鏡架

　　**調高鏡架：方法一。**　若在不改變頂點距離的情況下調高臉部上的鏡架位置，需將鼻墊臂的彎曲位置往鏡架方向移近。這正好與調低鏡架的方法一相反且不易處理，即使理論上利用兩個彎折應能調高鏡架，但實際上需重複步驟才能完成。

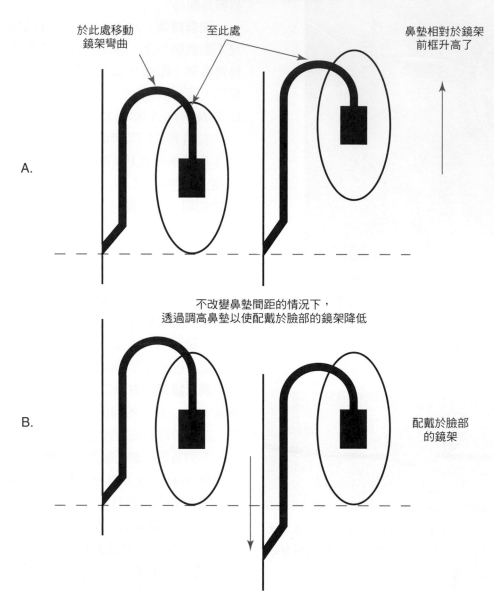

只調低鏡架高度：
透過改變彎曲的位置調高鼻墊

於此處移動
鏡架彎曲

至此處

鼻墊相對於鏡架
前框升高了

A.

不改變鼻墊間距的情況下，
透過調高鼻墊以使配戴於臉部的鏡架降低

B.

配戴於臉部
的鏡架

圖 9-42　若不改變頂點距離而調低鏡架，則必須調高鼻墊，但左、右鼻墊的間距仍保持不變。這表示鼻墊仍位於鼻部先前的位置，然而鏡架相對於鼻墊卻降低了，故配戴於臉部亦在較低的位置。A. 若鼻墊臂上的彎曲點移近鼻墊，即是將鼻墊調高。B. 由於鼻墊仍位於鼻部先前的位置，故而降低鏡架的位置。

1. 使用鼻墊調整鉗夾著鼻墊，將鼻墊往下拉的同時彎曲鼻墊臂，直至 U 型的後半部分幾乎垂直於鏡架前框。
2. 持續將鼻墊往下拉的同時，將鼻墊臂調回其正確角度 ( 應謹慎處理才不致於意外地將鼻墊拉離鏡架前框 )。

　　調高鏡架：方法二。　調高鏡架的方法二幾乎是重複執行調低鏡架的方法二，兩者僅些微不同。方法如下：

1. 先以鼻墊調整鉗夾著鼻墊。
2. 彎曲鼻墊至可將鼻墊臂拉直。
3. 一旦拉直鼻墊臂，使用方圓鉗、尖嘴鉗、彎嘴鉗或是類似的細鉗，在靠近鼻墊臂與鏡架前框的連接點處夾著鼻墊臂。鉗子應放得多近，端視鏡架於臉部上需移得多低而定。
4. 轉動鉗子直至完全恢復 U 型彎曲。
5. 接著以相同方法調整另一側鼻墊。
　　兩鼻墊間應仍有相同的水平距離，並落於相同

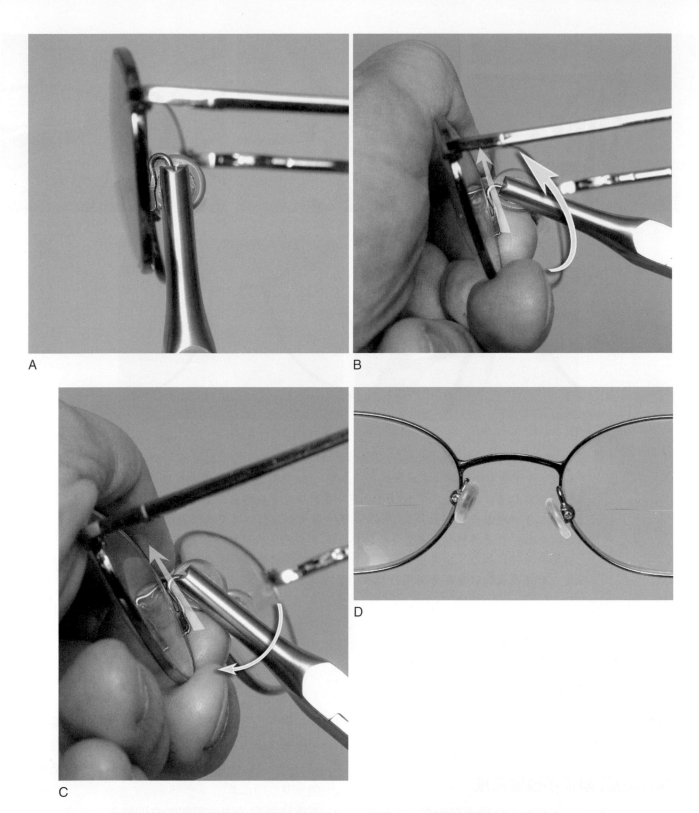

圖 9-43　欲調高鼻墊 ( 調低配戴於臉部的鏡架 )，以鼻墊調整鉗夾著鼻墊 (A)。
調高鼻墊的兩步驟：第一，在拉高鼻墊的同時使之彎曲至水平 (B)；第二，鼻墊需
恢復至其先前的位置，故將鼻墊底端往下旋轉的同時，如圖 (C) 也將鼻墊頂端往
上推送。(B) 的向上拉力與 (C) 的向上推力會使 U 型的彎曲處更靠近鼻墊，以提高
鼻墊相對於鏡架前框的位置。從圖 D 可看見調整後的鼻墊高度差異。

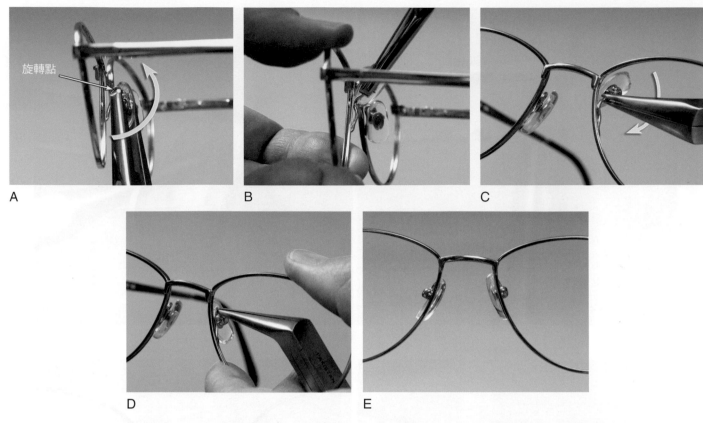

圖 9-44　**A.** 開始進行方法二以調低配戴於臉部的鏡架，首先利用鼻墊調整鉗夾著鼻墊（亦可使用尖嘴鉗夾著鼻墊臂而非鼻墊），旋轉點位於鼻墊臂的彎曲頂端。**B.** 鼻墊臂剛被拉直，藉由去除彎曲位置，即可在新位置重新彎曲鼻墊臂（此時依據新彎曲的位置，將鼻墊提高或降低）。**C.** 此圖中彎嘴鉗已移近鼻墊準備製造新彎曲。彎折時以鉗子夾著鼻墊臂之處作為旋轉點。**D.** 新彎曲的位置較以往更靠近鼻墊。**E.** 完成彎曲後可比較左、右鼻墊的高度，右鼻墊相對高出許多。左鼻墊調整完畢後，鏡架在臉部提高的程度即等於圖 E 現在所呈現的鼻墊高度差異。

的鼻部位置。由於鼻墊已調低，使得鏡架於臉部的位置升高，如圖 9-45 所示。

## 改變頂點距離但不改變高度

縮窄或加寬鼻墊間距可改變頂點距離，亦能增加或減少鏡架的整體高度。若必須避免改變鏡架高度，應從調整鼻墊橋著手。

### 適度增加倒 U 型鼻墊臂鏡架的頂點距離

如圖 9-46 所示，適度增加頂點距離的步驟僅需兩個彎折，方法如下：

1. 使用鼻墊調整鉗夾著鼻墊，將鼻墊的頂端旋離鏡架前框（圖 9-46, A），旋轉支點為鼻墊臂的連接點，利用該連接點彎折鼻墊臂以改變鼻墊垂直角。

2. 不需移動鉗子的位置即能立即修正垂直角，將鼻墊的下半部移開鏡架前框以修正此角度，此時旋轉點在倒 U 型的頂端。如圖 9-46, B 所示，箭頭指著鉗子的旋轉行徑以修正垂直角（圖 9-46, C）。圖 9-46, D 為完成的圖例。

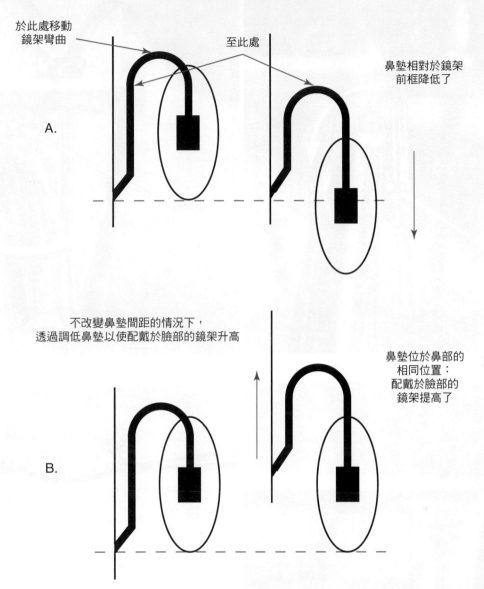

只調高鏡架高度：
透過改變彎曲的位置調高鼻墊

於此處移動
鏡架彎曲

至此處

鼻墊相對於鏡架
前框降低了

A.

不改變鼻墊間距的情況下，
透過調低鼻墊以使配戴於臉部的鏡架升高

鼻墊位於鼻部的
相同位置：
配戴於臉部的
鏡架提高了

B.

圖 9-45　若不改變頂點距離而調高鏡架，則必須調低鼻墊，但左、右鼻墊的間距仍保持不變，且位在鼻部先前的位置。然而鏡架在配戴者臉部上的位置卻因此提高。A. 若將鼻墊臂上的彎曲處移近鼻墊臂的連接點，即可調低鼻墊。B. 由於鼻墊仍位於鼻部先前的位置，故而提高鏡架的位置。

## 大幅增加倒 U 型鼻墊臂鏡架的頂點距離

　　大幅增加倒 U 型鼻墊臂的頂點距離，其背後的原理相當簡單。想像有一個倒 U 型掛大衣的衣架，欲增加 U 型兩腳之間的距離就得使勁將其拉開。衣架金屬延展性佳故容易彎曲，現在兩腳分開了但倒 U 型的頂端也變得更長更平，所幸需如此大幅度修正的情況並不多見。

　　欲大幅增加倒 U 型鼻墊臂的鏡架頂點距離，必須撫平鼻墊臂的頂端。首先將方圓鉗置於鼻墊臂彎

A

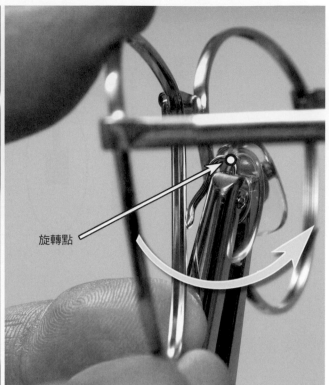

B

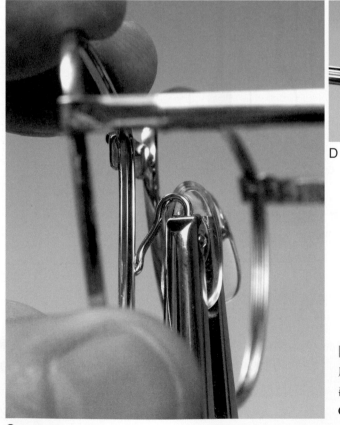

C

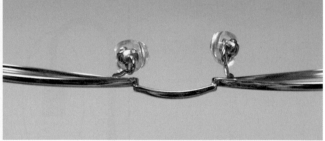

D

圖 **9-46**　此為針對欲增加頂點距離而不改變配戴於臉部的鏡架高度之操作流程。**A.** 夾著鼻墊將其頂端移離鏡架。**B.** 現在必須將鼻墊底端移離鏡架以完成調整。**C.** 調整完畢。**D.** 由上觀看圖中的鼻墊，左、右鼻墊有明顯的差距。此時將左鼻墊調整至與右鼻墊相稱。

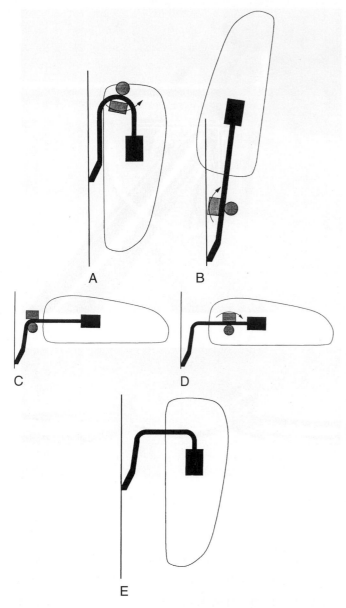

**圖 9-47**　**A.** 欲移除彎曲，如圖所示轉動鉗子。此處顯示的是方圓鉗，其方形鉗口置於內側使旋轉點即在圓形鉗口的中央 ( 若彎曲過窄而無法如此處理，可能需將圓形鉗口改置於捲曲部內側 )。**B.** 欲有效地拉直鼻墊臂，新彎曲的位置應靠近鏡架連接點，且這並不是唯一的彎曲。**C.** 將鉗子的圓形鉗口置於彎曲的內側以完成彎曲。由於已彎折鼻墊臂，故新的捲曲部頂端將呈平直。**D.** 接著如圖所示轉動鉗子。**E.** 此圖為修正後的頂點距離假設外觀，然而實際操作時，各別的彎曲並不總是看似如此整齊方正。

折的上半部，如圖 9-47, A 所示以旋轉鉗子除去彎折，接著將鉗子移近鼻墊臂連接點，圓形鉗口則置於即將產生的新彎折內側 ( 圖 9-47, B)。轉動鉗子將鼻墊臂彎向直後方 ( 圖 9-47, C)，此新彎折使鼻墊臂呈現約 90 度角，接著滑動鉗子更靠近鼻墊 ( 圖 9-47, D)，在鼻墊臂彎折出另一個 90 度角，完成時鼻墊臂外型將如圖 9-47, E 所示。

### 減少倒 U 型鼻墊臂鏡架的頂點距離

欲減少頂點距離，鼻墊的位置必須靠近前框。根據大部分常見的鼻墊調整，可藉由兩個彎折達成，如圖 9-48, A 所示使用鼻墊調整鉗抓著鼻墊，方法如下：

1. 如圖 9-48, B 所示，將鼻墊頂端往前框方向按壓，同時將鼻墊底端彎離前框。
2. 接著將鼻墊底端往前框方向彎折，但不移動鼻墊頂端 ( 圖 9-48, C)。若調整鉗無足夠空間以彎入鼻墊下半部，則上下翻轉鉗口且自上方夾著鼻墊。

圖 9-48, D 為完成後之俯視圖，可比較左、右側的鼻墊距離，鼻墊也應回復至以往相同的對齊角度 ( 前角、張角與垂直角 )，只是更往前移而已。完成兩鼻墊的調整後，鏡架將更接近眼睛。

## 調整問號型鼻墊臂的鼻墊

由俯瞰時呈問號型鼻墊臂所支托的鼻墊，在過去可是主要的鼻墊臂類型，目前顯然已式微但仍可見到，有時出現於倒 U 型與問號型的「混合」型式之中。這些鼻墊臂功能極多，在某些程度上可容易改變鏡架高度與頂點距離。

### 改變問號型鼻墊臂的鼻墊間距

無論是何種鼻墊或鼻墊臂，加寬鼻墊間距將調低鏡架使其靠近臉部，調窄鼻墊間距則是拉高鏡架使其距離臉部較遠。

### 調寬鼻墊間距 ( 問號型 )

處理問號型鼻墊時，有人喜歡將鼻墊調整鉗置於鼻墊正面，有人則是直接以尖嘴鉗夾著鼻墊臂。

圖 9-49 為方圓鉗，使用時以圓形鉗口作為鉗子的支點 ( 圖 9-50)。無論是從上或下著手，相較於倒 U 型鼻墊臂，問號型鼻墊臂易於處理，因此可更容易使用尖嘴鉗。

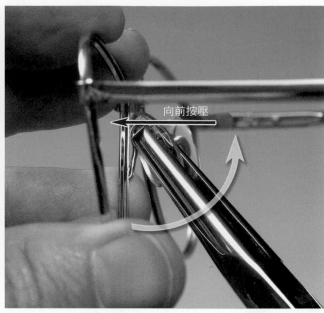

向前按壓

A

B

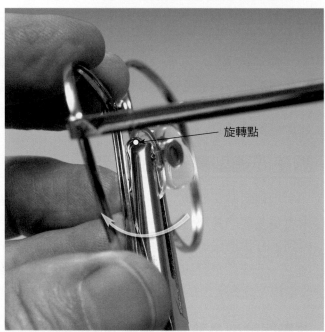

旋轉點

C

D

圖 9-48　減少頂點距離可僅以兩個步驟達成。A. 鉗子已定位但尚未操作。B. 按壓鼻墊頂端，為了確實將鼻墊往前移動，可將其底端稍微轉回。C. 按壓鼻墊底端並／或使之往前轉動（若無足夠的空間可使鉗子從底端進行調整，自上方夾著鼻墊或使用細鉗抓著鼻墊臂本身）。D. 右鼻墊看似較左鼻墊更靠近前框。當左鼻墊也如此調整後，鏡架的位置將會更靠近臉部與雙眼。

A

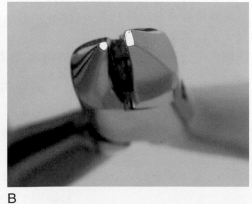

B

圖 9-49　方圓鉗（扁圓鉗）可用以處理鼻墊臂。A. 左側鉗口為圓形，右側則呈方梯形，且鉗口內側表面為扁平狀，此自上方往下觀看將更為清楚 (B)。此設計將能穩固地夾著鼻墊臂，並平順地將之彎折。

無論鉗子的種類為何，皆能以兩步驟調寬鼻墊間距。第一步是改變鼻墊臂的位置，但亦影響張角；第二步則是重新調整張角。使用鼻墊調整鉗調寬鼻墊間距的二步驟如下：

1. 使用鼻墊調整鉗抓著鼻墊，向顳側移動鼻墊臂（向外），此彎折將落於鼻墊臂的連接點處，然後順著連接點旋轉（圖 9-51, A）。
2. 以鼻墊捲曲部的中心作為旋轉點轉動鉗子即可校正張角（圖 9-51, B）。比較圖 9-51, C 中的左、右

兩鼻墊，左側鼻墊距離已調寬，右側則尚未調整。

使用方圓鉗調寬鼻墊間距的二個步驟如下：

1. 垂直持握方圓鉗並夾住靠近基座的鼻墊臂，將其向外彎曲。切記將圓形鉗口置於鼻墊欲移動方向的該側，以圓形鉗口為中心順著旋轉。
2. 垂直持握鉗子，直接於鼻墊後方夾著鼻墊臂以重新調整張角。

## 調窄鼻墊間距（問號型）

調窄鼻墊間距與調寬的方法相同，差別在於調整動作的方向是往鼻側（向內）而非往顳側（向外）。調整程序如下（圖 9-52）：

1. 向內彎曲鼻墊。
   a. 以鼻墊調整鉗抓著鼻墊並向內彎曲鼻墊臂，於鼻墊臂連接點處產生彎折
   b. 若使用方圓鉗則垂直持握鉗子，夾著靠近基座的鼻墊臂並向內彎曲。如圖 9-50 所示將圓形鉗口置於鼻墊欲移動方向的該側，以圓形鉗口為中心順著旋轉

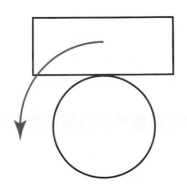

圖 9-50　若欲最有效地利用方圓鉗，置放鉗子時請以圓形鉗口作為彎折的支點。

A

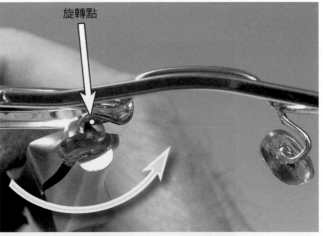

B

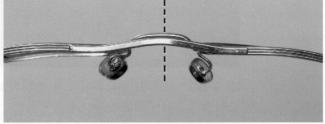

C

圖 9-51　A. 欲調寬裝配有問號型鼻墊臂鏡架的鼻墊間距，需利用鼻墊調整鉗進行兩個步驟。第一步先以鉗子夾著鼻墊並將鼻墊臂向外彎曲，此彎曲即位於鼻墊臂的連接點。B. 於此進行第二步以調寬鼻墊間距並校正張角，鼻墊正面如圖所示。C. 左側鼻墊已調寬，右側鼻墊則尚未調整。圖中的中心線為參考基準，可凸顯鼻墊距離於調整後的明顯差異。

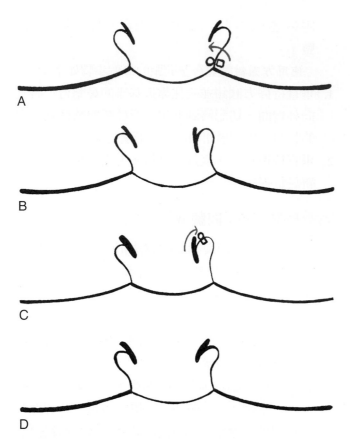

A

B

C

D

圖 9-52　縮窄問號型鼻墊臂的鼻墊間距，其步驟流程摘要於此。圖中僅調整其中一個鼻墊以便於比較。

2. 矯正鼻墊張角。
   a. 使用鼻墊調整鉗矯正鼻墊張角，或
   b. 如圖 9-51 B 與 9-53 所示，使用方圓鉗處理之

## 將問號型鼻墊臂鏡架往左或往右移動

（切記此類調整方法需並用前述的兩種調整方式：調窄與調寬鼻墊間距。）

如圖 9-40 所示，鏡架於臉部的位置可能過於偏左或偏右，造成此問題的可能原因有二個

1. 鏡架上的鼻墊不對稱。
2. 配戴者的鼻部不對稱。

欲矯正此問題，將一側鼻墊臂向內彎折（如同縮窄鼻墊間距），而將另一側向外彎折（如同調寬鼻墊間距）。圖 9-54 為使用方圓鉗調整的完整程序。

## 改變問號型鼻墊臂的鏡架高度但頂點距離不變

欲改變鏡架高度，但鏡架至眼睛的距離不變，則必須保持鼻墊間距不變，然而可調高或調低鼻墊，如此即能使鏡架提高或降低。

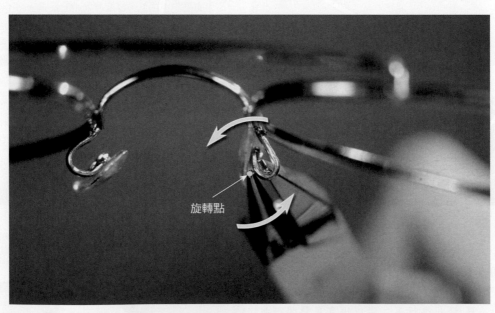

旋轉點

圖 9-53　方圓鉗可用以矯正鼻墊張角並完成縮短鼻墊間距的工作（俯視圖），其旋轉點位於鉗子的圓形鉗口中央。

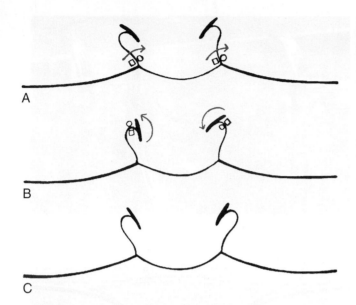

圖 9-54　A. 縱使兩鼻墊表面傾斜角度適當，鼻墊仍過於偏向左側，這會造成鏡架向右側偏離。將鼻墊臂彎回恰當的位置，但會破壞鼻墊角度 (B)。如圖 B 所示必須重新調整角度以符合正確對齊 (C)。

假設我們更動問號型鼻墊臂，使它遠離鏡圈向下彎曲而不是形成直角。若鼻墊現在位於之前鼻部的相同位置，鏡片在臉部與眼睛的相對位置將較之前提高。若鼻墊臂向上彎曲，將導致相反的結果。

## 調低鏡架：問號型鼻墊臂

欲調低鏡架可利用兩步驟完成。利用第一個彎折提高鼻墊，接著矯正搞砸的垂直角。步驟流程如下：

1. 水平持握鉗子，鉗口夾著整個鼻墊臂並將其向上彎折 ( 圖 9-55, A 顯示如何完成彎折，圖 9-55, B 為完成第一步的鼻墊外觀 )。

　　矯正鼻墊垂直角。垂直持握方圓鉗調整鼻墊角度，抓著鼻墊後方的鼻墊臂至捲曲部的一半以恢復其原角度 ( 圖 9-55, C 與 D)，必要時自上方夾著鼻墊臂以完成彎曲，將鼻墊完全恢復至正確的垂直角。

2. 若鼻墊與鏡圈之間有足夠的空間，且謹慎地不使鼻墊臂彎折至原位，鼻墊調整鉗亦可用於矯正垂直角。

## 調高鏡架：問號型鼻墊臂

調高鏡架的操作程序如同調低鏡架，除了是將鼻墊臂往下彎折而非往上。程序如下：

1. 水平持握鉗子於鉗口夾著整個鼻墊臂並將其向下彎折。

2. 矯正鼻墊垂直角。垂直持握方圓鉗，夾著鼻墊後方的鼻墊臂調整其角度。

## 僅針對問號型鼻墊臂鏡架增加頂點距離

延長鼻墊臂將增加鏡片與眼睛之間的頂點距離，下列為問號型鼻墊臂鼻墊的調整程序：

1. 開展鼻墊臂捲曲部。置放方圓鉗時，將方形鉗口置於鼻墊臂捲曲部的內側，而圓形鉗口則在外側，藉由緊壓鉗口且稍微轉動鉗子以開展捲曲部 ( 圖 9-56, A )，如此即能增加鏡片至鼻墊的距離。若需增加很大的頂點距離，可充分開展鼻墊臂 ( 圖 9-56, B )，其方法為一次擠壓一小段鼻墊臂，以靠近鉗子頸前處的大部位進行擠壓，同時緩慢地將鉗口移近鼻墊，直至鼻墊臂完全筆直為止。

2. 使捲曲部移近鼻墊。無論透過何種方式拉平鼻墊臂的捲曲部，鼻墊將失去適當的角度，導致其表面直接或幾乎朝向後方。此時需於鼻墊臂製造新的彎曲，且位置應較以往更接近鼻墊。為了正確彎折，垂直持握方圓鉗，於捲曲部的預計位置處夾著鼻墊臂，鉗口的圓形側應落於新捲曲部的內側 ( 圖 9-56, C )，以其為支點轉動鉗子至適當的位置。圖 9-56, D 為調整完畢的鼻墊臂外觀範例。

若難以將捲曲部彎折至預期的位置，可使用第二支鉗子作為支托鉗將有所助益。在兩鉗的輔助下，應能在鼻墊與其至鏡架連接點處大約一半的位置夾著鼻墊臂。對於舊式的無框裝配架，需對鏡片予以支托以避免靠近鼻墊臂的鏡片剝落，此二鉗技術特別有用，亦可使鼻墊臂彎曲而不致於意外彎折其基座。

## 僅針對問號型鼻墊臂鏡架減少頂點距離

使鼻墊接近鏡片將減少頂點距離，以下二步驟

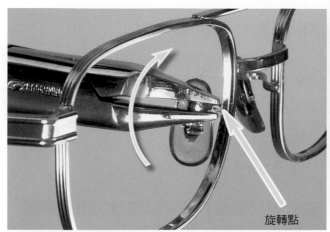

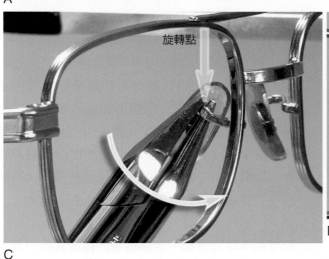

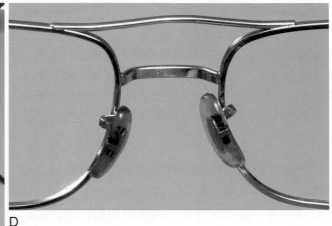

圖 9-55　**A.** 欲提高鏡架上的問號型鼻墊臂的鼻墊，以細鉗抓著整個鼻墊臂並往上彎折，此舉將能降低鏡架於臉部的位置。**B.** 問號型鼻墊臂往上彎折後，鼻墊將提高許多，但垂直角變為不正確，此時必須重新調整鼻墊角度。**C.** 調高問號型鼻墊臂後，藉由抓著靠近鼻墊的捲曲部重新調整鼻墊角度以矯正垂直角，該方法如圖所示可使用方圓（或尖嘴）鉗進行處理。**D.** 觀察左、右側鼻墊的高度差異。當兩鼻墊皆已調整完畢，鏡架配戴位置會較以往來得低。

程序可用於調整問號型鼻墊臂的鼻墊（調整前的鼻墊外觀請見圖 9-57, *A*）。

1. 以方圓鉗夾住鼻墊臂基座，其圓形鉗口朝向鏡架顳側（圖 9-57, *B*），將鼻墊臂朝向鏡片彎折，這會因此失去適當的張角（圖 9-57, *C*）。

2. 將方圓鉗置於鼻墊臂的捲曲部，且圓形鉗口應在其內側（圖 9-57, *D*），順著圓形鉗口轉動鉗子以緊縮捲曲部。此舉應能將鼻墊移近鏡架、矯正張角並回復鼻墊至原來鼻墊間距的位置。

完成調整後，重新調整角度的鼻墊應呈現其原有的角度（圖 9-57, *E*）。

## 單元 C
### 「非可調式」鼻橋的調整
## 調整非可調式塑膠鼻橋以達到適當的裝配角度

針對非可調式鼻墊的塑膠鏡架，選擇鏡架時便

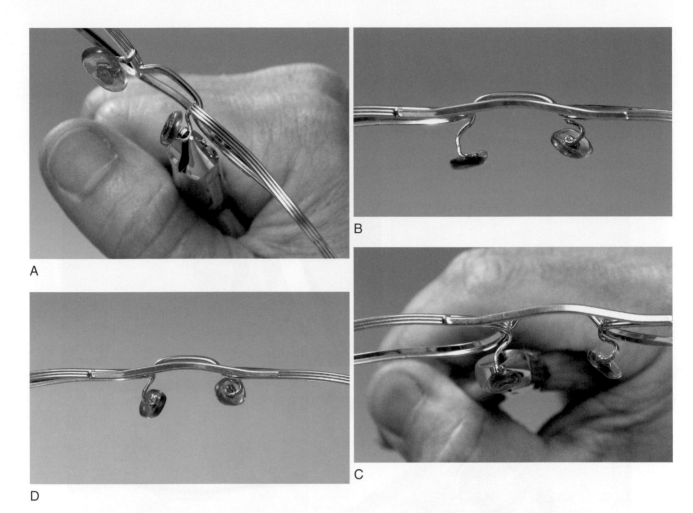

圖 9-56　　**A.** 增加頂點距離而不改變鏡架高度：欲拉直問號型鼻墊臂，可按壓鉗口且稍微轉動鉗子，以拉平鼻墊臂的捲曲部。注意方形與圓形鉗口的位置，由於捲曲部必須開展，故方形鉗口需於捲曲部的內側（鏡架底視圖）。**B.** 此圖的鼻墊臂捲曲部已開展，且鼻墊朝向後方（鏡架俯視圖）。**C.** 鼻墊臂增加新捲曲，使之有更長的有效長度。觀察方圓鉗的位置，即可預測新捲曲的位置（鏡架俯視圖）。**D.** 左側的鼻墊臂已增長，右側則於正常位置（鏡架俯視圖）。

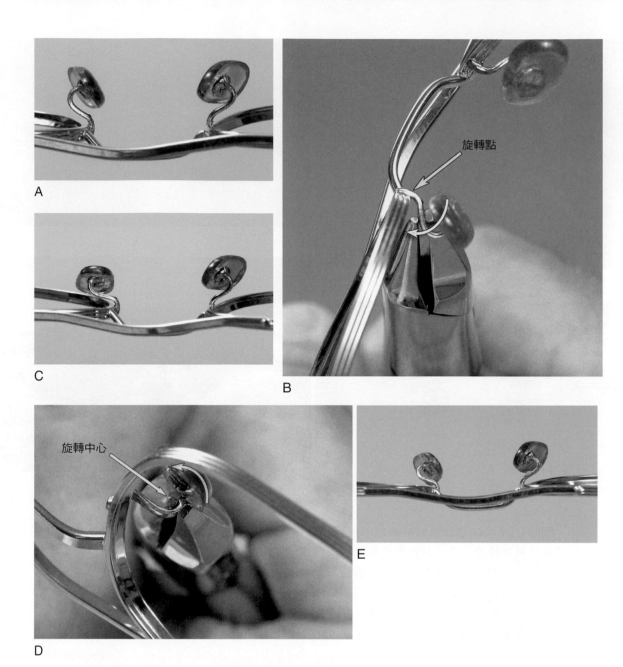

圖 **9-57**　**A.** 此為尚未縮短鼻墊臂有效長度前的鼻墊與鼻墊臂外觀圖，這會減少鏡架至眼睛的頂點距離，左側鼻墊的位置將被調整（鏡架俯視圖）。**B.** 為了減少頂點距離，需往顳側彎折鼻墊臂，此彎折將落於鼻墊臂的連接點處（鏡架底視圖）。**C.** 左側鼻墊臂於基底位置已向外彎折，此為減少頂點距離的第一步，但失去正確的張角（鏡架俯視圖）。**D.** 將鼻墊臂的捲曲部緊縮，以完成減少頂點距離的程序，如此會使鼻墊更靠近鏡架、矯正張角，並回復鼻墊至與之前鼻墊間距相同的位置。注意使用方圓鉗夾著捲曲部時，圓形鉗口應於彎曲內側（鏡架底視圖）。**E.** 左側的鼻墊臂已有效縮短，右側鼻墊臂則位於正常位置。右鼻墊臂若已調整完畢，頂點距離將較以往大幅減少（鏡架俯視圖）。

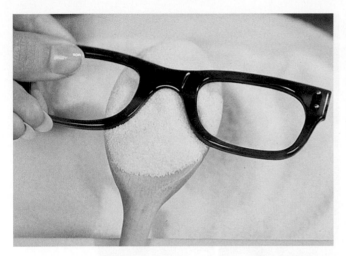

圖 9-58　使用木匙舀起的熱鹽，加熱塑膠鏡架的固定鼻墊以準備改變張角，也可利用加熱效果相等或更佳的熱空氣。

圖 9-59　利用木匙的背面將塑膠鏡架上的鼻墊往外彎折。若使用熱鹽加熱鏡架，通常會以木匙攪動鹽粒，並利用其便利的平面以彎回固定式鼻墊。

檢查鼻橋是否貼合是必要的，尺寸與所有的裝配角度必須正確。然而在某些情況下，事後仍可能來矯正有問題的部分。

## 修正固定式鼻墊橋

　　少數的塑膠鏡架其鼻橋裝配有相同材質的「固定」小鼻墊，一開始便應平落於鼻部且不應予以調整。然而設想非可調式鼻墊的鼻橋，自前方觀看其固定的小鼻墊有正確的寬度且平行於鼻部，選擇的鼻橋尺寸與前角亦正確無誤。儘管如此張角卻不正確，且連接的塑膠鼻墊呈喇叭狀開展，以致於鼻墊內緣向後壓入傾斜的鼻部表面，此情況將使配戴者產生疼痛的明顯壓痕。

　　加熱鼻墊的方式可改變鼻墊的張合情況，並修正連結至前框的角度。為了加熱鼻墊，利用湯匙自鹽浴挖起一些熱鹽按壓著鼻墊（圖 9-58），或將熱空氣集中吹著鼻墊，再以如湯匙的碗狀部分等平滑物件施壓，以將鼻墊往外開展（圖 9-59）。

## 修正雕刻式鼻橋

　　「雕刻式鼻橋」鏡架並無鼻墊，反之鏡架的鼻橋部位是直接貼合鼻部。有著雕刻式鼻橋而無鼻墊的鏡架其角度無法調整，除非是將塑膠材質銼磨成新的外形。使用粗糙的銼刀時，隨後便以細粒砂紙磨平此區域，之後再利用拋光輪與拋光膏磨光，以

恢復醋酸纖維素或丙酸纖維素鏡架的良好色澤。若無拋光輪可用，則重複塗抹丙酮直至其呈現合宜的平滑度（較新的鏡架材質可能需塗抹聚氨酯傢俱亮光漆）。記住，前述鼻橋的銼磨可使臉部的鏡架較以往來得低些。若需調整雕刻式鼻橋，往往是鏡架選擇不佳的後果。

## 固定式鼻橋高度與頂點距離的改變

　　適當揀選的固定式鼻橋鏡架應已有正確的高度。若需改變其高度，有特定幾種方法可加以完成。

　　針對塑膠鏡架或其他「非可調式」的固定式鼻橋鏡架，僅透過改變鏡片間距才得以修正高度－即縮窄或加寬鼻橋，此調整將迫使鏡架落於鼻部較寬或較窄的部位。鼻部是由上往下增寬，故鼻橋寬度變化亦使鏡架配戴時相對較往常提高或降低。

　　針對固定式鼻橋的鏡架，即使是頂點距離，通常僅能透過鼻橋的加寬或縮窄進行處理（再次強調在配鏡過程中，若鼻橋與鏡架選擇得當，頂點距離的修正應可避免）。

　　加寬鼻橋不僅導致鏡架降低，亦使其更往鼻部後方停靠而更接近雙眼。另一方面若縮窄鼻橋，便不只是提高鏡架，亦使其更往鼻部前方停靠而更遠離眼睛。

　　注意，鼻橋實際寬度的加寬或縮窄，亦將加寬

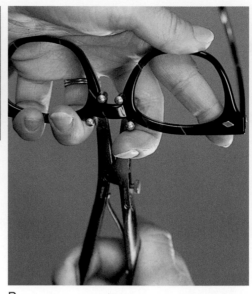

圖 9-60　**A.** 鼻橋調寬鉗。**B.** 這些鉗子的使用方式，其設計用於鎖孔式鼻橋的效果優於鞍式鼻橋。

或縮窄鏡片光學中心的間距，這對於較低度數的鏡片影響不大，但隨著鏡片度數增加將產生不必要的稜鏡效應，因此在考慮調整鼻橋實際寬度時，切記：

1. 低度數鏡片可在合宜的範圍內調整鏡片間距。「合宜」意指調整變化不會使鏡片處方逾越美國國家標準協會 ANSI Z80 眼鏡鏡片處方建議標準的規定。
2. 實際鼻橋尺寸的調整將影響鏡片中心間距，故在訂製鏡片前便應完成，以使配戴者瞳孔間距於配戴時正確無誤。
3. 若無法達到上述兩種要求，則不可進行調整。

## 塑膠鏡架

有幾種方式可改變塑膠鏡架的鏡片間距，主要方法如下：

### 使用鉗子改變鼻橋尺寸

欲使用鉗子改變塑膠鏡架的鼻橋尺寸，則測量鏡片間的鼻橋寬度以獲得初始尺寸。加熱鏡架的鼻橋區域，將鼻橋調寬鉗 ( 圖 9-60, *A*) 置於鼻橋區域並加以擠壓 ( 圖 9-60, *B*)。

欲調窄鼻橋，有時會使用鼻橋調窄鉗 ( 圖 9-61, *A*)，再度將鉗子置於加熱的鼻橋區域並擠壓之 ( 圖 9-61, *B*)。

切記需重新測量其變化程度直至寬度適當，請配戴者試戴鏡架以確認調整是否正確。調寬或調窄鉗的使用並無法保證能順利完成調整，這類鉗子在實際操作時可成功處理的塑膠鏡架相當有限。

### 使用木釘棒改變鼻橋尺寸

木釘棒垂直的部分可用於改變鼻橋尺寸，3/8 英吋的木釘棒能縮窄鼻橋，而 5/8 英吋的木釘棒則用於調寬鼻橋。若使用木釘棒來改變鼻橋尺寸，在保持鏡片平行的同時持握鏡架鏡圈，並順著木釘棒拉曳事先加熱的鼻橋 ( 圖 9-62)。

若在狹窄的木釘棒上進行此流程，將可增加鼻橋彎弧使鏡片更靠近彼此；若是在較寬的木釘棒上，鼻橋將得以延展、彎弧減少並使鏡片彼此較為分開。

### 使用鉚固工具改變鼻橋尺寸

鉚固工具用於維修鏡架時有多功能用途，可購買此工具的配件以重塑鼻橋 ( 圖 9-63)，其使用方法類似鼻橋調窄鉗，但成功率不高。

並無可用於調寬鼻橋的鉚固工具配件組。

圖 9-61　A. 鼻橋調窄鉗。B. 圖示為使用調窄鉗的方式。

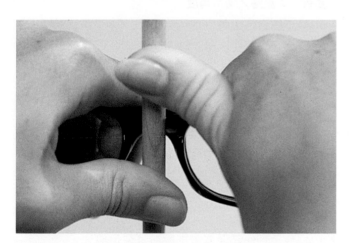

圖 9-62　運用木釘棒調窄塑膠鼻墊的技巧。

## 使用雙手改變鼻橋尺寸

　　許多配鏡人員喜歡運用雙手調整鼻橋，原因為個人喜好或由於可能在鏡架上留下印記，或缺乏或不喜歡其他工具等。欲徒手改變鼻橋尺寸，程序如下：

　　只加熱鼻橋。將鏡片留在鏡框內，勿嘗試加熱鏡架的其他部分。

　　欲調寬鼻橋則使之大量加熱，持握圈住鏡片的鏡框部分，將其向外拉曳。根據當今所使用的材質，有可能將鼻橋調寬至 1/2 mm。

圖 9-63　鉚固工具組附有調窄鼻墊的配件，其運用原理如同鼻橋調窄鉗 (Courtesy Hilco, Plainville, Mass)。

欲調窄鼻橋則加熱、再加熱鏡架，意即將鼻橋加熱至極熱 ( 但不能過熱而使塑膠冒泡 )，停歇一會兒後再重新加熱至極熱狀態，反覆操作此程序數次。擱下鏡架約 10 ~ 15 秒，然後最後一次再度加熱鼻橋，約等待 8 秒後，此時再將鏡片推近在一起。

持握鏡架前框的鏡圈部分，並靠於身體中間部位以穩定鏡架，然後依據修正的期望將鏡圈彼此推近亦或兩相拉遠。

這種加熱、再加熱鏡架的方式，深究其原因是能使鼻橋的外側「皮膚」較內側更為冷卻，此時若按壓鼻橋，中央部分將朝前隆起而不會使外側表面產生皺褶[3]。

試圖調寬或調窄鼻橋時，應謹慎避免只是推合或拉離鏡圈的下半部 ( 將於鏡架增加不必要的上彎曲 )，此對於含有柱面透鏡組件的處方尤為重要，乃因柱軸可能因此移位。調整鼻橋後應再次檢查柱軸角度以確保未移位。若此四種方法皆不可行，客製化鏡架或許能解決問題。

## 藉由客製化鏡架改變鼻橋尺寸

有多種方式能客製化塑膠鏡架，其往往較上述方式更為有效。這些客製化方法包括：

增加可調式鼻墊臂或單一尺寸鼻橋，方法是藉由鑽孔或按壓裝配，或使用手指型加熱器 ( 請見第 10 章利用可調式鼻墊「改造」塑膠鏡架 )。

使用加強墊。藉由使用加強墊，有時可調整塑膠鏡架的鼻橋，以貼合特窄或異常的鼻型 ( 圖 9-64 )，即使是矽膠黏式鼻墊亦可讓鼻橋稍微縮窄，這兩種鼻墊皆裝配在一般鏡架停靠在鼻部的區域。改變醋酸纖維或矽膠加強墊的前角與張角之方式，以及其應用方法的完整說明請見第 10 章替換塑膠鏡架的鼻墊之內文。

## 重新檢查鏡架的裝配調整

完成本章所述的配鏡步驟已總結於 Box 9-2，在確認裝配調整完畢前，重新檢查下列要點。

1. 眼鏡垂直時的高度是否正確？
2. 其中一側的鏡片或多焦點子片是否高於另一側，或多焦點鏡片的配鏡十字是否直接位於瞳孔的前方？
3. 前傾斜是否正確？

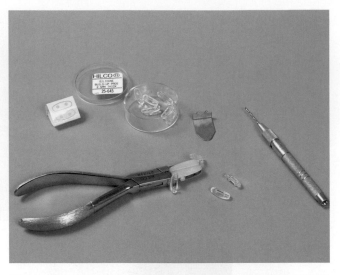

**圖 9-64**　利用黏合劑或小鑽孔裝配於塑膠鏡架的矽膠鼻墊，不僅可減少滑動亦能稍微縮窄鼻橋的有效寬度。

### Box 9-2

**裝配調整步驟**

**步驟一：鏡腳／端片角度**
a. 檢查鏡腳張幅角度是否恰當
b. 自上往下觀看，檢查鏡片至眼部是否等距

**步驟二：前傾角**
a. 由側方檢查鏡片的傾斜
b. 由前方檢查配戴於臉部的鏡架之平直狀況

**步驟三：鼻墊或鼻橋區域**
a. 必要時將鏡架調整至適當高度
b. 必要時將鏡架調整至合適的頂點距離
c. 調整鼻墊使其擁有最大的接觸表面

**步驟四：鏡腳**
a. 調整鏡腳使其僅些微施壓於耳朵頂部
b. 必要時移動鏡腳彎折至適當位置
c. 下彎部位的輪廓應符合頭側與耳後

　　配鏡人員若經驗漸增，一次即可察覺並矯正一項以上的誤差，意即能同時完成許多步驟。

4. 左、右的頂點距離是否相等？
5. 鏡腳施於顳側的壓力是否適當？
6. 鏡腳的彎折位置相對於耳朵頂部是否正確？
7. 鏡腳的下彎部分是否正確下彎？
8. 鏡腳左、右側的下彎部分是否順著頭側的輪廓 ( 意即鏡腳的後方部分是否需順著頭側弧度加以塑形 ) ？

## Box 9-3

**配戴於臉部的鏡架之調整摘要**

**欲移動鏡架遠離臉部**
1. 調窄可調式鼻墊 ( 亦為調高鏡架 )。
2. 增加鼻墊臂的有效長度。
3. 縮小 ( 調窄 ) 塑膠鏡架的鼻橋 ( 亦為調高鏡架 )。
4. 減少鏡框彎弧 ( 使前框更為平直 )。

**欲移動鏡架靠近臉部**
1. 分開可調式鼻墊 ( 亦為調低鏡架 )。
2. 減少鼻墊臂的有效長度。
3. 延伸 ( 調寬 ) 塑膠鏡框的鼻橋 ( 亦為調低前框 )。
4. 增加鏡框彎弧 ( 使前框更為彎曲 )。

**欲移動鏡架遠離臉頰**
1. 減少前傾斜。
2. 藉由縮窄鼻橋、鼻墊或是將鼻墊臂往下彎折以調高鏡架。
3. 藉由縮窄鼻橋、鼻墊或是延伸鼻墊臂以增加頂點距離。

**欲移動鏡架遠離眉毛**
1. 增加前傾斜。
2. 藉由調寬鼻橋、鼻墊或是提高鼻墊位置以調低鏡架。
3. 藉由延伸鼻墊臂以增加頂點距離。

注意：藉由調窄鼻橋、鼻墊以將鏡架往前移動，其位置將隨之更高。

**欲調高配戴於臉部的鏡架**
1. 縮小或調窄鼻橋 ( 塑膠 )。
2. 於塑膠鼻橋上增加鼻墊。
3. 調窄可調式鼻墊的間距。
4. 調低可調式鼻墊的垂直位置。

**欲調低配戴於臉部的鏡架**
1. 延展或調寬鼻橋 ( 塑膠 )。
2. 分開可調式鼻墊。
3. 調高可調式鼻墊的垂直位置。

**將其中一片鏡片移近臉部**
1. 若左鏡片過於向內，將左鏡腳向內移動且／或若右鏡片過於向外，將右鏡腳向外移動。
2. 若右鏡片過於向內，將右鏡腳向內移動且／或若左鏡片過於向外，將左鏡腳向外移動。

**欲移高配戴於臉部的其中一片鏡片**
1. 若左鏡片太高，將左鏡腳往上彎折且／或若右鏡片太低，將右鏡腳往下彎折。
2. 若右鏡片太高，將右鏡腳往上彎折且／或若左鏡片太低，將左鏡腳往下彎折。

---

裝配鼻墊時，再次檢查下列要點：
1. 鼻墊間距對於配戴者而言是否正確？
2. 鼻墊對於配戴者而言是否位於鼻部的適當部位？
3. 鼻墊前角是否對應於配戴者的鼻部前角？
4. 鼻墊張角是否對應於配戴者的鼻部張角？
5. 鼻墊的縱軸是否垂直於地面 ( 意即配戴眼鏡時，鼻墊的垂直角是否等於鏡架前框的前傾角？)
6. 整體來看，鼻墊是否貼合於鼻部表面？

欲測試兩側鏡腳張力是否均等，可稍微將鏡腳提離耳朵並輕柔地往前拉移前框。檢查鏡腳的調整是否均等，也可將拇指置於鏡架的鏡腳兩側，其餘手指則直接放在配戴者的耳後 ( 耳後與鏡腳下彎部分之間 )，雙手同時於兩側耳朵進行檢查，以正確得知調整是否均等。

配戴者應脫戴眼鏡數次，以觀察其是否於適當位置。若配戴者戴眼鏡時其停靠的方式些許異常，例如鏡腳於頭部或髮內的位置過高，皆可由此脫戴動作中顯露出來。針對這類情況可能需改變其垂直位置、鼻墊角度或前傾斜等以修正鏡架。

配戴者對於眼鏡相關的任何明顯瑕疵，如子片高度或前傾角不同等應有所察覺。

若配戴者未特別注意這些瑕疵，則常會有誤以為是眼鏡出了問題的印象。

( 配戴於臉部的鏡架位置之調整方法摘要請見 Box 9-3。)

## 參考文獻

1. Kintner EA: The relative role of physical features of spectacles as factors in wearing comfort. Master's Thesis, Bloomington, Ind, 1970, Indiana University.
2. Stimson RL: Ophthalmic dispensing, ed 2, Springfield, Ill, 1971, Charles C Thomas.
3. Yoho A: Back in plastic, Eyecare Business, March 2003, pp. 44 47.

# 學習成效測驗

1. 下列何者不是造成其中一鏡片高於另一鏡片的原因？
   a. 一側鏡腳耳端較另一側下彎許多
   b. 一側鏡腳柄向上彎曲
   c. 鼻橋歪斜
   d. 一側耳朵高於另一側
   e. 鼻墊過於分開

2. 若鏡架右側高於左側呈現歪斜：
   a. 將右側鏡腳往下彎折
   b. 將右側鏡腳往上彎折

3. 若雙光鏡片的配戴者抱怨雙光鏡片交界線過高，而鏡架配有可調式鼻墊，在美觀的考量下：
   a. 減少鼻墊間距
   b. 增加鼻墊間距

4. 若配戴於臉部的鏡架位置過高，下列何者並非可能的解決方法？
   a. 增加可調式鼻墊間距
   b. 將可調式鼻墊的垂直位置下移
   c. 更換鏡架

5. 若睫毛摩擦至鏡片背面，配鏡人員應：
   a. 開展鏡腳
   b. 調高鏡架
   c. 增加頂點距離
   d. 分開鼻墊

6. 下列何者並非是雙側睫毛觸及鏡片的可能原因？
   a. 前傾斜不足
   b. 基弧過於扁平
   c. 可調式鼻墊過於靠近鏡架前框
   d. 可調式鼻墊彼此過於靠近

7. 若鏡架前框頂端觸及眉毛，下列何種方式可能無法解決此問題？
   a. 更換鏡架
   b. 移動可調式鼻墊，使之遠離鏡架前框
   c. 增加前傾角
   d. 以上皆可

8. 若其中一鏡片較另一鏡片更靠近配戴者的臉部，則應如何矯正此情況？
   a. 增加最靠近臉部一側的鏡腳張幅（外彎鏡腳）
   b. 增加最靠近臉部一側的前傾斜
   c. 減少最靠近臉部一側的鏡腳張幅（內彎鏡腳）
   d. 拉緊最遠離臉部一側耳後的鏡腳

9. 若配戴者抱怨眼鏡很緊貼，但在鼻子上仍會往下滑，可能的原因為：
   a. 鼻橋尺寸過大
   b. 鼻橋尺寸過小
   c. 鏡腳柄於耳前頭側施壓過多
   d. 鏡腳尖端於耳後頭側施壓過多，未施壓於耳前頭側

10. 對或錯？調窄可調式鼻墊間距將導致配戴於臉部的鏡架過高，且或多或少較接近臉部。

11. 對或錯？箍狀鼻橋能替代可調式鼻墊，有助於增加重量承載區域，可惜其可調性並不如所取代的鼻墊。

12. 配戴者的鼻部先前就已受損歪斜，而新鏡架有可調式鼻墊的鼻橋。配戴者戴上眼鏡時，鏡架前框於其臉部過於偏左（下列回答的左、右側是以配戴者的觀點為基準），那麼應如何修正此問題？
    a. 將左、右兩側鼻墊往右移
    b. 將左、右兩側鼻墊往左移
    c. 將右側鼻墊往右移，而左側鼻墊往左移
    d. 將右側鼻墊往左移，兒左側鼻墊往右移

13. 自前方觀看配戴者，發現鏡架過於偏向其右側，可能的原因為何？
    a. 兩側鼻墊過於遠離配戴者的左側
    b. 兩側鼻墊過於遠離配戴者的右側
    c. 配戴者的鼻部歪斜
    d. a 與 c 兩者皆有可能
    e. b 與 c 兩者皆有可能

14. 對或錯？配戴者眼睛直視前方。若配鏡人員自側方觀看眼鏡，當鼻墊已調整適當時，其長軸應垂直於地面。

15. 對或錯？大部分的鼻墊調整皆能以兩步驟完成。第一步是進行改變；第二步即為完成改變並恢復其適當的鼻墊角度。

16. 若兩側鼻墊平壓於鼻翼，卻導致疼痛或使鼻子產生壓痕，其可能的原因為何？
    a. 鏡腳張幅不均
    b. 鼻墊必須更為分離
    c. 鼻墊對於鏡架重量而言過小

17. 裝配正確的線型鏡腳，其尖端位置為何？
    a. 在耳垂下半部
    b. 稍微超過耳垂下半部
    c. 剛好止於耳垂下半部之上不遠處

18. 下列關於優質彈簧式鉸鏈鏡腳的敘述何者為非？
    a. 彈簧式鉸鏈鏡架若受到球類、手肘的撞擊或自臉部擊落，不太需予以重新調整或維修
    b. 彈簧鏡腳於耳後的調整與其他鏡腳完全相同
    c. 彈簧式鉸鏈鏡腳其彎折位置與非彈簧式鉸鏈鏡腳完全相同
    d. 相較於裝配良好的一般鏡腳，裝配彈簧式鉸鏈的鏡架會調整得較為緊實

19. 對或錯？為耳後配掛助聽器的人士挑選鏡架時，最佳的鏡腳樣式是能符合耳溝背部輪廓的細型鏡腳。

20. 對或錯？此處為摘下線型鏡腳眼鏡的程序。配戴者應以左手拿取左側端片，右手則持握右側線型鏡腳的尖端尾部，將右側鏡腳拉離耳部，眼鏡往左側擺動，使左側鏡腳可輕易地脫離耳部，眼鏡也不會失去調整對齊。

21. 鏡架的鏡腳張幅不均，一側的張幅較另一側大。若發生此情形，則較靠近眼睛的鏡片為何：
    a. 與較鬆（張幅較廣）的鏡腳同側
    b. 與較緊（張幅較窄）的鏡腳同側

22. 鏡架的鏡腳張幅不均，一側的張幅較另一側大。若發生此情形，則鼻子的哪一側會感到不適：
    a. 與較鬆的鏡腳同側
    b. 與較緊的鏡腳同側

23. 鏡架的鏡腳張幅不均，一側的張幅較另一側大。若發生此情形，則可能感到不適的耳朵為：
    a. 與較緊的鏡腳不同側的耳朵
    b. 與較緊的鏡腳同一側的耳朵

24. 若配戴者的鏡架會自鼻部兩側下滑且耳後感到疼痛，最可能的解決方法為：
    a. 將鏡腳上的彎折部分往前移
    b. 將鏡腳上的彎折部分往後移
    c. 增加鏡腳張幅
    d. 減小鼻橋尺寸
    e. 將鏡腳尖端向內彎

25. 某位戴眼鏡的人士來到眼鏡公司，他的鏡架未調整對齊，其左側框圈下半部觸及左臉頰，右側前框高於左側，且鏡架的前傾角看似過大。若只能從下列選項中擇一選擇，何者最佳？
    a. 將左鏡腳向上彎折
    b. 將左鏡腳向下彎折
    c. 將右鏡腳向上彎折
    d. 將右鏡腳向下彎折
    e. 將左鏡腳向上彎折，而右鏡腳向下彎折

26. 下列何種問題無法藉由調寬鏡架鼻橋的方式解決？
    a. 配戴於臉部的鏡架過高
    b. 鼻橋對於鼻子而言過小
    c. 睫毛摩擦至鏡片背面
    d. 上述問題皆能藉由調寬鏡架鼻橋的方式解決

27. 配戴時，眼鏡施壓的唯一適切位置為：
   a. 於頭側的鏡腳端頭
   b. 於頭側的耳朵正上方
   c. 耳後與頭側之間的褶縫
   d. 鏡架不應施加任何壓力

28. 對或錯？試圖使鏡腳耳端的輪廓契合耳後的頭側凹處，裝配上並不會有明顯的改善，不值得採取此配鏡方式。

29. 有彈簧式鉸鏈鏡腳的現代鏡架應予以調整，以致於：
   a. 相較於無彈簧式鉸鏈的鏡架，該鏡腳施予頭側的壓力更少
   b. 相較於無彈簧式鉸鏈的鏡架，該鏡腳施予頭側的壓力稍微少些
   c. 該鏡腳施予頭側的壓力如同無彈簧式鉸鏈的鏡架
   d. 相較於無彈簧式鉸鏈的鏡架，該鏡腳施予頭側的壓力稍微多些
   e. 相較於無彈簧式鉸鏈的鏡架，該鏡腳施予頭側的壓力更多

CHAPTER **10**

# 鏡架維修與修正

鏡架維修是重要的服務項目。大部分的維修需求僅為小幅微調,但偶爾仍需大幅度的維修。鏡架維修與修正必須一併進行,以使鏡架貼合無誤。本章將說明如何快速且有效地執行這些工作的方法與訣竅。

## 螺絲替換與維修

大部分的主要鏡架維修相當費時,因此替換損壞零件通常是更為經濟實惠的作法。然而主要的維修有時也能給予配戴者很大的幫助,使其得以繼續配戴不可或缺的處方眼鏡。

小幅度維修亦需時間以進行,但通常不會比對齊一副新眼鏡費時,或許更重要的是人們對這些維修的珍惜程度。

本章就從最常見的兩個問題說起:螺絲維修與鼻墊更換,接著再說明第三個最常見的鏡腳維修問題。

### 正確使用光學用螺絲起子

使用光學用螺絲起子時,切勿如拿鉛筆般握著螺絲起子(圖 10-1),而是應如圖 10-2, A 將握把末端置於手掌中(握把末端通常有旋轉功能,以利於工作順暢進行)。如圖 10-2, B 握著螺絲起子,此時將鏡架支托在工作檯的邊緣(圖 10-3)或板塊上,若(或更確切地說是當)螺絲起子滑落時,其尖端才不致傷及手指。

### 螺絲起子的種類說明

光學用螺絲起子有許多種類可供選擇,包括黃銅柄且不旋轉的握把以及可填充手掌的圓形硬木大握把。亦有如圖 10-4 的人體工學握把,其能彎折以符合掌型大小。

利用拇指與食指拿取微小的螺絲就已相當棘手

了,若欲將它鎖進孔洞內一段距離則更加困難。下列是針對此情況的兩種處理方式。

- 「撿拾」可伸縮彈簧鉗口的螺絲起子,可夾著小螺絲直至放入桶狀部接頭的螺紋內。
- 另一個方法是利用特殊的夾螺絲工具,可夾著螺絲使之更容易壓入孔洞中(圖 10-5)。

檢查並確認螺絲起子的刃部狀況良好,損傷的刃部將損害螺絲頭。無論使用何種螺絲起子,刃部尺寸應吻合螺絲大小(大部分的光學用螺絲起子皆有正反兩用的刃部及不同寬度的末端)。

另一種有用的工具是取出螺絲工具,其用於螺絲被旋鬆並可移除時,將螺絲自孔洞中取出而不會掉落並失去它(圖 10-6)。

### 鬆脫的螺絲

經常開合鏡腳有時會轉動鏡腳螺絲而使其鬆脫。鬆脫的鏡腳不一定會影響配戴眼鏡時的貼合或穩定性,但大多數的配戴者仍希望可解決此問題。若螺絲已鬆脫但並未完全轉開,此時僅需鎖緊即可。

有時即使鏡腳螺絲已鎖緊,鏡腳仍可能會鬆脫,此時需再次對齊鏡腳桶狀部接頭。稍後將於未對齊的鉸鏈桶狀部接頭內文中討論如何重新對齊鏡腳桶狀部接頭。

### 利用密封膠以使螺絲合緊

解決螺絲經常鬆脫的一種方法,即是在螺紋上使用固定螺絲的密封膠以合緊螺絲。密封膠不只可防止螺絲鬆脫,亦能抑止銹蝕,乃因銹蝕的螺絲只要時間一久便會卡住而難以移除。大部分的光學供應商都有提供這些產品。

有些人不使用密封膠,而較喜歡透明的指甲油,將其塗抹於螺絲頭與螺紋上以防止旋轉。此方法用在位於凹處位置的螺絲最為有效(圖 10-7)。

圖 **10-1** 此為持握螺絲起子的錯誤方法。

圖 **10-3** 安全第一，務必使鏡架倚靠某物。勿僅以手持握鏡框，當（不是假如而是當下）螺絲起子滑落時才不致傷及另一隻手。

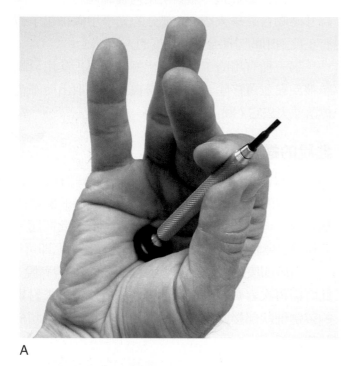

A

B

圖 **10-2** A. 照片顯示如何持握光學用螺絲起子，以使得握把的旋轉端位於手掌內。B. 如圖所示持握光學用螺絲起子，使手掌中心可包覆支撐握把尾端。

## 敲擊螺絲末端以使螺絲合緊

　　鏡腳螺絲末端若突出於桶狀部接頭之外，可在螺絲末端置放形似鉚釘的套頭，利用下列幾種方式完成之：

1. 藉由配鏡專用鎚子較小的一端穩固地敲打螺絲，以防止螺絲退出。

2. 使用針對開展螺絲和鉚釘末端所設計的擴口鉗（圖 10-8）。

3. 利用本章稍後圖 10-53 所示的鉚固工具將螺絲末端敲入，但需使用凹頭的敲擊工具。

　　一旦擴展了螺絲尖端，之後可能需銼磨尖端以移除螺絲。

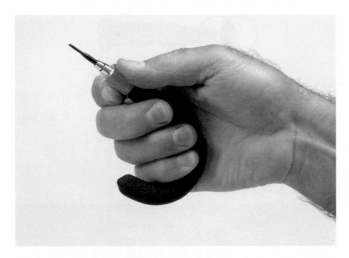

圖 10-4　光學用螺絲起子種類繁多，包括人體工學握把其能彎折符合手掌大小。

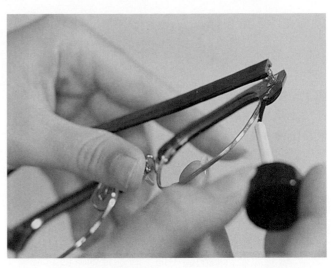

圖 10-7　使用透明指甲油封合固定已鎖緊的螺絲並防止鬆脫。此複合材質鏡架的鏡圈螺絲是嵌在鏡框上緣之下。

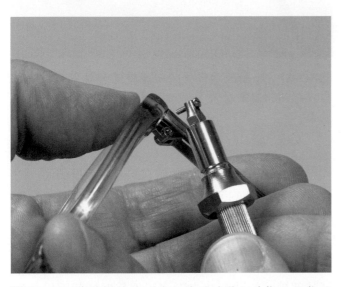

圖 10-5　持握螺絲的工具可將螺絲置入手指往往難以觸及之處。

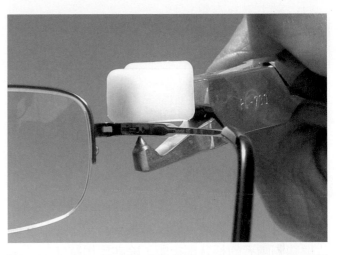

圖 10-8　擴口鉗能開展鉚釘或螺絲尖端以防止其倒退。

## 利用替換自鎖螺絲以使螺絲合緊

自鎖替換螺絲的螺紋加有環氧樹脂材料鍍膜，可防止螺絲後退 ( 圖 10-9)。這些螺絲移除後能再次使用，如同更換處方鏡片時必須先移除鏡圈螺絲，再將其重新裝上。

Box 10-1 摘述了之前合緊螺絲的方法。

## 使螺絲合緊的其他方法

有些鏡架有內置系統可固定螺絲。這些鏡架在桶狀部接頭側邊有固定螺絲的小設計，或是能抓住突出螺絲末端的小螺帽。

環氧樹脂鏡架的情況稍微不同，乃因很多時候在

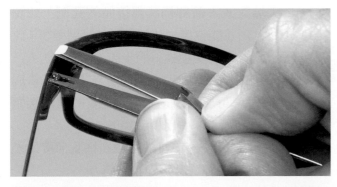

圖 10-6　取出螺絲的工具可在移除鬆脫的螺絲時較不易滑落。

**圖 10-9**　此自鎖式替換螺絲的螺紋有環氧樹脂鍍膜，可防止螺絲倒退，移除後能再度使用。如預期般，每次移除與再使用，將會逐漸喪失螺絲的黏附性。

---

**Box 10-1**

**如何固定鬆脫的螺絲**

1. 在螺紋上與桶狀部接頭內塗抹密封膠。
2. 於螺絲頭塗抹透明指甲油，特別是嵌入凹處區域內的螺絲頭。
3. 敲平或敲打螺絲末端。
   a. 使用配鏡專用的鎚子
   b. 使用擴口（敲擊）鉗
   c. 使用鉚固工具組與敲擊工具
4. 使用自鎖替換螺絲。

---

鉸鏈部位有環氧樹脂材料鍍膜的保護，若欲鎖緊、鬆開或移除螺絲，必須先加熱鉸鏈部位才能轉動螺絲。

## 彈簧鉸鏈的螺絲更換

　　在許多的彈簧鉸鏈中是螺絲抓著鏡腳中的彈簧才能呈現張力，因此更換鏡腳螺絲時常不易對齊端片與鏡腳兩者的桶狀部接頭，除非使用特殊工具或特種螺絲，若僅以雙手可能無法順利完成。

　　若試著將螺絲插入緊繃的鏡腳桶狀部接頭並旋轉固定，通常會使螺絲傾斜而非筆直地插入。若傾斜插入螺絲將可能磨去桶狀部接頭內的螺紋，Hilco 於是製造自動對準彈簧鉸鏈螺絲以防止其發生。這些不銹鋼螺絲較長且末端呈錐形，此末端具引導對齊鉸鏈桶狀部接頭的功能（圖 10-10）。一旦螺絲已妥置，便可利用一般的鉗子折斷突出的多餘螺絲，而不需使用切割鉗。為了使折斷的端頭工整牢固，可利用敲擊鉗或鉚固工具向下敲擊之。

　　一旦螺絲已固定，向外彎曲鏡腳以觀察彈簧鏡腳的活動情形。若鏡腳開展卻未彈回至適當位置，則稍微鬆動螺絲，可能是旋緊的螺絲張力使得鏡腳無法閉合。使用如「三合一」牌的潤滑油，其不沾黏且有助於彈簧運作良好。

**圖 10-10**　彈簧鉸鏈螺絲尖端呈錐形，此設計使螺絲更容易滑入未對齊的鏡腳與鏡架前框桶狀部之間的小開放區域（Courtesy of Hilco, Plainville, Mass）。

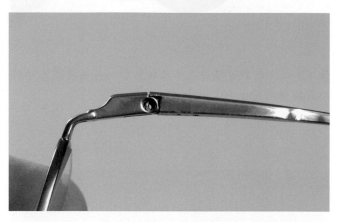

**圖 10-11**　此圖顯示彈簧鉸鏈鏡腳置於鏡架前框時，其桶狀部孔洞未對齊，原因為鏡腳內的彈簧尚未延伸開來。

**彈簧鉸鏈對齊工具**　由於在鏡腳置入螺絲時，將彈簧鉸鏈鏡腳嵌回鏡架是困難的，因而發展出數種彈簧鉸鏈對齊工具。下列為此工具的使用方法。

　　圖 10-11 顯示在鏡腳與鏡架前框兩者的桶狀部接頭並未準確對齊。鏡腳彈簧沒有被拉開，故鏡腳桶狀部接頭的孔洞並未對齊鏡架前框桶狀部接頭的孔洞。

　　此特定的彈簧鉸鏈對齊工具可分為兩部分，其中一個部分為小「板手」且尾部附有小尖端（圖 10-12），尖端能嵌入鏡腳桶狀部接頭的孔洞，如圖 10-13, A 與 B 所示能拉曳桶狀部接頭並延展彈簧（此二圖僅供示範，並非更換螺絲的步驟）。

　　工具的第二部分如圖 10-14 所示，以工具拿取鏡腳時，有滑環可加以固定，而在工具的彎曲端頭處亦有一小「凸齒」。使用步驟如下：

1. 將鏡腳置於凸齒處，工具的端頭在桶狀部接頭後方，且位於包覆彈簧鉸鏈的套殼前方。
2. 將板手放進桶狀部接頭的孔洞內並延展之（圖 10-15）。當彈簧鉸鏈套殼凹陷時（如圖所示）將

圖 10-12　此「板手」是彈簧鉸鏈對齊工具的一種，尾部的小尖端能滑入彈簧鉸鏈的桶狀部。

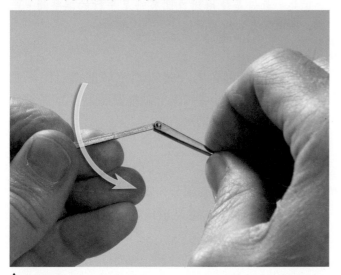

A

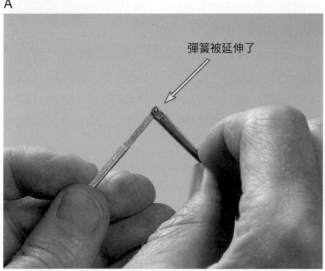

彈簧被延伸了

B

圖 10-13　A.「板手」滑入鏡腳桶狀部並使彈簧延伸。B. 此處的彈簧鉸鏈鏡腳內的彈簧已被延伸，注意對照前圖被拉出的程度。

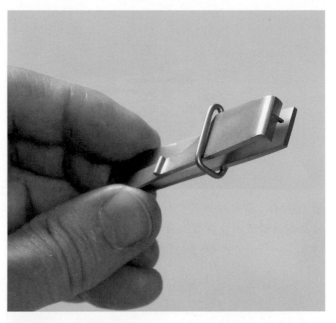

圖 10-14　彈簧鉸鏈對齊工具的這部分夾著鏡腳，其端頭的「凸齒」將滑入彈簧鉸鏈套殼的凹口內，使彈簧固定於延伸的位置上。針對無凹口的彈簧鉸鏈套殼（稱為平坦前套殼），以工具的彎曲端頭將桶狀部固定於延伸的位置上。

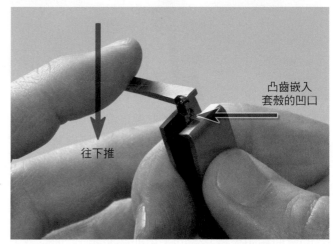

往下推

凸齒嵌入套殼的凹口

圖 10-15　使用彈簧鉸鏈對齊工具夾著鏡腳，「板手」將桶狀部往外擴展且「凸齒」嵌入套殼凹口，以固定桶狀部於延伸的位置上。

「凸齒」滑進凹口，便可將桶狀部接頭固定於已延展的位置上。

3. 緊握工具並將滑環往前移動，以保持夾緊鏡腳（圖 10-16）。
4. 此時鏡腳桶狀部接頭可滑進鏡架前框的桶狀部接頭，其將如常規鏡腳般對齊。
5. 將螺絲置入桶狀部接頭並旋緊（圖 10-17）。

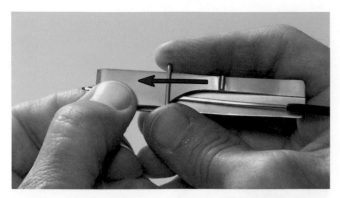

**圖 10-16**　當緊壓彈簧鉸鏈對齊工具以擴展桶狀部時，可往前移動滑環使對齊工具不會展開。

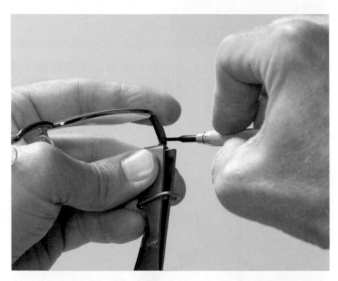

**圖 10-17**　現在的鏡腳已嵌入鏡架前框，所有桶狀部將對齊一致。此時螺絲便可順利嵌入，宛如鏡架有正常的鏡腳桶狀部外型。

（注意：某些套殼並無凹口。處理這類鏡腳時，以工具的彎曲端頭夾著套殼的平坦前部而非「凸齒」。）

## 未對齊的鉸鏈桶狀部接頭

　　若鏡腳在旋緊螺絲後仍鬆脫，問題可能出在鏡架與鏡腳鉸鏈桶狀部接頭並未契合。欲矯正此問題需先移除螺絲與鏡腳，並注意哪一個鉸鏈有較多的桶狀部接頭（通常位於前方）。將如同中空尖嘴鉗一般的平行鉗口鉗置於鉸鏈處，壓縮此前框鉸鏈的桶狀部接頭，以縮窄另一鉸鏈的桶狀部接頭欲置入的空間（圖 10-18）。注意勿過度壓縮桶狀部接頭，否則在鉸鏈另一部分尚未歸位前它們將被撬開（有時會弄斷桶狀部接頭）。

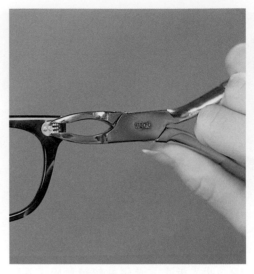

**圖 10-18**　使桶狀部緊壓一起，盡可能讓鬆脫的鏡腳緊實些，最好是使用鉗口開展時呈平行的調整鉗。此為使用中空尖嘴鉗的圖例。

　　有些情況可在兩鉸鏈皆固定後便進行壓縮動作，當鉸鏈已妥置時實際上就能讓桶狀部接頭彼此契合，然而此方法通常難度更高。

## 替換遺失的螺絲

　　替換螺絲最難的部分是要找到正確尺寸的替代物，所幸整個產業的常見螺絲規格是直徑 1.4 mm 且長度為 3.0 ～ 4.0 mm。

　　表 10-1 所列為目前用於一般眼鏡鏡架、優質太陽眼鏡、非處方太陽眼鏡、鼻墊與裝飾條等替換螺絲最常見的尺寸。

　　至於更多較少見的尺寸，Hilco 製作了一套速尋螺絲與孔洞量尺的工具組，內附兩副量尺以及有許多螺絲圖片與尺寸的小冊子或圖表。這些量尺讓人更容易配比現存的螺絲或更快找出鏡架遺失螺絲的尺寸。

　　測量直徑以得知現存螺絲的尺寸。如圖 10-19 所示將螺絲置入直尺般量具上預製的孔洞中，接著使用同一個量具上的開槽，測量包含螺絲頭的螺絲總長度。

　　為了得知遺失螺絲的長度請見圖 10-20，使用直尺般量具上的開槽來測量已補償螺絲頭額外長度的桶狀部接頭深度。欲得知遺失螺絲的直徑則使用圓形條幅工具，其每一條幅的直徑各異，如圖 10-21 所示將條幅插入鏡架空的桶狀部接頭以找出未知的直徑大小。

| 表 10-1 | |
|---|---|
| 眼鏡鏡架的常見替換螺絲直徑尺寸 | |
| **螺絲種類** | **最常見的替換螺絲尺寸** |
| 一般眼鏡鏡架螺絲，包含鉸鏈與閉合桶狀部之兩種螺絲 | 1.4 mm |
| 優質太陽眼鏡鏡架螺絲 | 1.6 mm |
| 便宜的現成太陽眼鏡螺絲 | 1.8 mm |
| 鼻墊螺絲 | 1.0 mm ( 若無法契合，直徑 1.1 mm 或 0.8 mm 也可使用 ) |
| 眼鏡鏡架飾版螺絲 | 1.2 mm、1.4 mm ( 有時為 2.0 mm)( 長度則為 2.9 ～ 3.6 mm) |

Data obtained from Woyton R: "How can I find a replacement screw quickly when a customer comes in with a frame that needs one?" 麻薩諸塞州 Plainville 市的 Hilco 公司，未定日期。

**圖 10-19**　欲得知螺絲直徑，將螺絲放入孔洞中直至找出相匹配者為止。順帶一提，1.4 mm 直徑是最常用的光學用螺絲尺寸。

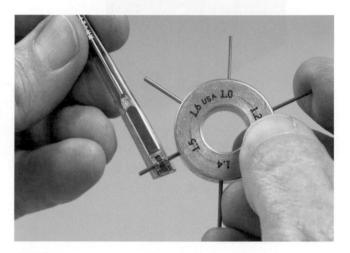

**圖 10-21**　欲得知遺失螺絲的直徑，將不同尺寸的孔洞測量輻條滑入桶狀部，直至測得正確的直徑。

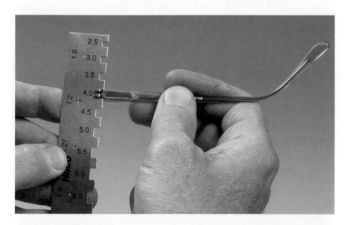

**圖 10-20**　欲得知遺失螺絲的長度，測量桶狀部的深度再加上螺絲頭長度 ( 注意：在其他的工業領域中，所謂的螺絲長度可能不包含螺絲頭 )。

此相似。擅長條理組織者可將其瓶罐與抽屜整理出屬於自己的一套系統，亦可購買如圖 10-22 的系統，含有最常用到的零組件，然後再自行補充所需物件。

## 鈦螺絲

由於鈦相當堅固使得鈦螺絲上的螺紋不會損壞，故若鈦螺絲稍微不正地置入桶狀部接頭將會卡住不前，若是如此勿強行旋入，僅需退出螺絲再次執行即可。若試了數次仍無法旋入，則於桶狀部接頭放一滴切削油 ( 若無效果佳的切削油，可使用如三合一牌的家用油 )[1]。

## 尋找庫存螺絲

替換螺絲更令人沮喪的情形之一即是需尋找匹配的螺絲。在無組織系統之下，配鏡人員只能翻遍裝滿了微小螺絲的托盤或罐子，但小螺絲看似皆如

## 斷裂或卡住的螺絲

有時螺絲會在鏡架桶狀部接頭處發生卡住或斷裂的現象，在此簡述矯正這些問題的建議並摘錄於 Box 10-2。

圖 10-22　若有儲存鏡架小零件的組織系統，便可節省許多尋找的時間。圖為市面上販售的可堆疊式置物系統，能依需求增加疊層。

## 移除卡住的螺絲

若整個螺絲仍在定位處卻無法以螺絲起子轉動，表示螺絲在桶狀部接頭已銹蝕或螺絲槽口已損壞。

若問題出在銹蝕，可將銹蝕區域浸入超音波清潔器中 ( 圖 10-23)，或塗抹滲透油即可鬆脫螺絲 ( 圖 10-24)。

某些配鏡人員會將螺絲末端倚靠於小鐵砧或老虎鉗的邊緣以移除卡住的螺絲。將光學用螺絲起子放入螺絲槽口，以鎚子輕敲螺絲起子 1 ～ 2 次，即可破除銹蝕或膠黏 ( 執行此方法可能需要三隻手 )。

有個方法可移除先前被黏膠卡在桶狀部接頭的螺絲，即使用低溫烙鐵組 *。將烙鐵置於螺絲末端 10 ～ 20 秒以融化黏膠，便可正常退出螺絲 ( 注意：塑膠鏡架不可使用此法 )。

手指型加熱器的效果比不上烙鐵，但兩者仍不分軒輊。以手指型加熱器夾著螺絲的頂端與底端 ( 圖 10-25)，加熱螺絲 10 ～ 15 秒，金屬熱脹冷縮的現象有助鬆脫螺絲，高溫也能燒去殘留的黏膠 ( 注意：塑膠鏡架不可使用此法 )。

---

\* 感謝安大略省 Sarnia 市的 John Moulton 分享這個想法。

**Box 10-2**

### 如何移除卡住或斷裂的螺絲

移除卡住的螺絲：
1. 浸入超音波清潔器中。
2. 塗抹滲透油。
3. 將螺絲起子置於槽口，並以鎚子輕敲螺絲起子。
4. 使用烙鐵或手指型加熱器。
5. 加深槽口或是在垂直於舊槽口處再新鑿一個槽口。
6. 將螺絲退出。
   a. 使用敲孔、打孔或射孔型的打孔鉗，或
   b. 使用「牛眼」式退螺絲器，或
   c. 使用尖銳工具與鐵砧
7. 將螺絲鑽出。
   a. 使用螺絲攻重新恢復螺紋，或
   b. 使用自攻替換螺絲，或
   c. 使用有六角螺帽的螺絲
8. 替換零件。

移除斷裂的螺絲：
1. 使用退螺絲器。
2. 在螺絲尖端開槽。
3. 將螺絲退出。
   a. 使用敲孔、打孔或射孔型的打孔鉗，或
   b. 使用「牛眼」式退螺絲器，或
   c. 使用尖銳工具與鐵砧
4. 將螺絲鑽出。
   a. 使用螺絲攻重新恢復螺紋，或
   b. 使用自攻替換螺絲，或
   c. 使用有六角螺帽的螺絲
5. 替換零件。

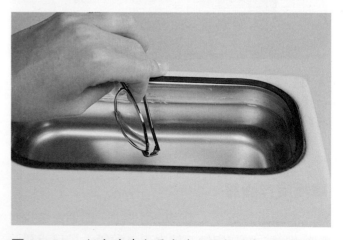

圖 10-23　超音波清潔器在清洗鏡架時會使鏡架螺絲鬆脫，此方式能被用來鬆脫特別難以拔除的螺絲。

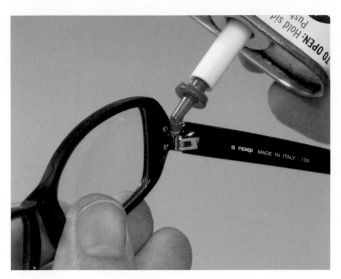

圖10-24　滲透油如「液態板手」牌的自動滲透油，有助於清除銹蝕並鬆動卡住的螺絲。

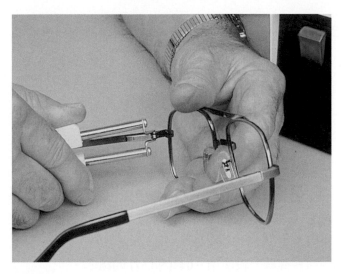

圖10-25　將烙鐵或手指型加熱器置於膠封的螺絲尖端，通常便可正常地移除螺絲 (Courtesy Hilco, Plainville, Mass)。

為了使烙鐵與手指型加熱器的效用更佳，一旦加熱螺絲區域便快速於螺絲上滴上一滴油。熱會讓油脂變薄而流進螺紋之間，溶解銹蝕並潤滑界面[2]。若無烙鐵亦無手指型加熱器可用，以鏡架加熱器均勻加熱螺絲區域，然後再加上油劑應該會有所助益。

若螺絲開槽已磨損，使用扁平開槽銼刀重新加深開槽，讓螺絲起子刃部能再度轉動螺絲（圖10-26）。若開槽已被弄寬損壞，試著於螺絲頭銼鑿新的開槽，此新槽口應垂直於原來的開槽。

若螺絲嚴重銹蝕而無法以上述任一種方式鬆開

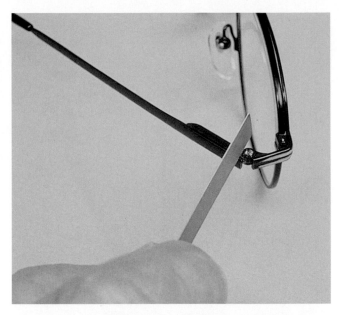

圖10-26　當螺絲頭的開槽損壞時可使用薄銼刀，即俗稱的開槽銼刀或帶狀銼刀以製造新槽孔（有時也能在斷裂的螺絲尖端開槽，以螺絲起子將螺絲殘留部分自鉸鏈底端旋出）(Courtesy Hilco, Plainville, Mass)。

移除，則需將之沖擊去除。可使用小型手鉗，又稱為「打孔」鉗、「敲孔」鉗或「射孔」鉗，其將沖出斷裂與剝落的螺絲（鉗子內的釘子可更換）。

使螺絲鑽出亦為可行的方法，此將詳述於後續內文。

## 移除斷裂的螺絲

螺絲有時會斷裂成兩部分。若槽口仍可使用，則易於將螺絲頭端取出，其亦能自行掉出，然而螺絲的另一部分依然卡在桶狀部接頭內。

取出卡住的螺絲之最佳工具是退螺絲器（圖10-27）。此器具類似螺絲起子，但有個倒勾的尖端可鑽入螺絲柱並旋轉之。退螺絲器有多種尺寸以配合螺絲的不同直徑。

使用退螺絲器時，從底部鑽進螺絲（圖10-28)並用力往下施壓。若留在桶狀部接頭內的斷裂部分有足夠的長度，順時針旋轉螺絲可將螺絲自桶狀部接頭頂部退出；若斷裂部分不夠長則逆時針旋轉，從底部退出螺絲。提示：退螺絲器尖端可裝配於有標準雅各卡盤 (Jacob's chuck) 的 Dremel 牌工具中或是懸掛式電鑽中（圖10-29為 Hilco 懸掛式電鑽；圖10-30 為在電鑽上裝置退螺絲器）。

有一種工具稱為「牛眼」式退螺絲器（圖

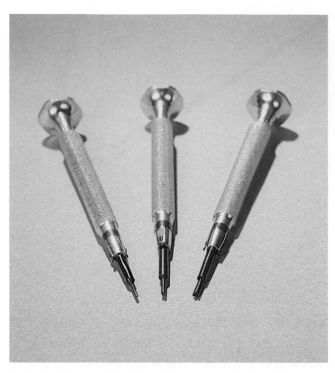

圖 10-27　在退螺絲器組中，每支退螺絲器的嵌入處皆存在兩種不同尺寸的尖端。如同雙端螺絲起子的刀刃之使用方式，退螺絲器尖端亦有雙端可用。

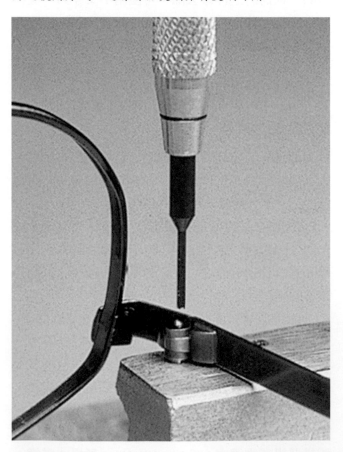

圖 10-28　退螺絲器是用於挖出和夾住斷裂的螺絲尖端，以便將其旋轉出來 (Courtesy Hilco, Plainville, Mass)。

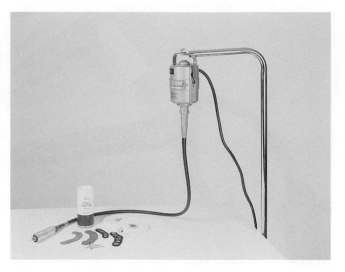

圖 10-29　有懸掛式馬達的電鑽彈性更大，不是只有鑽孔功能而已。圖例是用於研磨、沙磨、切削與拋光的附件 (Courtesy Hilco, Plainville, Mass)。

10-31)，在移除螺絲上非常有用且不需將螺絲鑽出，此工具在可控制的情況下能發出很大的旋轉力。

若沒有或無法使用這種工具，且若有部分螺絲突出在外，則利用開槽或帶狀的銼刀在螺絲尖端開一槽口，然後以螺絲起子將螺絲旋出。

若上述方法皆不可行，可利用下列方法以退出螺絲的殘留部分。

若上述方法皆不可行，使用比螺絲直徑稍小的鑽頭，鑽除螺絲或殘留部分 ( 圖 10-32)。大部分在鉸鏈與閉合式桶狀部接頭的螺絲其直徑為 1.4 mm，針對這些螺絲一般使用 0.043(No.57) 的鑽頭。

自螺絲的底部鑽除螺絲 ( 桶狀部接頭的下部分有螺紋 )。鑽除螺絲的一般作法是先將螺絲銼磨與桶狀部接頭齊平，在螺絲中心打孔標記以引導鑽除作業。謹慎地將鑽頭對準螺絲中心，才不致於鑽去包覆螺絲的桶狀部接頭金屬，緩慢地鑽除螺絲，鑽一會兒需稍微暫停以避免過熱而損傷鑽頭。在鑽除螺絲的過程中皆以切削油或家用油作為潤滑劑與／或冷卻液。

有一種鑽孔引導器是專門用於防止鑽頭偏離軌道，如此只會在螺絲上鑽孔而不影響緊鄰的鉸鏈，其稱為「牛眼」式螺絲鑽孔導引器。此引導器將箍緊桶狀部接頭，底端的鉗口則箍住螺絲頭 ( 若螺絲頭仍於該處 )，鉗住固定後在引導器頂部滴上 1 ～ 2 滴油，使用 0.043(No.57) 的鑽頭，如圖 10-33 所示這種鑽頭會契合鑽孔引導器並將螺絲鑽除。

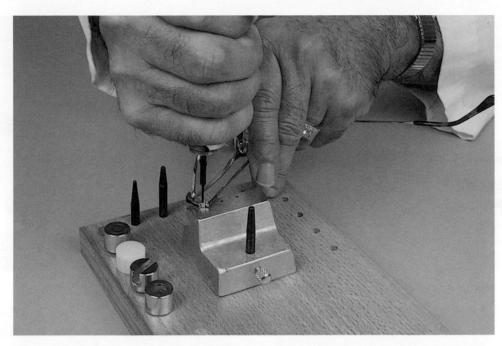

圖 10-30　電鑽裝上了退螺絲器刀刃，當試圖移除斷裂的螺絲時將提供額外的力矩 (Courtesy Hilco, Plainville, Mass)。

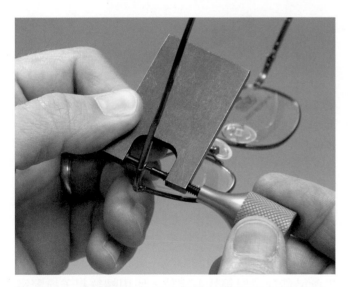

圖 10-31　此簡單的工具將可對斷裂的螺絲大量施壓，完成如螺絲起子般的一般退螺絲器無法完成的任務。

　　無論是使用鑽頭或打孔鉗，退除螺絲時皆會損壞螺紋。可使用螺紋攻恢復受損螺紋 (圖 10-34 與 10-35)，選擇常規或是較大的螺紋攻端視鑽孔而定。若使用常規螺紋攻則選用標準螺絲，但若使用較大的螺紋攻，則選擇較大尺寸的特殊螺絲。

　　若螺絲攻無法恢復螺紋或是不想使用螺絲攻，有兩種替代方法：

1. 使用自攻螺絲 (稍後將有更詳細的解說)。

圖 10-32　懸掛式電鑽用於鑽出斷裂的螺絲，並以配鏡專用的鐵砧支托鏡架。

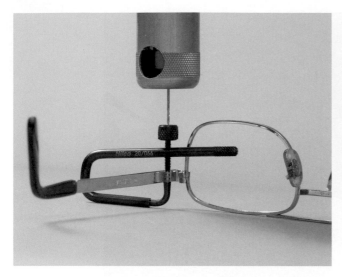

圖 10-33　「牛眼」式螺絲鑽孔導引器能鉗住螺絲，藉由穿過鑽孔引導器的孔洞使電鑽對準螺絲。

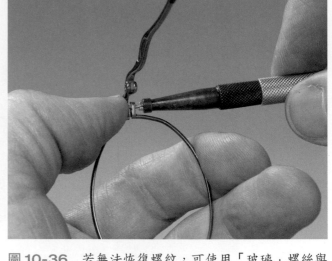

圖 10-36　若無法恢復螺紋，可使用「玻璃」螺絲與六角螺帽，即使這不是最好的方法。觀察鏡架結構以判斷螺帽應置於頂部或底部，可完善隱藏螺帽的位置即為首選。

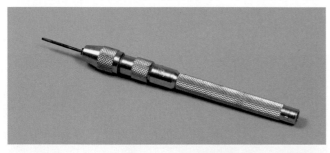

圖 10-34　螺紋攻是刻製螺紋的工具，裝配在有握把的夾具上，夾具可換裝多種尺寸的螺紋器。同一支握把可用於組裝小型鑽頭，以手動方式在塑膠材質上鑽孔。

圖 10-37　自攻螺絲會自行刻製螺紋。當螺絲完全到位後，以鉗子將多餘的部分折斷 (Courtesy Hilco, Plainville, Mass)。

2. 使用較長且類似螺栓的螺絲，通常是指玻璃螺絲 *，其末端包含可拴緊螺絲的六角螺帽 ( 圖 10-36)。

　　玻璃螺絲長於鏡腳螺絲，其構造是為了在無框裝配時能穿過厚鏡片並定位。使用螺絲起子拴緊這類螺絲時，需以六角板手夾著六角螺帽，切剪超出六角螺帽的螺絲，之後將螺絲末端銼磨平滑並與螺帽表面平齊。

### 自攻螺絲

　　自攻螺絲是能恢復螺紋的簡單替代方法 ( 圖 10-37)。在大多數例子中，其更優於使用有六角螺帽的玻璃螺絲。

　　自攻螺絲較一般螺絲長，拴入固定後任何超出

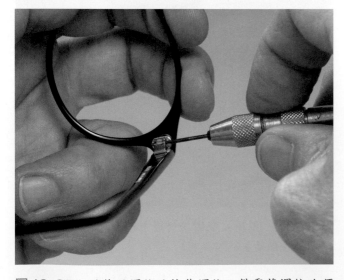

圖 10-35　欲使用螺紋攻恢復螺紋，僅需將螺紋攻順時針旋入桶狀部即可。

---

* 玻璃螺絲當然不是由玻璃製造，但過去會利用它將鏡片裝配至無框眼鏡，由於螺絲穿過了玻璃鏡片，故稱為「玻璃」螺絲。

桶狀部接頭末端的螺絲皆應去除。不需以切割鉗裁切自攻螺絲，但可利用平圓嘴鉗或尖嘴鉗等一般鉗子予以折斷。

　　當使用過大或大尺寸自攻螺絲替換原螺絲時，確保螺絲可自由地通過無螺紋的桶狀部接頭上部。若自攻螺絲過大，其在完全拴緊前便可能斷裂，迫使配鏡人員需重頭開始操作。若螺絲大到無法通過桶狀部接頭上部，可使用鑽頭或鼠尾銼刀擴大孔洞。

### 替換無框螺絲

　　有時在無框裝配中，固定鏡片的螺絲仍會斷裂、鬆脫或必須予以替換。無框眼鏡有許多裝配的方法，故難以各別描述每一種維修方法，然而當鏡片是以螺絲支撐固定時存在三種基本的配件，每一種配件不只有螺絲與螺帽，亦包括圓筒襯套與墊圈組合，可保護鏡片表面並消除來自螺絲與螺帽的部分應力。

　　以下是常見於無框裝配的基本配件：

- 螺絲－螺絲必須有足夠的長度，才可穿過裝配鏡片的整個厚度。鏡片的厚度不一，故安裝後螺絲被裁切至與螺帽等齊並銼磨平滑。
- 螺帽－螺帽可使用六角形或是星形螺帽。使用螺帽起子（六角板手）將六角螺帽旋緊於螺絲上，星形螺帽則需使用星形螺帽起子。
- 墊圈－有尼龍和金屬兩種墊圈可供使用。尼龍墊圈緊依著鏡片表面，使鏡片有所緩衝；螺帽與其他裝配物件之間僅有金屬墊圈，它能穩定孔洞周遭的應力，可作為螺帽與較為柔軟的尼龍墊圈或圓筒襯套之間的界面。
- 圓筒襯套－襯套是小型中空圓筒，剛好可置入鏡片的孔洞。螺絲並非直接嵌入鏡片，而是穿過圓筒襯套並作為鏡片的緩衝。「頂帽」圓筒襯墊常用於無框裝配，這些襯墊上有「邊框」，既能將襯墊固定在靠近鏡片表面之處，亦具備尼龍墊圈的功能。「頂帽」圓筒襯墊是無框配製的正規配件。

　　圖 10-38 為三種常見之無框螺絲配件的組裝方式。

　　注意：即使配戴者的舊鏡架之現有裝配中，只使用一根螺絲與一個螺帽組裝，進行更動時可於鏡片與螺帽之間增加尼龍墊圈。使用尼龍圓筒襯墊將鏡片與螺絲做隔離保護仍是較佳的方式。

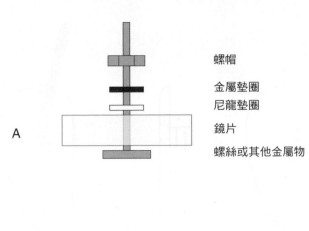

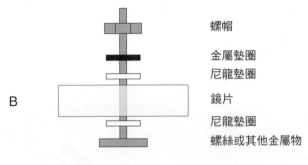

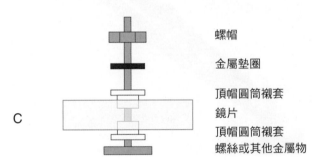

**圖 10-38**　此為可能會使用到的三種無框裝配基本設計，使用何種端視鏡框的設計而定。某些設計會以完全不同的方法固定鏡片。**A.** 簡單的無框螺絲裝配包含常規或裝飾螺絲、置於背面保護鏡片的尼龍墊圈、穩定應力區域的金屬墊圈與螺帽。螺帽可為六角形或星形螺帽。**B.** 常見的裝配是以尼龍墊圈作為鏡片前、後方的緩衝。**C.** 頂帽圓筒襯套替代了尼龍墊圈，可保護鏡片中的孔洞並增加裝配的穩定性。

## 替換鼻墊

　　鼻墊配件有許多不同的型式，其中以旋式與推式鼻墊為主流，每位眼睛保健專業人士必須準備這兩種鼻墊。以下為最常用的型式，本章最後附錄 10-A 則列出一些少見與古老型式的鼻墊，包含夾式、扭式、蔡司剌刀式、分離夾式、馬鐙式與鉚釘式。

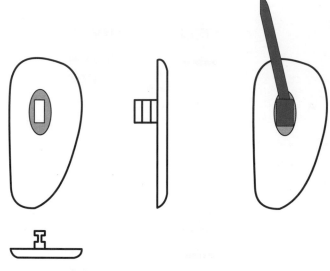

圖 10-39　推式鼻墊的設計能滑入鼻墊臂的凹框中。

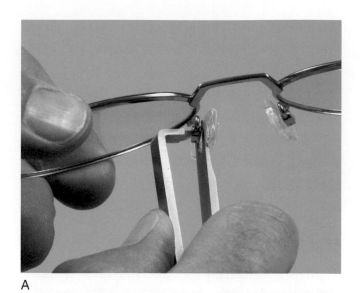

A

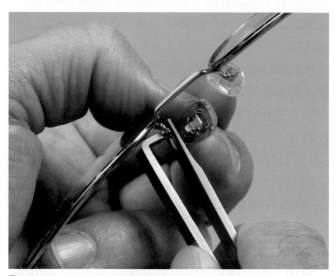

B

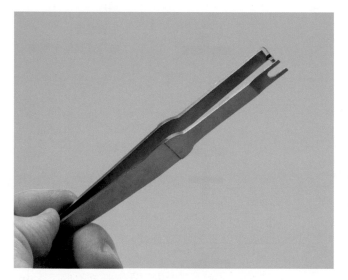

圖 10-40　鼻墊移除器是在不影響鼻墊臂對齊之下移除推式鼻墊。

圖 10-41　A. 較薄的邊緣滑入鼻墊與鼻墊臂之間。B. 鼻墊背面已被壓出鼻墊臂的凹框外。

## 推式鼻墊

推式鼻墊 (push-on pad) 是最容易移除更換的鼻墊，它有一個類似 I 型樑的物件可嵌入鼻墊臂上的凹框中 ( 圖 10-39)，嵌入框內的鼻墊部分可能為金屬或是硬塑膠。

儘管不需任何輔助工具便可移除推式鼻墊，但也能使用鼻墊移除器的小工具。如圖 10-40 與 10-41 所示，此物能滑入鼻墊與鼻墊臂附件之間。

有特製的鉗子可輔助推式鼻墊嵌入鼻墊臂，通常稱為推式鼻墊調整鉗，其中一側有彎曲尼龍鉗口能擱放在鼻墊的正面，另一側平直金屬鉗口則可將鼻墊臂夾住定位。

若推式鼻墊無法固定於框內，可使用鉗子稍微擠壓縮小凹框的水平尺寸。

## 旋式鼻墊

旋式 (screw-on type) 鼻墊附件在鼻墊的背面存在一個小柱子，其上有個水平的小孔，此柱子可滑進鼻墊臂的框型組件或圓形零件中 ( 圖 10-42)。螺絲是從框型組件的一側旋入另一側，將經過鼻墊柱子的小孔。螺絲如此地小，故通常需要特殊螺絲起子的輔助。

旋式鼻墊設計的最大問題是尋找可用且適合的替換螺絲。若某人有未裝配的鼻墊卻缺乏螺絲，欲尋得適當的替代螺絲可能不容易。最常見的鼻墊螺

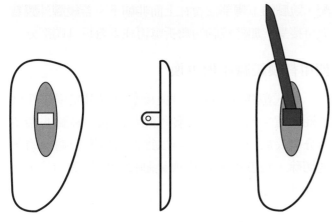

**圖 10-42**　旋式鼻墊的設計需使用小螺絲將其固定於鼻墊臂。

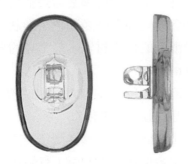

**圖 10-43**　此邏輯鼻墊是旋式或推式鼻墊的替代品。

絲其直徑為 1.0 mm，若過小則直徑 1.1 mm 的螺絲也可。大部分的公司都會列出螺絲的直徑，在找尋替代螺絲時若知道最常見的尺寸將有莫大助益。

若無替換螺絲可用，最後的方法即是使用如「線繩裝配」鏡片相同的尼龍線，將鼻墊暫時「繫上」，以切割鉗或刀片裁去多餘的部分。

### 邏輯鼻墊

有種專業替換鼻墊，其嵌入處適用推式或旋式兩種鼻墊臂，此鼻墊稱為邏輯鼻墊 (logic pad)，呈圓形或橢圓並對稱，左、右兩側鼻墊皆通用，可降低鼻墊的庫存需要 (圖 10-43)。

### 鼻墊尺寸

鼻墊有許多不同尺寸，故能調整尺寸以配合鼻部，或是當鼻部上的鏡架重量造成壓力太過集中時可增加承載面積。橢圓鼻墊的垂直軸為 13、15、17 或 20 mm，圓形鼻墊則以 9 與 11 mm 為最常見的尺寸，亦有其他尺寸可供選擇。

### 鼻墊材質的種類

替換鼻墊有許多不同的材質可供選擇，或多或少皆存在彈性。下列為最常見的三種材質：

- 醋酸纖維鼻墊－由醋酸纖維素（有時僅稱為醋酸纖維）製造的鼻墊堅硬且不會撓曲。醋酸纖維素亦為大多數塑膠鏡架的材質。
- 乙烯樹脂鼻墊－鼻墊也有由柔軟的乙烯樹脂製成的。儘管這些鼻墊具彈性不會「抓握」鼻部，但較矽膠鼻墊更容易於鼻部滑動。
- 矽膠鼻墊－即使出汗或皮膚出油，矽膠鼻墊並不會有滑下鼻部的傾向，但這不表示鼻墊完全不會滑動，而是滑動的程度小得多。儘管這是好處，但因為配戴者的皮膚會有拉扯的感受而覺得不舒服。若配戴者抱怨鼻墊似乎在拉扯皮膚，改換醋酸纖維或乙烯樹脂鼻墊或許可改善（當然配戴者應自覺眼鏡較容易滑動，故此法是權衡之計）。矽膠鼻墊分為「軟性矽膠」、「硬性矽膠」與「柔性矽膠」，鼻墊的柔軟或硬實並非受到基本材質的影響，而是因為模鑄在矽膠鼻墊內的裝配插入物。軟性矽膠鼻墊在鼻墊內有一個小金屬的裝配物，而硬性矽膠鼻墊有金屬插入物嵌於鼻墊內的尼龍芯，柔性矽膠鼻墊則只有一個尼龍薄芯，並無金屬插入物。

### 低過敏性鼻墊材質

有些配戴者會對如矽膠、乙烯樹脂和醋酸纖維的標準鼻墊材質過敏，而某些鼻墊也可能含有會造成鼻部周圍區域過敏的乳膠或其他材質。以下選項通常可滿足配戴者的需求：

- 鍍金金屬鼻墊－有些鼻墊是由鍍金的鎳銀製成，鍍金的部分則是黃金（金色）或白金（銀色）。儘管鎳若直接觸及皮膚可能會引發問題，鍍金部分卻可成為預防皮膚過敏反應的屏障。
- 鈦製鼻墊－皮膚過敏者對鈦金屬的接受度相當高，這類鼻墊是由 100% 的鈦金屬製成。
- 水晶鼻墊－有的鼻墊是由水晶製成，看似如同一般鼻墊且可解決過敏反應的問題。

### 以箍狀鼻橋取代可調式鼻墊

箍狀鼻橋 (strap bridge) 如同兩個可調式鼻墊，由「箍條」連結其頂端。此箍條與鼻墊是由相同的材

**圖 10-44**　使用箍狀鼻橋以取代兩個可調式鼻墊，可將鏡架重量分散於傳統鼻墊區域與鼻脊處。材質的彈性使兩鼻墊仍可單獨調整。

質製成，可說是鼻墊的延伸，鼻墊與箍狀物即為一體 ( 圖 10-44)。箍狀鼻橋會增加包含鼻脊的鼻墊承載區域。箍狀鼻橋連接至鼻墊臂的方式完全與可調式鼻墊相同，亦以同樣的方式貼合鼻部。由於整副鼻橋的靈活性，故左、右半部應獨立裝配。

## 鏡腳維修

### 替換遺失或斷裂的鏡腳

　　若眼鏡的斷裂鏡腳無法維修則必須更換。第一種選擇是以相同的新鏡腳替代，然而一支新且相配的鏡腳並非隨時可得，或許是鏡架型式已停產，或無法取得相配的替代品。

### 以舊鏡腳進行替換

　　大部分的配鏡人員都會保留一些可作為暫時替換的舊鏡腳，但最難的任務是找尋看似不錯且鉸鏈桶狀部接頭構造可搭配鏡架前框之物件。若未找到適合之物，則需修改鏡腳桶狀部接頭，結果可能不盡理想但卻也是可行的方式。

　　例如假設有個單一厚的桶狀部接頭，稍大於其他兩個相配的桶狀部接頭。針對此例可能需將單一大型桶狀部接頭的頂端或底端或兩部分銼磨變小，使其能塞入另外兩個桶狀部接頭之間較小的空間。

　　眼鏡鏡架的鏡腳若非右鏡腳即為左鏡腳。有時需要的是左鏡腳，現有的卻皆為右鏡腳。針對某些鉸鏈，可將右鏡腳裝配於左側，反之亦然。若是如此裝配，鏡腳的下彎部便會往上而非朝下。若鏡腳外觀看似可接受，加熱鏡腳的彎折處再往下彎折耳端部分。

### 使用替換鏡腳組做更換

　　各式塑膠或金屬的替換鏡腳可透過光學零件供應商購買。為了確保鏡腳可配合前框，鏡腳的端頭部分應長於所需長度，再以銼刀或弓鋸於適當的角度切除，角度則視端片或鏡腳接合處種類而定 ( 圖 1-16)。

### 更換金屬鏡腳的塑膠耳端護套

　　大部分的金屬鏡腳在端部都有塑膠包覆，使配戴時更為舒適。塑膠鏡腳護套若毀損是可替換的。塑膠鏡腳護套的更換有許多顏色與形狀可供選擇，也有能減少滑動的矽膠材質，最常見的蕊芯直徑為 1.4 mm 或 1.6 mm。

　　欲替換鏡腳護套[3]，則加熱鏡腳的塑膠末端，使之完全伸直再拉出塑膠護套。

　　藉由測量或使用替換護套製造商所提供的實體圖表，以確定金屬蕊芯的尺寸 ( 有個快速找出蕊芯直徑的方法，乃使用與測量螺絲直徑相同類型的量尺 )。盡可能使鏡腳護套的形狀與顏色相互搭配。

　　將替換的護套推進金屬芯 ( 若金屬芯為圓形而非長方形，在鏡腳上以前後扭動的方式推進替換的護套較容易完成更換 )，亦需加熱替換的護套。

　　如同第 9 章的說明，此時鏡腳已被重新彎折，彎折處即位於耳朵頂部正後方。

### 在線型鏡腳耳端加裝護套

　　有些需要線型鏡腳的人，會因覺得纏線不舒適或是對金屬纏線過敏而深感困擾。過敏反應通常是因為鏡架材質含有鎳金屬，過敏症狀則是耳後出現疹子或是纏線轉為綠色。

　　可於線型鏡腳的末端套上塑膠套，光學用材料行皆有販售線型鏡腳護套，其材質為塑膠、乙烯樹脂與矽膠，亦有為此目的所販售的「熱縮套管」。

　　收縮套管是覆蓋纏線末端的一種簡單方法，熱縮鏡腳套管的內徑應大於線型鏡腳的直徑。欲使用此套管請依如下操作：

1. 確認收縮套管所需的直徑尺寸，以可滑入套在纏線末端上。

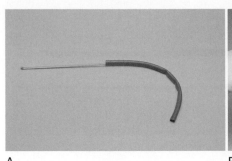

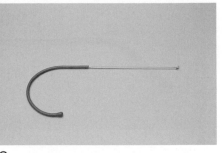

A　　　　　　　　　　　　B　　　　　　　　　　　　C

**圖 10-45**　利用熱縮線型尖端套管包覆線型鏡腳的端部。找出正確的直徑並按尺寸剪切，如圖 A 所示套在線型鏡腳端頭。如圖 B 將鏡架加熱器調至最高溫以加熱鏡腳。圖 C 所示為熱縮套管已收束緊貼於鏡腳的形狀 (Courtesy Hilco, Plainville, Mass)。

2. 測量所需長度 ( 多預留測量長度的 10% 以作為收縮空間 )。
3. 裁切套管的長度並將其滑入套在線型鏡腳末端上 ( 圖 10-45, A)。
4. 將熱空氣鏡架加熱器調至最熱的狀態，以加熱鏡腳與套管 ( 圖 10-45, B)，直至套管受熱收縮而與鏡腳緊貼 ( 圖 10-45, C)。
5. 裁去多餘的材料。
6. 加熱被裁切的區域以使邊緣平滑。

## 於鏡腳包覆護套以降低過敏反應

　　若配戴者的頭側對鏡腳產生過敏反應，可將鏡架送至鏡架修護中心進行整個鍍膜。

　　第二個選項是將透明的超薄熱縮套管套於鏡腳，作為薄且透明的保護層，方法是將套管套於鏡腳，再以熱空氣鏡架加熱器加熱套管與鏡腳即可。

## 延長與縮短金屬鏡腳

　　金屬鏡腳通常帶有下彎部分，其內含金屬芯，外面包覆著塑膠。這類鏡腳的獨特之處是縮短或延長鏡腳的結果不如預期。

　　延長鏡腳－想配戴的鏡架鏡腳有時可能對配戴者而言並不夠長，即使是加熱再彎曲以調整鏡腳彎折處，但長度仍不適當。若是如此有兩個替代方法：
1. 替代方法一是加熱並拉直鏡腳後，宛若欲移除鏡腳護套般將護套部分拉出。例如鏡腳若短缺 5 mm，將鏡腳護套拉出 5 mm 再重新彎折鏡腳，如此便可取得適切的尺寸。此方法無法提供足夠的支撐力，使得鏡腳末端較原本更顯薄弱。

**圖 10-46**　使用不同尺寸的塑膠鏡腳端頭，來重新調整金屬鏡腳的尺寸，僅是更換塑膠端頭而已。這三支鏡腳端頭能替換裝配在相同的鏡腳上 (Courtesy Hilco, Plainville, Mass)。

2. 替代方法二即更換塑膠鏡腳末端。光學供應商有鏡腳尺寸套組，只要更換塑膠鏡腳末端，便可使金屬鏡腳增加 5 ～ 15 mm ( 圖 10-46)。

　　縮短鏡腳－若鏡腳過長 ( 圖 10-47, A) 無法藉由調整鏡腳的彎折處而縮短足夠的長度，則必須縮短鏡腳。為了縮短鏡腳，需加熱鏡腳末端並使之拉直 ( 圖 10-47, B)，再將塑膠護套完全拉出，剪去金屬芯的末端 ( 圖 10-47, C)( 剪去的部分應與必需縮短的鏡腳長度等長 )。套回塑膠護套，此時護套應較先前滑得更深入以縮短鏡腳 ( 圖 10-47, D)，重新彎折鏡腳至適當的長度即完成調整。

　　有時因為滑入護套時會導致護套裂開，因此必須銼磨鏡腳「肩」( 鏡腳縮窄至更小的圓形直徑前之那部分的金屬鏡腳，其仍呈平坦故稱為「肩」)。情況若是如此，僅銼磨鏡腳肩的頂端或底端，或是兩部位皆銼磨 ( 圖 10-48)。鏡腳肩必須薄到一個程度，以可順利滑入鏡腳護套而不致造成撕裂。

　　當套回塑膠護套後，會較先前更往前深入以縮短鏡腳。

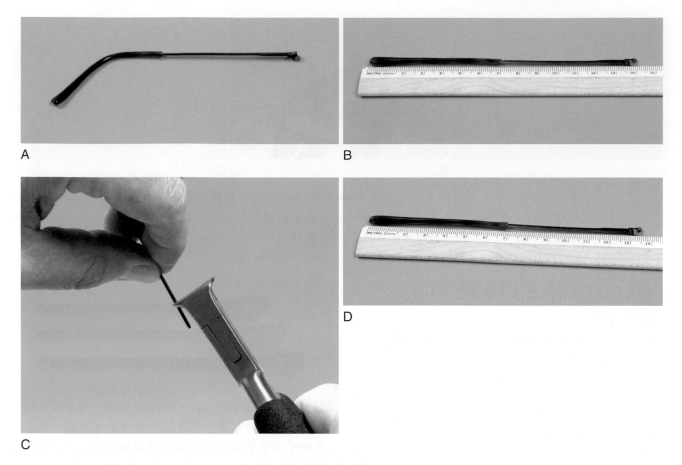

圖 **10-47** 在不使下彎部位過長以免有礙觀瞻的情況下，有時僅改變鏡腳彎折處，並無法讓鏡腳縮減得夠短。**A.** 圖示為有塑膠鏡腳端頭的金屬鏡腳，可利用其他方法縮短。**B.** 欲縮短這類鏡腳，先拉直彎折處並移除塑膠套管。此鏡腳總長為 145 mm。**C.** 移除塑膠套管後便剪切金屬芯的尖端。**D.** 更換護套後，鏡腳的測量結果將會較短

圖 **10-48** 某些金屬鏡腳在靠近塑膠端頭護套處會增寬，鏡腳變寬之處則稱為肩。若鏡腳被切割變短再置回時將撕裂塑膠端頭，此時必須銼磨鏡腳肩。

## 更容易改變鏡腳護套的竅門

改變鏡腳護套可能會有些難度，以下是使過程更順手的訣竅[4]：

- 若鏡腳護套已老舊毀損，僅藉由加熱與滑動是無法順利取出的，此時以鉗子壓毀舊塑膠將其拿出
- 銼磨鏡腳金屬芯任何粗糙的部分，確保尾端銼磨得平滑圓順
- 在套入新的鏡腳護套前需先加熱金屬芯。盡可能將鏡腳護套滑入較深處，然後以鏡架加熱器加熱直至可完全滑進

## 改變線型鏡腳長度

裁切可縮短線型鏡腳，而更換捲曲的尾端可增長或縮短鏡腳。

## 縮短線型鏡腳

　　若必須縮短過長的線型鏡腳，僅需以切割鉗剪去多餘的纜線部分即可，且軋製的金屬纜線必須黏封以不致散開。欲黏封纜線則以烙鐵觸及被剪去的端頭，塗抹少量的焊料使其在尾端形成小球（亦可與熱縮線型尖端護套搭配使用）。

## 延長、縮短或以矽膠線替代線型鏡腳

　　Hilco 製造的矽膠替換纜線尾端，可用於增長或縮減線型鏡腳。捲曲的矽膠並無金屬芯，而是醋酸纖維芯。依照下列步驟順序更換捲曲尾端：

1. 確認預期的鏡腳總長度。
2. 確認需更換的捲曲纜線長度，取一對尺寸與顏色合宜的替代纜線尾端。
3. 將鏡腳總長度減去欲替代的鏡腳長度。
4. 自鉸鏈中心沿著鏡腳測量至步驟三所判定的長度，於該點處做標記。
5. 再往前測量額外的 8 mm，在鏡腳處做第二個標記，此即是需剪去之處。
6. 於第二個標記處剪去鏡腳並棄之。
7. 利用熱空氣鏡架加熱器加熱替換的纜線 20 ～ 30 秒。
8. 將替換纜線滑進芯線，使替換纜線的前端觸及第一個標記處。

---

### 例題 10-1

某一線型鏡腳過短，其長 160 mm，但所需的長度為 170 mm。替代纜線尾端有多種尺寸可供選擇，適當的長度將可恰當地貼合於耳後（如先前圖 9-27, A 所示），並終止於鏡腳筆直部分的合理連接點。針對此例我們將假設替代纜線的尾端長度為 90 mm。應於哪個長度剪斷線型鏡腳以達到新長度？

#### 解答

若所需的總長度為 170 mm，我們將 170 減去 90 即得到 80 mm(170 mm-90 mm＝80 mm)。這 80 mm 的長度即是要從鉸鏈桶狀部接頭量回的長度並做標記，然後再額外測量 8 mm(即位於 88 mm 處)並做標記。於第二個標記處切斷鏡腳，再接上那 90 mm 的替代部分。

9. 將整支鏡腳浸入水中冷卻，以使替換纜線收縮緊實。

## 將標準塑膠鏡腳改成線型鏡腳

　　上述的替代纜線尾端之程序，也能用於將標準塑膠鏡腳轉換為線型鏡腳的作法上，其與改變線型鏡腳長度以及替換成矽膠纜線的方式極為相似。

　　首先確認所需的線型鏡腳總長度與可正確配合之替換捲曲纜線尾端的長度。替換纜線尾端的尺寸需吻合配戴者的耳朵，而替換的顏色亦能與原塑膠鏡腳相配。

　　將所需的線型鏡腳總長度減去替換纜線尾端的長度。自塑膠鏡腳鉸鏈的中心測量直至達到該長度，在塑膠鏡腳上標記此點，並於鏡腳再往下 8 mm 標記第二點（圖 10-49, A）。

　　在第二個標記點切除鏡腳（圖 10-49, B）並棄之（圖 10-49, C）。使用刀片或刻刀在第一個標記點切穿塑膠，直至達到金屬芯的深度（圖 10-49, D），剝除那 8 mm 的塑膠（圖 10-49, E），可能需銼磨、擦亮芯線周圍的塑膠，使其平滑且稍微呈現錐形，讓塑膠鏡腳與替換纜線之間的過渡區域看似自然。

　　替代纜線應以熱空氣鏡架加熱器加熱 20 ～ 30 秒，再滑套至鏡腳外露的 8 mm 芯線上（圖 10-49, F）。當替代纜線完全包覆芯線時，應將整支鏡腳放入水中冷卻，使替代纜線收縮並緊實地包覆芯線。若其顏色挑選得當，完成品的外觀應宛如原初想要的線型鏡腳（圖 10-49, G）。

## 縮短塑膠鏡腳

　　若當下此副塑膠鏡架的鏡腳極為過長，可向製造商特訂一副較短的鏡腳，這個選項不應被忽略。另外的方法是檢視有無適當的替換鏡腳（見本章稍早的「使用替換鏡腳組做更換」內文）。

　　若別無選擇，仍有個方法可縮短塑膠鏡腳的長度＊，但需謹慎否則結果會讓修正的部分一覽無遺。此法僅用於別無滿意的鏡架選擇情況，配戴者需完全知情並同意才可進行，其程序與縮短有塑膠護套的金屬鏡腳長度如出一轍。

---

＊ 由印第安納州 Jeffersonville 市的 Jerry Bizer 博士提供此法。

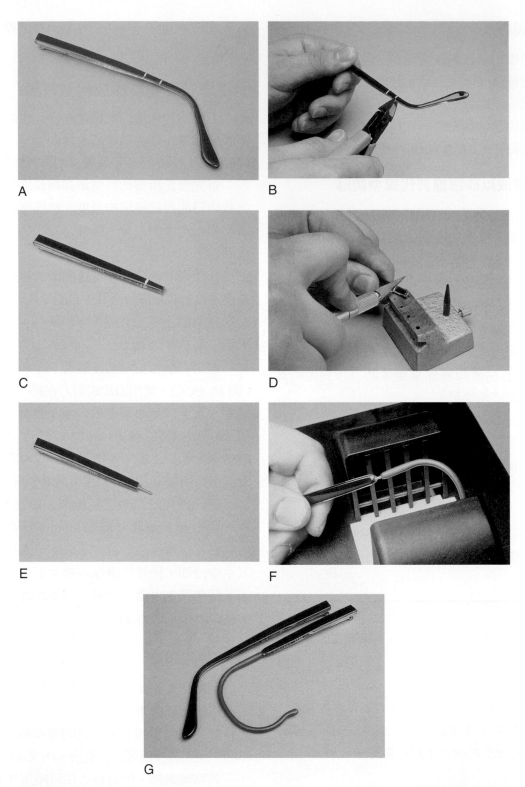

圖 10-49　A. 欲將顳式塑膠鏡腳轉變成線型鏡腳，首先在鏡腳上做兩個標記。第一個標記的位置以毫米 (mm) 為單位，等於所需的線型鏡腳長度減去替換纜線端頭的長度。第二個標記位置即在第一個標記位置再加 8 mm 處。B. 在第二個標記位置切斷塑膠鏡腳。C. 鏡腳已在第二個標記上被切斷。D. 將在第一個標記與被切斷端頭之間的塑膠自芯線剝除。E. 圖示為在加上替換纜線端頭前已裸露的芯線。F. 削尖並擦亮塑膠鏡腳切斷區域後，將替換的纜線端頭套在裸露的 8 mm 芯線上並加熱之。G. 顳式塑膠鏡腳即轉換成線型鏡腳。

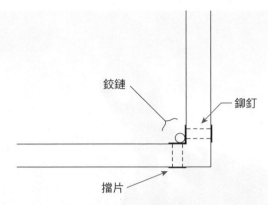

**圖 10-50**　鉚釘鉸鏈結構的上視圖。

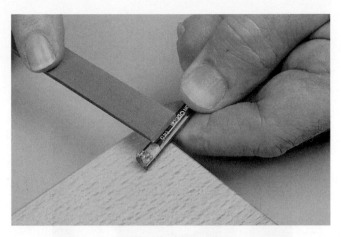

**圖 10-51**　欲移除鉚釘鉸鏈，需將鉚釘銼磨至幾乎與鉸鏈內部平齊，僅留下足夠可見的鉚釘作為擠壓出該鉚釘的導引 (Courtesy Hilco, Plainville, Mass)。

　　首先加熱並拉直塑膠鏡腳，使用銳利的刀子或刀片，在鏡腳彎折應在的位置前方約 1/2 英吋處沿著鏡腳金屬芯切割。若切口達及金屬強化線的深度，鏡腳尾端便能從線絲拉出，若無法輕易拉出則再次加熱鏡腳。

　　接著在鬆脫鏡腳上且靠近第一切割處切下部分塑膠，移除的塑膠應與鏡腳所需縮短的長度相同。此時切斷金屬強化線的尾端（切除的線絲應稍長於鏡腳需縮短的長度）。

　　將鏡腳塑膠端頭滑推回至線絲，利用丙酮重新黏封這兩部分，待此區域乾燥變硬後，再將其銼磨拋光。

## 鉸鏈維修

　　鏡架的鉸鏈區域特別容易損壞。當頭側受到敲擊或碰撞，便會迫使鏡腳與前框的接合處比原初設計更為開展，進而弄斷鉸鏈區域。

### 鉚釘鉸鏈

　　通常有鉚釘鉸鏈的塑膠鏡架會壞損的結構並非鉸鏈，而是將鉸鏈連結至鏡框的鉚釘。辨識鉚釘鉸鏈，其在端片外側可見及擋片。由於鉚釘附著於擋片，故當鉚釘壞損時也需更換擋片（圖 10-50）。鉸鏈桶狀部接頭壞損時，必須更換鉸鏈與擋片兩部分，在維修鉚釘鉸鏈前必須先移除鏡腳。

### 移除鉚釘與擋片

　　首先銼磨鉸鏈內側的鉚釘（圖 10-51），使其幾乎與金屬齊平，僅留下小部分鉚釘足以作為擠出該鉚釘的導引。然後使用下列方法之一移除鉚釘：

- 打孔鉗－打孔鉗有個細圓桿狀的突起物，將其倚靠於已銼磨的鉚釘端頭，擠壓鉗子將鉚釘自塑膠中推出。
- 鐵砧與打孔－欲使用鐵砧打孔的方法，以配鏡專用的鐵砧或鉸鏈打孔組的基座來支托端片或鏡腳（已銼磨的鉚釘端頭朝上）。若無鐵砧或打孔基座，可使用平坦表面來支托鏡腳，如此可將鉚釘移至塑膠之外而不會受到妨礙。接著將打孔鉗置於已銼磨的鉚釘端頭，利用小鎚子輕敲打孔鉗的端部以使鉚釘脫離端片（圖 10-52）。
- 鉚固工具－亦可使用鉚固工具敲出舊鉚釘（圖 10-53）。大部分的鉚固工具有單孔打洞器或是雙孔打洞器。使用單孔打洞器較為安全，雙孔打洞器可能會一次施壓過多而損壞配件。欲以單孔打洞器移除鉚釘，首先在一支鉚釘上沖打一點，另一支則沖打另一點，然後在兩支鉚釘之間來回輪流沖打，緩慢地予以卸除。

　　一旦從鉸鏈拔出鉚釘，鉸鏈便會從鏡腳或前框鬆脫。附著於擋片上的鉸鏈仍在塑膠框上。

- 切割鉗－切割鉗因鉗口窄小可伸進擋片後方，故非常適合拉除擋片（圖 10-54, A 與 B）。使用時不可擠壓且僅執行拉出的動作，乃因擠壓鉗子不慎時便會將擋片自鉚釘切下。

　　（此外需注意某些切割鉗無法切割如不銹鋼或是鈦金屬等特別堅硬的材料，若鉗子使用於錯誤的材質上將會損毀鉗子。）

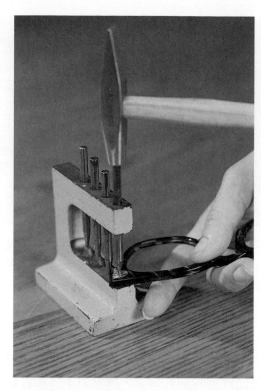

圖 10-52　移除鉚釘的方法之一即是以鎚子或打洞器將舊鉚釘敲出。

圖 10-53　鉚固工具有可互換的附加裝置以用於壓出舊鉚釘 (Courtesy Hilco, Plainville, Mass)。

## 更換擋片

　　盡可能使用與被移除的舊擋片相近之擋片，然而並不總會有完全相同的複製品，故必須遷就使用可裝配但外觀不全然相同的擋片。針對此情況在維修前，替代擋片最好獲得配戴者的同意。

　　為了貼合新擋片，新擋片上鉚釘的間距必須如同舊擋片。當鉚鏈本身需進行替換時，桶狀部接頭的數目與鉚釘孔洞間距及樣式必須與原鉚鏈吻合，大部分的鉚鏈可用於左、右兩側，但仍應確實檢查是否如此。

A

B

圖 10-54　A 是最常見的切割鉗。圖 B 所示為其他種類的設計，其是從鉗口側面而非自頂端切割。

　　將新擋片置於端片或鏡腳的外側，以使鉚釘貫穿塑膠或金屬。將鉚鏈加在這些凸起的鉚釘上，使用切割鉗切除鉚釘過長部分至大約 1 mm (圖 10-55)。

　　使用敲擊鉗或附有敲擊工具的鉚固工具 (敲擊鉗的端頭呈內凹杯狀)，將多餘的鉚釘端頭弄成緊實的「圓頭」。當使用敲擊鉗時一側的鉗口置於擋片，另一側則施壓將鉚釘頭弄圓。亦可將擋片穩固地置於平面或鐵砧，使裸露的鉚釘末端朝上，利用鎚子將末端敲擊成圓形的「頭」以完成此步驟 (圖 10-56)。

　　如何維修鉚釘式鉸鏈的總結請見 Box 10-3。

　　鉚釘使用一段時間後可能會鬆脫，即使螺絲仍是鎖緊的也會造成鏡腳搖晃，藉由鎚敲鉚釘便可重新上緊。

## 隱藏式鉸鏈

　　大部分的塑膠鏡架是鉸鏈直接錨定於塑膠，而非藉由鉚釘與擋片鎖緊。由於從前框角度觀看無法見及擋片，故將此構造稱為「隱藏式鉸鏈」。

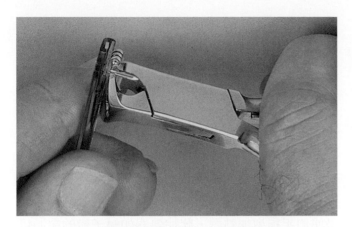

圖 10-55　若鉚釘剪切過多將無法充分夾握，反之若剪切後的鉚釘過長，壓擠時造成彎折便無法形成圓頭。

圖 10-56　鉚釘剪切至合適的長度時，很容易敲打鉚釘使其形成圓頭。鏡片若嵌於鏡架內，拇指應置於靠近鉸鏈的鏡片上方，以保護鏡片不致被鎚子敲擊。

圖 10-57　手指型加熱器的探針可輕易夾抓正在加熱的物件。此加熱器可用來替換或維修隱藏式鉸鏈、修復塑膠鏡架的斷裂處，以及在塑膠鏡架裝配可調式鼻墊。

---

### Box 10-3

**維修鉚釘式鉸鏈**
1. 移除鏡腳。
2. 銼磨鉚釘。
3. 壓出鉚釘。
4. 拉出擋片。
5. 置放新擋片。
6. 放回鉸鏈。
7. 切斷鉚釘。
8. 敲下鉚釘。

---

欲維修損壞的隱藏式鉸鏈，必須準備烙鐵或最好是有為此目的特製的隱藏式鉸鏈維修工具（許多光學供應商有數種類型可供選擇）或 Hilco 手指型加熱器。價格適中的隱藏式鉸鏈維修工具，因內含尖物而使鉸鏈與熱金屬之間的接觸較佳，故相對於烙鐵更容易使用。手指型加熱器較為昂貴但便於使用，其包括可撿起小零件的探針尖端（圖 10-57），以及瞬間加熱的腳踏開關以備不時之需。

### 維修鬆脫的隱藏式鉸鏈

欲維修鬆脫的隱藏式鉸鏈，首先需移除鏡腳，拿取加熱器的尖端加熱鬆脫的鉸鏈，使其受熱開始熔化周圍的塑膠材質。確保鉸鏈未歪斜，並將炙熱的區域浸入冷水中 (Box 10-4)。

### 維修自鏡架完全脫落的隱藏式鉸鏈

鉸鏈若自鏡架完全脫落，可利用下列步驟次序修復，並總結於 Box 10-5 中。

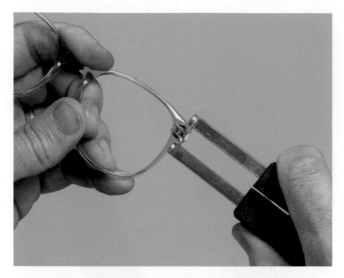

圖 10-58　手指型加熱器可用於夾抓磨損的隱藏式鉸鏈，將之嵌回鏡架前框並加熱之，使塑膠材質順著它重新鑄型。

## Box 10-4

### 如何修復鬆脫的隱藏式鉸鏈
1. 移除鏡腳。
2. 持握加熱器尖端加熱鉸鏈，直至周圍的塑膠材質受熱軟化。
3. 檢查鉸鏈是否筆直。
4. 將鉸鏈區域浸入冷水中。

## Box 10-5

### 如何修復脫落的隱藏式鉸鏈
1. 切下廢棄鏡架的小塊材料，從廢棄鏡架銼磨出碎屑或使用純的塑膠丸。
2. 在鉸鏈孔洞內放入一些廢棄塑膠塊、塑膠丸或塑膠銼屑。
3. 方正地將鉸鏈放進孔洞內。
4. 利用加熱器的尖端加熱鉸鏈，直至周圍的塑膠材質軟化。
5. 重新檢查鉸鏈是否筆直。
6. 將鉸鏈區域放入冷水中。
7. 修去多餘的塑膠。

1. 首先從與正在維修的鏡架以相同塑膠材質製成的廢棄鏡架中切除非常小塊的塑膠，或使用粗糙的銼刀銼下一些塑膠屑，亦可使用光學供應商所販售的純塑膠丸。
2. 置放一些小塊塑膠或銼屑至鉸鏈所在位置的孔洞

中，更換孔中的鉸鏈並確認其絕對筆直。使用手指型加熱器 ( 圖 10-58) 或以烙鐵碰觸，直至金屬受熱充分使周圍的塑膠熔化再與鉸鏈塑合。
3. 將整個區域浸入冷水中以固定塑膠。
4. 使用刀片修去多餘的塑膠。

### 維修損壞或斷裂的隱藏式鉸鏈 *

　　若隱藏式鉸鏈的桶狀部接頭斷裂或壞損，必須移除舊鉸鏈且替換為新的。汰換鉸鏈最容易的方法是使用手指型加熱器，此加熱器如鑷子般的端頭可夾著鉸鏈凸出的部分，或假如折斷的鉸鏈與鏡架平齊，便可使用此鑷狀尖端的工具將其撬出。

　　維修鉸鏈時，將手指型加熱器的尖端置於鉸鏈基底的頂端，壓下腳踏板以加熱鉸鏈，一旦周圍的塑膠開始軟化，鉸鏈便會自塑膠脫出，此時利用手指型加熱器的尖端將鉸鏈撬出。使用加熱器的鑷子夾著新鉸鏈的桶狀部接頭，新鉸鏈底端有個「錨狀物」或較寬區域將有助於嵌入鏡架的鉸鏈，接著取一顆新醋酸纖維丸或是廢棄鏡架的塑膠屑。由於鉸鏈是熱的，塑膠應會黏著鉸鏈 ( 圖 10-59)，將鉸鏈基底與塑膠屑放入鏡架的孔洞中，之後加熱鉸鏈，被加熱的鉸鏈將開始熔入塑膠中，持續加熱直至鉸鏈基底與表面齊平 ( 圖 10-60)。鬆開腳踏板開關以關閉熱氣，但不可鬆開鉸鏈，勿移動約 10 秒好讓鏡架與鉸鏈冷卻，此將可使鉸鏈牢固地嵌於鏡架中，最後將鏡架浸入冷水中。

　　完成隱藏式鉸鏈的維修後，將鏡腳裝回鏡架前框，檢查鏡腳張幅是否正確。若鏡腳張幅過大，表示鉸鏈嵌入塑膠不夠深，此時需移除鏡腳並再次加熱鉸鏈使其稍微沉下。若鏡腳張幅過小，表示鉸鏈沉入得太深，此時不需將鉸鏈拉出一些，而是在鏡架標準對齊時銼磨鏡腳端頭的部分即可。

　　鏡架材質注意事項－此法適用於醋酸纖維素、丙酸纖維素、聚醯胺、尼龍與碳纖維的材質鏡架，但並不適於環氧樹脂鏡架。用於固定鉸鏈的填充物質必須與被維修的鏡架材質一致，意即若鏡架是尼龍製物，僅能使用尼龍廢屑填充，醋酸纖維製物則以醋酸纖維填充，以此類推。

* 特別感謝麻薩諸塞州 Plainville 市的 Hilco 集團 Hilsinger 分公司的 Robert Woyton 與 Ted Rzemien，他們提供了此處以及環氧樹脂材質鏡框之鉸鏈維修單元所包含的資訊。

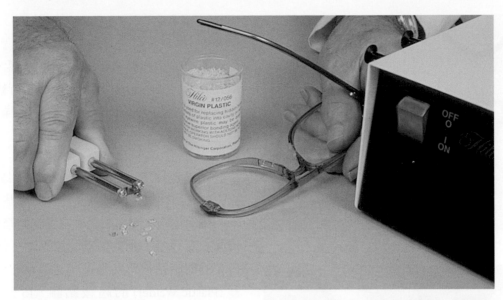

圖 **10-59**　在替換或維修隱藏式鉸鏈時，若不使用塑膠填充物或自舊鏡架切下的屑片，購買純塑膠丸填入多餘空間也可行 (Courtesy Hilco, Plainville, Mass)。

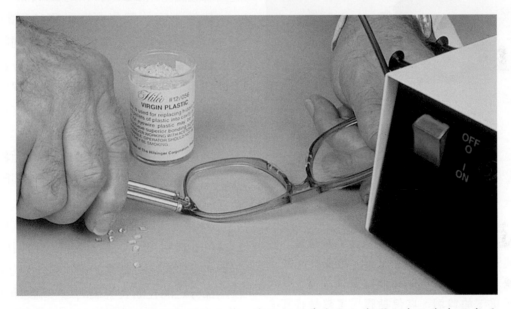

圖 **10-60**　鉸鏈嵌回孔洞內並被加熱，直至鉸鏈基底陷入塑膠之中且與表面齊平 (Courtesy Hilco, Plainville, Mass)。

## 維修環氧樹脂鏡架的隱藏式鉸鏈

撰寫本書當時若無手指型加熱器，幾乎是不可能維修環氧樹脂鏡架的隱藏式鉸鏈，此加熱器是唯一能加熱鉸鏈至足以熔化環氧樹脂材質的設備。

進行維修時，以手指型加熱器抓著損壞的鉸鏈並將鏡架懸於半空，另一隻手則輕取鏡架的對側，以不致使鏡架在鉸鏈脫出時掉落，接著開始加熱鉸鏈。

加熱 20 秒後，鉸鏈周圍的物質將開始冒煙（圖 10-61, A），在不施壓的情況下使鏡架與鉸鏈鬆脫。若試著將鉸鏈自環氧樹脂鏡架中撬出，將導致其材質碎裂，故應燒毀材質而非撬出鉸鏈。取出鉸鏈後立即將鏡架置於冷水中冷卻凹洞。

接著掏清凹洞（圖 10-61, B）。進行此步驟時使用附有小鑽頭的 Dremel 手動工具（模型店或五金行應有此物）或是懸掛式電鑽（光學材料供應商有提供此物），務必清除所有燒毀的物質且凹洞深度足以放入替換的新鉸鏈（需事先放入新鉸鏈以確保凹洞有足夠的深度）。

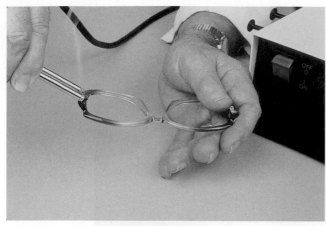

A

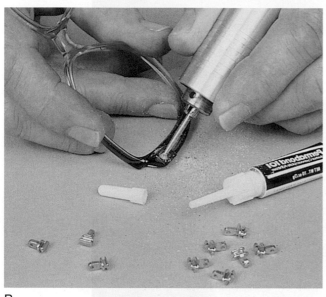

B

**圖 10-61**　**A.** 自環氧樹脂鏡架移除隱藏式鉸鏈時，鉸鏈必須熱到能燒毀周遭物質才會脫落。此圖可見鉸鏈區域正在冒煙。**B.** 鉸鏈自環氧樹脂鏡架燒脫後，使用小鑽頭清除所留下的凹洞，以便黏膠固定鉸鏈時可妥當黏合 (Courtesy Hilco, Plainville, Mass)。

　　若凹洞夠深，於洞內滴入 2 ～ 3 滴強力黏合劑或環氧樹脂。將新鉸鏈置入凹洞，使其於正確的角度嵌入固定，並讓黏合劑過夜乾燥。

## 鼻橋維修

　　一般若鏡架的鼻橋壞損，替換整個鏡架前框較只換鼻橋更省事美觀。有時若僅為暫時權宜之計，可使用不同的鏡架直至尋得適合的更換物件，然而有時可能是配戴者的選擇或因無其他方法，則必須試著連接斷裂成半的鼻橋。

## 斷裂的塑膠鼻橋

　　斷裂的塑膠鼻橋可使用多種黏膠、一些線支架型式或不同的材料與方法之組合進行修補，可惜並無任一種方法可保證修補結果會令人滿意。

### 黏膠

　　有幾種黏膠可黏回鼻橋的斷裂部分，其中某些能與線支架黏附。後續內文將探討這些應用方法。

　　**環氧樹脂：**使用環氧樹脂黏膠的修復效果很好。市面上有多種不同的環氧樹脂黏膠，使用專為塑膠特製的樹脂黏膠有助修復。其中有種稱為塑膠焊接器 (Plastic Welder) 的超級黏膠，15 分鐘可乾燥至 80% 的程度，1 ～ 2 小時便能完全黏合。塑膠焊接器是由麻薩諸塞州 Danvers 市的 Devcon 公司製造。

　　儘管不同的環氧樹脂黏膠所需的乾燥時間不一，但主要的問題是如何適切地將兩部分支撐，直至黏膠可乾燥固定。珠寶商使用的特製雙彈簧虎鉗尤能運用於這項工作上。若無這類虎鉗可用，只要利用足以包覆零件的雕塑黏土做個支托器具來支撐對齊亦可。

　　**丙酮：**修復醋酸纖維素鏡架的老舊方法，即是使用丙酮溶化或軟化塑膠，以當塑膠硬化後便可黏合分開的兩部分。

　　由於過程中有些塑膠溶化了，故可能會縮短兩鏡片的距離。為了防範其發生，可用丙酮多溶些舊鏡架 ( 或其他透明塑膠材質的部分 ) 的塑膠，且於黏合兩部分之前在斷裂鼻橋的每一端頭稍加塗抹。

　　由於皮膚會吸收丙酮，需使用棉花棒或其他工具以避免直接觸及皮膚。使用丙酮時應注意其他要點。丙酮是極度易燃的液體，故有嚴格的使用儲存規範，儲存大量的丙酮時尤是如此。

　　**「瞬間」黏合劑：**五金行或其他商店皆有販售一些適用於眼鏡鏡架的快乾黏合劑，光學用材料行則有販售維修眼鏡鏡架的特製黏合劑。

　　Vigor 牌超級黏膠為快乾黏膠，專用於眼鏡鏡架，乃喬治亞州 Austell 市的 Vigor 公司之專業產品。在五金行亦販售其他多種超級黏膠，也廣泛應用於維修鏡架。使用時僅需少量幾乎就可修復任何斷裂部分，只要表面乾淨且乾燥，絕對能妥善處置。黏膠只需幾秒即可乾燥，故不需特別的支托工具，一

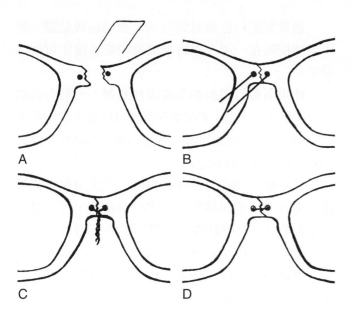

**圖 10-62**　**A-D.** 使用線支架是維修斷裂鼻橋的實用（但有礙觀瞻）方法。

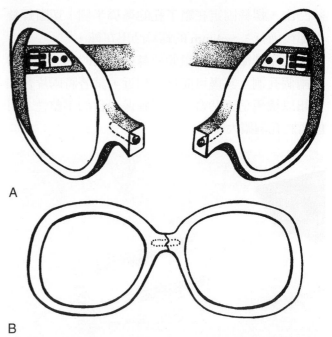

**圖 10-63**　**A.** 維修鼻橋時，在平行於鏡架前框的鼻橋斷裂部位鑽鑿孔洞。**B.** 於兩半側塗抹黏膠，並將細線（如同在鏡架鏡腳使用硬線絲強化支架）嵌入斷裂的部位，將其按壓在一起。

且黏合則相當牢固，然而過了一段時間其黏合效用將無法得知。

　　這些黏膠只要接觸便會瞬間黏著皮膚，故需格外注意不可使黏膠觸及眼睛，亦避免不慎地使手指黏合在一起。若沾黏到手指，勿試著扳開皮膚，可使用專為超級黏膠特製的去膠劑 (Vigor 亦有生產 ) 將有助益。在塗抹快乾膠前，去膠劑可清潔斷裂的表面、「剝離」先前的修復部分、清除過多的黏膠或是手指上的黏膠。若無去膠劑可用，則將黏合在一起的手指浸泡於丙酮或是去指甲油溶液之中。

　　**注意：**有人若鏡架斷裂了，可能會訂製一副新眼鏡，但也要求維修舊眼鏡以供暫時之用。謹慎的方法是酌收配製新眼鏡的押金，乃因若他們有了維修好的鏡架，便不再急需眼鏡，也可能就不會前來領取新眼鏡並付清費用。

## 線支架

　　有數個維修斷裂鼻橋的方式皆是使用線作為支架。最常見的方式是在斷裂鼻橋的每一部分鑽孔，從孔洞中穿入細線將兩部分結合在一起，可僅以線或並用黏膠或黏合材料。另一種方式是將線支架直接裝入塑膠材質中。

　　在塑膠材質上鑽孔時，最好是使用手動或變速的小鑽頭。高速電鑽往往會熔化塑膠材質。

　　**絞狀線：**在鼻橋斷裂的每一半側、垂直於鏡架前框鑽一個孔洞，然後切一段 U 形線支架或迴紋針，將其端頭穿過每個孔洞 ( 圖 10-62, A 與 B )。使用小鉗子相互扭絞線突出的部分，直至鼻橋可牢固地結合在一起 ( 圖 10-62, C )，切除多餘的線並將尖銳的邊緣銼磨平滑 ( 圖 10-62, D )。

　　此法與黏膠、丙酮或環氧樹脂並用時效果最佳。

　　**嵌入芯線：**在每一個鼻橋斷裂表面的中央位置、平行於鏡架前框鑽一個孔洞 ( 圖 10-63, A )，使用細小且剛硬的線強化支架將鼻橋的兩側推合在一起，如同用於鏡架鏡腳的情況。孔洞應與線有相同的直徑 ( 圖 10-63, B )。

　　此法與黏膠或環氧樹脂並用時效果最佳。

　　**不銹鋼螺絲與超級黏膠 \***：圖 10-63 為嵌入芯線的改良版，其使用不銹鋼螺絲與超級黏膠。

　　使用 0.0430(No. 57) 的鑽頭在鼻橋斷裂一端鑽兩個孔洞，接著於每一孔洞旋入直徑為 1.4 mm 的不銹鋼螺絲，但不全部旋入，使螺絲凸出且留有足夠的長度，以在切除螺絲頭後仍有 3 ～ 4 mm 的螺紋螺

\* 感謝麻薩諸塞州 Plainville 市的 Hilco 集團 Hilsinger 分公司的 Robert Woyton 建議此法。

絲凸出。螺絲固定在鑽了孔的鼻橋半側,切斷螺絲端部後仍有 3～4 mm 的螺絲凸出在外。

使用稍微較大的鑽頭於鼻橋斷裂的另一半側鑽鑿兩個孔洞,其盡可能位置相近,試著將兩片合在一起以檢視是否貼合。為了確保嵌合的平整性,可能需將孔洞擴大。

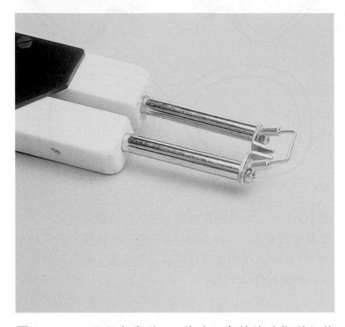

圖 10-64　附上商業型 1/4 英吋訂書針的手指型加熱器可用於維修斷裂的鼻橋,加熱器上的訂書針接合器可穩固地抓著訂書針 (Courtesy Hilco, Plainville, Mass)。

適當裝配後於螺絲螺紋滴上數滴超級黏膠,將兩半側按壓在一起。應待鼻橋過夜乾燥後才可使用鏡架。

**使用嵌有訂書針的手指型加熱器:**一個有效的方法即是使用 Hilco 手指型加熱器以修復斷裂的鼻橋 (欲知更多手指型加熱器的資訊,請見本章稍早關於如何維修隱藏式鉸鏈之內文)。

以手指型加熱器維修鼻橋時,先使用黏膠修補斷裂處。手指型加熱器有訂書針接合器,可容易置入 1/4 英吋工業用訂書針。將訂書針端頭放入接合器孔洞中 (圖 10-64),壓下腳踏板以加熱訂書針。由於訂書針很細,故可快速受熱。緩慢且穩固地將訂書針壓入鏡架鼻橋的背面,使釘書針一側針腳位於斷裂部位的其中一側 (圖 10-65)。勿於訂書針頂部與鏡架鼻橋齊平時就停止推壓,而是應繼續將訂書針壓進鼻橋。訂書針大約嵌入至鼻橋厚度的一半,以使斷裂區域更為穩固且較利於隱藏訂書針。

壓針至正確的深度後,鬆開腳踏板並握著訂書針約 10 秒鐘,然後將鼻橋區域放入冷水中冷卻,切除訂書針凸起的端頭,並將端頭銼磨平整。在鼻橋的樣式許可之下,可自鼻橋頂部嵌入第二支訂書針以增加穩固性 (圖 10-66)。

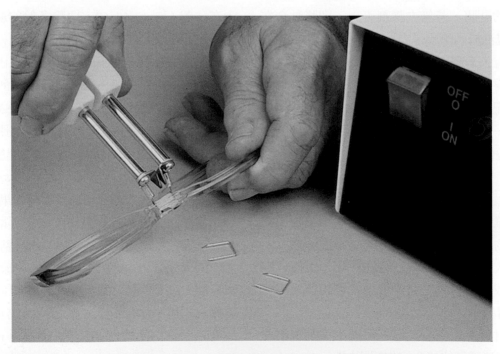

圖 10-65　將訂書針放入凹處,開啟熱源並按壓訂書針至適當位置 (Courtesy Hilco, Plainville, Mass)。

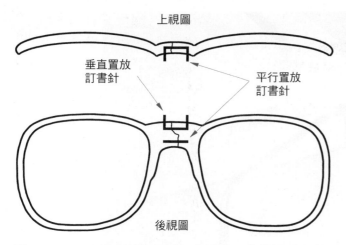

圖10-66　維修塑膠鼻橋時，建議將訂書針置於此處。可僅用一只訂書針修復塑膠鼻橋，然而盡可能將第二只訂書針埋入塑膠，之後使用切割鉗切除針頭並銼磨平整。

## 替換塑膠鏡架的鼻墊
### 替換斷裂的塑膠鼻墊

某些塑膠鏡架有直接連接於鏡框上之獨特的塑膠鼻墊，即使這並不常見 ( 範例可見第 1 章圖 1-14 )。若此塑膠鼻墊自鼻橋斷裂，只需將替換鼻墊黏合於原初鼻墊的位置便可容易替換，可使用塑料黏合劑或是丙酮進行處理。

開始更換時，先銼磨去除原先殘留的鼻墊，並以細砂紙磨平該區域。銼磨尺寸適當的透明塑膠替換鼻墊的接觸邊緣，並磨斜一個角度使其能正確置於鼻部。若銼磨得當，替換的鼻墊接回鏡架時應有恰當的張角。

在欲接上鼻墊的鏡框區域塗抹塑料黏合劑或丙酮，鼻墊的接觸邊緣亦需塗抹直至邊緣柔軟。將兩邊緣以適當的張角接合在一起。

待接合處乾燥後，塗抹丙酮以平滑鼻側表面。為了取得最佳的效果，塗抹丙酮時使用棉棒加上一滴家用油，以摩挲的方式往同一方向快速塗抹，若往不同方向塗抹將使塑料形成球狀或於表面留下痕跡。

### 於塑膠鼻橋加上黏合劑或黏式鼻墊

透過黏合劑、黏式鼻墊或其他裝配型式的鼻墊 ( 第 9 章圖 9-64 )，可調整塑膠鏡架的鼻橋以貼合特別窄或罕見的鼻型，其可用於調窄鼻橋或改變前角與張角。

這些鼻墊連接至正常倚靠於鼻部的鏡架區域，

並以丙酮或黏膠固定 ( 安裝在環氧樹脂鏡架上的鼻墊，需用環氧樹脂黏膠將鼻墊固定 )。

這類鼻墊有多種厚度，其中有些整體厚度一致，有些則是「頂端」較「底端」厚、「前面」較「後面」厚，這種楔形鼻墊可用以改變前角與張角，因此如何應用鼻墊將決定成品的貼合度 ( 見表 10-2 如何應用此類鼻墊 )。

若鼻橋的貼合度需置放新的加強墊以做進一步的修改，醋酸纖維鼻墊可於乾燥後被銼磨至合宜的形狀。

### 於塑膠鏡架鼻橋直接加上矽膠或醋酸纖維按壓式鼻墊

若鏡架於鼻部滑動或造成不適感，明智之舉是將矽膠鼻墊直接加裝在鏡架鼻橋區域。醋酸纖維或矽膠鼻墊可用於加強鏡架鼻橋區域，使得鼻橋縮窄或改變鼻橋的貼合方式。可購買整組的按壓式鼻墊工具包 ( 圖 10-67 ) 或單購鼻墊。

欲將這些鼻墊置於鏡架上，使用工具包中的標記模板，標記鼻墊在鼻橋區域的位置 ( 圖 10-68, A )，接著在鼻橋的標記處鑽孔 ( 圖 10-68, B )。鼻墊有兩個突出處，將其壓進鑽好的孔洞中 ( 圖 10-68, C )，完成時鼻墊應與鏡架鼻橋平齊。

切記，由於加上的鼻墊有其厚度，故能有效地調窄鼻橋。鼻橋縮窄的程度則端視所選擇的鼻墊厚度而定，縮短鼻墊間距將調升鏡架於臉部的位置且稍微增加頂點距離。

### 利用可調式鼻墊「改造」塑膠鏡架

若鏡架鼻側部分的塑膠有足夠厚度，便可在塑

### 表 10-2
**如何調整楔形加強鼻墊的位置以獲得最佳貼合度**

| 預期效果 | 建議作法 |
| --- | --- |
| 增加前角角度 | 將鼻墊較厚的部分朝上 |
| 減少前角角度 | 將鼻墊較厚的部分朝下 |
| 增加張角角度 | 將鼻墊較厚的邊緣朝前 |
| 減少張角角度 | 將鼻墊較厚的邊緣朝向鏡架背面 |
| 調窄鼻橋但不改變角度 | 使用厚度一致的黏式或按壓式鼻墊 |

注意：直接將鼻墊安裝於塑膠鼻橋上皆會縮短鼻橋。

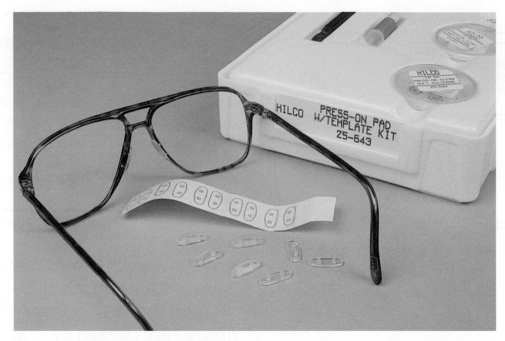

圖 10-67　此為塑膠鏡架裝配按壓式加強鼻墊的必要配件，工具包含所有需要的配件。鼻墊有醋酸纖維材質 ( 一般硬質塑膠 ) 或矽膠材質 ( 柔軟防滑材質 ) (Courtesy Hilco, Plainville, Mass)。

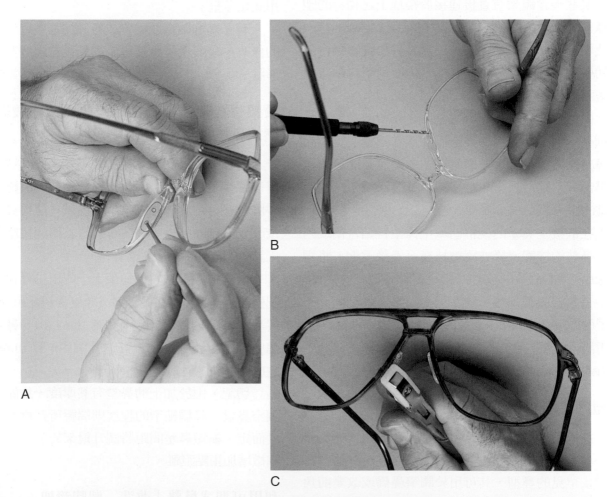

圖 10-68　A. 測量尺或透明模板皆可用以判定應於鼻橋區域的何處鑽孔，圖中的模板有助於事前的準確標記。B. 裝配在夾具板手中的鑽頭是用於鑽鑿所需的孔洞，以更換按壓式鼻墊。C. 將按壓式鼻墊背部的突出處壓進已鑽好的孔洞，使之固定於鼻橋上 (Courtesy Hilco, Plainville, Mass)。

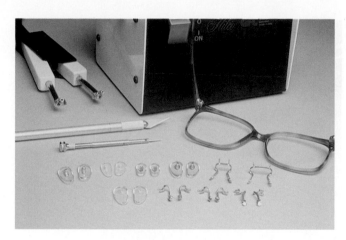

**圖 10-69**　若塑膠鏡架安裝鼻墊臂的區域有足夠的厚度，便可安裝可調式鼻墊。由於鼻墊臂的種類繁多，想尋找適合的物件並不困難。圖示為一些可供選擇的鼻墊臂與鼻墊及其裝配的工具 (Courtesy Hilco, Plainville, Mass)。

膠鏡架上加裝一副可調式鼻墊，鼻墊臂有獨件式或與鼻墊是一組的，於圖 10-69 中兩種皆有展示。單獨的鼻墊臂有低或高裝配的設計，選擇何種則視塑膠鏡架的鼻橋厚度而定，塑膠必須有足夠的厚度，以不致使鼻墊臂尖錨觸及鏡片斜面或是穿透塑膠。若鏡架框緣厚度不夠，則可於鏡架鼻橋橫跨部分裝配單件式鼻橋。以下為鼻墊臂的裝配程序：

1. 首先決定何種鼻墊臂最為合適。
2. 接著將現存的塑膠鼻墊自鏡架銼磨去除，並使銼磨區域平滑 ( 圖 10-70, A)。即使配戴時無法見及此鏡架區域，但仍建議可使用拋光輪與拋光劑修補此區域。
3. 為了確保兩側鼻墊臂位置對稱 ( 若裝配單件式鼻橋，則需確定其位置於正中央 )，標記鼻墊臂尖錨應在的位置 ( 圖 10-70, B)，若有模版則使用之。
4. 安裝鼻墊臂可藉由於鏡架鑽孔，或以手指型加熱器加熱鼻墊臂後再將其按壓固定 ( 若無手指型加熱器可用，可向麻薩諸塞州 Plainville 市的 Hilco 公司購買「鼻墊臂改裝工具包」，其內附小型手鑽 )。鑽鑿孔洞並將鼻墊臂按壓固定。
   a. 若使用手指型加熱器，以加熱器工具夾著鼻橋或單個鼻墊臂，將其尖錨置於先前標記的位置處 ( 圖 10-70, C)
   b. 利用腳開關啟動熱能
   c. 緩慢地將鼻墊臂壓進塑膠直至完全妥置
   d. 先移除腳開關再鬆開鼻墊臂
   e. 將鏡架浸入冷水中並檢查是否緊實
   f. 可能需使用刀片或小手術刀切除連接點周圍的多餘塑膠材質 ( 圖 10-70, D)
5. 最後將鼻墊接至鼻墊臂。

　　注意：若配鏡人員覺得無法獨自進行這些維修，Hilco 公司的維修中心與許多在地的配鏡工廠皆提供此項服務。

## 鏡圈與鏡片

　　維修斷裂的塑膠鏡圈常徒勞無功，乃因當反覆地裝卸鏡架時在如此小區域所產生的鏡片應變，往往會再度破壞已維修的部分。配戴者若未配戴眼鏡將造成生活上極大的困難，在這樣的緊急狀況下可嘗試進行某些形式的維修。

　　鏡圈若未真的斷裂，此類鏡圈通常較容易維修，而這些維修程序考慮的是鏡片於鏡架鏡圈中的貼合狀況。

### 斷裂的鏡圈

　　維修鏡圈最簡單的方式即是使用上述維修塑膠鏡架鼻橋的方法－合併使用環氧樹脂與快乾黏膠的效果最佳。

　　維修鏡圈最困難的部分在於重新嵌回鏡片而不弄斷鏡框，且僅應加熱仍為完整的鏡圈部分。

　　若只是暫時維修，最好盡量在有鏡片嵌入的情況下進行維修。

　　若其他方法皆不可行，於鏡片本身周圍塗上黏膠，黏合鏡框與鏡片可暫時將鏡片固定於鏡框內。此方法可不必重新嵌回鏡片，亦不需拉開鏡框嵌入鏡片。

　　不應使用環氧樹脂或是其他同種類的黏膠。若最終仍需移除鏡片，則刮除黏膠並重新將鏡片嵌回新鏡架。不應使用丙酮，乃因其無法黏合鏡片且將損傷 PC 鏡片。便宜的模型飛機黏膠其效果最佳。

### 鏡片下緣露出鏡框外

　　若鏡片嵌入不妥善，特別是嵌入塑膠鏡框時鏡片上緣或下緣部分未貼合於鏡圈內，便可能產生鏡片即將自鏡框掉出的錯覺。

　　若塑膠鏡框鏡圈的下緣部分在嵌入鏡片時便已

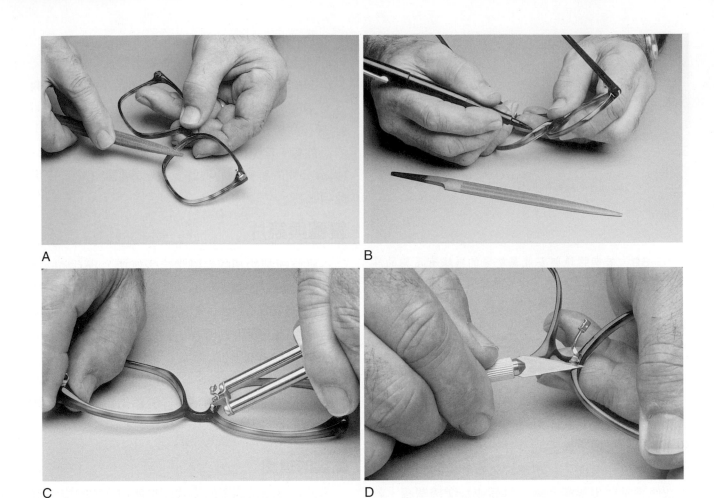

**圖 10-70** **A.** 欲於塑膠鏡框裝配單個鼻墊臂或單件式鼻墊臂鼻橋，先銼去任何現存的塑膠鼻墊，並將此區域銼磨乾淨。**B.** 將鼻墊臂安裝至塑膠鏡架的下一步，即標記出適當的嵌入位置。**C.** 欲於塑膠鏡架裝配可調式鼻墊臂，則以手指型加熱器夾取鼻墊臂，謹慎地將鼻墊臂尖錨對準標記位置，緩慢地使已加熱的鼻墊臂穩固於鏡架，移除腳踏板後再鬆開鼻墊臂。將鏡架放入冷水冷卻並檢查裝配情形。**D.** 當鼻墊臂已穩固地裝配於塑膠鏡架後，以刀片或刀子修去多餘的塑膠材質 (Courtesy Hilco, Plainville, Mass)。

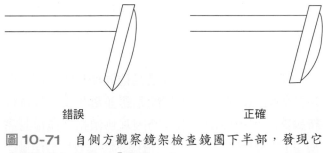

錯誤　　　　　　　　　正確

**圖 10-71** 自側方觀察鏡架檢查鏡圈下半部，發現它在鏡片嵌入時便已「翻轉」了。

「翻轉」，將使鏡片的下緣部分看似於鏡框之外。從側方觀看鏡框，可立即發現此狀況 (圖 10-71)。

　　欲補救此情況，需移除鏡片再重新加熱鏡框的下緣部分。藉由拇指與食指抓著鏡圈，將其轉回直至鏡片斜面再次直接朝上，必要時使用毛巾或其他保護墊以保護手指。鏡圈有可能需再次加熱並旋轉數次，才可使之完全對齊。在鏡圈筆直且斜面直接垂直時，重新嵌入鏡片並注意不可再度翻轉鏡圈。若鏡圈往前翻轉，或試圖自鏡框前方嵌入鏡片時鏡圈不停地翻轉，從鏡框後方嵌入鏡片將有所改善。

　　若鏡片的下緣露出金屬鏡框外，表示鏡圈製作時未依照鏡片邊緣的曲率來塑形。

　　欲矯正此問題，需移除固定鏡圈的螺絲。抓著圍繞鏡片的鏡圈，使鏡片斜面可完全貼合鏡圈的溝槽，然後重新裝入螺絲。在鏡片尚未嵌入時，為了與鏡片邊緣的下部弧度契合，可能需先彎折鏡圈，以手指或鏡圈塑形鉗執行此步驟 (第 7 章)。

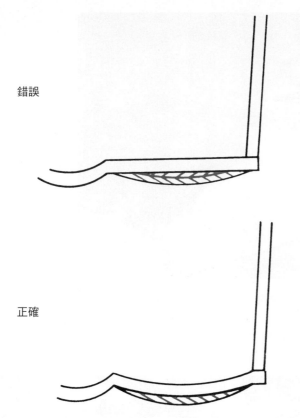

錯誤

正確

**圖 10-72**　外露的鏡片斜面上半部並不美觀但容易修正。

## 鏡片上緣露出鏡框外

　　鏡片斜面若在俯瞰時特別顯眼，可能是鏡框未契合鏡片頂端的曲率（圖 10-72），鏡圈頂端較其底端更容易出現此情況，乃因大部分鏡片的頂端較長、較平直。鏡片的前表面弧度於頂端更為明顯，鏡框可能契合弧度不佳，其在高正度數鏡片尤為明顯。

　　處理塑膠鏡框時，有時不需移除鏡片即可加熱塑膠部分。將鏡圈拉過斜面，當其固定於該處時，使鏡片與鏡框浸入冷水中以固定位置。

　　若無法完成此步驟則應移除鏡片，加熱鏡圈重新塑形以吻合鏡片曲率後再將鏡片嵌入。

　　若鏡片上半部斜面移出金屬鏡框之外，務必移除鏡片並重新塑形鏡圈，其操作方法與先前單元所述的重新塑形鏡圈下半部相同。

## 當鏡片相對於塑膠鏡框顯得過小時

　　若已嵌入塑膠鏡框內的鏡片無法緊密貼合，在鏡框中可能會喀喀作響或是轉動。若此鏡框相對於鏡片顯得過大，則必須重新裝配鏡片才可穩固。

　　如第 7 章所述，欲矯正醋酸纖維素與丙酸纖維

素塑膠鏡架的整體鬆脫情形，可將鏡片移除並透過加熱冷卻的步驟縮小鏡圈尺寸，必要時重複此流程數次。若鏡圈尺寸稍微過小而無法嵌入鏡片時，則再次加熱鏡框然後嵌入鏡片，鏡片嵌入後立刻冷卻鏡片和鏡框，如此便可嵌合鏡片了（關於如何「縮小」其他材質的鏡框請見第 7 章）。

　　有時鏡片看似牢固，但鏡片與鏡框之間卻出現小間隙或空間，此時加熱遠離鏡片的區域，並將其倚靠著鏡片斜面加以壓擠。將鏡框和鏡片浸入極冷的水中，同時握住倚靠著鏡片的塑膠，以進一步縮小圍繞鏡片周圍的鏡框，並固定矯正後的邊框位置。

　　即使鏡片內襯主要用於金屬鏡架，但有時仍會用於塑膠鏡架，此將於金屬鏡架內文中詳加解釋。

## 當鏡片相對於金屬鏡框顯得過小時

　　金屬鏡框中的鏡片鬆脫時，最有可能的原因是上緊鏡圈的螺絲鬆脫了。第一步必要的手段即是檢查螺絲，若鬆脫則需鎖緊螺絲。

　　若上緊螺絲仍無法達到預期效果，有可能是鏡片切割完成時，其圓周稍小以致於無法緊密地貼合鏡圈。針對一副新處方眼鏡，此屬品管的問題，故應將眼鏡送回配鏡工廠重新製作，然而若問題在於此副舊眼鏡，則有其他方式可使眼鏡更加貼合。

## 醋酸纖維鏡片內襯（鏡片墊圈）

　　矯正此問題的方法之一即是鬆開螺絲，在鏡片與鏡圈之間嵌入塑膠（醋酸纖維）鏡片襯墊，通常稱為鏡片墊圈（lens washer）。此較為常見的無黏性鏡片墊襯有不同的厚度，外側為斜面以貼合鏡圈，而內側亦有一斜面可支托鏡片，其以整捆販售且可切割至任何所需的長度。

　　使用醋酸纖維襯墊時，內襯尺寸最好採用 0.010 mm，相較於 0.020 mm 的內襯更加不突兀。下列三種方式可在嵌入鏡片時固定襯墊，當今最為推薦的方法為第一種：

1. 使用極少量的超級黏膠以固定醋酸纖維內襯。塗抹黏膠時放一滴於廢紙上，將內襯背面刷過黏膠（圖 10-73)，於鏡圈溝槽內按壓內襯 20 秒後應可黏固。

2. 將襯墊浸泡在丙酮內。當襯墊柔軟且有黏性時，直接置於鏡架斜面內，其會黏入溝槽，很容易就可將鏡片嵌入。

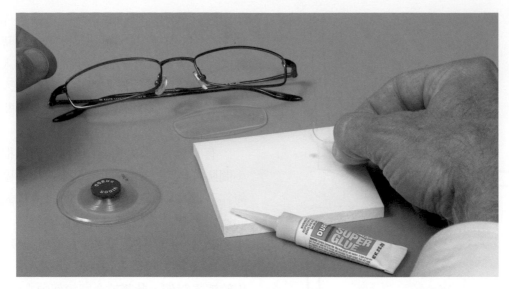

圖 10-73　重新嵌入鏡片時為了將醋酸纖維內襯固定於溝槽內，需將內襯的外部滑沾一滴超級黏膠。

3. 以透明膠帶將襯墊貼於鏡片上，膠帶仍在該處時將鏡片嵌入鏡框中。當鏡片嵌入固定時，使用刀片或刻刀裁去膠帶。

## 雙面膠

　　另一種襯墊型式是透明雙面膠帶。此薄膠帶並不適用於鏡片過鬆的狀況，但它能直接塞進鏡片斜面，相較於斜面襯墊可更容易使用。

　　若鏡片相較於鏡圈極其過小且有足夠的空間，先將雙面膠襯墊黏於鏡片斜面，然後於雙面膠襯墊上黏附更厚的斜面襯墊。此處理方式可增加體積，並因較厚的襯墊已妥善固定而使工作容易進行。

## 乳膠液體內襯

　　若不使用傳統的鏡片襯墊，有種可塗抹的液體襯墊 ( 圖 10-74)，其能從瓶中倒進鏡框鏡圈的「V 型溝槽」，必要時亦能塗抹於鏡圈的整個內側部位。液體襯墊約 1 分鐘即可乾燥，若能使用醋酸纖維襯墊，則幾乎任何液體襯墊皆可使用。根據鏡片鬆脫的狀況，可能需使用一種以上的塗劑。

　　警語：有些人對乳膠過敏，若為他們配鏡則應避免使用。

## 縫隙或空隙

　　若金屬鏡架的鏡片與鏡圈之間出現縫隙或空

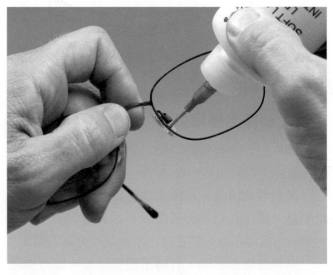

圖 10-74　柔軟的乳膠鏡片內襯為液體乳膠材質，可直接自瓶子倒出塗在鏡架溝槽上。乾燥所需時間約 1 分鐘，且若正確地完成步驟，眼鏡配戴時是察覺不出的。

隙，直接於鏡片與鏡圈間縫隙的對側置放襯墊條，使鏡片強行嵌入縫隙中 ( 圖 10-75)。

　　對於新鏡片而言，若有縫隙是令人完全不可接受的。上述維修的方法應僅使用在假如眼鏡不是一開始由你所提供的情況。亦需告知配戴者，縱使維修不盡人意，最好也不要更換鏡片。

　　基於大部分鏡片的外形之故，無論襯墊的尺寸為何，置於鏡片上半部斜面都會比填充於下半部斜

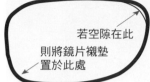 

若空隙在此
則將鏡片襯墊
置於此處

**圖 10-75**　為了填塞鏡片邊緣與鏡框之間的「空隙」，需將鏡片襯墊置於空隙的對側位置。

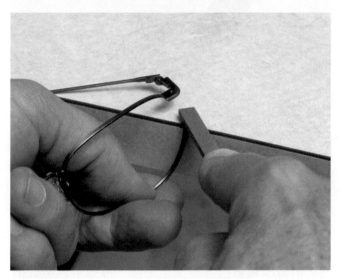

**圖 10-76**　謹慎地均勻銼磨，使桶狀部如同以往般持續貼合平齊。

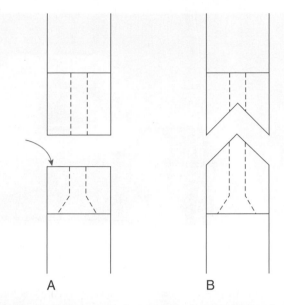

**圖 10-77**　若鏡片鬆脫，可銼磨桶狀部以縮小金屬鏡圈的圓周長。A 圖是唯一可行的方法，箭頭所指的表面是已銼磨的區域。B 圖的鏡片並不適合銼磨。

面特別顯眼。當只需一小段時，為了美觀需將襯墊置於下半部斜面，此時看起來即會較不明顯。

　　前述的任何一項步驟皆可作為製作適當尺寸的新鏡片時之過渡方法。

### 鏡片稍微鬆脫

　　若鏡架中的鏡片只是稍微鬆脫，則移除鏡圈螺絲並銼磨桶狀部表面，以縮小金屬鏡圈本身的直徑。均勻地銼磨桶狀部，使該部位仍貼合平齊（圖 10-76）。此方法僅用於接合時呈現扁平的桶狀部，楔形桶狀部並不適用（圖 10-77）。

　　（應銼磨桶狀部無螺紋的部分，而不是銼磨旋上螺絲尖端的那一側。）

　　銼磨的缺點是若往後欲更換鏡片且使用相同的鏡架，即使新鏡片被磨片至實際的原初尺寸，對於鏡圈而言仍會稍微過大。

### 鏡框飾板

　　鏡框飾板有時風行而有時落伍，並非所有的飾

板裝配方法皆相同。此段落將談論一些鏡框飾板的更換與維修方法。

### 用於塑膠鏡框的飾板

　　當裝飾著金屬飾板的塑膠鏡框斷裂時，可更換塑膠框再將原本的飾板接回新框。欲連接飾板通常是在框上鑽孔鎖上螺絲，這些螺絲可能有花俏端頭以固定飾板，其本身即為飾板的一部分，之後再以六角螺帽鎖在框的背部。

　　欲重新裝配飾板，先移除六角螺帽，在靠近螺絲端的飾板與鏡框之間插入螺絲起子刃部，然後在突起的螺絲上推壓以強行使飾板自舊鏡框移出。

　　對齊飾板與在新框上的孔洞，以拇指按壓新螺絲（分開型）使之穿過飾板與鏡框。將新的六角螺帽放入六角螺絲扳手桶狀部內，然後使之栓緊於螺絲端部（圖 10-78）。螺帽必需準確對準放進扳手，有時扳手的尖端若沾點唾液，將較容易拾取螺帽並予以定位。

　　切除多餘的螺絲，使之與螺帽表面平齊（圖 10-79），並以一支彎曲呈湯匙狀的小波紋銼刀銼平末端（圖 10-80）。若末端銼磨得不夠平滑，粗糙的邊緣將可能觸及配戴者的眉毛而令人難受。

　　連接飾板後則加熱鏡圈與鏡片。加熱會延展有包覆飾板的部分，使之高過飾板而變得不美觀，故

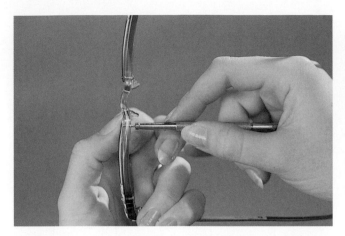

**圖 10-78** 　將六角螺帽拴在固定金屬飾板於塑膠鏡框上的螺絲。

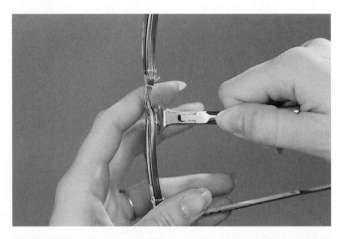

**圖 10-79** 　裁切靠近螺帽的螺絲，務必銼磨凸出的部分。

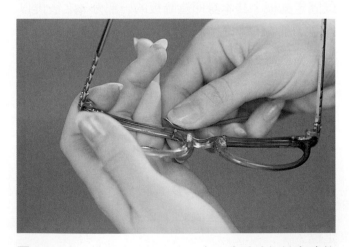

**圖 10-80** 　使用波紋銼刀將已裁切的螺絲粗糙末端銼磨平滑。

需將大部分的熱氣加熱在未包覆飾板的鏡圈部分（通常為下半部）。加熱鏡框時可能需遮蔽金屬飾板，乃因會太熱而無法碰觸。

即使在連接飾板前就先嵌入鏡片看似較為容

**圖 10-81** 　此六角扳手有敲除釘，可將卡住的六角螺帽自六角扳手的末端退出。

易，但這麼做會拉大鏡圈上半部，導致事先鑽於框上的螺絲孔稍微分開，使通過飾板的螺絲無法穿過框上的孔洞，在此情況下可多鑽 1 ～ 2 個孔洞後重新裝上飾板。

鏡框上的塑膠有可能因延展變得太薄而無法鑽上這些孔洞，亦可想像原初的孔洞會在延展過程中移位，而無法完全被飾板覆蓋。即使這些情況皆未發生，由於一側鏡圈可能因延展而與另一側些微不同，而使得外觀失去協調。

## 六角扳手注意事項

那些已使用光學用六角扳手處理小六角螺帽的人遲早會知道，被移除的六角螺帽會卡在扳手的套筒內而暫時無法取出，使用有鐵氟龍塗層套筒的六角扳手將可改善情況。亦需注意有種光學用的六角扳手附有敲除釘，很容易可將六角螺帽自扳手尖端退出（圖 10-81）。

## 用於金屬框的金屬飾板

有種金屬鏡架是由窄鏡圈的金屬框組成，較寬的飾板在眉處與框接合，很像是組合鏡架。這些飾板亦包含連接鏡腳的端片鉸鏈，藉由特別設計的小螺絲與附帶的開槽配件組裝並閉合金屬框的鏡圈上半部。

這些螺絲經常鬆脫或掉落而造成鏡框散開，該螺絲的大小與螺紋的尺寸很特殊。若螺絲只是旋出掉落，且鏡圈的螺紋仍完整無損，則僅需替換螺絲即可。

有時這在有鏡片嵌入時是難以進行的，乃因飾板裝於框上開槽內的一端，另一端則是鎖著螺絲。當鏡圈的開槽欲裝合於飾板對應的孔洞時，若飾板孔洞無法準確地對上鏡圈孔洞，此時別無他法只能移除鏡片，強使鏡圈對齊飾板。

鏡圈內的螺紋在不時重新上緊螺絲的動作下已遭磨損，使得新螺絲無法旋入固定。針對此情況，務必移除飾板並以螺紋攻鑽一個更大的孔洞，其直徑與玻璃螺絲相等。更換飾板 ( 如同上述，必要時勿嵌入鏡片 ) 並利用已切除至能吻合鏡圈厚度長度的玻璃螺絲鎖緊。

## 清潔鏡架

有時因為維修作業或在正常配戴使用後需清潔鏡架，此外亦可能為汗水的化學作用、工具使用於塑膠上或者過度加熱塑膠鏡架的結果，造成了脫色、瑕疵或是於塑膠上留下痕跡。在這些情況下若鏡架的狀況仍為良好，最好還是處理消除這些缺點。

### 清潔技巧

若肥皂未含浮石磨料，便可使用一般的肥皂與水清潔鏡架。舊牙刷是用於刷洗鼻墊臂或飾板等難以觸及之處的最佳工具。

超音波清潔器是最有用的清潔工具。將鏡架 ( 鏡片的側邊朝上 ) 置於小清潔槽內，使無法去除的髒污脫落。在使用這類清潔器洗淨鏡架後，由於震動往往導致螺絲鬆脫，務必檢查所有的螺絲是否旋緊。

下列兩種眼鏡不應使用超音波清潔器清洗：

1. 藉由穿透鏡片的螺絲以固定鏡片的眼鏡，如無框或是半框眼鏡，乃因超音波設備的強烈震動可能會造成鏡片破裂。

2. 鑲貼著萊茵石或其他小寶石的鏡架不應使用超音波進行清洗，乃因寶石可能因此脫落。

不建議以超音波清潔器來清洗有抗反射鍍膜的鏡片。

### 脫色

塑膠鏡架的鏡腳內側因觸及皮膚和毛髮往往發生脫色，出現白色薄膜為最常見的現象。隨著時間過去，醋酸纖維素與丙酸纖維素材質的鏡架，因材質內的塑化劑浮至表面，故可能出現一層薄膜[5]。無論是何種情形，使用拋光輪與拋光劑將可消除脫色現象並重新拋光塑膠。

若無拋光輪可用，則以棉花棒沾丙酮與油塗抹整支鏡腳。將棉花棒浸入此混合液中並往同一方向塗抹鏡腳，每次皆應使用新的丙酮與油混合液並採相同方向，重複此步驟直至恢復色澤為止。若不添加油而僅使用丙酮，塗抹的動作必須快速以避免於軟化的表面留下痕跡。若濕潤的表面暴露或吹拂於流動的空氣中，可能又會因凝結作用而使鏡腳呈白色。

## 表面留下鉗子的印記

若塑膠材質已留下鉗口的印記，嘗試復原表面是可行的。加熱鏡架上存在印記的區域，將有希望使被壓縮的部分延展回復至原初尺寸，只要不過度加熱至冒泡的程度便可重複加熱此區域，乃因過度加熱將加重問題的嚴重性。當鏡架看似已重新延展至其限度，則於拋光輪處塗上拋光劑打亮此區域。

## 回復環氧樹脂鏡架的拋光表面

若鏡架不慎摩擦到粗糙表面，便可能損壞環氧樹脂鏡架的拋光區域。若鏡架表面已受損，則拋光此區域以消除瑕疵。

欲在拋光後恢復光澤，如同修補傢俱一般，在此區域加上聚氨酯鍍膜。緞狀聚氨酯或亮光聚氨酯的效果皆令人滿意。

## 氣泡

氣泡的產生是因過度加熱塑膠，由於氣泡通常會充分地擴展至塑膠，故無法確實將之移除。

然而仍可嘗試將產生氣泡的區域銼磨平滑，然後再拋光恢復其光澤，以便挽救鏡架的美觀。

若有一區域明顯地被銼薄，而使鏡架看似不對稱，則銼磨並拋光鏡架的鏡像部位。

## 焊接

除非可汰換整個前框或鏡腳，否則焊接是唯一能修補鏡架上破裂金屬部分的方法。焊接眼鏡的技

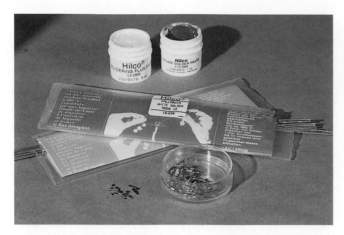

圖 10-82 焊接劑有許多種類且必須與助焊劑合併使用。圖中左上方的容器即為助焊劑。亦有內含焊接劑與助焊劑的銀焊膏,圖中右上方的容器即為此物。圖中央的塑膠封套內裝有條棒狀焊接劑。圖下方則為芯片狀焊接劑,在電子焊接時特別有用 (Courtesy Hilco, Plainville, Mass)。

巧與焊接珠寶相似,有時會將焊接眼鏡的工作交由珠寶工匠進行。

　　大部分的人不會想在工作場所進行焊接,乃因其需花時間,但相較於將鏡架送回配鏡工廠或他處維修,焊接仍較為省時。此舉有時為配戴者提供了一項明確的服務,如此也會讓公司因提供了另一項獨特服務而別樹一格。

　　品質低劣的鏡架在焊接加熱過程中,往往會於連接點處解體,因此很難焊接成功。焊接金屬鏡圈也是困難的,乃因焊接劑往往會填滿必須嵌入鏡片的斜面溝槽內。

　　針對由金屬與合金製成的鏡架,務必使用特殊焊接劑,只有專為珠寶或鏡架所設計的高品質焊接劑可被使用,一般電焊用的焊接劑將無法焊接成功。

　　硬焊料有碎片狀 ( 混合液體或助焊膏 )、膏狀 ( 其中已混合了助焊劑 ) 或條棒狀可供選擇 ( 圖 10-82)。Hilco 公司提供一種條棒狀的焊接劑稱為「Pallarium」,其於 1060°F 時熔化,該溫度似乎很高,但相較於其他焊接劑的熔點是極低的。Pallarium 為中空的棒條,其中心加有助焊劑以便於應用,由於它的熔點如此低,若使用得當可將鏡架配件的脫色狀況減至最低。

　　需注意針對鈦鏡架材料,無法執行傳統的鏡架焊接維修技巧,但可將頂部焊鍍在一起,然而這類維修通常仍禁不起經常性的配戴。

A

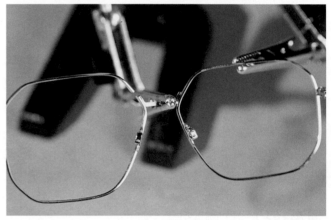

B

圖 10-83 A. 此為一種夾具或稱「第三隻手」,在焊接時用於固定鏡架。B. 焊接時此夾具可固定鏡架。

　　鈦僅能藉由鐳射或感應焊接機進行維修,過程非常精密,端視被焊接的鈦之等級而定。焊接時必須在惰性的氣體中,經常於密閉的空間進行才能順利焊合材料。

## 火焰焊接

　　有些火焰焊接器僅使用一種丁烷氣體,其他則是利用兩種獨立調節的氣體,即氧氣與乙炔或是氧氣與丁烷,氧氣將比乙炔或丁烷快兩倍的速度用盡。單一氣體焊接器的操作方法較不麻煩。建議焊接用在小量或偶而為之的情況。

　　進行火焰焊接時,將鏡片自鏡框中移除。欲焊接靠近鼻橋處,亦應移除鼻墊。若鏡架彎折則需於焊接前重新調整。

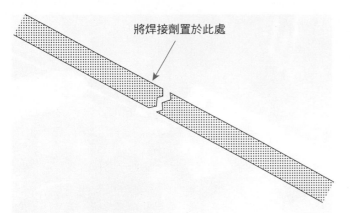

將焊接劑置於此處

圖 10-84　欲焊接的部分以稍微傾斜的方式對齊，如此可讓焊接劑流至斷裂處。

圖 10-85　若焊接劑流進鏡架溝槽，則必須用研磨盤去除 (Courtesy Hilco, Plainville, Mass)。

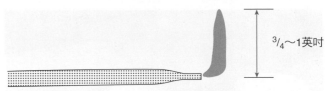

$^3/_4 \sim 1$ 英吋

圖 10-86　使用兩種氣體系統進行火焰焊接時，在開氧氣前先調節丁烷或乙炔所產生的火焰至適當長度。

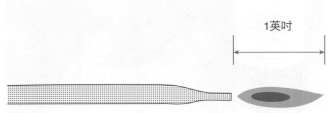

1 英吋

圖 10-87　使用兩種氣體的火焰焊接，已完成丁烷或乙炔的調結後才開啟氧氣。調整氧氣直至火焰總長度為 1 英吋且中心呈深藍色為止。

法為在懸掛式電鑽或手動 Dremel 工具上置放分離式卡盤或切削輪，以磨去多餘的焊接劑 ( 圖 10-85)。

　　在焊接點與鏡架上的鄰近接點之間夾上金屬鱷魚夾，以作為散熱器並可協助吸收熱氣。若大量的熱氣沿著金屬傳導至鏡架的鄰近接點，將可導致該焊接點鬆動而使鏡架解體。散熱器在熱氣傳導至關注的區域之前便會將之吸收，亦可使用市面上販售的泡沫劑覆蓋鄰近區域。

　　加熱前需將助焊劑置於欲焊接的區域，以避免氧化且可助於焊接劑的流動。

　　開啟丁烷並點燃火炬，動焊接的火焰。若焊接器使用兩種氣體，調整丁烷的火焰長度至 0.75 ～ 1.0 英吋 ( 圖 10-86)，然後開啟氧氣並予以調節，使之火焰總長度為 1 英吋且中心呈現深藍色 ( 圖 10-87)。

　　火焰最炙熱處為中央藍色部分的尖端，該處需運用在欲焊接的區域直至其呈現火紅。將焊接劑置於斷裂處或稍微上方，當焊接劑流至斷裂處便立即移開熱源。若使用火焰加熱過久，焊接劑將熔化最終氧化揮發而無法達到修復作用。若焊接劑停滯且於焊接線的末端結成小球，則表示火焰熱度不足。

　　使用後立即關閉焊接器。由於氣體是無形的，為了確保已關閉焊接器，需將火炬尖端浸入水中，以偵測有無任何氣體外泄。

## 電子焊接

　　有些人較喜歡運用電子焊接技巧來修復鏡架，

焊接最重要的一環即是將配件適當定位。使用特殊的夾具或「第三隻手」，其為安裝在基座上的可調式夾子，在焊接時可用於固定鏡架 ( 圖 10-83)。

　　將欲焊接的部分清潔乾淨，放置時稍微傾斜，焊接劑置於斷裂區域的上方，使之可往下流至斷裂的工件處 ( 圖 10-84)。焊接鏡圈時以垂直抓握斷裂部位的方式固定鏡架，以使在彎折處外側的焊接劑往下流至斷裂部位。焊接劑的位置只能在鏡圈外側。若焊接劑流至鏡圈內側，則必須將之移除，處理方

圖 10-88　焊接後於 Dremel 工具或懸掛式電鑽上安裝微型拋光輪，拋光鏡架以去除異物與脫色 (Courtesy Hilco, Plainville, Mass)。

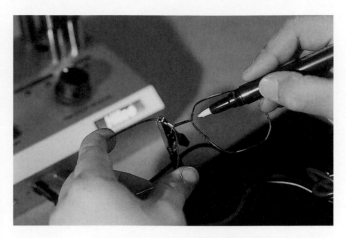

圖 10-89　焊接後亦可進行修補電鍍。電鍍時先將鱷魚夾盡可能地夾於欲電鍍的區域，如圖所示將電鍍液來回刷塗於電鍍區域，然後開啟電鍍設備 (Courtesy Hilco, Plainville, Mass)。

火焰或電力皆可產生極佳效果，需根據個人喜好與經驗進行選擇。

　　針對火焰焊接，欲使黏合作用強則需將該區域掃除乾淨。清潔完畢，調整鏡架至正常使用時應有的彎度，移除鏡片後再度以焊接夾具夾著焊接部位。

　　此區域炙熱時勿置放焊接劑，而是在火焰仍不熱時，即於斷裂處置放一小塊焊接劑。在火焰焊接時，必須先助焊該區域。

　　從電子焊接器接一條電線至夾具，實際焊接時這會使電流通過鏡架流經完整的電路。

　　為了焊接需使用第二條電線以連接焊接器的碳棒，然後再與焊接夾接觸。壓下腳開關使電流通過系統，黏合斷裂物約 1～2 秒，所需的電流強度與焊接劑的克拉等級 (karat rating) 則視鏡架的厚度而定。

## 脫色

　　金色和銀色的鏡架在焊接後使用拋光輪與拋光劑便可清潔得相當乾淨，拋光輪可能是板凳式的大型轉輪，或是如圖 10-88 所示安裝在手鑽機上的微型拋光輪，然而有些脫色可能仍存在，故事先就應告知配戴者此後果。

　　青銅色、白蠟或其他顏色的鏡架則無法拋光去除脫色現象。

　　若配戴者想要無脫色跡象的焊接鏡架，便需以電鍍設備或其他合適方法來重新完全電鍍。此為很

少用到的替代方法，但必要時仍是一種選擇。電鍍設備能將銀色鏡架變為金色或是銅色，反之亦然。

## 修補電鍍

　　只電鍍修補鏡架的特定部位，而不需重新電鍍整副鏡架是可行的。欲電鍍已焊接的鏡架部位，則拋光脫色區域，然後將鏡架放入超音波清潔器，以去除所有殘留的拋光劑與油漬 ( 若無超音波清潔器，則以溫水與軟布進行清潔 )。

　　某些電鍍設備附有拋棄型電鍍筆，其他的則是附有電鍍液瓶，其可利用氈尖塗抹。有各式電鍍顏色可供選擇，包含金色、銀色、銅色、青銅色、鎳色或鈀色。

　　電鍍時將鱷魚夾盡量夾在靠近即將電鍍的區域。如圖 10-89 所示將電鍍液來回刷塗於電鍍區域。電鍍的顏色則視塗抹的電鍍材料多寡而定，在區域中刷塗越多的溶液，電鍍的顏色將會越深。

　　若開始電鍍卻未產生顏色，表示鱷魚夾與鏡架金屬的接觸面積不足，其原因可能是在製造過程中已於鏡架鍍上一層透明護膜。為了克服此問題，需將夾子移至已拋光區域，如此便可電鍍鏡架。

## 附錄 10-A

　　**推式**與**旋式**鼻墊是兩種最為常見的鼻墊，其已於本章第 228 ～ 229 頁開始介紹故不可忽略。以下將介紹較為少用或古老型式的鼻墊，即使是古老型

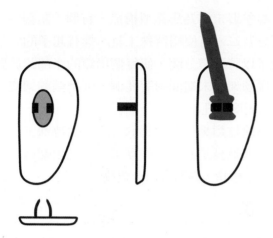

附錄圖 10-1　夾式鼻墊設計亦稱為 B & L 鉗式鼻墊。

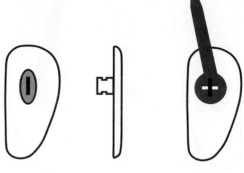

附錄圖 10-2　扭式鼻墊設計有時稱為 A.O. 扭轉系統。

式仍可作為替換零件。當某人帶來欲修復的鏡架用作其處方眼鏡時，便可能需汰換這些鼻墊。

## 夾式

　　夾式設計 (clip-on design) 亦稱為 B & L 鉗式 (B & L clamp style) 鼻墊，該鼻墊包含兩個捲曲掛鉤，可契合鼻墊臂承載區域的內凹「腰部」(附錄圖 10-1)，掛鉤會繞過腰部，然後使用鉗子夾緊。

　　若將移除斷裂或銹蝕的鼻墊，可使用特殊的分叉狀工具來分離並移除掛鉤。若無這類工具，可用一般的光學用螺絲起子，將起子刃部強行放入掛鉤內以將其撬起。第二種方法有時難以進行，端視掛鉤被壓縮的程度以及鼻墊臂相對於鏡架前框的位置。改變鼻墊臂的位置或許是較方便的作法，如此可更容易接近掛鉤。注意勿將掛鉤夾得過緊，若夾得過緊將使與鼻墊臂接合的鼻墊完全無法晃動。

## 扭式

　　有種系統是利用連接於鼻墊的垂直金屬釘栓加以扭轉固定。此扭式方法 (twist-on method) 有時稱為 A. O. 扭轉系統，其針栓本身的軸柄有兩個能被插入的凹槽，且水平長軸可插入鼻墊臂的水平開槽。

　　當鼻墊旋轉至垂直位置時，針栓的耳部將與鼻墊臂的開槽側方重疊，可防止鼻墊自鼻墊臂脫落 (附錄圖 10-2)。有時需以鉗子稍微壓擠凹槽側方，而不致使鼻墊軸柄轉回水平位置。

　　若鼻墊斷裂，可能需切除或銼磨釘栓耳部以移除舊軸柄。若釘栓耳部已被磨去，縱使鼻墊仍呈垂

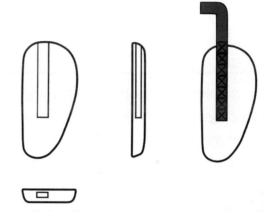

附錄圖 10-3　蔡司刺刀式鼻墊的設計相當容易更動，在不移動鼻墊臂基本位置的情況下，便可能改變頂點距離與鼻墊分隔。

直，但軸柄可能會自開槽脫落，在此情況下需汰換成新的鼻墊。

## 蔡司刺刀式

　　蔡司刺刀式鼻墊 (Zeiss bayonet style pad) 以滑入的方式與脊狀鼻墊臂連接 (附錄圖 10-3)，此種鼻墊容易移除更換。某些蔡司刺刀式鼻墊可旋轉 180 度，故能繼續「往前或往後」擺動，但並非所有蔡司刺刀式鼻墊皆為如此。以鼻墊邊緣為參考基準，若裝配鼻墊臂的孔洞未於正中央，將兩鼻墊往後置放便可增加頂點距離。某些蔡司鼻墊的類型據說可將頂點距離調整至 4 mm 的幅度。

　　以前框與鼻墊的背面為參考基準，若欲裝配鼻墊臂的孔洞未於中央位置，則將左、右鼻墊互換便可增加兩鼻墊表面的距離，使鏡架更適合寬闊的鼻型或是讓鏡架能配戴在臉部較下方的位置。

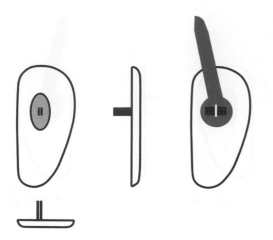

附錄圖 10-4　分離夾式鼻墊設計亦稱為 A.O. 分離式附件。

## 分離夾式

有種鼻墊的背部是由兩片如鉤環的金屬物件組成，像極了大信封袋上的扣件。這兩片金屬可穿過鼻墊臂上垂直細長的孔洞，進而開展固定在鏡架上 ( 附錄圖 10-4)，其有時稱為 A.O. 分離式附件。

## 馬鐙式

馬鐙式 (stirrup type) 鼻墊的結構有個微型圓柱連結至鼻墊背部 ( 類似旋式鼻墊的端子 )。圓柱有時可能不是圓的，而呈正方形或橢圓形橫截面。

鼻墊臂末端為馬鐙型構造，有個「擱腳架」將其區分為二。可使用特殊工具、螺絲起子的刃部或是鉗子以將馬鐙分開，使每個馬鐙的半部跨於圓柱上，擱腳架的末端面對著孔洞，壓擠擱腳架使其末端塞入對應的孔洞。

移除這類鼻墊是困難的，乃因需特殊工具才能分離已塞進鼻墊的馬鐙擱腳架。可利用螺絲起子的刃部予以移除，但難度將會更高。

## 鉚釘式

某些舊式的鼻墊是藉由較鬆散的鉚釘系統連結，其給予鼻墊搖擺的空間。此為半永久性的裝配，僅透過切除才能予以移除。若必須汰換此型式的鼻墊，以如同大信封袋上的扣件作用般之分離夾式鼻墊進行取代，將替代的鼻墊扣夾嵌入鼻墊臂上的鉚釘孔洞後再予以分開。

## 參考文獻

1. Bruneni J, Breheny M: Ask the labs, Eyecare Business, 24, February 2004.
2. Yoho A: Frames: fixing those screwy problems, Eyecare Business, 24-26, July 2000.
3. Hilco 1994 Catalog: Temple tips, Plainville, Mass, Hilco, 2004.
4. Yoho A: Basic repairs, Eyecare Business, 34-36, May 2005.
5. Fahrner D: Optyl-a new basic material, Norwood, NJ, Optyl Corp.

# 學習成效測驗

**螺絲**

若桶狀部的螺紋在移除螺絲過程中受損：

1. 對或錯？鉸鏈必須更新。

2. 對或錯？可使用自攻螺絲。

3. 對或錯？可使用玻璃螺絲與六角螺帽。

4. 對或錯？可使用螺絲攻恢復螺紋。

若鏡腳螺絲總是鬆脫，可能的維修方法為：

5. 對或錯？可使用市面販售的混合劑塗封固定。

6. 對或錯？銼磨螺絲頭使其無法退出。

7. 對或錯？使用配鏡專用的鎚子敲打螺絲尖端。

8. 欲移除斷裂或卡在桶狀部的螺絲，不應使用下列何種方法？

　a. 在凸出於桶狀部之外的斷裂螺絲殘留尖端上，銼磨一個給螺絲起子用的新開槽，再以螺絲起子移除螺絲殘留部分

　b. 將塑膠鏡架的端片浸入丙酮，然後試著以螺絲起子移除卡住的螺絲

　c. 使用滲透油或是超音波清潔器將螺絲鬆脫，再試著以螺絲起子移除卡住的螺絲

　d. 使用打孔鉗以移除螺絲

　e. 將螺絲鑽出

9. 對或錯？自攻螺絲長於所需，故能用於不同桶狀部尺寸的鏡架上，且不需以切割鉗切斷多餘的螺絲，只利用可夾著螺絲尖端的一般尖嘴鉗折斷即可。

10. 若鈦螺絲開始卡住不前，最佳的處理方法為何？

　a. 移除螺絲並再試一次。若試了幾次仍不可行，則於桶狀部放一滴切削油

　b. 移除螺絲並再試一次。若試了幾次仍不可行，則強制將螺絲旋入。鈦的材質夠堅硬故可自行於桶狀部製造螺紋

11. 將螺絲鑽出時，你應從哪個方向鑽鑿？

　a. 頂部（螺絲頭曾在或現在的位置）

　b. 底部（螺絲尖端的位置）

12. 更換彈簧鉸鏈螺絲：

　a. 使用六角形螺絲頭以可容易將之旋入

　b. 利用防鬆螺帽才不會使螺絲鬆脫

　c. 使用錐形尖端螺絲，開始旋入桶狀部時會較為容易

13. 何種型式的鏡架或是鏡架零件會使用「頂帽」圓筒襯墊？

　a. 彈簧鉸鏈

　b. 無框裝配

　c. 複合材質鏡框

　d. 尼龍線鏡架

　e. 塑膠鏡架的鑲邊

14. 對或錯？螺紋有環氧樹脂鍍膜的替換螺絲，一旦旋緊後便不會退出，故也無法被移除。

15. 光學用螺絲之最常見的直徑為何？

　a. 0.5 mm

　b. 0.9 mm

　c. 1.4 mm

　d. 1.7 mm

　e. 2.0 mm

## 鼻墊

16. 夾式、旋式、扭式、推式、刺刀式、分離夾式、馬鐙式和鉚釘式等這些名稱是指：

　a. 鏡腳端片的型式

　b. 無框裝配的型式

　c. 尼龍線裝配的型式

　d. 可調式鼻墊的型式

17. 對或錯？配戴的鏡架不斷滑下鼻部，即使已針對配戴者做適當調整後仍是如此。若鼻墊不是矽膠材質，換成矽膠鼻墊將有所改善。

18. 在塑膠鏡架上加裝矽膠鼻墊，不可使用下列何種方法？

　a. 使用有黏貼式黏膠的矽膠鼻墊

　b. 在鏡架鼻側區域鑽孔，將特殊構造之矽膠鼻墊的突出部分壓進孔洞

　c. 將可調式鼻墊臂裝入鏡架，再將矽膠鼻墊安裝於鼻墊臂

　d. 上述方法皆可

19. 在撰寫這本書的時候，最常見的兩種可調式鼻墊為何？

　a. 推式與扭式

　b. 扭式與旋式

　c. 鉚釘式與扭式

　d. 旋式與刺刀式

　e. 旋式與推式

20. 當配戴者對標準鼻墊材質過敏時，令人滿意的替換鼻墊材質為何？

　a. 鎳

　b. 丙酸纖維

　c. 水晶

　d. 醋酸纖維

## 鏡腳

21. 對或錯？某些在下彎部分套有塑膠的金屬鏡腳，可藉由加熱拉直塑膠端頭部分並往外拉出一段距離，再重新彎折至適當的位置以稍微加長鏡腳。

22. 對或錯？若需更換左側鏡腳，但此時僅有右側鏡腳可用，你仍可試著使用右側鏡腳，將其下彎部分的方向顛倒即可。

23. 對或錯？藉由移除鏡腳的耳端部分、切去一段芯線然後再裝回耳端部分，如此便可縮短金屬鏡腳。

## 鉸鏈

24. 維修鉸鏈時，下列何種工具可用於夾著擋片並將之拉出鏡架？
    a. 切割鉗
    b. 鼻側單點調整鉗
    c. 單墊調整鉗
    d. 手指型調整鉗
    e. 中空尖嘴鉗

## 鼻橋

25. 對或錯？有一些不同的方式可維修斷裂的鼻橋，然而最好不要試著結合兩種不同維修鼻橋的方法。

26. 對或錯？若無手指型加熱器，便不可能將可調式鼻墊臂裝配至塑膠鏡架。

## 鏡圈

27. 若鏡片相對於金屬或複合材質鏡架的鏡圈稍微小些時，端視鏡圈閉合的結構而定，下列哪種工具可提供幫助？
    a. 配鏡專用的鎚子
    b. 銼刀
    c. 單墊調整鉗
    d. 螺紋攻

28. 對或錯？鉗子於鏡架留下的刻痕是絕不可能修復的。

29. 下列何者可暫時用於支托在破裂鏡圈中的鏡片？（此鏡片將用於新鏡架）
    a. 透明指甲油
    b. 烙鐵
    c. 模型飛機黏膠
    d. 鏡片襯墊
    e. 超級黏膠

30. 將鏡片重新嵌入鏡框時，應如何固定鏡片襯墊？
    a. 以膠帶固定
    b. 以薄的雙面材質使之固定於鏡片
    c. 浸入丙酮之中
    d. 於襯墊的外側刷過一滴超級黏膠
    e. 上述方法皆可

31. 欲消除鏡片與金屬鏡圈之間的縫隙，最佳的方法為：
    a. 於縫隙的正對角置放鏡片襯墊條
    b. 將鏡片襯墊條置入縫隙區域
    c. 加熱仍於鏡架中的鏡片，再將其冷卻至室溫

32. 對或錯？醋酸纖維與丙酸纖維鏡架的其中一個好處，即若鏡片過小可加熱鏡架，然後再浸入冰冷的水中以縮小鏡架。

## 飾板

33. 下列何種物品可用於平滑連接飾板至鏡架前框的螺絲？
    a. 透明指甲油
    b. 烙鐵
    c. 波紋銼刀
    d. 退螺絲器
    e. 切割鉗

## 清潔

34. 不應以超音波清潔器清洗何種鏡架？
    a. 金屬鏡架
    b. 鑲有珠寶的鏡架
    c. 塑膠鏡架
    d. 尼龍鏡架

## 焊接

35. 對或錯？焊接可能會使鏡架脫色。銀色鏡架或許可被拋光，但應避免拋光金色鏡架，乃因若拋光去除金色將暴露出基部的金屬。

# 附錄 A

# ANSI Z80.1 眼鏡鏡片處方建議標準

在使用此部分所列出的標準前，必須清楚了解日常用處方眼鏡的標準不同於安全眼鏡標準，其並非是必須遵守而是建議標準，也就是完全出自於自願性的遵守。「此標準依然是建議標準，因此 Z80 委員會明確希望該標準不應用作為管制手段 *」。

在此所列的每項標準若一次一項進行比較確實不難達到，但欲同時符合所有標準是較為困難的挑戰。事實上，根據業界資料在所有製造出來的眼鏡中，將有 25% 會在下面列出的範圍內至少有一項不符合規定 †。

因此這些標準應作為精進的目標和參考的架構，最重要的是參與處方、配鏡、製造過程的每個人，皆需將配戴眼鏡者的視力健康作為最高考量。

在此整理成表格的資訊並不包含所有資訊，完整資訊請參考原始文件。此為 Z80.1-2005 美國國家眼鏡鏡片處方建議標準，該標準可從此處獲得：

Optical Laboratories Association
11096 Lee Highway
A101
Fairfax, VA 22030-5039

---

*ANSI Z80.1-2005 American National Standard for Ophthalmic-Prescription Ophthalmic Lenses-Recommendations, Optical Laboratories Association, Fairfax, VA, 2006, p ii.
†ANSI Z80.1-2005, American National Standard for Ophthalmics-Prescription Ophthalmic Lenses-Recommendations. Fairfax, VA: Optical Laboratories Association, 2006; p. 1.

---

**表 A-1**
**單光鏡片與子片型多焦點鏡片的遠用屈光度容許值**

| | 最高度數軸線上的度數 | 最高度數軸線上的度數容許值 | 柱面度數的容許值 | | |
| --- | --- | --- | --- | --- | --- |
| | | | ≥0.00 D, ≤2.00 D | >2.00 D, ≤4.50 D | >4.50 D |
| 單光鏡片和子片型多焦點鏡片 | 0.00 直至 ±6.50 D | ±0.13 D | ±0.13 D | ±0.15 D | ±4% |
| | 超過 ±6.50 D | ±2% | ±0.13 D | ±0.15 D | ±4% |

---

**表 A-2**
**漸進多焦點鏡片的遠用屈光度容許值**

| | 最高度數軸線上的度數 | 最高度數軸線上的度數容許值 | 柱面度數的容許值 | | |
| --- | --- | --- | --- | --- | --- |
| | | | ≥0.00 D, ≤2.00 D | >2.00 D, ≤3.50 D | >3.50 D |
| 漸進多焦點鏡片 | 0.00 直至 ±8.00 D | ±0.16 D | ±0.16 D | ±0.18 D | ±5% |
| | 超過 ±8.00 D | ±2% | ±0.16 D | ±0.18 D | ±5% |

## 表 A-3
### 柱軸的容許值

| 精確表示的柱面度數 | 以 1/4 鏡度表示的柱面度數 | 所示柱面度數的柱軸容許值以度數表示 |
|---|---|---|
| 0.25( 含 ) 以下 | 0.25 | ±14 |
| 大於 0.25 且在 0.50 以下 | 0.50 | ±7 |
| 大於 0.50 且在 0.75( 含 ) 以下 | 0.75 | ±5 |
| 大於 0.75 且在 1.50( 含 ) 以下 | 1.00、1.25 和 1.50 | ±3 |
| 大於 1.50 | 1.75 及以上 | ±2 |

測量柱軸時，鏡片應於遠用參考點進行測量。根據製造商的設計，遠用參考點是鏡片上測量遠用度數的點。遠用參考點可能與稜鏡參考點不一致，如同在漸進多焦點鏡片的例子。

## 表 A-4
### 子片型多焦點鏡片及漸進多焦點鏡片的加入度容許值

| 加入度 | 容許值 |
|---|---|
| 4.00( 含 ) 以下 | ±0.12 |
| >4.00 | ±0.18 |

## 表 A-5
### 使用較傳統的方法確認不想要的垂直及水平稜鏡容許值：已裝入鏡架的單光鏡片與子片型多焦點鏡片

| | 容許值 |
|---|---|
| 垂直稜鏡或稜鏡參考點 * 位置 | 在 1/3 稜鏡度內<br>或<br>在無訂製稜鏡的高度數處方中，左、右側稜鏡參考點高度差在 1.0 mm 範圍內 |
| 水平稜鏡或稜鏡參考點位置 | 在 2/3 稜鏡度內 ( 兩片鏡片加總 )<br>或<br>針對高度數處方的指定遠用瞳距偏差在 ±2.5 mm 範圍內 |

\* 稜鏡參考點 (PRP) 是指鏡片上校驗稜鏡度數的點，亦稱為主要參考點 (MRP)。

## 表 A-6
### 根據度數確認不想要的垂直及水平稜鏡容許值：已裝入鏡架的單光鏡片與子片型多焦點鏡片 *

**垂直稜鏡**

| | |
|---|---|
| 垂直軸線上的度數在 ±3.375 D 或以下之鏡片… | 不想要的垂直不平衡不應超過 0.33Δ |
| 垂直軸線上的度數在 ±3.375 D 以上之鏡片… | 稜鏡參考點之間的垂直距離差不應超過 1.0 mm |

**水平稜鏡**

| | |
|---|---|
| 水平軸線上的度數在 ±2.75 D 或以下之鏡片… | 雙眼不想要的水平稜鏡相加不應超過 0.67Δ |
| 水平軸線上的度數在 ±2.75 D 以上之鏡片… | 訂製的瞳距與實際測得的稜鏡參考點間距之水平距離差不應超過 2.5 mm |

\* 較傳統的方法和根據度數的方法兩者皆可得出完全相同的容許值。

| 表 A-7 | |
| --- | --- |
| **不想要的垂直及水平稜鏡容許值：已磨邊但未裝入鏡架的單光鏡片與子片型多焦點鏡片以及未切割的多焦點鏡片** | |
| 水平和垂直稜鏡… | 訂製稜鏡度數的容許值必須在 1/3Δ 範圍內 |
| | 或 |
| | 稜鏡參考點位置必須於訂製位置的 ±1.0 mm 範圍內 |

| 表 A-8 | |
| --- | --- |
| **漸進多焦點鏡片配鏡十字 ( 裝配調整點 ) 位置的容許值** | |
| **垂直配鏡十字高度** | |
| 單個未安裝的鏡片 | 實際的配鏡十字高度應於訂製高度的 ±1.0 mm 範圍內 |
| 一副未安裝的鏡片 | 兩片鏡片的配鏡十字高度皆應於各自在訂製高度的 1 mm 範圍內 |
| 一副已安裝的鏡片 | |
| **水平配鏡十字位置** | |
| 單個未安裝的鏡片 | 實際的單眼瞳孔間距必須於指定單眼瞳距的 ±1.0 mm 範圍內 |
| 一副未安裝的鏡片 | |
| 一副已安裝的鏡片 | |
| **水平傾斜 ( 利用隱藏的對齊參考記號進行測量 )** | |
| 已安裝的鏡片 | 2 度 |

| 表 A-9 | |
| --- | --- |
| **漸進多焦點鏡片不想要的垂直及水平稜鏡容許值** | |
| **垂直稜鏡 \*** | |
| 垂直軸線上的度數在 ±3.375 D 或以下之鏡片… | 垂直稜鏡不平衡不應超過 0.33Δ[†] |
| 垂直軸線上的度數在 ±3.375 D 以上之鏡片… | 從每一個稜鏡參考點組合後的垂直變化不應超過 1 mm |
| **水平稜鏡** | |
| 水平軸線上的度數在 ±3.375 D 或以下之鏡片… | 在稜鏡參考點上組合後的不想要的水平稜鏡效應不應超過 0.67Δ |
| 水平軸線上的度數在 ±3.375 D 以上之鏡片… | 每片鏡片與訂製稜鏡參考點位置[‡]的水平距離差不應超過 ±1.0 mm |

\* 使用稜鏡削薄法減少鏡片厚度時，可將垂直削薄的稜鏡視為處方稜鏡。
[†] 對於配鏡十字高度不同的一副鏡片，欲尋得不想要的垂直稜鏡並不像在度數較深的鏡片上打點標記並滑動眼鏡以測量另一鏡片的垂直稜鏡效應這麼簡單。第二個稜鏡參考點將位於不同的訂製高度。
[‡] 水平稜鏡參考點的位置與單眼瞳距相同。

### 表 A-10
**多焦點鏡片子片位置和傾斜的容許值**

| 垂直子片高度 | 容許值 |
| --- | --- |
| 單個未安裝鏡片 | 實際高度應於訂製子片高度的 ±1.0 mm 範圍內 |
| 一副鏡片（已安裝或未安裝） | 實際高度應於訂製子片高度的 ±1.0 mm 範圍內 和 兩片鏡片中的子片皆應於各自在訂製子片高度的 1 mm 範圍內 |

| 水平子片位置 * (近用瞳距) | 容許值 |
| --- | --- |
| 一副已安裝的鏡片 | 近用瞳距應於訂製近用瞳距的 ±2.5 mm 範圍內 內偏距應對稱且平衡，除非指明是單眼 |

| 子片傾斜 ( 子片界線之平頂偏離水平的量 ) | 容許值 |
| --- | --- |
| 已安裝的鏡片 | 2 度 |

\* 針對 E 線型 ( 富蘭克林式 ) 雙光鏡片，子片中心位於子片突出部最薄的一點。

### 表 A-11
**ANSI Z80.1-2005 其他雜項的容許值**

| | 容許值 |
| --- | --- |
| 厚度 ( 在稜鏡參考點處測量 ) | ±0.3 mm( 當訂單有指定厚度時 ) |
| 扭曲量 | 1.00 D( 不適用於鏡圈 6 mm 距離內的點 ) |
| 基弧 | ±0.75 D( 當訂單有指定時 ) |
| 耐衝擊性 | 可承受直徑為 5/8 英吋的鋼球自 50 英吋高度掉落時的撞擊 |

## 何謂最高絕對度數的軸線？

欲了解表 A-1 所指的「最高絕對度數的軸線」，則需考量下列敘述：

- 主要軸線的度數為球面度數
- 另一條主要軸線的度數等於球面度數加上柱面度數
- 根據這兩條軸線，有最高數值 ( 正或負 ) 的軸線即為「最高絕對度數的軸線」

## 如何確認屈光度在容許範圍內？

在此有一種照本宣科的方法，可用於檢查處方的屈光度是否符合 ANSI 標準。

### 例題 A-1

此例為一個最高絕對度數軸線同時也是球面度數的處方，請判斷該處方是否符合 ANSI 屈光度容許值。

| 方法步驟 | 範例 |
|---|---|
| 1. 寫出訂製處方的屈光度。 | 1. $+4.25 -1.75 \times 180$ |
| 2. 測量訂製處方的屈光度。 | 2. $+4.37 -1.62 \times 178$ |
| 3. 找出最高絕對度數軸線上的度數。 | 3. |
|   a. 訂製處方 |   a. $+4.25$ |
|   b. 測量處方 |   b. $+4.37$ |
| 4. 利用表 A-1 確認： | 4. |
|   a. 最高絕對度數軸線上的度數容許值為何？ |   a. 度數為 4.25 D 的容許值是 ±0.13 D，可能範圍為 $+4.12 \sim +4.38$ D |
|   b. 最高絕對度數軸線上的度數是否於容許範圍內？ |   b. 測得的度數 +4.37 D 於容許範圍內 |
| 5. 利用表 A-1 確認： | 5. |
|   a. 柱面度數的容許值為何？ |   a. 柱面度數為 1.75 D 的容許值是 ±0.13 D，可能範圍為 $-1.62 \sim -1.88$ D |
|   b. 柱面度數是否於容許範圍內？ |   b. 測得的柱面度數 −1.62 於容許範圍內 |
| 6. 利用表 A-3 確認： | 6. |
|   a. 柱軸的容許值為何？ |   a. 1.75 D 圓柱的柱軸容許值是 ±2 度，可能範圍為 178 ～ 2 度 |
|   b. 柱軸是否於容許範圍內？ |   b. 測得的柱軸為 178 度，因此是在容許範圍內 |
|  | 結論：此處方合格 |

## 例題 A-2

　　此例為一個最高絕對度數軸線並非是球面度數的處方，請判斷該處方是否符合 ANSI 屈光度容許值。

| 方法步驟 | 範例 |
|---|---|
| 1. 訂製的度數。 | 1. $-5.00 -2.00 \times 174$ |
| 2. 測得的度數。 | 2. $-5.12 -2.12 \times 174$ |
| 3. 最高絕對度數軸線上的度數。 | 3. |
|   a. 訂製處方的 |   a. $|-5.00 -2.00| = 7.00$ |
|   b. 測量處方得出的 |   b. $|-5.12 -2.12| = 7.24$ |
| 4. | 4. |
|   a. 最高絕對度數軸線上的度數容許值為何？ |   a. 7.00 的 2% 為 0.02×7=0.14 D，可能範圍為 $-6.86 \sim -7.14$ D |
|   b. 最高絕對度數軸線上的度數是否於容許範圍內？ |   b. 在此軸線上測得的度數為 −7.24，明顯不符合 ANSI 標準 |
|  | 結論：此處方不合格 |

# 特殊用途鏡架

## 外夾式鏡片 (Clip-ons)

外夾式鏡片是一種安裝於鏡架的輔助鏡片，緊夾在傳統眼鏡的鏡架前框處。它們安裝於前框外側，可能包括太陽眼鏡、閱讀用正度數鏡片、稜鏡或任何用於測試或視覺訓練的其他處方。

## 內夾式鏡片 (Drop-ins)

內夾式鏡片是一種安裝於鏡架的輔助鏡片，夾在傳統眼鏡的鏡片後方，由於其相當接近睫毛，故實用性並不如外夾式鏡片。在此列出兩個例子。有時內夾式太陽眼鏡是置於處方鏡片之後方，而內夾式處方鏡片亦可置於弧形框太陽眼鏡的後方。

## 眼瞼內翻用眼鏡 (Entropion spectacles)

眼瞼內翻用眼鏡在下半鏡圈後方大致平行處裝有支撐物，該支撐物可支撐下眼瞼，防止下眼睫毛往眼睛內翻，所幸目前眼瞼手術已減少眼瞼內翻用眼鏡的需求 ( 亦可見眼瞼下垂用眼鏡 )。

## 折疊式鏡架 (Folding frames)

折疊式鏡架是鉸鍊位於鼻橋和鏡腳中段的鏡架，這可讓眼鏡折疊成鏡架前框一半的尺寸，該設計在閱讀用眼鏡方面很流行，且常見於不需處方的閱讀者。

## 偏盲眼鏡 (Hemianopic spectacles)

偏盲眼鏡是同側偏盲患者所使用的眼鏡，其視野中線的一側失去視力。這種眼鏡包含在鏡片一側的稜鏡，底面朝向盲側。藉由看向眼鏡上的稜鏡，配戴者可擴大視野，斷續看見原本無法見及的區域。使用的稜鏡度數不一，但常訂製為 8Δ。

## 前框有鉸鍊的眼鏡 (Hinged front spectacles)

前框有鉸鍊的眼鏡存在兩組鏡架前框，最靠近臉部的前框是固定的，另一個則以鉸鍊固定且可上下翻動。以鉸鍊固定的前框通常包含近用加入度，儘管任何類型的鏡片皆可安裝於此前框上。

## 長柄眼鏡 (Lorgnettes)

長柄眼鏡是一種特別設計的鏡架前框，有個夾子或棒子可取代鏡腳，使眼鏡能被持握在眼睛前方。長柄眼鏡是被設計用於遠近視力需短暫調整的狀況。

## 化妝用眼鏡 (Makeup spectacles)

化妝用眼鏡存在獨立的鏡圈，下緣有鉸鍊固定可往前翻。每片鏡片皆可單獨使用。翻下右側鏡片時，可在以左眼觀看的同時為右眼上妝，反之亦然。

## 單片眼鏡 (Monocle)

單片眼鏡是一種單片鏡片裝配，卡在臉頰和眉毛上方之間作為固定。

## 眼瞼下垂用眼鏡 (Ptosis spectacles)

眼瞼下垂用眼鏡在上半鏡圈後方大致平行處裝有支撐物，該支撐物可支撐上眼瞼，防止眼瞼往下掉。金屬鏡架可改裝成眼瞼下垂用眼鏡，利用彈性線為基本形狀建模後再根據該模型製作。針對塑膠鏡架可使用薄卡紙建模，然後以塑膠或一端嵌入膠框上半鏡圈的金屬線進行製作。

## 斜臥用眼鏡 (Recumbent spectacles)

斜臥用眼鏡裝有反射稜鏡，可使人平躺向上看

時仍能往前看，該眼鏡對於需長時間躺臥而希望閱讀者相當實用。稜鏡必須完美地對齊，否則將產生複視導致無法配戴。

## 可反轉眼鏡 (Reversible spectacles)

可反轉眼鏡僅適合只能使用單眼且需不同的近用或遠用矯正鏡片的人，可用於當多焦點鏡片不適合時。可反轉眼鏡設計成能上下顛倒配戴，鏡腳的端片處通常可旋轉，使耳端能往上或往下轉動，亦有其他反轉的方法可用。

# 詞彙

@ 代表在相同軸線上的符號。

Δ 代表稜鏡度的符號。當它接在數字之後，表示被稱為稜鏡屈光度的單位（見稜鏡屈光度）。

∇ 代表稜鏡度的符號。當它接在數字之後，表示被稱為稜鏡釐弧度的單位（見釐弧度）。

◠ 表示合併的符號。

180 度線 水平中線的同義詞。

**A**

A 尺寸 (A) 方框系統法中，包圍鏡片或鏡片孔徑的矩形水平尺寸。

阿貝值 (Abbé value) 見 value, Abbé。

像差 (aberration) 當一個點光源在通過透鏡或透鏡系統後，並未產生單點成像而發生成像劣化的情形。

色像差 (aberration, chromatic) 此類型的像差導致不同波長（顏色）的光，在通過相同的光學系統後產生不同程度的折射。

橫向色像差 (aberration, lateral chromatic) 一種在鏡片焦距處產生成像尺寸稍有不同的像差，與光的顏色有關（同義詞：色稜鏡度）。

縱向色像差 (aberration, longitudinal chromatic) 發生在一個由許多波長組成的點光源（例如白色光），沿著光軸形成一系列的點狀成像。每一成像皆為不同的顏色，且各自有稍微不同的焦距。

單色像差 (aberration, monochromatic) 即使光僅由一個波長（一種顏色）組成，其所出現的一種像差。

球面像差 (aberration, spherical) 來自某一物體的平行光通過球面透鏡表面的廣泛區域時所產生的一種像差，此時外圍光線和近軸光線將聚焦於光軸上的不同點。

絕對折射率 (absolute refractive index) 見索引 absolute refractive。

準確矢狀切面公式 (accurate sag formula) 見 formula, accurate sag。

無色差鏡片 (achromatic lens) 見 lens, achromatic。

實際度數 見 power, actual。

近加入度 (add) 見 addition, near。

鼻側增幅 (add, nasal) 修改現有眼鏡鏡片的形狀使其更貼合鏡框，讓鏡片在磨邊後比原本指示的形狀保留更多在內側、鼻側部位的鏡片。

近加入度 (addition, near) 一個多焦點鏡片子片具有的正度數，會被加在原有鏡片主要部分的度數上。

年齡相關（老年性）黃斑部病變 (age-related maculopathy) 見 maculopathy, age-related。

水平對齊 (alignment, horizontal) 一副眼鏡的左、右水平中線對齊在同一水平面（自前方觀看時，任一鏡片都不會比另一側高）。

對齊標準 (alignment, standard) 針對眼鏡鏡架對齊方式的客觀標準，無關於臉部形狀。

垂直對齊 (alignment, vertical) 兩個眼鏡鏡片在垂直平面上並無偏差（任一鏡片都不會比另一鏡片前傾或後傾）。

磨削容差 (allowance, grinding) 輪差的同義詞。

頂點度數的容許誤差 (allowance, vertex power) 透鏡的前表面曲率必須被磨平的量，用以補償因鏡片厚度導致的度數增加。

美式端片 (American endpiece) 見 endpiece, American。

美國國家標準協會 (American National Standards Institute, ANSI) 一個以產業界為基礎之非政府的標準制定協會。ANSI 為一個機構，其發布的標準遍及美國境內所有產業，眼鏡產業只是其中一小部分。ANSI 制定眼鏡產業的各個標準，包括鏡片、鏡架和隱形眼鏡。

紫水晶對比度增強器 (Amethyst Contrast Enhancer, ACE) 一種選擇性吸收的玻璃是由 Schott 所開發，可提升對比度而有利於目標和陷阱射擊、狩獵、電腦螢幕觀看、滑雪和賞鳥活動。該透鏡在藍色、綠色和紅色區域的光譜有最高的透光率。

非正視眼 (ametropia) 此為屈光的狀況發生在當眼睛沒有進行調節作用時，進入眼內的平行光未聚焦於視網膜上。

軸性非正視眼 (ametropia, axial) 由於眼球過長或過短所導致的非正視眼。

屈光性非正視眼 (ametropia, refractive) 眼睛屈光組成（表面）過強或過弱所導致的非正視眼。

鏡片分析儀 (analyzer, lens) 一種自動鏡片驗度儀的品名。

偏移角 (angle of deviation) 入射角和折射角的差。

頂角 (angle, apical) 由兩個非平行的稜鏡面在交界處所形成的角度。

布魯斯特角 (angle, Brewster's) 來自折射介面的反射光被完全偏振時的入射角度。

脊角 (angle, crest) 從鼻尖至上端（兩眼之間）的連線，以及大致與眉毛和臉頰平行的垂直平面，兩者所形成的角度。

有效直徑角 (angle, effective diameter) 從 180 度線的 0 度側至有效直徑軸線之間的角度，該角度以字母 X 表示並使用右眼鏡片進行測量。

前角 (angle, frontal) 1. 鼻子兩側偏離垂直方向的角度。2. 從前方觀看鏡架時，鼻墊正面與垂直方向偏離的角度。

前傾角 (angle, pantoscopic) 1. 標準對齊：當鏡腳以水平方向被持握時，鏡架前框偏離垂直方向的角度（下半框較上半框更朝內）。2. 裝配調整：當下半框較上半框更靠近臉部時，鏡架前框與配戴者臉部前側的平面所形成的角度（反後傾角）（同義詞：前傾斜）。

後傾角 (angle, retroscopic) 當下半框較上半框更遠離臉部時，鏡架前框與配戴者臉部前側的平面所形成的角度（反前傾角）（同義詞：後傾斜）。

張角 (angle, splay) 1. 由鼻側與前後側垂直對切的平面所形成的角度（亦稱橫切角）。2. 自上方觀看鏡架時，鼻墊正面與垂直於鏡架前框的平面所形成的角度。

鏡腳褶疊角 (angle, temple fold) 自後方觀看鏡架時，其中一個鏡腳被折合定位時所形成的角度。

垂直角 (angle, vertical) 自側方觀看鏡架時，鏡片平面與可調式鼻墊的長軸兩者間之夾角。

不等像 (aniseikonia) 左、右眼所看到的影像在尺寸和／或形狀上之相對差異。

解剖性不等像 (aniseikonia, anatomical) 當不等像是因解剖構造所致，如兩眼的視網膜組成（桿狀細胞與錐狀細胞）分布不相等時。

不對稱性不等像 (aniseikonia, asymmetrical) 一種不等像的形式，將一眼與另一眼進行比較，視野中影像尺寸有漸增或漸減的現象。

誘導性不等像 (aniseikonia, induced) 左、右眼所看到的影像因外力（如矯正鏡片）產生尺寸差異時發生的不等像。

遺傳光學性不等像 (aniseikonia, inherent optical) 左、右眼所看到的影像因眼睛光學產生尺寸差異時發生的不等像。

軸線性不等像 (aniseikonia, meridional) 一眼於某條軸線上所看到的影像，其尺寸大於另一眼於同一軸線上所看到的相對應影像。

對稱性不等像 (aniseikonia, symmetrical) 一眼所看到的影像較另一眼看到的影像呈對稱放大。相較於另一眼所看到的影像，該影像在每條軸線上都被等倍放大。

不等視 (anisometropia) 兩眼的屈光度有顯著差異時的狀況。

ANSI 美國國家標準協會的縮寫。

抗反射鍍膜 (antireflection coating) 見 coating, antireflection。

抗刮傷鍍膜 (antiscratch coating) 見 coating, antiscratch。

孔徑 (aperture) 1. 一個開口或是孔洞，可使來自一個或多個已知光源的部分光線進入。2. 縮徑鏡片中央具有光學矯正功能的部位。

鏡片孔徑 (aperture, lens) 鏡片嵌入眼鏡鏡架的部位（同義詞：鏡片開口）。

頂點 (apex) 稜鏡的兩個非平行表面之連接點。

無水晶體者 (aphake) 一位水晶體被移除且尚未植入人工水晶體的人。

頂角 (apical angle) 見 angle, apical。

AR 抗反射鍍膜的縮寫。

臂 (arm) 亦稱為條、肩條。在裝配半框眼鏡時，連接鏡片後側上半表面的金屬加強物，同時將中央片與端片做連接。

護臂 (arms, guard) 鼻墊臂的同義詞。

鼻墊臂 (arms, pad) 連接可調式鼻墊與鏡架前框的金屬零件（同義詞：護臂）。

非球面 (aspheric) 非球狀的表面。

非球面鏡片 (aspheric lens) 見 lens, aspheric。

非球面縮徑鏡片 (aspheric lenticular) 見 lenticular, aspheric。

全視野非球面鏡片 (aspheric, full-field) 見 lens, full-field aspheric。

散光差 (astigmatic difference) 見 difference, astigmatic。

散光 (astigmatism) 在眼睛上或內部的單一折射面出現兩個不同曲度的現象，造成光線聚焦成兩條線的影像而不是一個點。

邊緣散光 (astigmatism, marginal) 見 astigmatism, oblique。

斜散光 (astigmatism, oblique) 1. 當散光矯正鏡片主要的軸線呈斜角相交，在 30 ～ 60 度或 120 ～ 150 度之間的一種散光眼睛狀況。2. 發生在軸外一點的光線穿過球面透鏡，且光線聚焦為兩條線的影像而非單點時之一種透鏡像差 ( 同義詞：徑向散光、邊緣散光 )。

徑向散光 (astigmatism, radial) 見 astigmatism, oblique。

ASTM 美國試驗與材料學會 (American Society for Testing and Materials)。

非複曲面鏡片 (atoric lens) 見 lens, atoric。

自動鏡片驗度儀 (autolensmeter) 可自動測量鏡片的度數和稜鏡效應之一種鏡片驗度儀。

軸性非正視眼 (axial ametropia) 見 ametropia, axial。

軸線 (axis meridian) 見 meridian, axis。

柱軸 (axis of a cylinder) 一條假想的參考線用於標示圓柱或球柱鏡片的方向，且對應垂直於最大柱面度數的軸線。

光軸 (axis, optical) 通過透鏡中心的線，線上有透鏡前後表面曲率半徑圓心所在。

稜鏡軸 (axis, prism) 眼鏡用稜鏡的基底方向，以角度表示。


## B

B 尺寸 (B) 方框系統法中，包圍鏡片或鏡片孔徑的矩形垂直尺寸。

後基弧 (back base curve) 見 curve, back base。

後頂點度數 (back vertex power) 見 power, back vertex。

電木 (bakelite) 最早用於製作鏡架的塑膠材質之一。電木為一種合成樹脂，約於 1909 年時被發明，曾用於製作撞球、珠寶首飾、鈕扣、收音機盒和檯燈等物件。

槽口夾型裝配架 (Balgrip mounting) 見 mounting, Balgrip。

條 (bar) 見 arm。

桶狀部接頭 (barrel) 一副眼鏡欲鎖上螺絲之處。

桶形畸變 (barrel distortion) 見 distortion, barrel。

基底 (base) 稜鏡中最大面的邊緣，頂點的相反位置。

基弧 (base curve) 見 curve, base。

基底朝下 (base down) 垂直置放稜鏡，使其基底位於 270 度的位置。

基底朝內 (base in) 水平置放稜鏡，使其基底朝向鼻側。

基底朝外 (base out) 水平置放稜鏡，使其基底朝向耳側。

基底朝上 (base up) 垂直置放稜鏡，使其基底位於 90 度的位置。

基本衝擊 (basic impact) 見 impact, basic。

批次測試 (batch testing) 在同一批出廠的鏡片中，依照統計上具有顯著性的數量，以對鏡片進行選擇性測試。

BCD 方框中心距。見 distance, boxing center。

彎下部位 (bent-down portion) 見 earpiece。

最適形鏡片 (best form lens) 見 lens, corrected curve。

斜面 (bevel) 眼鏡鏡片上有角度的邊緣。

隱藏式斜面 (bevel, hidden) 一種鏡片磨邊的外型，藉由創造一個小斜面而鏡片邊緣其他部分仍維持平面，嘗試減少鏡片外觀的厚度。

迷你斜面 (bevel, mini) 一種鏡片磨邊的外型，有一個斜面和一個有角度的突出部。

別針斜面 (bevel, pin) 安全斜面的同義詞。

安全斜面 (bevel, safety) 1. 去除鏡面與斜面間尖銳的界面，以及斜面頂端的尖銳點。2. 在鏡面與斜面間已打磨光滑的界面以及其斜面頂端。

V 斜面 (bevel, V) 一種鏡片磨邊的外型，使整圈鏡片邊緣都修成 V 字型。

雙中心研磨 (bicentric grinding) 見 grinding, bicentric。

雙凹 (biconcave) 此為用以形容兩面皆向內彎曲的鏡片之術語。

雙凸 (biconvex) 此為用以形容兩面皆向外彎曲的鏡片之術語。

雙光鏡片 (bifocal) 一種鏡片有兩個可觀看的區域，各有其聚焦度數。鏡片的上半部通常用於看遠，下半部則是用於看近。

熔合 ( 無縫 ) 雙光鏡片 (bifocal, blended) 由完整一片透鏡製成的一種雙光鏡片，且已將度數分界線打磨平滑使人看不出來。

弧頂雙光鏡片 (bifocal, curved-top) 一種雙光鏡片，鏡片上有一塊子片，該子片的下緣呈圓形，上緣稍微有弧度。

E 型 ( 一線 ) 雙光鏡片 (bifocal, Executive) 美國光學公司富蘭克林式雙光鏡片的品名。

平頂雙光鏡片 (bifocal, flat-top) 一種雙光鏡片，鏡片上有一塊子片，該子片的下緣呈圓形，而上緣平坦。

富蘭克林雙光鏡片 ( 一線雙光鏡片 )(bifocal, Franklin) 一種雙光鏡片，鏡片上有一塊子片，子片延伸至整個鏡片寬度。

負加入度雙光鏡片 (bifocal, minus add)(minus add bifocal) 一種雙光鏡片，有個大而圓的子片於鏡片上端，該子片的度數用於看遠，鏡片剩下的部分則是用於看近。

弧頂圓角雙光鏡片 (bifocal, Panoptik) 一種雙光鏡片類似平頂雙光鏡片，但子片的上緣具有稍微彎曲的圓角。

Rede-Rite 雙光鏡片 (bifocal, Rede-Rite) 見 bifocal, minus add。

帶狀雙光鏡片 (bifocal, ribbon) 一種雙光鏡片，子片的形狀像似一個頂端與底端被移除的圓形。

圓頂雙光鏡片 (bifocal, round seg) 一種雙光鏡片，子片呈完美的圓形。子片寬度通常為 22、25 或 38 mm。

上弧雙光鏡片 (bifocal, upcurve) 見 bifocal, minus add。

雙眼瞳距 (binocular PD) 見 PD, binocular。

雙複曲面鏡片 (bitoric lens) 見 lens, bitoric。

鏡坯幾何中心 (blank geometrical center) 見 center, blank geometrical。

鏡坯子片降距 (blank seg drop) 見 drop, blank seg。

鏡坯子片內偏距 (blank seg inset) 見 inset, blank seg。

完工鏡坯 (blank, finished lens) 鏡片的前後表面已研磨成預期的度數，但尚未依照鏡框形狀磨邊。

模板 (blank, pattern) 一個預先鑽孔的扁平塑膠片，可被切割成鏡片模型。

粗胚 (blank, rough) 一個厚而圓的「鏡片」，其兩面皆尚未研磨。鏡片兩側的表面仍必須經過研磨，以達到預期的度數和厚度。

半完工鏡坯 (blank, semifinished lens) 鏡片只有一側達到預期的曲度，而另一側的表面仍必須經過研磨，以達到預期的度數和厚度。

光漂白 (bleaching, optical) 經由暴露於紅光或紅外線之下，以使變色鏡片的顏色變淡。

熱漂白 (bleaching, thermal) 經由暴露於熱源之下，以使變色鏡片的顏色變淡。

熔合 ( 無縫 ) 雙光鏡片 (blended bifocals) 見 lens, blended bifocal。

無縫碟狀近視鏡片 (blended myodisc) 見 lens, blended myodisc。

模塊 (block) 在研磨鏡片表面或磨邊的過程中，被貼附於鏡片表面以固定鏡片位置的物品。

貼附器 (blocker) 在研磨鏡片表面或磨邊的過程中，利用此裝置將模塊置於鏡片上以固定鏡片的位置。

定中心儀 (blocker, layout) 可為鏡片定中心的一種裝置，亦能貼附鏡片。定中心儀不會先在鏡片上標記號，而是於定中心後立即貼附鏡片。

貼附磨邊模塊 (blocking, finish) 將模塊貼附於鏡片，使鏡片能磨邊以符合鏡框大小。

貼附研磨模塊 (blocking, surface) 將模塊貼附於鏡片，使鏡片一側的表面能研磨成正確的曲度及拋光。

Boley 量尺 (Boley gauge) 見 gauge, Boley。

光箱 (box, light) 頂部有一片白色透明的塑膠而內部有顆全光譜燈泡之箱子。在光學實驗室使用時，其白色明亮的光線可作為比較兩種鏡片顏色的背景。

方框中心 (boxing center) 見 center, boxing。

方框中心距 (boxing center distance) 見 distance, boxing center。

方框系統 (boxing system) 見 system, boxing。

鏡片尺寸測量圖表 (Box-o-Graph) 一種包括網格和滑尺之扁平的器具，用於測量模板和已磨邊鏡片的尺寸。

布魯斯特角 (Brewster's angle) 見 angle, Brewster's。

鼻橋、鼻樑 (bridge) 鏡架前框位於兩鏡片之間的區域。

舒適鼻橋 (bridge, comfort) 一種透明的塑膠鞍型鼻橋，可用於金屬鏡架。

鎖孔式鼻橋 (bridge, keyhole) 鎖孔式鼻橋的頂端、內部區域形似舊式的鑰匙孔。自頂端觀看其稍微開展，落於鼻子兩側而非鼻脊。

金屬鞍式鼻橋 (bridge, metal saddle) 一種金屬鼻橋的鏡架，乃一條橫跨鼻子的細帶直接落於鼻脊上 ( 同義詞：W 鼻橋 )。

墊式鼻橋 (bridge, pad) 常用於金屬鏡架的鼻橋，附有可調式鼻墊。

鞍式鼻橋 (bridge, saddle) 形似具有平滑曲線的馬鞍之一種鼻橋，可貼合鼻樑的弧度。

半鞍式鼻橋 (bridge, semisaddle) 一種自前方觀看形似馬鞍的鼻橋，但有不可調整的永久性鼻墊連接於鼻橋後方 ( 同義詞：改良鞍式鼻橋 )。

鼻橋歪斜 (bridge, skewed)　一副眼鏡其中一片鏡片較另一鏡片高，但兩鏡片皆未被旋轉的狀況下所發生的歪斜情形。

鼻橋調窄鉗 (bridge-narrowing pliers)　見 pliers, bridge-narrowing。

鼻橋調寬鉗 (bridge-widening pliers)　見 pliers, bridge-widening。

眉條 (browbar)　見 arm。

加強墊 (buildup pads)　見 pads, buildup。

圓筒襯套 (bushing)　一種小且中空的圓柱狀套筒，可與鏡片上讓螺絲穿入的孔洞相合，用以防止應力和磨損的發生。

## C

C 尺寸 (C)　鏡片或鏡片孔徑的水平寬度，在幾何中心的高度上進行測量 ( 同義詞：基準長度 )。

C 尺碼 (C size)　一個已磨邊鏡片的周長。

線型鏡腳 (cable temple)　見 temple, cable。

游標卡尺 (caliper, vernier)　一種手持式寬度測量裝置，附有短的刻度尺能沿著較長的刻度尺滑動，可測量至分數或小數位。

碳纖維 (carbon fiber)　一種由碳纖維和尼龍結合成線所製成的材料。用於製作鏡架時，其輕薄、堅固但無法調整。

載體 (carrier)　縮徑鏡片的外圍非光學部位。

白內障 (cataract)　眼睛的水晶體失去清晰度，導致視力減退或喪失。

醋酸纖維素 (cellulose acetate)　一種從棉花或木漿中提取的材質，廣泛用於製造眼鏡鏡架。

乙醯丙酸纖維素 (cellulose acetopropionate)　見 Propionate。

硝酸纖維素 (cellulose nitrate)　見 zylonite。

膠合鏡片 (cement lens)　見 lens, cement。

鏡坯幾何中心 (center, blank geometrical)　半完工鏡坯或尚未切割的完工鏡坯之物理中心。鏡坯幾何中心是可完全圍住鏡坯的最小方形或矩形的中心。

方框中心 (center, boxing)　在方框系統法中將鏡片圍起的矩形之中央點。

切割中心 (center, cutting)　機械中心的同義詞。

基準中心 (center, datum)　當沿著基準或水平中線測量鏡片時，鏡片基準長度的中點 (C 尺寸 )。

磨邊中心 (center, edging)　機械中心的同義詞。

幾何中心 (center, geometrical)　1. 方框中心。2. 未切割的鏡坯之中心點。

機械中心 (center, mechanical)　模板的旋轉中心，位於中央模板孔的中點 ( 同義詞：切割中心、磨邊中心 )。

光學中心 (center, optical)　眼鏡處方鏡片上未發生稜鏡效應的點。

閱讀中心 (center, reading)　閱讀時鏡片上與近用瞳距相合的點。

旋轉中心 (center, rotational)　磨邊時模板旋轉時的中心點。

子片光學中心 (center, seg optical)　雙光鏡片上當遠用鏡片無屈光度數時，子片未發生稜鏡效應的位置。

中央片 (centerpiece)　無框支架的一部分，包含鼻橋、鼻墊臂、鼻墊和箍狀區域。

釐弧度 (Centrad ∇)　用於測量稜鏡造成的光線偏移之測量單位。一個釐弧度是使光束從半徑為 1 m 的圓弧上偏移 1 cm 所需的稜鏡度數。

定心 (centration)　置放鏡片以進行磨邊的動作，使鏡片與處方規格在光學上一致。

去角 (chamfering)　去角意為切磨成斜角。在鏡片磨邊作業時，去角乃指安全斜面的切割，或磨去鏡片上鑽出的孔、槽或刻痕銳利的邊緣，以防配戴眼鏡時這些部位的碎裂。

框 (chassis)　此鏡框部位包括鏡圈和中間或鼻橋區域，通常是指複合材質鏡框的金屬鏡圈和鼻橋。

化學回火 (chemical tempering)　見 tempering, chemical。

化學回火 (chemtempering)　見 tempering, chemical。

弦 (chord)　一條與圓弧相交於兩點的直線。

弦直徑 (chord diameter)　見 diameter, chord。

色像差 (chromatic aberration)　見 aberration, chromatic。

色稜鏡度 (chromatic power)　見 aberration, lateral chromatic。

周長量尺 (circumference gauge)　見 gauge, circumference。

鏡片鐘、球面計 (clock, lens)　見 measure, lens。

子片鐘 (clock, seg)　設計為類似傳統的鏡片鐘 ( 鏡片測量器 )，除了三個接觸點距離很近。目前大多數的鏡片鐘亦有間距很窄的接觸點，使得較新款的鏡片鐘和子片鐘兩者間幾乎無差異。

抗反射鍍膜 (coating, antireflection)　施加於鏡片表面之一薄層或多層鍍膜，用於減少鏡片表面不必要的反射，而可增加進入眼睛的光量。

抗刮傷鍍膜 (coating, antiscratch)　施加於塑膠鏡片表面之一層薄而堅硬的鍍膜，使鏡片更可耐刮傷。

有色鍍膜 (coating, color) 施加於鏡片表面的鍍膜，用於減少光線的穿透。

介電鍍膜 (coating, dielectric) 一種鏡像鍍膜可選擇性地反射特定波長。

邊緣鍍膜 (coating, edge) 於鏡片邊緣加上顏色，用於降低邊緣的可見度。

閃光鍍膜 (coating, flash) 一種金屬鏡片鍍膜，可吸收光線且反射率極低。

金屬鍍膜 (coating, metalized) 位於鏡片前表面的一層薄金屬，可同時吸收和反射光線。

鏡像鍍膜 (coating, mirror) 一種附加於鏡片上的鍍膜，使鏡片具有如同兩面鏡的性質。

耐刮傷鍍膜 (coating, scratch resistant) 抗刮傷鍍膜的同義詞。

領 (collar) 見 shoe。

考爾瑪偏光鏡 (colmascope) 一種利用偏振光以顯示玻璃或塑膠鏡片的應變圖像之儀器 ( 同義詞：偏光鏡 )。

有色鍍膜 (color coating) 見 coating, color。

反射顏色 (color, reflex) 抗反射鍍膜鏡片的殘餘顏色。

彗星像差 (coma) 當物點不在鏡軸上時所發生的透鏡像差，成像形似彗星或冰淇淋甜筒，而非成像於光軸上的單點。

複合材質鏡架 (combination frame) 見 frame, combination。

舒適鼻橋 (comfort bridge) 見 bridge, comfort。

舒適的線型鏡腳 (comfort cable temple) 見 temple, cable。

補償度數 (compensated power) 見 power, compensated。

補償子片 (compensated segs) 見 segs, R-compensated。

稜鏡組合 (compounding of prism) 結合兩個或更多稜鏡，以獲得等同一個單獨稜鏡的稜鏡效應。

凹面 (concave) 一個往內彎曲的表面。

鏡片調理劑 (conditioner, lens) 塑膠鏡片在染色前必須浸泡一種特殊配方的溶液，目的在於鏡片染色時可快速及均勻地吸收染料。

共軛焦點 (conjugate foci) 見 foci, conjugate。

等高 ( 度數 ) 分布圖 (contour plot) 見 plot, contour。

輻輳、會聚 (convergence) 1. 觀看近物時眼睛向內轉動 ( 輻輳 )。2. 光束朝向一個特別的成像點前進之動作 ( 會聚 )。

可彎折式鏡腳 (convertible temple) 見 temple, convertible。

凸面 (convex) 一個往外彎曲的表面。

冷卻液 (coolant) 研磨鏡片時一種用於冷卻及潤滑鏡片－研磨砂輪界面的液體。

襯片 (coquille) 附於鏡框上之一片薄且無度數的展示鏡片，用以維持鏡框形狀，並能更真實地為可能配戴者模擬鏡框的外觀 ( 同義詞：仿製鏡片、展示鏡片 )。

Corlon 鏡片 (Corlon lens) 見 lens, Corlon。

矯正曲線鏡片 (corrected curve lens) 見 lens, corrected curve。

漸進帶 (corridor, progressive) 漸進多焦點鏡片上在視遠與視近區之間，鏡片屈光度數逐漸變化的區域。

餘弦函數值 (cosine) 直角三角形中被指定角的鄰邊與斜邊之比值。

餘弦函數值 = 鄰邊 / 斜邊

餘弦平方公式 (cosine-squared formula) 見 formula, cosine-squared。

反凹曲面 (countersink curve) 見 curve, countersink。

覆蓋鏡片 (cover lens) 見 lens, cover。

CR-39 Pittsburgh 平板玻璃公司的註冊商標，乃一種稱作「哥倫比亞樹脂 39」的光學塑膠，其一直是製作傳統塑膠鏡片的標準材料。

有裂紋 (crazed) 鏡片鍍膜受損或有瑕疵時龜裂的外觀。

脊 (crest) 鏡架鼻橋之最高且最中間的部位。

脊角 (crest angle) 見 angle, crest。

縮 (cribbing) 將半研磨鏡坯磨成較小尺寸的過程，以加速研磨過程或減低發生困難的可能性。

正交弧 (cross curve) 見 curve, cross。

配鏡十字 (cross, fitting) 位於漸進多焦點鏡片的稜鏡參考點之上 2 ～ 4 mm 處之一個參考點，將配鏡十字置於瞳孔的正前方。

光學十字 (cross, power) 描繪鏡片表面兩條主要軸線的一種示意圖。

皇冠玻璃 (crown glass) 見 glass, crown。

捲曲部 (curl) 見 earpiece。

曲率 (curvature) 一個彎曲表面的曲率半徑之倒數，以負一次方公尺 ($m^{-1}$) 為計量單位，縮寫為 R。

場曲 (curvature of field) 導致鏡片的球面度數在邊緣處產生偏差 ( 相較於鏡片中心 ) 之一種像差。對於一個平直的物體，這會造成彎曲的成像 ( 同義詞：度數差 )。

後基弧 (curve, back base) 負柱鏡較平的後表面弧度。當鏡片是負柱鏡時，其後基弧和複曲面基弧相等。

基弧 (curve, base) 用於作為其他弧度計算基準的鏡片表面弧度。在美國和全球大部分地區，通常是指鏡片前表面的球面弧度。

反凹曲面 (curve, countersink) 針對已半研磨之雙光和三光融合玻璃鏡片的製造，反凹曲面是指置放子片於主鏡片位置的研磨曲面。反凹曲面與雙光或三光鏡片子片的背面曲度相合。當子片被置於主鏡片的反凹曲面上時，兩片鏡片將會熔合在一起。

正交弧 (curve, cross) 複曲面鏡片表面較彎的弧。

標稱基弧 (curve, nominal base) 將 1.53 折射率的參考值指定作為半研磨鏡片的基弧。針對具有中等度數的皇冠玻璃鏡片，所需的後表面工具弧度可由處方後頂點度數減去標稱基弧取得。

工具弧 (curve, tool) 一個以 1.53 折射率為研磨工具的參考表面度數，用於鏡片細磨和拋光。

真實基弧 (curve, true base) 真實度數的同義詞。

鼻側切除 (cut, nasal) 將鏡片內側、鼻側的部分移除，使其更適合鏡框形狀。

切割線 (cutting line) 見 line, cutting。

柱鏡 (cylinder) 僅於某一軸線上有屈光度之鏡片，可用於矯正散光。

## D

鏡度 (D) 屈光度的鏡度單位縮寫。見 diopter, lens。

基準中心 (datum center) 見 center, datum。

基準中心距 (datum center distance) 見 distance, datum center。

基準線 (datum line) 見 line, datum。

基準線系統 (datum system) 見 system, datum。

DBC 中心距 (Distance between centers)。

DBL 鏡片間距 (Distance between lenses)。

DCD 基準中心距 (Datum center distance)。

移心 (decentration) 1. 將鏡片的光學中心或主要參考點自鏡框鏡片孔徑的方框中心移開。2. 為了產生稜鏡效應，將鏡片的光學中心自配戴者的視線移開。

有效移心 (decentration, effective) 移心柱軸至移心起始點之距離。

遞減 (degression) 職業用漸進多焦點鏡片自下方視區往上方視區測量度數時正度數的減少。

鏡度需求 (demand, dioptric) 閱讀距離 ( 以公尺為單位 ) 的倒數，與實際雙光加入度數無關。

展示鏡片 (demo lens) 見 coquille。

基準中心深度 (depth, middatum) 通過基準中心所測得的已磨邊鏡片深度。

閱讀深度 (depth, reading) 配戴者在閱讀時視線從正前方往下穿過鏡片的垂直距離。

矢狀切面深度 (depth, sagittal [sag]) 已知圓形切面的高度或深度。

子片深度 (depth, seg) 在鏡片被磨邊前，鏡片子片中最長的垂直尺寸。

偏移角 (deviation, angle of) 見 angle of deviation。

弦直徑 (diameter, chord) 圓弧或圓形上的弦長。加工鏡片時此直徑等於切割鏡片所需的最小鏡坯尺寸，但不包括 MBS 公式中 2 mm 鏡片碎裂安全係數。

有效直徑 (diameter, effective) 鏡框的鏡片孔徑自方框中心測量所得最長半徑的 2 倍。縮寫為 ED。

介電鍍膜 (dielectric coating) 見 coating, dielectric。

像散差 (difference, astigmatic) 兩條線焦距之間的直線距離，發生在稱作斜散光的透鏡像差。當以鏡度表示時，此差值稱為斜散光誤差。

鏡框差 (difference, frame) 方框系統法中鏡框 A 與 B 尺寸的差異，以公釐表示 ( 同義詞：lens difference)。

模板差 (difference, pattern) 方框系統法中模板 A 與 B 尺寸的差異，以公釐表示。

研磨輪差 (differential, wheel) 鏡片在磨邊時粗磨和細磨階段的尺寸差異，以公釐表示。

鏡度 (diopter, lens)(D) 鏡片屈光度的單位，等於鏡片焦距 ( 以公尺為單位 ) 的倒數。

稜鏡度 (diopter, prism)(Δ) 計算稜鏡偏移能力的測量單位；1 稜鏡度 (1Δ) 等於將光束從稜鏡外 1 m 處由原本應到達的點偏移 1 cm 所需的稜鏡量。

鏡度需求 (dioptric demand) 見 demand, dioptric。

失能性眩光 (disability glare) 見 glare, disability。

不適性眩光 (discomfort glare) 見 glare, discomfort。

平均色散 (dispersion, mean) $(n_F - n_C)$ 即藍光折射率減紅光折射率的數值，有助於定義鏡片材質的色彩特性。

色散力 (dispersive power) 見 power, dispersive。

非相似形子片 (dissimilar segs) 見 segs, dissimilar。

中心距 (distance between centers, DBC) 在某一鏡框或一副完工的眼鏡中，兩個方框 ( 幾何 ) 中心之間的距離 ( 同義詞：幾何中心距 )。

鏡片間距 (distance between lenses, DBL) 方框系統法中兩個被方框框住的鏡片之間的距離，乃一對

鏡片之間自鼻側的鏡圈內凹槽沿著鼻橋區最窄點測量所得之最短距離（通常與鼻橋尺寸同義）。

**遠用度數參考點 (distance reference point)** 見 point, distance reference。

**方框中心距 (distance, boxing center)** 中心距的同義詞。

**基準中心距 (distance, datum center)** 一個鏡框或一副眼鏡兩個基準中心之間的距離，用於舊式基準線系統法中鏡框與鏡片的測量。

**鏡框中心距 (distance, frame center)** 中心距的同義詞。

**幾何中心距 (distance, geometrical center)** 鏡框的方框（幾何）中心之間的距離。

**瞳孔間距 (distance, interpupillary, PD)** 當觀看一個無限遠的物體（遠 PD）或近物（近 PD）時，自瞳孔的中心至另一瞳孔的中心之距離。

**近用定心距 (distance, near centration)** 近用子片幾何中心之間的距離。

**頂點距離 (distance, vertex)** 鏡片背面至眼睛前方的距離。

**頂點距離測距計 (distometer)** 用於測量頂點距離的儀器。

**畸變 (distortion)** 為一種鏡片像差，當成像放大率由影像的中心向邊緣改變，導致成像與物體相較之下產生桶形的縮小或枕形的放大。

**桶形畸變 (distortion, barrel)** 此扭曲通常由負鏡片造成，導致方形物體的成像變為較小的桶形外觀。

**模板畸變 (distortion, pattern)** 相較於已被磨邊的鏡片尺寸，由於使用過大或過小的模板，導致正確磨邊鏡片形狀的損失。

**枕形畸變 (distortion, pincushion)** 此扭曲通常由正鏡片造成，導致方形物體的成像變為較大的枕形外觀。

**發散 (divergence)** 光束由一個點光源散發出的動作。

**雙梯度染色 (double gradient tint)** 見 tint, double gradient。

**雙 D 鏡片 (double-D lens)** 見 lens, double-D。

**雙子片鏡片 (double-segment lens)** 見 lens, double-segment。

**雙合鏡片 (doublet)** 見 lens, achromatic。

**日常用眼鏡 (dress eyewear)** 見 eyewear, dress。

**修形 (dress)** 將研磨砂輪的切割面重新塑形。

**落球測試 (drop-ball test)** 見 test, drop-ball。

**鏡坯子片降距 (drop, blank seg)** 鏡坯幾何中心至多焦點子片頂端的垂直距離。

**子片降距 (drop, seg)** 1. 當子片頂端較主要參考點 (MRP) 低時，從 MRP 至子片頂端的垂直距離。2. 當子片頂端較水平中線低時，從水平中線至子片頂端的垂直距離（配鏡工廠用法）（反義詞：子片升距）。

**DRP** 遠用度數參考點的縮寫。見 point, distance reference。

**仿製鏡片 (dummy lens)** 見 coquille。

## E

**耳 (ear)** 在古典或古董型無框眼鏡上的箍狀區域，自金屬護套（蹄）延伸出去與鏡片表面接觸的部分（同義詞：舌）。

**鏡腳耳端 (earpiece)** 鏡腳在折彎處之後的部分（同義詞：捲曲部）。

**ED** 有效直徑 (effective diameter)。

**邊緣鍍膜 (edge coating)** 見 coating, edge。

**軋邊 (edge, rolled)** 一種鏡片邊緣構造，藉由磨圓鏡片背面的邊緣，減少負度數鏡片邊緣的厚度。

**磨邊機 (edger)** 用於對未切割鏡坯進行物理性研磨的器械，使鏡坯符合鏡框的形狀。

**手動磨邊機 (edger, hand)** 以手操作專門用於改變鏡片形狀或將鏡片打磨光滑的研磨輪。

**模板磨邊機 (edger, patterned)** 一種利用模板以產出正確鏡片形狀的磨邊機。

**無模板磨邊機 (edger, patternless)** 一種磨邊機，利用電子式描摹鏡片形狀的方式，而非以物理性模板來產出正確的鏡片形狀。

**有效移心 (effective decentration)** 見 decentration, effective。

**有效直徑 (effective diameter)** 見 diameter, effective。

**有效直徑角 (effective diameter angle)** 見 angle, effective diameter。

**有效度數 (effective power)** 見 power, effective。

**空間光像測定儀 (eikonometer, space)** 用於測量左、右眼成像尺寸差異量的一種儀器。

**電金屬研磨輪 (electrometallic wheel)** 見 wheel, electrometallic。

**電鍍研磨輪 (electroplated wheel)** 見 wheel, electroplated。

**Tscherning 橢圓 (ellipse, Tscherning's)** 橢圓形狀

的圖表，用以顯示為了消去斜散光之最適形鏡片。

正視者 (emmetrope)　無屈光不正現象的人。

正視 (emmetropia)　未出現屈光不正。

端片角度調整鉗 (endpiece angling pliers)　見 pliers, endpiece angling。

端片、椿頭或彎頭 (endpiece)　鏡架前框最左和最右其中一側的外側區域，該處與鏡腳相接。

美式端片 (endpiece, American)　舊式金屬鏡框端片，其有一個擋片自鏡腳螺絲嵌入處突出，可防止鏡腳開展過寬。

正接式端片 (endpiece, butt-type)　為一種鏡框端片構造，其前框筆直而鏡腳端頭呈平坦，兩者以直角相接。

英式端片 (endpiece, English)　舊式金屬鏡框端片，其有一個自鉸鍊螺絲嵌入處周圍突出的「擋片」或「關節」，可防止鏡腳開展過寬。

法式端片 (endpiece, French)　舊式金屬鏡框端片，在鏡腳的兩個螺絲嵌入處之間存在凹槽，且在前框有個作為桶狀部延伸物的擋片。

斜接式端片 (endpiece, mitre-type)　為一種鏡框端片構造，其前框與鏡腳端頭以 45 度角相接。

彎曲式端片 (endpiece, turn-back)　一種鏡框端片設計，前框向後彎曲而尾端則與鏡腳相接。

英式端片 (English endpiece)　見 endpiece, English。

菲涅耳方程式 (equation, Fresnel)　根據鏡片材質的折射率，計算從一個未鍍膜鏡片表面反射光量的公式。

等薄技術 (Equithin)　Varilux 公司使用的術語，當為了減少漸進多焦點鏡片的厚度而使用共軛稜鏡。亦見 prism, yoked。

等價球面度數 (equivalent, spherical)　鏡片處方中球面度數和一半柱面度數的總和。

等雙凹鏡片 (equiconcave lens)　見 lens, equiconcave。

等雙凸鏡片 (equiconvex lens)　見 lens, equiconvex。

成像殼差 (error, image shell)　鏡片像差（如場曲或度數差）的測量值，乃邊緣成像實際聚焦和應聚焦的兩個位置鏡度上的差異。

斜散光差 (error, oblique astigmatic)　發生在斜散光像差的「散光差」，以鏡度表示。

度數差 (error, power)　見 curvature of field。

E 型（一線）雙光鏡片 (Executive bifocal)　見 bifocal, Executive。

退螺絲器 (extractor, screw)　類似螺絲起子的裝置，但有個倒勾的尖端而非刃部。倒勾尖端鑽入受損的螺絲頭或斷裂的螺絲殘留端，旋轉以移除損壞或斷裂的螺絲。

鏡框眼型尺寸 (eyesize)　方框系統中的 A 尺寸（鏡框鏡片孔徑的水平尺寸，由其左、右側兩條垂直切線圍住）。

日常用眼鏡 (eyewear, dress)　為日常使用所設計的眼鏡。

安全眼鏡 (eyewear, safety)　為了在對眼睛有潛在危險的情況下配戴而設計的眼鏡，因此必須符合較傳統眼鏡更高的耐衝擊標準。

運動眼鏡 (eyewear, sports)　為了保護眼睛和／或在特殊的運動狀況下提升視力而設計的眼鏡。何種設計是適合的取決於運動項目，存在極大的差異。

鏡圈 (eyewire)　鏡框中圍住鏡片的框圈。

鏡圈塑形鉗 (eyewire forming plier)　見 plier, eyewire forming。

鏡圈塑形鉗 (eyewire shaping plier)　同上。

## F

屈光度符號 (F)　通常在方程式中用於表示鏡片屈光度（以鏡度表示）。另一種用以表示 F 的符號為 D。

鏡框彎弧 (face form)　見 form, face。

刻面 (facet)　一種磨邊方式，外觀類似斜面切割玻璃，有時可用於高負度數鏡片，以降低邊緣厚度及重量。

度數因子 (factor, power)　由鏡片的度數和位置所決定的眼鏡放大率。

形狀因子 (factor, shape)　由鏡片形狀所決定的眼鏡放大率，包括鏡片前表面弧度、折射率和鏡片厚度。

遠視 (farsightedness)　見 hyperopia。

FDA　美國食品與藥物管理局 (Food and Drug Administration)。

8 字型襯墊 (figure-8 liner)　見 liner, figure 8。

柱狀銼刀 (file, pillar)　一般用途的銼刀，可用於裝配眼鏡。

鼠尾銼刀 (file, rat-tail)　裝配眼鏡時用於鑽孔鏡片的銼刀，以 (1) 減少某區域的鏡片厚度，使鏡片框圈可適度地抓握，或 (2) 將鑽孔的邊緣打磨光滑。

帶狀銼刀 (file, ribbon)　見 file, slotting。

波紋銼刀 (file, riffler)　裝配眼鏡時使用的匙狀銼刀，利於操作狹小難以觸及之處。

**開槽銼刀 (file, slotting)** 用於將螺絲重新開槽，或於從未存在溝槽之處開槽。

**賽璐珞銼刀 (file, zyl)** 裝配眼鏡時用於銼磨鏡架的塑膠部分。

**手指型調整鉗 (finger-piece pliers)** 見 pliers, finger-piece。

**細磨 (fining)** 研磨鏡片表面時，讓鏡片表面達到所需的平整度，以使鏡片可進行拋光。

**完工鏡片 (finished lens)** 見 lens, finished。

**完成加工 (finishing)** 製造眼鏡的加工步驟，從一副有正確度數的未切割鏡片到一副完成的眼鏡之間的過程

**第一焦距 (first focal length)** 見 length, first focal。

**第一焦點 (first principal focus)** 見 focus, first principal。

**配鏡十字 (fitting cross)** 見 cross, fitting。

**切屑 (flash)** swarf 的同義詞。

**平面接觸測試 (flat surface touch test)** 見 test, flat surface touch。

**平頂雙光鏡片 (flat-top bifocal)** 見 bifocal, flat-top。

**焦點 (focal point)** 見 point, focal。

**聚焦力 (focal power)** 見 power, focal。

**共軛焦點 (foci, conjugate)** 透鏡或透鏡系統中相對應的物體及成像點。簡單而言，從一點發出的光束將聚焦於另一點。

**焦度計 (focimeter)** 鏡片驗度儀的同義詞。

**第一主焦點 (focus, first principal)** 當平行光束進入鏡片的後表面時被帶往的焦點。對於正鏡片而言此為實焦點，而對於負鏡片此為虛焦點 ( 同義詞：主焦點 )。

**第二主焦點 (focus, second principal)** 當平行光束進入鏡片的前表面時被帶往的焦點。對於正鏡片而言此為實焦點，而對於負鏡片此為虛焦點 ( 同義詞：次焦點 )。

**中心叉 (fork, centering)** 一個叉狀器具被用於貼附鏡片時固定鏡片，或將鏡片以一個特有的方向放入舊式磨邊機。

**鏡框彎弧 (form, face)** 鏡架前框的弧度，從傳統的四點接觸位置開始，隨著臉部曲線變化的程度。

**負柱面形式 (form, minus cylinder)** 鏡片處方的形式，當柱鏡的值以負數表示時。

**正柱面形式 (form, plus cylinder)** 鏡片處方的形式，當柱鏡的值以正數表示時。

**樣板 (former)** 模板的英式用語。

**準確矢狀切面公式 (formula, accurate sag)** 用於計算矢狀切面深度的公式，其中 r 為鏡片表面的曲率半徑，而 y 是弦的半徑。

**餘弦平方公式 (formula, cosine-squared)** 用於計算斜柱面「度數」的公式，通常是在 90 度軸線上。

**造鏡者公式 (formula, lensmaker's)** 用於計算鏡片表面的曲率半徑或鏡度的公式，其中 F 為鏡片的屈光力 ( 以鏡度表示 )，n' 為鏡片的折射率，而 n 則是鏡片周圍介質的折射率。

**正弦平方公式 (formula, sine-squared)** 用於計算斜柱面「度數」的公式，通常是在 180 度軸線上。

**四點接觸法 (four-point touch)** 見 touch, four-point。

**鏡框中心距 (frame center distance)** 見 distance, frame center。

**幾何中心距 (geometrical center distance)** 見 distance, geometrical center。

**鏡框差 (frame difference)** 見 difference, frame。

**鏡框瞳距 (frame PD)** 鏡框中心或幾何中心間距的同義詞。

**鏡框掃描儀 (frame tracer)** 見 tracer, frame。

**複合材質鏡架 (frame, combination)** 1. 一種有金屬框及塑膠上緣和鏡腳的鏡架。2. 一種其主要零件是塑膠製而某些為金屬製的鏡架。

**尼龍線鏡架 (frame, nylon cord)** 一種利用尼龍線嵌入鏡片邊緣的溝槽以固定鏡片的鏡架。

**玳瑁鏡架 (frame, shell)** 一種稱呼塑膠鏡架的舊式用語，源自龜殼仍用於鏡架材料的時代。

**線裝配鏡架 (frame, string mounted)** 見 frame, nylon cord。

**富蘭克林雙光鏡片 ( 一線雙光鏡片 )(Franklin bifocal)** 見 bifocal, Franklin。

**法式端片 (French endpiece)** 見 endpiece, French。

**菲涅耳方程式 (Fresnel equation)** 見 equation, Fresnel。

**菲涅耳鏡片 (Fresnel lens)** 見 lens, Fresnel。

**菲涅耳稜鏡 (Fresnel prism)** 見 prism, Fresnel。

**前框 (front)** 鏡框容納鏡片的部位。

**前頂點度數 (front vertex power)** 見 power, front vertex。

**波前 (front, wave)** 光束自光源發散時所形成的外邊界。

**前角 (frontal angle)** 見 angle, frontal。

鏡腳長 (front-to-bend, FTB) 鏡腳的長度，以鏡架前框平面至鏡腳彎曲處的距離表示。

FTB 見 front-to-bend。

全視野非球面鏡片 (full-field aspheric) 見 aspheric, full-field。

熔合多焦點鏡片 (fused multifocals) 見 multifocals, fused。

## G

乳石 (galalith) 最早被用於製作鏡架的塑膠材質之一。乳石在 1897 年由酪蛋白（一種牛奶蛋白）和甲醛製造出來，起初用於製作鈕扣和珠寶。二次世界大戰之後即漸少使用。

Boley 量尺 (gauge, Boley) 一種用於測量鏡片寬度或鏡框孔徑的測量儀器。

周長量尺 (gauge, circumference) 一種用於測量已磨邊鏡片或展示用鏡片外圍的裝置，在為新鏡片磨邊時可更準確地複製既有鏡片的尺寸。

GCD 幾何中心距 (geometrical center distance)。

研磨過程 (generating) 在半完工鏡坯上迅速切割預期表面曲率的過程。

幾何中心 (geometrical center) 見 center, geometrical。

幾何中心距 (geometrical center distance) 見 distance, geometrical center。

幾何中心模板 (geometrically centered pattern) 見 pattern, geometrically centered。

德國銀 (German silver) 見 nickel silver。

眩光控制鏡片 (glare control lenses) 見 lenses, glare control。

失能性眩光 (glare, disability) 降低視力表現和能見度的眩光，可能伴隨不適的症狀。

不適性眩光 (glare, discomfort) 造成不適的眩光，但不一定減少視覺解析度。

皇冠玻璃 (glass, crown) 一種常用的玻璃鏡片材料，其折射率為 1.523。

襯片 (glazed lens) 見 lens, glazed。

安裝鏡片、研磨遲鈍 (glazing) 1. 將鏡片嵌入鏡框（安裝鏡片）。2. 磨砂輪上研磨顆粒之間的空隙被阻塞，導致研磨效果降低（研磨遲鈍）。

GOMAC 系統 (GOMAC system) 見 system, GOMAC。

GOMAC 共同市場配鏡從業人員集團（歐洲共同市場配鏡從業人員為了創立歐洲光學標準所組成的委員會）。

漸層鏡片 (gradient lens) 見 lens, gradient。

漸層染色 (gradient tint) 見 tint, gradient。

灰色 (grayness) 拋光不足所導致的一種鏡片表面瑕疵。

雙中心研磨 (grind, bicentric) 稜鏡削薄的同義詞。

研磨容許誤差 (grinding allowance) 研磨輪差的同義詞。

雙中心研磨 (grinding, bicentric) 研磨鏡片的一部分以加上第二個光學中心，常用於鏡片的下半部使之產生垂直稜鏡，緩解視近時的垂直不平衡（同義詞：削薄）。

鏡片開槽機 (groover, lens) 此儀器用在沿著鏡片外緣處刻上凹槽，使鏡片可被尼龍線或細金屬邊框固定於鏡框中。

護臂 (guard arms) 見 arms, pad。

## H

半眼鏡架、小框鏡架 (half-eyes) 此鏡架針對閱讀時需矯正度數，但看遠時不需矯正者而設計。相較於普通鏡架其架在鼻子較低處，且垂直高度僅一般眼鏡的一半。

手動磨邊機 (hand edger) 見 edger, hand。

手動磨邊機 (hand stone) 見 stone, hand。

HAZCOM 危害通訊標準 (Hazard Communication Standard, HCS)。美國職業安全與衛生管理局的危害通訊標準，要求所有雇主提供員工在工作場所任何可能暴露的危害化學物質之資訊和訓練，資訊必須是書面形式且應解釋工作場所免於危害的保護政策。

熱處理 (heat treating) 見 treating, heat。

子片高度 (height, seg) 鏡片或鏡片開口的最低點至子片頂端高度之垂直測量距離。

隱藏式斜面 (Hide-a-Bevel) 原為一種磨邊系統的商標名稱，可於厚邊鏡片的斜面後方產生平台般的效果。目前泛指此類型的鏡片斜面外型。

高衝擊 (high impact) 見 impact, high。

高折射率鏡片 (high-index lens) 見 lens, high-index。

高重物衝擊測試 (high mass impact test) 見 test, high mass impact。

高速衝擊測試 (high velocity impact test) 見 test, high velocity impact。

鉸鍊 (hinge) 鏡架中連結鏡腳與前框並使鏡腳可彎折的部位。

中空尖嘴鉗 (hollow snipe-nosed pliers) 見 pliers, hollow snipe-nosed。

水平對齊 (horizontal alignment) 見 alignment, horizontal。

水平中線 (horizontal midline) 見 midline, horizontal。

遠視者 (hyperope) 存在遠視現象的人。

遠視 (hyperopia) 光線聚焦於視網膜後方時的眼睛屈光狀態，需正度數鏡片以矯正遠視（同義詞：*hypermetropia* 和 *farsightedness*）。

## I

Ilford 裝配架 (Ilford mounting) 見 mounting, Balgrip。

跳像 (image jump) 見 jump, image。

實像 (image, real) 由會聚光線形成的影像。

成像殼差 (image shell error) 見 error, image shell。

虛像 (image, virtual) 由一個遠離光學系統的發散光束，反向追溯至似乎是光束起源的一點所形成的影像。

垂直不平衡 (imbalance, vertical) 兩眼之間存在差異的垂直稜鏡效應。當配戴者將其視線落於鏡片的光學中心下方時，可在視近時被左、右不同度數的鏡片誘發產生。

基本衝擊 (impact, basic) 美國國家標準協會對於容許最低厚度 3.0 mm 耐衝擊安全眼鏡的要求標準，除非鏡片在最高正度數軸線上的度數為 +3.00 D 或以上，此時最小邊緣厚度 2.5 mm 是可被允許的。可使用玻璃鏡片，鏡片必須能承受一個自 50 英吋高度落下的 1 英吋鋼球之撞擊。

高衝擊 (impact, high) 當鏡片材質可同時承受一個自 50 英吋高度落下的 1 英吋鋼球和以秒速 150 英呎移動的 1/4 英吋鋼球之撞擊時，美國國家標準協會對於耐衝擊安全眼鏡的要求標準可容許最低厚度 2.0mm 的鏡片。

人工水晶體移植 (implant, intraocular lens) 一種置於眼內的塑膠鏡片，用以替代眼睛天生的水晶體。人工水晶體普遍用於取代因白內障導致透明度消失的水晶體。

浸漬研磨輪 (impregnated wheel) 見 wheel, impregnated。

絕對折射率 (index, absolute refractive) 真空中的光速對另一介質中光速的比值。

折射率 (index, refractive) 一介質（例如空氣）中的光速對另一介質（例如玻璃）中光速的比值。

相對折射率 (index, relative refractive) 某一特定介質（通常為空氣）中的光速除以另一介質中光速的比值。

UV 值 (index, UV) 一個已知日期中紫外線輻射量的測量值。

紅外線 (infrared) 波長比可見光譜中紅色端波長還長，但短於無線電波長的不可見光。

內偏距 (inset) 由鏡片孔徑的方盒中心往鼻側移心的量（反義詞：外偏距）。

鏡坯子片內偏距 (inset, blank seg) 由鏡坯幾何中心至多光鏡片子片中心的水平距離。

幾何內偏距 (inset, geometrical) 由遠用中心點至子片幾何中心的橫向距離。

淨子片內偏距 (inset, net seg) 在視近時用以產生水平稜鏡效應所需的額外子片內偏距（或外偏距），加在近用瞳孔間距要求下的正常子片內偏距上。

子片內偏距 (inset, seg) 由主要參考點至子片幾何中心的橫向距離。

總內偏距 (inset, total) 近用子片自方框中心移動，使其置於視近瞳孔間距（視近中心距離）位置所需的距離。

中間區 (intermediate) 三光鏡片在遠用區和近用區之間的區域。

瞳孔間距 (interpupillary distance) 見 distance, interpupillary。

人工水晶體移植 (intraocular lens implant) 見 implant, intraocular lens。

隱形雙光鏡片 (invisible bifocals) 見 lens, blended bifocal。

等像鏡片 (iseikonic lenses) 見 lenses, iseikonic。

等柱度線 (isocylinder line) 見 line, isocylinder。

## J

夾具 (jig) 亦稱為「第三隻手」是由安裝在基座上的可調式夾子組成，焊接時可用於固定鏡架。

跳像 (jump, image) 當視線經過雙光鏡片交界線時，影像突然移位的現象。

## K

鎖孔式鼻橋 (keyhole bridge) 見 bridge, keyhole。

kevlar 一種以尼龍為主的鏡架材質。

內普定律 (Knapp's law) 見 law, Knapp's。

刃邊 (knife-edge) 將正度數鏡片研磨至絕對最小厚度，

鏡片邊緣很薄如同刀刃般銳利，意即邊緣厚度為零。

# L

**朗伯特吸收定律 (Lambert's law of absorption)** 見 law, Lambert's。

**疊層鏡片 (laminated lens)** 見 lens, laminated。

**磨具 (lap)** 一種工具，其曲率可相合於鏡片表面期望的曲率。鏡片表面在工具的正面處摩擦，再藉助墊料、研磨劑和拋光劑為鏡片表面帶來光學性能。

**橫向色像差 (lateral chromatic aberration)** 見 aberration, lateral chromatic。

**內普定律 (law, Knapp's)** 當一眼具有軸性非正視，內普定律說明正確置放屈光矯正鏡片的位置，可將視網膜所見影像的尺寸恢復至與正視眼產生的影像相同尺寸。

**朗伯特定律 (law, Lambert's)** 朗伯特吸收定律預測穿透的光量如何根據吸收材質的厚度變化而改變。

**馬勒斯定律 (law, Malus')** 預測有多少偏振光可穿透斜向偏光片之物理定律。

**斯乃耳定律 (law, Snell's)** 可預測光自一種介質穿過另一介質時的屈折性公式，公式為 $n \sin i = n' \sin i'$，其中 $n$ 和 $n'$ 分別為兩種材質的折射率，$i$ 是入射角，而 $i'$ 則為折射角。

**定中心儀 (layout blocker)** 見 blocker, layout; marker/blocker。

**定中心 (layout)** 鏡片貼附和磨邊前的準備步驟。

**LEAP** 為 3M 公司黏著墊之鏡片貼附系統。

**基準長度 (length, datum)** 沿著基準線測得之鏡片或鏡片開口的水平寬度。

**第一焦距 (length, first focal)** 對薄鏡片而言，其鏡片至第一焦點的距離。

**總鏡腳長度 (length, overall temple)** 自鉸鍊桶狀部中心至彎折部再至尾端所測得的鏡腳長度。

**第二焦距 (length, second focal)** 對薄鏡片而言，其鏡片至第二焦點的距離。

**彎折部長度 (length-to-bend, LTB)** 自鉸鍊桶狀部中心至彎折部中央所測得的鏡腳長度。

**鏡片分析儀 (lens analyzer)** 見 analyzer, lens。

**鏡片調理劑 (lens conditioner)** 見 conditioner, lens。

**鏡片開槽機 (lens groover)** 見 groover, lens。

**鏡片測量器 (lens measure)** 見 measure, lens。

**鏡片開口 (lens opening)** 見 opening, lens。

**鏡片分度器 (lens protractor)** 見 protractor, lens。

**鏡片尺寸 (lens size)** 見 size, lens。

**鏡片墊圈 (lens washer)** 見 washer, lens。

**無色像差鏡片 (lens, achromatic)** 無色像差的鏡片，乃因可見光譜之任一端所選定的波長光均聚焦於一點 ( 同義詞：無色像差雙合鏡片 )。

**非球面鏡片 (lens, aspheric)** 一種鏡片其表面的度數由中間往邊緣逐漸變化，以優化成像的光學品質或減少鏡片的厚度。

**非球面縮徑鏡片 (lens, aspheric lenticular)** 一種縮徑鏡片其光學上可用的中間部位具有曲率半徑逐漸變化的前表面。距離鏡片中心越遠，前表面的曲率半徑越長。

**非複曲面鏡片 (lens, atoric)** 一種含有柱面鏡組成的鏡片，其度數由鏡片中心往邊緣逐漸變化，兩條主要軸線的度數變化量各自根據鏡片的柱面度數而異，也為了優化兩個軸向上成像的光學品質。

**最適形鏡片 (lens, best form)** 見 lens, corrected curve。

**雙複曲面鏡片 (lens, bitoric)** 鏡片前後表面皆為複曲面的鏡片。

**熔合 ( 無縫 ) 雙光鏡片 (lens, blended bifocal)** 由外部觀察看不出子片區域的雙光鏡片。熔合 ( 無縫 ) 雙光鏡片通常有圓形子片，其遠光區和雙光區的分界線是平滑的。

**熔合 ( 無縫 ) 碟狀近視鏡片 (lens, blended myodisc)** 一種屬於縮徑鏡片設計之負鏡片，鏡片中央碗狀部位的邊界經過熔合處理後界線不明顯，而使得鏡片更為美觀。

**膠合鏡片 (lens, cement)** 有一小型子片以膠黏於遠用鏡片上的客製鏡片。

**矯正曲線鏡片 (lens, corrected curve)** 一種具有被謹慎選定的表面曲率之鏡片，以減少困擾眼鏡配戴者的邊緣鏡片像差 ( 同義詞：最適形鏡片 )。

**覆蓋鏡片 (lens, cover)** 一種暫時被黏於半完工鏡坯表面之薄鏡片，以保護鏡片表面並提升研磨時的精確度，如同玻璃鏡片的削薄研磨加工。

**展示鏡片 (lens, demo)** 見 coquille。

**雙 D 鏡片 (lens, double-D)** 一種多光鏡片，在鏡片下端有一平頂雙光型子片，上端則有一個顛倒的平頂雙光型子片。

**雙子片鏡片 (lens, double-segment)** 一種有兩個子片的多光鏡片，其中一個位於鏡片下端，另一個則位於上端。

仿製鏡片 (lens, dummy) 見 coquille。

等雙凹鏡片 (lens, equiconcave) 一種鏡片，其前後表面以相同的負屈光度向內彎曲。

等雙凸鏡片 (lens, equiconvex) 一種鏡片，其前後表面以相同的正屈光度向外彎曲。

完工鏡片 (lens, finished) 前後兩面皆研磨至所需度數及厚度的鏡片。完工鏡片尚未針對鏡框磨邊，仍呈現未切割狀態。

菲涅耳鏡片 (lens, Fresnel) 一種由薄的彈性塑膠材質製成的鏡片，具有同心環狀持續增加的稜鏡效應，可複製有度數鏡片的屈光效果。

全視野非球面鏡片 (lens, full-field aspheric) 一種非球面鏡片，其非球面性在光學可用的程度上連續至鏡坯邊緣。

眩光控制鏡片 (lens, glare control) 此術語目前用於表示鏡片吸收的波長接近光譜藍色端，為了減少眩光並增加對比。

襯片 (lens, glazed) 1. 安裝於鏡框內的一種處方或非處方鏡片。2. 鏡框所附的薄塑膠展示鏡片 ( 同義詞：仿製鏡片、襯片 )。

漸層鏡片 (lens, gradient) 一種鏡片，其上半部經過染色，顏色往下半部逐漸變淺。

手磨縮徑鏡片 (lens, hand-flattened lenticular) 一個由手動磨邊機磨製並經過手工拋光的負縮徑鏡片。

高折射率鏡片 (lens, high-index) 此種鏡片的折射率位在鏡片可用折射率範圍的上端，導致其比起其他同尺寸和同度數的鏡片還要薄。

疊層鏡片 (lens, laminated) 由一層以上所組成的鏡片。偏光鏡片即為一例。

縮徑鏡片 (lens, lenticular) 一種僅中央區域具有期望的處方度數之高度數鏡片。針對負度數處方，外圍載體部位的形狀是為了減少邊緣厚度和重量；針對正度數處方，則是為了減少中央的厚度和重量。

彎月形鏡片 (lens, meniscus) 前表面外凸而後表面內凹的鏡片。

礦物鏡片 (lens, mineral) 玻璃鏡片的同義詞。

負柱面形式鏡片 (lens, minus cylinder form) 一種其本身的柱面度數來自後表面兩條軸線表面曲率差異的鏡片。

負縮徑鏡片 (lens, minus lenticular) 一種屬於縮徑鏡片設計之高負度數鏡片，中央區域具有處方度數，周圍載體則選定不同的度數以減少邊緣厚度。

多次降度鏡片 (lens, multidrop) 一種高正度數全視野非球面鏡片，其表面度數由鏡片中央往邊緣劇烈下降。

多光鏡片 (lens, multifocal) 此種鏡片有一個或多個部位之屈光度不同於鏡片其他部位，例如雙光鏡片或三光鏡片。

碟狀近視鏡片 (lens, myodisc) 1. 傳統定義：一種高負度數的鏡片，設計為縮徑鏡片的形式，包含有處方度數的中心區域以及無度數的邊緣區域。鏡片前方曲度是平光或非常接近平光。2. 一般用法：任何屬於縮徑鏡片設計的高負度數鏡片。

負縮徑鏡片 (lens, negative lenticular) 一種其邊緣區域已被磨平之高負度數鏡片，以減少重量和邊緣厚度 ( 一般用法同義詞：碟狀近視鏡片 )。

職業用漸進多焦點鏡片 (lens, occupational progressive) 一種漸進多焦點鏡片，被開立和／或設計用於特殊工作的處方鏡片，而非用於長時間日常配戴。

珀茲伐形式鏡片 (lens, Percival form) 此種鏡片設計的重點在於去除度數誤差而非斜散光。

變色鏡片 (lens, photochromic) 一種當曝光時會改變其穿透特性的鏡片。

平凹鏡片 (lens, planoconcave) 一面平坦而另一面向內彎曲之一種鏡片。

平凸鏡片 (lens, planoconvex) 一面平坦而另一面向外彎曲之一種鏡片。

正柱面形式鏡片 (lens, plus cylinder form) 一種其本身的柱面度數來自後表面兩條軸線表面曲率差異的鏡片。

點焦鏡片 (lens, point focal) 一種鏡片設計的重點在於去除斜散光而非度數誤差。

偏光鏡片 (lens, polarizing) 一種鏡片，可阻擋在某一平面上偏折的光，如反射自一個平滑、非漫射表面的光。

稜鏡子片鏡片 (lens, prism segment) 一種 10 mm 深的帶狀子片，包含視近用的稜鏡效應。帶狀子片延伸至鏡坯的鼻側邊緣。

漸進多焦點鏡片 (lens, progressive-addition) 一種具有度數變化光學性質的鏡片，在正度數鏡片中度數從遠光區往近光區逐漸增加 ( 負度數鏡片則是減少 )。

四光鏡片 (lens, quadrafocal) 一種多光鏡片，鏡片下

半部有平頂三光子片，上半部則有顛倒的平頂雙光型子片。

**反削鏡片 (lens, reverse-slab)** 一種在切削線下方有底朝下稜鏡的削薄鏡片，而非底朝上稜鏡。

**單光鏡片 (lens, single-vision)** 整個鏡片具有相同的球面和／或柱面度數，以與多光鏡片進行區分。

**尺寸鏡片 (lens, size)** 見 lens, iseikonic。

**球面縮徑鏡片 (lens, spheric lenticular)** 一種縮徑鏡片，其光學可用的中央部位為曲率無變化的前表面，但卻是完整的球面。

**庫存鏡片 (lens, stock)** 一種預製的鏡片，不需經過客製化磨面，隨時可準備磨邊。

**未切割鏡片 (lens, uncut)** 一種兩側已磨面但尚未為鏡框磨邊的鏡片。

**X-Chrom 鏡片 (lens, X-Chrom)** 一種紅色的隱形眼鏡，僅於一眼配戴，以改善具有某種程度紅綠色缺陷者的色覺。

**Younger 無縫鏡片 (lens, Younger seamless)** 一種由 Younger 光學公司製造的熔合（無縫）雙光鏡片商標名稱。

**等像鏡片 (lenses, iseikonic)** 一副曲率和厚度經特別挑選的鏡片，以在左、右眼產生不同的影像放大率，用於矯正兩眼間成像的尺寸差異，亦稱為尺寸鏡片。

**造鏡者公式 (lensmaker's formula)** 見 formula, lensmaker's。

**鏡片驗度儀 (lensmeter)** 用以找出鏡片度數和稜鏡的儀器。

**lensometer** 一種鏡片驗度儀的商標名稱。

**縮徑鏡片 (lenticular)** 一種高度數鏡片，只在鏡片中央區域有期望的處方度數，外圍的載體區域經過切磨以減少負度數處方的邊緣厚度和重量，以及正度數處方的中央厚度和重量。

**縮徑鏡片 (lenticular lens)** 見 lens, lenticular 或 lenticular。

**非球面縮徑鏡片 (lenticular, aspheric)** 一種縮徑鏡片，其光學可用的中央部位是曲率半徑有變化的前表面。

**手磨縮徑鏡片 (lenticular, hand-flattened)** 一種負縮徑鏡片，其縮徑部位由手動磨邊機製作並經過手工拋光。

**負縮徑鏡片 (lenticular, negative)** 一種具有磨平的邊緣區域之高負度數鏡片，用以減少重量和邊緣厚度（同義詞：碟狀近視鏡片）。

**球面縮徑鏡片 (lenticular, spheric)** 一種縮徑鏡片，其光學可用的中央部位為曲率半徑不變的前表面，但卻是完整的球面。

**鏡腳張角 (let-back)** 見 spread, open-temple。

**閱讀深度 (level, reading)** 見 depth, reading。

**圖書館式鏡腳 (library temple)** 見 temple, library。

**光箱 (light box)** 見 box, light。

**切割線 (line, cutting)** 此為一個術語指當鏡片已找出柱軸方向和移心後，以手劃記或蓋印於鏡片上的 180 度線，可作為鏡片貼附和磨邊時的參考線。

**基準線 (line, datum)** 一條直線位於與鏡片最高及最低邊緣的水平切線之中間位置（同義詞：水平中線、180 度線）。

**等柱度線 (line, isocylinder)** 在漸進多焦點鏡片等高（鏡度）分布圖中的一種線，用於表示一個已知柱面度數的位置。

**裝配線 (line, mounting)** 1. 貫穿鏡片模板機械中心的水平參考線。2. 過去用法：在金屬或無框眼鏡上，通過鼻墊臂與鏡架連接點的直線，可作為水平對齊的參考線。

**180 度線 (line, 180-degree)** 水平中線的同義詞。

**8 字型襯墊 (liner, figure-8)** 一種可放在某些尼龍線鏡架頂端鏡圈凹槽內的一種襯墊。

**縱向色像差 (longitudinal chromatic aberration)** 見 aberration, longitudinal chromatic。

**LTB** 鏡腳至彎折部長度的測量值。

## M

**年齡相關黃斑部病變 (maculopathy, age-related)** 視網膜敏感的黃斑部發生退化，亦稱為黃斑部退化。

**放大率差異 (magnification difference)** 見 difference, magnification。

**相對眼鏡放大率 (magnification, relative spectacle, RSM)** 已知眼睛相對於標準眼睛的放大率測量值。

**眼鏡放大率 (magnification, spectacle, SM)** 經眼鏡矯正與未經眼鏡矯正的相同眼睛所看到的影像，比較其兩者在尺寸上的差異。

**馬勒斯定律 (Malus' law)** 見 law, Malus'。

**主要參考點 (major reference point)** 見 point, major reference。

**邊緣散光 (marginal astigmatism)** 見 astigmatism, oblique。

**劃線器 (marker)** 一種用於準確置放鏡片之舊式定心裝置，並印上鏡片貼附時需參考的水平和垂直參考線。

**劃線器／貼附器 (marker/blocker)** 一種用於準確置放鏡片的裝置，然後 (1) 印上水平和垂直參考線用於稍後鏡片貼附步驟，或 (2) 當鏡片仍於裝置中時便直接貼附鏡片。

**物質安全資料表 (material safety and data sheet, MSDS)** 其為一份文件，內容包含工作場所中具潛在危險性化學品的資訊。MSDS 應包括物理和化學性質、已知對健康的急性和慢性影響、暴露限制、預防性措施和急救程序。

**MBL** 鏡片間最小值 (minimum between lenses)。

**MBL** 最小鏡坯尺寸 (minimum blank size)。 見 size, minimum blank。

**平均色散 (mean dispersion)** 見 dispersion, mean。

**鏡片測量器 (measure, lens)** 一個小型懷錶尺寸的儀器，用於測量鏡片表面的曲度，亦稱為鏡片鐘、球面計或鏡片尺。

**記憶塑膠 (memory plastic)** 一種可在彎折或扭曲後仍回復為原本形狀之塑膠材質。

**彎月形鏡片 (meniscus lens)** 見 lens, meniscus。

**柱面軸線 (meridian, axis)** 柱鏡或球柱鏡最小度數的軸線，對負柱鏡而言是最小負度數軸線，而對於正柱鏡則為最小正度數軸線。

**主要軸線 (meridian, major)** 柱鏡或球柱鏡兩條軸線的其中一條，軸線之間互呈 90 度且與鏡片的最大和最小度數一致。

**度數軸線 (meridian, power)** 柱鏡或球柱鏡最大度數的軸線，對負柱鏡而言是最大負度數軸線，而對於正柱鏡則為最大正度數軸線。

**金屬熔合研磨輪 (metal bonded wheel)** 見 wheel, metal bonded。

**金屬鞍式鼻橋 (metal saddle bridge)** 見 bridge, metal saddle。

**金屬鍍膜 (metalized coating)** 見 coating, metalized。

**基準中心深度 (middatum depth)** 見 depth, middatum。

**水平中線 (midline, horizontal)** 在方框系統法的鏡片測量中，位於與鏡片上緣和下緣相切的兩條水平線正中間的水平線 ( 同義詞：180 度參考線 )。

**迷你斜面 (minibevel)** 一種鏡片磨邊的外型，有一個斜面和一個有角度的突出部。

**鏡片間最小值 (minimum between lenses)** 基準線系統法中相等於方框系統法之鏡片間距 (DBL) 的量值。

**負加入度雙光鏡片 (minus add bifocal)** 見 Bifocal, minus add。

**負柱面形式 (minus cylinder form)** 見 form, minus cylinder。

**負柱面形式鏡片 (minus cylinder form lens)** 見 lens, minus cylinder form。

**負縮徑鏡片 (minus lenticular lens)** 見 lens, minus lenticular。

**鏡面鍍膜 (mirror coating)** 見 coating, mirror。

**蒙納合金 (Monel)** 一種泛白、柔韌、細緻拋光的金屬鏡架材質，其由鎳、銅、鐵組成，亦包含其他元素。

**單色像差 (monochromatic aberration)** 見 aberration, monochromatic。

**單眼瞳距 (monocular PD)** 見 PD, monocular。

**單眼視 (monovision)** 一眼看遠而另一眼看近之屈光性矯正。

**裝配架、裝配 (mounting)** 1. 一種眼鏡鏡架的名稱。鏡片不需鏡圈的協助即可被固定，如同無框或半框裝配架 ( 裝配架 )。2. 鏡片與無框或半框眼鏡鏡架的連接 ( 裝配 )。

**裝配線 (mounting line)** 見 line, mounting。

**槽口夾型裝配架 (mounting, Balgrip)** 一種裝配架 ( 鏡架 )，利用安裝於鋼條上的夾具以將鏡片固定，此鋼條與鏡片兩側之鼻側和顳側溝槽相合。

**槽口夾型裝配架 (mounting, Ilford)** Balgrip 裝配架的同義詞。

**鼻側單點裝配架 (mounting, Numont)** 一種僅倚靠鼻側固定鏡片的裝配架。鏡片接合於鼻橋區域，鏡腳與沿著鏡片後表面往顳側延伸的金屬臂連接，因此每片鏡片各只有一個接著點。

**無框裝配架 (mounting, rimless)** 利用鏡圈或尼龍線以外的方法來固定鏡片的一種裝配架，常用的裝配方法是運用穿過鏡片的螺絲或端子 ( 同義詞：三件裝配 )。

**半框裝配架 (mounting, semirimless)** 類似無框的裝配架但增加金屬強化臂，沿著鏡片後表面上端延伸並連接鏡框中心片和端片。

**三件裝配架 (mounting, 3-piece)** 見 mounting, rimless。

**威爾斯邊裝配架 (mounting, Wils-Edge)** 利用可抓著鏡片頂端的溝槽臂以固定鏡片之一種裝配架 ( 鏡架 )。

**MRP** 主要參考點的縮寫。見 point, major reference。

**MSDS** 物質安全資料表的縮寫。

多次降度鏡片 (multidrop lens)　見 lens, multidrop。

多焦點鏡片 (multifocal)　鏡片有一個或多個部位之屈光度不同於鏡片其他部位，例如雙光鏡片或三光鏡片。

熔合多焦點鏡片 (multifocals, fused)　子片熔入遠光區而不被察覺的玻璃多焦點鏡片。

職業用多焦點鏡片 (multifocals, occupational)　任何經過謹慎考量及定位後所設計或選用的子片型鏡片或漸進多焦點鏡片，其用於特殊的觀看狀況。

一體成形多焦點鏡片 (multifocals, one-piece)　由一種材質組成的多焦點鏡片，子片區域上的任何度數變化是由鏡片表面曲率的變化所致。

子片型多焦點鏡片 (multifocals, segmented)　有個可見、清楚分界的雙光或三光區域之多焦點鏡片，無子片的多焦點鏡片即是漸進多焦點鏡片。

碟狀近視鏡片 (myodisc)　見 lens, myodisc。

近視者 (myope)　存在近視現象的人。

近視 (myopia)　光線聚焦於視網膜前方時的眼睛屈光狀態，需負度數鏡片以矯正近視（同義詞：近視）。

## N

n　折射率的縮寫。

鼻側 (nasal)　鏡片或鏡框朝向鼻子的該側（內側）。

鼻側增幅 (nasal add)　見 add, nasal。

鼻側切除 (nasal cut)　見 cut, nasal。

NBC　標稱基弧的縮寫。

近用度數 (near power)　見 power, near。

近用參考點 (near reference point)　見 point, near reference。

近用處方 (near Rx)　近加入度和遠用度數加總所得的淨鏡片度數。

近視 (nearsightedness)　見 myopia。

淨子片內偏距 (net seg inset)　見 inset, net seg。

中和 (neutralize)　為了確認鏡片的屈光度。大多通常透過鏡片驗度儀的輔助來進行測量。

中和劑 (neutralizer)　用以減少或移除先前已染色鏡片顏色的溶液。

鎳銀 (nickel silver)　一種外觀泛白的金屬鏡架材質，包含 50% 以上的銅、25% 鎳，其餘則為鋅（同義詞：德國銀）。

標稱基弧 (nominal base curve)　見 curve, nominal base。

法線 (normal)　通過光束入射的點與反射或折射表面呈垂直的直線。

鼻墊、鼻托 (nosepads)　倚靠於鼻部以支撐鏡架的塑膠配件。

NRP　近用參考點的縮寫。見 point, near reference。

設定數字 (number, set)　配合模板使用的補償數字，用於調整磨邊機以達到補償的眼型尺寸設定。

鼻側單點裝配 (Numont mounting)　見 mounting, Numont。

鼻側單點調整鉗 (Numont pliers)　見 pliers, Numont。

眼球震顫 (nystagmus)　一種經常且非自願性的眼球前後移動之徵狀。

## O

散光差 (oblique astigmatic error)　見 error, oblique astigmatic。

斜散光 (oblique astigmatism)　見 astigmatism, oblique。

OC　光學中心 (optical center)。

職業用多焦點鏡片 (occupational multifocals)　見 multifocals, occupational。

美國職業安全與衛生管理局 (Occupational Safety and Health Administration)　美國的政府機關，其負責制定工作場所安全政策並確保工作人員的安全。

OD　拉丁文 oculus dexter（右眼）。

OLA　美國光學實驗室協會的縮寫。

一體成形多焦點鏡片 (one-piece multifocals)　見 multifocals, one-piece。

鏡腳張幅 (open temple spread)　見 spread, open temple。

鏡片開口 (opening, lens)　鏡框接受鏡片的部位（同義詞：鏡片孔徑）。

OPL　職業用多焦點鏡片的縮寫。見 lens, occupation progressive。

光軸 (optical axis)　見 axis, optical。

光漂白 (optical bleaching)　見 bleaching, optical。

光學中心 (optical center)　見 center, optical。

美國光學實驗室協會 (Optical Laboratories Association)　由光學實驗室組成的專業協會。

光學中心模板 (optically centered pattern)　見 pattern, optically centered。

Optyl　一種用於製作鏡架的環氧樹脂材質之商標名稱。

OS　拉丁文 oculus sinister（左眼）。

OSHA　美國職業安全與衛生管理局 (Occupational Safety and Health Administration)。

外偏距 (outset)　由鏡框的鏡片孔徑之方框中心往顳側移心的量（反義詞：內偏距）。

總鏡腳長度 (overall temple length)　見 length, overall temple。

**P**

鼻墊臂 (pad arms)　見 arms, pad。

鼻墊調整鉗 (pad-adjusting pliers)　見 pliers, pad-adjusting。

墊式鼻橋 (pad bridge)　見 bridge, pad。

加強墊 (pads, buildup)　鼻墊形的塑膠小物件，用以黏附於鼻橋並可調整鼻橋的貼合度。

PAL　漸進多焦點鏡片的縮寫。見 lens, progressive addition。

弧頂圓角雙光鏡片 (Panoptik)　見 bifocal, Panoptik。

前傾角 (pantoscopic angle) 或傾斜 (tilt)　見 angle, pantoscopic。

前傾角調整鉗 (pantoscopic angling pliers)　見 pliers, pantoscopic angling。

視差 (parallax)　一個物體的位置因不同觀看角度而有明顯的改變。

近軸光線 (paraxial rays)　見 rays, paraxial。

模板差 (pattern difference)　見 difference, pattern。

模板 (pattern)　一塊塑膠或金屬片，具有與已知鏡框的鏡片孔徑相同的形狀，用於鏡片磨邊時的引導以使鏡片形狀符合鏡框。

幾何中心模板 (pattern, geometrically centered)　一種模板，其機械和幾何中心位於同一水平面。

光學中心模板 (pattern, optically centered)　一種模板，其機械中心位於方框中心之上。

模板磨邊機 (patterned edger)　見 edger, patterned。

無模板磨邊機 (patternless edger)　見 edger, patternless。

瞳距 (PD)　瞳孔間距離的縮寫。見 distance, interpupillary。

雙眼瞳距 (PD, binocular)　自一側瞳孔中心至另一瞳孔中心的測量距離，不考慮兩眼可能各與鏡框鼻橋中央存在不同的距離。

遠用瞳距 (PD, distance)　規定為相當於配戴者正在觀看遠方物體時的瞳孔間距。

鏡框瞳距 (PD, frame)　幾何中心距或中心間距的同義詞。

單眼瞳距 (PD, monocular)　各別測量從鏡框鼻橋中央至配戴者單眼瞳孔中心的距離。

近用瞳距 (PD, near)　規定為觀看近方物體時的瞳孔間距。

敲擊 (peening)　在所謂的「鉚釘鉸鍊」或鏡架螺絲的尖端上，將形似鉚釘的套頭置於釘柱（鉚釘）末端的動作。

敲擊鉗 (peening pliers)　見 pliers, peening。

珀茲伐形式鏡片 (Percival form lens)　見 lens, Percival form。

周邊光線 (peripheral rays)　見 rays, peripheral。

斜位 (phoria)　當一側眼睛被覆蓋時融像功能被打斷，此時一眼視線相對於另一眼視線的方向。

變色鏡片 (photochromic lens)　見 lens, photochromic。

光度計 (photometer)　一種用於測量亮度的儀器。用於鏡片時，根據已知光譜區域測量鏡片的穿透率。

柱狀銼刀 (pillar file)　見 file, pillar。

枕形畸變 (pincushion distortion)　見 distortion, pincushion。

相異平面 (planes, variant)　一種鏡框垂直不對齊的形式，鏡片平面不在共同平面上對齊（其中一片鏡片較另一鏡片更往前傾）。

平光鏡片 (plano, pl)　無屈光度數的鏡片或鏡片表面。

平凹鏡片 (planoconcave lens)　見 lens, planoconcave。

平凸鏡片 (planoconvex lens)　見 lens, planoconvex。

鼻橋調窄鉗 (pliers, bridge-narrowing)　用於調窄塑膠鏡架的鼻橋。

鼻橋調寬鉗 (pliers, bridge-widening)　用於調寬塑膠鏡架的鼻橋。

剝碎鉗 (pliers, chipping)　該鉗子主要用於剝碎或打斷未切割或半完工玻璃鏡片的外圍部分，以減小其尺寸或使之修整至大略符合完工形狀。

端片角度調整鉗 (pliers, endpiece angling)　用於調整舊式無框鏡架的鉗子。

鏡圈塑形鉗 (pliers, eyewire-forming)　有水平彎曲鉗口的鉗子，用於調整金屬鏡架的鏡圈上端和下端之形狀，使其吻合磨邊鏡片的彎月形曲線。

鏡腳褶疊角調整鉗 (pliers, fingerpiece)　該鉗子用於調整塑膠鏡架的鏡腳褶疊角。有著平行的鉗口，原本設計用於調整鏡腳的裝配，亦稱為 U 型鉗。

中空尖嘴鉗 (pliers, hollow snipe-nosed)　鉗口中央為中空的尖嘴鉗。

鼻側單點調整鉗 (pliers, Numont)　特別設計用於進行鼻側單點裝配的固定鉗。鼻側單點調整鉗之於鼻側單點鏡架的功能如同端片角度調整鉗之於舊式無框鏡架。

鼻墊調整鉗 (pliers, pad-adjusting)　這種鉗子的一側為

杯狀鉗口，以符合可調式鼻墊的面側，另一側鉗口的形狀可使鼻墊背側於彎折時可被固定。

**敲擊鉗 (pliers, peening)**　有一圓形杯狀邊緣的鉗子，可將類似鉚釘的套頭置於螺絲末端。

**打孔鉗 (pliers, punch)**　該鉗子具有一個細圓桿狀突起物，將突起部位對著鉚釘的銼磨端置放，以使鉚釘自塑膠鏡架沖出，亦可用於沖出受損的鏡架螺絲。

**無框調整鉗 (pliers, rimless adjusting)**　用於在鏡片與鏡架的接點處夾住無框眼鏡的鉗子。

**尖嘴鉗 (pliers, snipe-nosed)**　鉗口兩側逐漸變尖的鉗子，便於在狹窄處使用，經常用於調整鼻墊臂。

**方圓鉗 (pliers, square-round)**　用於調整鼻墊臂，該鉗子的鉗口一側有小型圓形截面，另一側則為方形截面。

**鏡箍調整鉗 (pliers, strapping)**　有一對扁平鉗口的鉗子，鉗口一側較長並與另一側重疊，用於調整舊型無框或半框鏡架的鏡片箍。

**等鏡度圖 (plot, contour)**　此為一種線圖，用於繪製漸進多焦點鏡片的可視區域中，不必要的柱面度數或等價球面度數的區域。

**正柱面形式 (plus cylinder form)**　見 form, plus cylinder。

**正柱面形式鏡片 (plus-cylinder–form lens)**　見 lens, plus cylinder-form。

**尖 (point)**　1/10 mm 的鏡片厚度。

**遠用定心點 (point, distance centration)**　主要參考點的英式用法。

**遠用參考點 (point, distance reference, DRP)**　根據製造商指示，鏡片上遠用度數被測量的位置。遠用度數由球面、柱面及軸組成。遠用參考點可能與稜鏡參考點 (PRP) 不一致，如漸進多焦點鏡片。

**焦點 (point, focal)**　光線會聚或發散的點。

**點焦鏡片 (point focal lens)**　見 lens, point focal。

**主要參考點 (point, major reference, MRP)**　鏡片上稜鏡度等於處方要求的點。

**近用參考點 (point, near reference, NRP)**　根據製造商指示，鏡片上近加入度的度數被測量的位置。

**稜鏡參考點 (point, prism reference, PRP)**　鏡片上驗證稜鏡度數的點，亦稱為主要參考點。

**偏光鏡 (polariscope)**　見 colmascope。

**偏光鏡片 (polarizing lens)**　見 lens, polarizing。

**聚醯胺 (polyamide)**　一種堅固、以尼龍為基材的鏡架材質，可使鏡架製作得更輕更薄。

**聚碳酸酯 (polycarbonate)**　一種折射率為 1.586 的鏡片材質，以其強度知名。

**光學十字 (power cross)**　見 cross, power。

**度數因子 (power factor)**　見 factor, power。

**度數軸線 (power meridian)**　見 meridian, power。

**實際度數 (power, actual)**　校準度數的同義詞。

**後頂點度數 (power, back vertex)**　空氣中自鏡片後表面至第二主焦點之距離的倒數，在測量眼鏡鏡片時使用。

**色稜鏡度 (power, chromatic)**　見 aberration, lateral chromatic。

**補償度數 (power, compensated)**　鏡片磨面時，後頂點度數已被轉換成折射率為 1.53 的參考鏡框弧度，用於針對一個具有不同折射率的鏡片尋找以折射率 1.53 為參考值的工具弧度。

**色散力 (power, dispersive)**　下列 $\dfrac{n_F - n_C}{n_D - 1}$ 數值用於計算已知材質的色像差。色散力縮寫為希臘字母 ω。

**有效度數 (power, effective)**　1. 鏡片於選定位置的聚散度而非鏡片本身擁有的聚散度。2. 鏡片在新位置所需的度數，以取代原本的參考鏡片度數並保持相同的焦點。

**聚焦力 (power, focal)**　表示鏡片或鏡片表面改變入射光束聚散度的一種能力測量。

**前頂點度數 (power, front vertex)**　空氣中自鏡片前表面至第一主焦點距離的倒數。

**近用度數 (power, near)**　遠用度數和近加入度的總和（同義詞：近用處方）。

**標稱度數 (power, nominal)**　總鏡片度數的估計值，由前後表面度數的總和計算得出（不可與標稱基弧混淆）（同義詞：近似度數）。

**稜鏡度 (power, prism)**　當在距離鏡片或稜鏡 1 m 處時光線位移的量，以公分為單位。

**屈光度 (power, refractive)**　準確描述鏡片或鏡片表面會聚或發散光線之能力的鏡度值。針對空氣中的鏡片表面，屈光度以 $F = \dfrac{n-1}{r}$ 表示，其中 n 是鏡片材質的折射率，r 是表面曲率半徑，以公尺為單位。

**校準度數 (power, true)**　鏡片基弧以折射率 1.53 作為參考的弧度。校準度數是由折射率 1.53 為參考值的鏡片鐘或矢狀切面尺測得。

**預鍍膜 (precoat)**　一種噴在或刷在鏡片上的液體，可在進行加工時保護鏡片表面，且／或使模塊盡可能貼附於鏡片。

普氏法則 (Prentice's Rule) 見 Rule, Prentice's。

Prep, Lens 鏡片調理劑的商標名稱。

老花 (presbyopia) 當眼內的水晶體因老化過程而變得無彈性時之屈光狀態。

橫向壓力 (pressure, lateral) 鏡腳對頭部兩側位於耳朵上方處的壓力。

稜鏡 (prism) 具有兩個非平行且透明的表面，可使入射光線在離開時改變方向。

稜鏡軸 (prism axis) 見 axis, prism。

稜鏡度 (prism diopter) 見 diopter, prism。

稜鏡度數 (prism power) 見 power, prism。

稜鏡參考點 (prism reference point) 見 point, prism reference。

菲涅耳稜鏡 (prism, Fresnel) 一種由薄而有彈性的材質所製造的稜鏡，由數小排相等度數的稜鏡構成，產生與傳統稜鏡相同的光學效應。

睿士里稜鏡 (prism, Risley's) 一種斜交叉稜鏡的應用，兩個稜鏡度相同的稜鏡上下疊放，且底部可往同方向或反方向旋轉，以產生變化的稜鏡度，亦稱為旋轉稜鏡。

處方稜鏡 (prism, Rx) 鏡片處方中的稜鏡，乃開立處方的醫師所要求的。

共軛稜鏡 (prism, yoked) 為了減少鏡片厚度，磨在漸進多焦點或富蘭克林式雙光鏡片左、右兩鏡片上的等量垂直稜鏡。

漸進多焦點鏡片 (progressive-addition lens) 見 lens, progressive-addition。

漸進區 (progressive corridor) 見 corridor, progressive。

丙酸酯 (propionate) 鏡架材質乙醯丙酸纖維素的俗名。丙酸酯有許多與醋酸纖維素相同的特質，且較適合射出成型。

鏡片分度器 (protractor, lens) 在 360 度分度儀上的公釐尺度格線，用於磨面和磨邊時之鏡片定心步驟。

PRP 稜鏡參考點的縮寫。見 point, prism reference。

假晶體眼者 (pseudophake) 已移除水晶體而改以人工水晶體替代的人。

翼狀贅片 (pterygium) 由眼白開始延伸至角膜的增生組織。

打孔鉗 (punch pliers) 見 pliers, punch。

## Q

四光鏡片 (quadrafocal) 見 lens, quadrafocal。

## R

徑向散光 (radial astigmatism) 見 astigmatism, oblique。

子片升距 (raise, seg) 1. 當子片頂端較主要參考點高時，由主要參考點至子片頂端的垂直距離。2. 當子片頂端較水平中線高時，從已磨邊鏡片的水平中線至子片頂端的垂直距離（配鏡工廠用法）（反義詞：子片降距）。

鼠尾銼刀 (rat-tail file) 見 file, rat-tail。

近軸光線 (rays, paraxial) 穿過鏡片中央區域的光線。

周邊光線 (rays, peripheral) 穿過鏡片的位置較靠近邊緣而非中心的光線。

R 補償子片 (R-compensated segs) 見 segs, R-compensated。

閱讀中心 (reading center) 見 center, reading。

閱讀深度 (reading depth) 見 depth, reading。

閱讀深度 (reading level) 見 level, reading。

實像 (real image) 見 image, real。

Rede-Rite 雙光鏡片 (Rede-Rite bifocal) 見 bifocal, minus add。

簡略厚度 (reduced thickness) 見 thickness, reduced。

遠用參考點 (reference point, distance) 見 point, distance reference。

近用參考點 (reference point, near) 見 point, near reference。

稜鏡參考點 (reference point, prism) 見 point, prism reference。

反射顏色 (reflex color) 見 color, reflex。

折射、屈光 (refraction) 1. 光線被鏡片或光學系統彎折（折射）。2. 確認個人處方鏡片所需度數的過程（屈光）。

屈光性非正視眼 (refractive ametropia) 見 ametropia, refractive。

折射率 (refractive index) 見 index, refractive。

屈光度 (refractive power) 見 power, refractive。

相對折射率 (relative refractive index) 見 index, relative refractive。

相對眼鏡放大率 (relative spectacle magnification) 見 magnification, relative spectacle。

稜鏡分解 (resolving of prism) 將單一稜鏡以兩個稜鏡表示的過程，其平行和垂直的底面方向互相垂直，但結合的效果相等於原本的稜鏡。

後傾角或傾斜 (retroscopic angle or tilt) 見 angle, retroscopic。

反削鏡片 (reverse-slab lens) 見 lens, reverse-slab。

帶狀雙光鏡片 (ribbon bifocal) 見 bifocal, ribbon。

帶狀銼刀 (ribbon file) 見 file, slotting。

弓式鏡腳 (riding-bow temple) 見 temple, riding-bow。

波紋銼刀 (riffler file) 見 file, riffler。

邊框 (rim) 見 eyewire。

無框 (rimless) 與鏡架 (裝配架) 有關，使用一些鏡圈以外的方法以固定鏡片。多數無框裝配架在每一鏡片有兩個接觸點。

無框裝配架 (rimless mounting) 見 mounting, rimless。

Rimway 裝配架 (Rimway mounting) 見 mounting, semirimless。

睿士里稜鏡 (Risley's prism) 見 prism, Risley's。

軋邊 (rolled edge) 見 edge, rolled。

軋延 (rolling) 拉扯鏡圈以使鏡片斜邊前方被覆蓋的區域較後方少，或反之亦然。

圓頂雙光鏡片 (round-seg bifocal) 見 bifocal, round-seg。

普氏法則 (Rule, Prentice's) 此法則陳述以公分表示的鏡片移心乘以鏡片度數等於稜鏡效應：$\Delta = cF$。

3/4 法則 (rule, three-quarter) 3/4 法則表述有鏡度需求的每一鏡度 (1.00D)，每個閱讀鏡片的光學中心或每個雙光加入度的幾何中心應內偏 0.75(3/4) mm。

處方稜鏡 (Rx prism) 見 prism, Rx。

## S

鞍式鼻橋 (saddle bridge) 見 bridge, saddle。

安全斜面 (safety bevel) 見 bevel, safety。

安全眼鏡 (safety eyewear) 見 eyewear, safety。

矢狀切面深度 (sag) 矢狀切面深度的同義詞或縮寫。見 depth, sagittal。

矢狀切面深度 (sagittal depth) 見 depth, sagittal。

刮痕 (scratch) 有鋸齒狀邊緣的溝槽線。

退螺絲器 (screw extractor) 見 extractor, screw。

第二焦距 (second focal length) 見 length, second focal。

第二主焦點 (second principal focus) 見 focus, second principal。

子片 (seg) 見 segment。

子片鐘 (seg clock) 見 clock, seg。

子片深度 (seg depth) 見 depth, seg。

子片降距 (seg drop) 見 drop, seg。

子片高度 (seg height) 見 height, seg。

子片內偏距 (seg inset) 見 inset, seg。

子片光學中心 (seg optical center) 見 center, seg optical。

子片寬度 (seg width) 見 width, seg。

子片 (segment [seg]) 鏡片上的一塊區域，具有與鏡片主體不同的度數。

稜鏡子片 (segment, prism) 見 lens, prism segment。

子片型多焦點鏡片 (segmented multifocals) 見 multifocals, segmented。

非相似形子片 (segs, dissimilar) 一種矯正近光區垂直不平衡的方法，在左、右兩眼使用不同形式的雙光子片。

R 補償子片 (segs, R-compensated) 一種矯正近光區垂直不平衡的方法，利用已修改的帶狀雙光子片，使一側鏡片的子片光學中心較另一側的子片光學中心高。

半徑 (semidiameter) 直徑除以 2。在眼鏡光學中，半徑是指已知表面弧度弦的一半，用於計算該表面的矢狀切面深度。

半完工鏡坯 (semifinished blank) 見 blank, semifinished。

半完工研磨工具 (semifinished lap tool) 見 tool, semifinished lap。

半框裝配架 (semirimless mountings) 見 mountings, semirimless。

半鞍式鼻橋 (semisaddle bridge) 見 bridge, semisaddle。

設定數字 (set number) 見 number, set。

鏡腳柄 (shaft) 鏡腳端頭和彎折處之間的部位。

脛 (shank) 見 shaft。

形狀記憶合金 (shape memory alloy, SMA) 一種鈦合金的名稱，其 40 ～ 50% 為鈦而其餘則由鎳組成，彈性非常好可恢復原本的形狀 (同義詞：記憶金屬)。

玳瑁鏡架 (shell frame) 見 frame, shell。

擋片 (shield) 在塑膠鏡架上與鉚釘連接以固定鉸鍊的金屬片。

側擋片 (shields, side) 貼附於眼鏡鏡架外側、顳側區域的保護性擋片，用以保護眼睛免於從側方而來的危險。

蹄 (shoe) 與鏡片邊緣相接之籬狀裝配區域的一部分，用以束緊鏡片，亦稱為肩或領。

後工廠 (shop, back) 鏡片磨面工廠的同義詞。

前工廠 (shop, front) 鏡片磨邊工廠的同義詞。

肩 (shoulder) 見 shoe。

側擋片 (side shields)　見 shields, side。

正弦函數值 (sine)　直角三角形中被指定角的對邊與斜邊之比值：正弦函數值 = 對邊 / 斜邊

正弦平方公式 (sine-squared formula)　見 formula, sine-squared。

單光鏡片 (single-vision lens)　見 lens, single-vision。

尺寸鏡片 (size lenses)　見 lenses, iseikonic。

鏡片尺寸 (size, lens)　方框系統法中鏡片或鏡片開孔的 A 尺寸。

最小鏡坯尺寸 (size, minimum blank)　可符合已知處方鏡片和鏡框組合的最小鏡坯。

尺寸測定器 (sizer)　一種鏡框或前框，特別用於檢查已磨邊鏡片尺寸的準確性。

鼻橋歪斜 (skewed bridge)　見 bridge, skewed。

顱式鏡腳 (skull temple)　見 temple, skull。

稜鏡削薄 (slab-off)　研磨鏡片的某一部位以便加上第二光學中心，通常用於鏡片的下半部以製造垂直稜鏡，緩和近光區的垂直不平衡。

滑痕 (sleek)　鏡片上的溝槽線類似刮痕，但邊緣平順而非鋸齒形狀。

開槽銼刀 (slotting file)　見 file, slotting。

平滑磨邊 (smoothing, edge)　將已磨邊鏡片的斜面加工為更細緻光滑的成品。

斯乃耳定律 (Snell's law)　見 law, Snell's。

尖嘴鉗 (snipe-nosed pliers)　見 pliers, snipe-nosed。

完全染色 (solid tint)　見 tint, solid。

空間光像測定儀 (space eikonometer)　見 eikonometer, space。

眼鏡放大率 (spectacle magnification)　見 magnification, spectacle。

分光光度計 (spectrophotometer)　用於測量光譜中各個波長穿透率的儀器。

球面鏡片 (sphere, sph)　在所有軸線上皆具有單一屈光度的鏡片。

球面縮徑鏡片 (spheric lenticular)　見 lenticular, spheric。

球面像差 (spherical aberration)　見 aberration, spherical。

等價球面度數 (spherical equivalent)　見 equivalent, spherical。

球柱鏡 (spherocylinder)　球面和柱面度數在單一鏡片上的結合。

張角 (splay angle)　見 angle, splay。

運動眼鏡 (sports eyewear)　見 eyewear, sports。

定位 (spotting)　利用鏡片驗度儀將點標於鏡片上，以使鏡片可正確地定位在柱軸方向，且置於主要參考點和水平軸線位置。

鏡腳張幅 (spread, open temple)　由開展的鏡腳與前框所形成的角度 ( 亦稱為 let-back )。

方圓鉗 (square-round pliers)　見 pliers, square-round。

SRC　耐刮傷鍍膜的縮寫。

鉚固工具 (staking tool)　其為一種多用途工具，用於鏡架零件上施以集中的力量，例如敲出受損的鉸鍊鉚釘。

對齊標準 (standard alignment)　見 alignment, standard。

星 (stars)　在鏡片的表面－斜面界面處之微小碎裂。

庫存鏡片 (stock lens)　見 lens, stock。

鏡片庫存、鏡片柄 (stock, lens)　1. 鏡片存貨 ( 鏡片庫存 )。2. 來自半完工鏡坯的材料。研磨鏡片表面時，鏡片柄自半完工鏡坯被移除，使鏡片達到所需的厚度 ( 鏡片柄 )。

磨石 (stone)　1. 為一研磨輪。2. 利用磨刀石將研磨輪磨利。

手動磨邊機 (stone, hand)　同義詞：hand edger。

斜視 (strabismus)　一眼朝向與另一眼不同方向的狀況。

耳後直式鏡腳 (straight-back temple)　見 temple, straight-back。

鏡片箍 (strap)　一種舊式支托鑽孔鏡片的機制，用於舊型無框或半框裝配中。

鏡箍調整鉗 (strapping pliers)　見 pliers, strapping。

條痕 (stria)　由於材質中折射率的不同，導致可在鏡片內看到條紋。條紋將造成觀看物體時出現扭曲而非物理性條紋，例如鏡片表面或鏡片內的污痕 ( 複數形為 striae)。

磨面 (surfacing)　在鏡片上藉由製作所需的曲率，以產生處方的屈光度數、稜鏡和主要參考點位置，並將表面拋光的過程。

切屑 (swarf)　某些材質鏡片 ( 如聚碳酸酯 ) 在研磨過程中所產生的纖維狀物質。

方框系統 (system, boxing)　此為測量鏡片的系統，根據鏡片周圍的水平及垂直切線形成一個方框或矩形。

基準線系統 (system, datum)　此為測量鏡片的系統，將鏡片或眼型尺寸定義為鏡片在基準線上的寬度，而鼻橋尺寸乃指鼻橋在基準線高度的寬度。

GOMAC 系統 (system, GOMAC)　歐洲經濟共同體的標

準，用於測量鏡片和鏡框的尺寸，整合了方框系統和基準線系統。

**T**

**矢狀切面深度表 (tables, sag)** 用於已知表面度數和鏡片直徑的狀況下，找出矢狀切面深度之一組表格。

**磨面表 (tables, surfacing)** 由鏡片製造商提供的表格，用於協助磨面工廠準確決定將鏡片研磨至指定後頂點度數的工具弧度及鏡片厚度。磨面表目前大多已被電腦軟體所取代。

**正切函數 (tangent)** 直角三角形中被指定角的對邊與鄰邊之比值：正切函數 = 對邊 / 鄰邊

**螺絲攻 (tap)** 握把上有一卡盤，各種尺寸的螺絲切紋器可置於其上，用於恢復受損的螺紋。

**化學回火 (tempering, chemical)** 將玻璃鏡片浸泡於熔融的鹽浴中，以增加鏡片耐衝擊性之過程 ( 同義詞：化學硬化 )。

**鏡腳 (temple)** 一副眼鏡中連接前框並勾著耳朵以支托眼鏡的部位。

**線型鏡腳 (temple, cable)** 此鏡腳由金屬構成，其彎曲部或耳後部位則由彈性線圈組成。鏡腳的耳後部位沿著耳朵和頭部連接處，延伸至耳垂的高度 ( 舊同義詞：放鬆鏡腳 )。

**舒適的線型鏡腳 (temple, comfort cable)** 見 temple, cable。

**可彎折式鏡腳 (temple, convertible)** 整體成一直線的鏡腳，但具有可下彎的設計，以符合頭顱顳部的形狀。

**圖書館式鏡腳 (temple, library)** 此種眼鏡鏡腳端頭由平均寬度起始，往後端則寬度增加。圖書館式鏡腳幾乎呈筆直，主要倚靠抵住頭部兩側的壓力以支托眼鏡 ( 同義詞：直向後鏡腳 )。

**弓式鏡腳 (temple, riding-bow)** 具有薄而圓的耳後部件之塑膠鏡腳，沿著耳朵與頭部連接的耳後彎曲部，並且延伸至耳垂的高度。通常用於兒童鏡架及安全鏡架，乃金屬舒適的線型鏡腳之塑膠版本。

**顳式鏡腳 (temple, skull)** 此鏡腳在耳後往下彎，沿著頭顱的輪廓平均倚靠其上。

**鏡腳褶疊角 (temple-fold angle)** 見 angle, temple-fold。

**顳側 (temporal)** 鏡片或鏡框朝向鏡腳的區域 ( 外側 )。

**落球測試 (test, drop-ball)** 用於確認鏡片耐衝擊性的測試，使直徑為 5/8 或 1 英吋的鋼球自 50 英吋高度掉落在鏡片前表面上。

**平面接觸測試 (test, flat surface touch)** 用於測試鏡腳平行度的方法，將眼鏡鏡腳開展並倒置於平面上。

**高重物衝擊測試 (test, high mass impact)** 將一個重 17.6 盎司之尖銳、錐形尖端的拋射物，自 51.2 英吋高處穿過導管掉落於眼鏡上，鏡片不得破裂或自鏡框掉落 ( 註：有人提議將此測試的距離由 51.2 英吋修改為 50 英吋 )。

**高速衝擊測試 (test, high velocity impact)** 此測試模擬一個高速低質量的物體。在鏡架的高速衝擊測試中，一系列以秒速 150 英呎前進的 1/4 英吋鋼球被導向裝有鏡片的鏡架上 20 個不同部位。每次撞擊都使用一個新鏡架。鏡架與鏡片皆不可受損，鏡片也不得自鏡架掉落。同樣的測試亦用於高衝擊安全鏡片。鏡片必須能承受每一次的高速衝擊測試。

**熱漂白 (thermal bleaching)** 見 bleaching, thermal。

**熱彈性 (thermoelastic)** 用於描述一種材質的術語，加熱時可彎曲，且重新加熱時仍可恢復原本的形狀。

**熱塑性 (thermoplastic)** 用於描述一種材質的術語，加熱時可彎曲，但重新加熱時無法恢復原本的形狀，乃因其缺少「塑性記憶」。

**簡略厚度 (thickness, reduced)** 將一種光學介質的厚度除以其折射率。

**3/4 法則 (three-quarter rule)** 見 rule, three-quarter。

**雙漸層染色 (tint, double gradient)** 有兩種顏色的鏡片染色，一種在頂端而另一種在底端。頂端的顏色由最深的上方往下變淺至鏡片中央，底端的顏色則由最濃的底端往鏡片中央變淡。

**漸層染色 (tint, gradient)** 鏡片由低透光率 ( 深色 ) 至高透光率 ( 淺色 ) 以及從一塊區域至另一塊區域的透光率變異程度，該鏡片的頂端通常為深色而底端為淺色。

**完全染色 (tint, solid)** 整個鏡片皆為相同顏色和相同透光率的染色。

**三漸層染色 (tint, triple gradient)** 有三種顏色的鏡片。頂端的顏色由最深的上方往下變淺至鏡片中央，底端的顏色則由最濃的底端往鏡片中央變淡。第三種顏色在鏡片的中央部位。

**舌 (tongue)** 見 ear。

研磨工具 (tool, lap) 用於將鏡片表面細磨和拋光的工具。鏡片所使用的研磨工具必須具有與鏡片表面弧度相合的曲率（即若鏡片表面為凸面，則研磨工具必須呈凹面且具有相同曲率）。

複曲面 (toric) 一種具有不同弧度的表面，彼此呈直角。

複曲面基弧 (toric base curve) 見 curve, toric base。

複曲面處方轉換 (toric transposition) 見 transposition, toric。

總內偏距 (total inset) 見 inset, total。

四點接觸法 (touch, four-point) 檢查是否垂直對齊的一種方法，透過置放一個筆直的邊緣，使其邊緣穿越鼻墊區下方的整個前框內側。

鏡框掃描儀 (tracer, frame) 一種用於物理性掃描鏡框鏡片開口內側溝槽或鏡片外側邊緣之儀器，以建立一個數位化形狀。此形狀接著被傳輸至一個無模板的磨邊機，因此當鏡片進行磨邊時其形狀可被複製。

全視線 (Transitions) 一種塑膠變色鏡片的商標名稱。

穿透率 (transmission) 相較於入射第一個表面的光量，光穿過鏡片和穿出後表面的百分比。

複曲面處方轉換 (transposition, toric) 處方寫法由一種格式轉換至另一格式的過程，例如從正柱面形式至負柱面形式。

熱處理 (treating, heat) 硬化玻璃鏡片的過程，先於窯中加熱，然後迅速藉由吹出的加壓空氣冷卻前後表面（同義詞：空氣硬化、熱硬化、熱回火）。

三光鏡片 (trifocals) 存在三個視區的鏡片，每一區有各自的聚焦度數，通常上部是看遠而下部是看近，中央或中間區則是用於觀看兩者之間的距離。

三漸層染色 (triple gradient tint) 見 tint, triple gradient。

Trivex PPG 工業公司之一種塑膠鏡片材質的品牌名稱，以其高耐衝擊性且能以類似其他塑膠鏡片的方式加工聞名。

校準 (true) 1. 將一副眼鏡做正確的對齊。2. 重塑已磨損研磨輪的切削面，使其恢復原本應有的切割角度與方式。3. 手動磨面時在粗磨和細磨後的步驟中，使用較為細緻的研磨劑，讓鏡片達到確切的弧度。

校準基弧 (true base curve) 見 curve, true base。

校準度數 (true power) 見 power, true。

校準 (trueing) 見 true。

Tscherning 橢圓 (Tscherning's ellipse) 見 ellipse, Tscherning's。

彎曲式端片 (turn-back endpiece) 見 endpiece, turn-back。

## U

紫外線 (ultraviole) 具有較可見光譜中紫色端波長稍短之光束。

未切割鏡片 (uncut) 兩面皆已研磨但尚未為鏡框磨邊的鏡片。

上弧雙光鏡片 (upcurve bifocal) 見 bifocal, minus add。

紫外線指數 (UV index) 見 index, UV。

## V

阿貝值 (value, Abbé) 識別已知鏡片材質的色像差時，最常被使用的數值。阿貝值越高，則鏡片所見的色像差越小。阿貝值是 $\omega$（色散力）的倒數並以希臘字母 $v$ 表示，亦即：$1/\omega = v$（同義詞：$v$ 值、倒色散係數）。

相異平面 (variant planes) 見 planes, variant。

V 斜面 (V-bevel) 見 bevel, V。

頂點距離 (vertex distance) 見 distance, vertex。

頂點度數的容許誤差 (vertex power allowance) 見 allowance, vertex power。

垂直對齊 (vertical alignment) 見 alignment, vertical。

垂直角 (vertical angle) 見 angle, vertical。

垂直不平衡 (vertical imbalance) 見 imbalance, vertical。

Vertometer 一種鏡片驗度儀的商標名稱。

虛像 (virtual image) 見 image, virtual。

## W

W 鼻橋 (W bridge) 見 bridge, metal saddle。

鏡片墊圈 (washer, lens) 亦稱為鏡片襯墊，一種嵌於鏡圈和鬆動鏡片之間的塑膠材料。

波紋 (wave) 一種鏡片表面曲率的缺陷，造成鏡片度數局部不規則變異。

波前 (wave front) 見 front, wave。

研磨輪差 (wheel differential) 見 differential, wheel。

電金屬研磨輪 (wheel, electrometallic) 電鍍研磨輪的同義詞。

電鍍研磨輪 (wheel, electroplated) 此為一種研磨輪，利用電解方式將金屬附在研磨輪表面以包覆金剛砂顆粒，常用於研磨塑膠鏡片。

完工研磨輪 (wheel, finishing) 磨邊時使用的研磨輪，使鏡片邊緣達到最終外型。

粗磨輪 (wheel, hogging) roughing wheel 的同義詞。

浸漬研磨輪 (wheel, impregnated) 金屬熔合研磨輪的同義詞。

金屬熔合研磨輪 (wheel, metal-bonded) 由金剛砂和金屬粉末混合製成的研磨輪，金屬粉末在模具中被加熱直至金屬熔化發生。

粗磨輪 (wheel, roughing) 磨邊機用的研磨輪，可迅速裁切鏡片至接近完工尺寸。

子片寬度 (width, seg) 雙光或三光子片最寬的水平切面測量所得之尺寸。

威爾斯邊裝配 (Wils-Edge mounting) 見 mounting, Wils-Edge。

## X

X-Chrom 鏡片 (X-Chrom lens) 見 lens, X-Chrom。

前框 X 型扭曲 (X-ing) 因前框扭曲導致垂直不對齊的情形，以致於兩個鏡片所在的平面無法相互一致。

## Y

共軛稜鏡 (yoked prism) 見 prism, yoked。

Younger 無縫鏡片 (Younger seamless) 見 lens, Younger seamless。

## Z

Z80.1 美國國家標準針對眼鏡鏡片處方建議的辨識號碼。

Z87 美國國家職業和教育用眼部與臉部保護標準作業的辨識號碼，以標示安全鏡片和鏡架。

零內偏距法 (zero inset method) 見 method, zero inset。

熔合區 (zone, blended) 在「隱形」雙光鏡片上，遠用與近用區之間的模糊區域 ( 不可與漸進多焦點鏡片的漸進區混淆 )。

漸進區 (zone, progressive) 漸進多焦點鏡片在遠用區和近用區之間的部分，此處的鏡片度數是逐漸增加的。

賽璐珞銼刀 (zyl file) 見 file, zyl。

zyl 鏡架材質賽璐珞的縮寫，常用以泛稱塑膠鏡架。

賽璐珞 (zylonite) 一種早期的鏡架材料，其拋光效果佳但在高溫下易燃。

# 學習成效測驗解答

## 第1章

1. c
2. d
3. e
4. b
5. a
6. d
7. h
8. a
9. f
10. c
11. b
12. g
13. i
14. e
15. d
16. c
17. b
18. e
19. a
20. b
21. f
22. g
23. c
24. h
25. e
26. d
27. b
28. f
29. a
30. c
31. b
32. c
33. a

## 第2章

1. 錯
2. 對
3. a. 是 b. 否 c. 是
4. 不會
5. a
6. c
7. e
8. d
9. c
10. d, e
11. c
12. b, e
13. a
14. c
15. d
16. b
17. a
18. c
19. e

## 第3章

1. 錯
2. a, b, c, d, e
3. b
4. 對
5. 錯
6. e
7. 否
8. 每一鏡片 2.5 mm
9. c
10. 每一鏡片 3.7 mm
11. a
12. 58.03 mm（或 58 mm，至最接近的 0.5 mm）
13. c
14. 此度數需求為 1/0.20 即 5 D。運用 3/4 法則，每一眼的內偏距為 3/4×5 = 3.75 mm，近用瞳距應為 64 − (2) × (3.75) = 56.5 mm。利用表 3-1 得知每一眼的內偏距為 4 mm，故近用瞳距應為 64 − (2×4) = 56 mm
15. 55 mm。可自表 3-2 得出答案
16. 58 mm。可利用 3/4 法則得出答案
17. R：30.5 mm
    L：32.0 mm
    可利用表 3-2 得出答案

## 第4章

1. d, e
2. b, f
3. c
4. a
5. a
6. c
7. a, b
8. d
9. a
10. b
11. 錯
12. 對
13. 錯（銀色鏡框會使白髮明顯，但不需總是避免，仍應以配戴者的偏好作為主要考量）
14. 錯
15. a
16. b
17. a
18. c
19. b
20. b
21. c
22. 鼻側切除
23. d
24. b
25. c
26. 由於鏡片的放大效果，故需較淡的眼妝
27. b
28. 錯
29. 使用抗反射鍍膜
30. 堅實的結構、可調式鼻墊、舒適線型鏡腳、較輕的鏡架、較小的鏡片尺寸、較小的有效直徑
31. b
32. 錯
33. 錯
34. d

## 第 5 章

1. 錯
2. c
3. a
4. b
5. 對
6. d
7. a
8. c ( 記住，並不建議將主要參考點高度移至眼鏡的水平中線之下，除非有意將鏡片專門用於近距離工作 )
9. d
10. b
11. c
12. a
13. b ( 基弧處的 1.00D 鏡度改變，會改變頂點距離約 0.6 mm。當然若眼型尺寸小，頂點距離將小於 0.6，反之亦然 )
14. e
15. e
16. c
17. b
18. d
19. b
20. e 或 f
    $[44 - (21 + 14)] = 9$
    或 $[44 - (21 + 13)] = 10$
21. e
22. d
23. b
24. 對
25. d
26. a
27. c
28. c

29. e
30. b
31. 對
32. 錯

## 第 6 章

1. 應將 Rx 呈反向書寫並以下列表示：
   O.D. –4.50 球面度數
   O.S. $-4.25 - 0.75 \times 010$
2. 小數點後應保留 2 位：$+4.50 - 1.00 \times 017$
3. 移除柱軸讀值上的度數符號
4. 在柱面度數的前方加 0：$+2.00 - 0.75 \times 033$
5. 錯，應使用最初的檢驗單或處方
6. b, c
7. b
8. a. 正
   b. 負
   c. 球面度數
   d. 球面度數與柱軸為 +2.00 和 015
   e. 負、柱面度數、$-2.00$
   f. 負
9. b
10. a. a
    b. $-2.50 - 0.50 \times 110$
11. 對
12. d
13. +1.75
14. b
15. 錯
16. 對
17. d

18. 錯
19. 錯
20. a
21. d
22. a
23. b
24. b
25. b
26. b
27. e
28. b
29. a
30. a
31. a
32. b
33. a
34. a
35. a
36. a
37. a
38. a
39. d
40. c
41. e
42. c
43. a. $+3.00 -2.00 \times 180$
    b. $-5.00 +2.00 \times 090$
    c. $+5.00 -2.00 \times 090$
    d. $-3.00 +2.00 \times 180$

## 第 7 章

1. 錯
2. 對
3. c
4. a, b
5. d
6. b
7. b, e
8. a
9. a, c, d
10. c, d

11. 對
12. b
13. d
14. e
15. c
16. 錯
17. b
18. a
19. d
20. a
21. 錯
22. 翻滾的鏡圈
23. 球面型鏡片
24. 軸度偏離的已磨邊鏡片
25. 將鏡架加熱並放入冷水中
26. 使用平直物的邊緣沿著兩多焦點鏡片的子片頂端握住固定，兩子片頂端應平行於平直的邊緣。

## 第 8 章

1. 對
2. 錯
3. b
4. a
5. c
6. e
7. d
8. b
9. a. 對
   b. 錯
   c. 錯
   d. 對
10. b
11. a
12. a. 對
    b. 對
    c. 對
    d. 對

13. b
14. a
15. c
16. e
17. 對
18. e
19. a
20. 錯
21. 錯
22. b
23. b
24. c
25. c
26. a
27. b
28. b
29. a
30. c
31. e
32. a
33. c
34. c

## 第 9 章

1. e
2. b
3. b
4. b
5. c
6. d
7. d
8. c
9. c
10. 錯
11. 錯
12. b
13. d
14. 對
15. 對
16. c
17. c
18. d
19. 對
20. 對
21. a

22. a
23. b
24. c
25. c
26. c
27. b
28. 錯
29. c

## 第 10 章

1. 錯
2. 對
3. 對
4. 對
5. 對
6. 錯
7. 對
8. b
9. 對
10. a
11. b
12. c
13. b

14. 錯
15. c
16. d
17. 對
18. d
19. e
20. c
21. 對
22. 對
23. 對
24. a
25. 錯
26. 錯
27. b
28. 錯
29. c
30. e
31. a
32. 對
33. c
34. b
35. 錯

# 索引

國家圖書館出版品預行編目資料

配鏡學總論（上）－配鏡實務篇／Clifford W.
Brooks, Irvin M. Borish 著，黃敬堯審閱，吳鴻來、
周佳欣翻譯 -- 第三版 . -- 臺北市：台灣愛思唯爾，
2015.01　面；　公分
含索引
譯自：System for Ophthalmic Dispensing
ISBN　978-986-5666-69-9（平裝）
1. 眼鏡　2. 驗光
471.71　　　　　　　　　　　　　103023695

# 配鏡學總論（上）－配鏡實務篇

作　　　者：Clifford W. Brooks,
　　　　　　Irvin M. Borish
審　　　閱：黃敬堯
翻　　　譯：吳源來、周佳欣
責任編輯：薛詠芬、葉子華
排　　　版：凸版全美排版有限公司
封　　　面：鄭碧華
總 經 銷：台灣愛思唯爾有限公司
出版日期：2015／01　第三版一刷
　　　　　　2022／09　第三版八刷

發 行 人：Kok Keng Lim
發 行 所：台灣愛思唯爾有限公司
地　　　址：台北市中山北路二段 96 號嘉新大樓
　　　　　　第二大樓 8 樓 N-818 室
電　　　話：(02) 2522-5900（代表號）
傳　　　真：(02) 2522-1885
網　　　址：www.store.elsevierhealth.com/taiwan
帳　　　號：5046847018
戶　　　名：台灣愛思唯爾有限公司
受款銀行：花旗（台灣）商業銀行營業部
銀行代號：021
分行代號：0018（營業部）